危险化学品从业单位安全生产培训教材

广东省安全生产技术中心 编

华南理工大学出版社
SOUTH CHINA UNIVERSITY OF TECHNOLOGY PRESS

·广州·

图书在版编目（CIP）数据

危险化学品从业单位安全生产培训教材/广东省安全生产技术中心编．—广州：华南理工大学出版社，2015.6

ISBN 978 - 7 - 5623 - 4054 - 6

I. ①危…　Ⅱ. ①广…　Ⅲ. ①化工产品 – 危险物品管理 – 安全培训 – 教材　Ⅳ. ①TQ086.5

中国版本图书馆 CIP 数据核字（2013）第 263334 号

Weixian Huaxuepin Congye Danwei Anquan Shengchan Peixun Jiaocai

危险化学品从业单位安全生产培训教材

广东省安全生产技术中心　编

出 版 人：韩中伟

出版发行：华南理工大学出版社

（广州五山华南理工大学 17 号楼，邮编 510640）

http://www.scutpress.com.cn　　E-mail：scutc13@ scut.edu.cn

营销部电话：020 – 87113487　87111048（传真）

责任编辑：吴兆强

印 刷 者：广州穗彩印务有限公司

开　　本：787mm×1092mm　1/16　印张：20　字数：512 千

版　　次：2015 年 6 月第 1 版　2015 年 6 月第 1 次印刷

印　　数：1～2 500 册

定　　价：48.00 元

前　言

　　近年来，各级政府安全监管部门采取了一系列有效措施，加强对危险化学品生产经营单位的安全管理，取得了一定成效。但由于危险化学品生产经营单位安全管理制度不完善、日常安全管理不到位、生产储存设备设施和安全设施维护保养不及时等因素，造成生产安全事故时有发生。在对危险化学品生产安全伤亡事故分析发现，由于人的不安全行为导致的伤亡事故，占事故起数的80%以上。为帮助危险化学品生产经营单位提升从业人员的安全生产知识和管理能力，在省安全监管局的大力支持和指导下，广东省安全生产技术中心根据危险化学品生产经营单位从业人员安全培训需求，结合多年来开展危险化学品生产经营单位从业人员安全培训的经验，编写了本教材。

　　本教材由广东省安全生产技术中心组织了一批经验丰富的专家、学者，历时2年完成编写。由徐三元主审，方江敏、李茵主编。本教材共6章，主要内容有危险化学品安全生产法律法规、危险化学品安全生产基础知识、危险化学品安全管理、危险化学品安全技术、危险化学品重大危险源与事故应急管理和职业危害及其防治等内容。教材经过一年的试用和反复修订，最终定稿。

　　本教材内容丰富，全面实用，通俗易懂，深入浅出地阐述了危险化学品从业单位安全管理和技术的相关知识，是危险化学品生产经营单位主要负责人、安全管理人员和技术人员的工作手册，也可以作为政府各级监管人员的辅助用书。

　　本书在编写过程中参阅了大量的国内外危险化学品安全管理的权威资料和书籍，在此一并向引用资料的原作者和出版社表示衷心的感谢！由于时间仓促及编者的水平和经验有限，书中疏漏和错误在所难免，敬请广大读者批评指正。

编　者
2015 年 4 月

名词术语

化学品

指化学单质、化合物和混合物，无论是天然的或人造的。

现有化学品

指国家公布的《中国现有化学物质名录》（2013 年版）所列的物质。

新化学品

指国家公布的《中国现有化学物质名录》（2013 年版）所未列的物质。

危险化学品

危险化学品，是指具有毒害、腐蚀、爆炸、燃烧、助燃等性质，对人体、设施、环境具有危害的剧毒化学品和其他化学品。

作业场所

指可能使从业人员接触危险化学品的任何作业活动场所，包括从事危险化学品的生产、操作、处置、储存、装卸等场所。

危险化学品登记注册

指从事危险化学品生产和进口的企业到指定部门对所生产和进口的危险化学品进行申报，领取危险化学品登记注册证书的过程。

危险性鉴别与分类

根据化学品本身的特性如燃烧性、毒性、腐蚀性、爆炸性、氧化性、放射性、反应性等，依据国家标准《常用化学品分类及危险性公示通则》（GB 13690—2009）或《危险货物分类与品名编号》（GB 6944—2012），确定化学品是否为危险化学品并确定出所属危险性类别的过程。

安全标签

指用于标示化学品所具有的危险性和安全注意事项的一组文字、象形图和编码组合，它可粘贴、挂栓或喷印在化学品外包装或容器上。

安全技术说明书

化学品安全技术说明书（Safety Data Sheet for Chemical Products，SDS），提供了化学品（物质或物质混合物）在安全、健康和环境保护等方面的信息，推荐了防护措施和紧急情况下的应对措施。包括化学品及企业标识、危险性概述、成分组成信息、急救措施、消防措施、泄露应急处理、操作处置与储存、接触控制/个体防护、理化特性、稳定性和反应活性、毒理学资料、生态学资料、废弃处置、运输信息、法规信息、其他信息共16部分内容。

燃点

燃点（着火点）——气体、液体和固体可燃物与空气共存，当达到一定温度时，与火源接触即自行燃烧。火源移走后，仍能继续燃烧的最低温度，成为该物质的燃点或称着火点。

自燃点

可燃物质在没有外界火源直接作用下，在空气或氧气中因受热或自身发热，热量积蓄使温度上升，所发生的燃烧现象称为自燃。可燃物质不需火源的直接作用就能发生自行燃烧的最低温度称自燃点（自燃点不是固定不变的）。

闪燃

液体表面挥发的蒸气与空气形成的混合气与火焰接触时发生的瞬间燃烧，称为闪燃。

闪点

液体发生闪燃的最低温度称闪点。

爆炸浓度极限

可燃气体、蒸气和可燃性粉尘与空气的混合物，遇到火源后并不是所有的浓度都能发生爆炸，而是必须在一定的浓度范围才能发生爆炸。这个遇火源能发生爆炸的浓度范围，称为爆炸浓度极限。

可燃气体、蒸气与空气的混合物遇到火源能发生爆炸的最低浓度是爆炸下限，最高浓度为爆炸上限。

CAS 号

CAS 是 Chemical Abstract Service 的缩写。CAS 号是美国化学文摘对化学物质登录的检索服务号。该号是检索化学物质有关信息资料最常用的编号。

阈限值（TLV）

阈限值是由美国政府工业卫生专家协会（AC GIH）制订的车间空气中的有害物质的容许浓度。日本及西、北欧亦采用这一概念。主要内容有三种：

（1）时间加权平均阈限值（TLV—TWA）是指每日工作 8 h 或每周工作 40h 的时间加权平均浓度，在此浓度下反复接触对几乎全部工人都不致产生不良效应，单位为 mg/m³。

（2）短时接触阈限值（TLV—STEL）是在保证遵守 TLV—TWA 的情况下，容许工人连续接触 15min 的最大浓度。此浓度在每个工作日中不得超过 4 次，且两次接触间隔至少 60 min。它是 TLV—TWA 的一个补充。单位为 mg/m³。

（3）阈限值的峰值（TLV—C）瞬时亦不得超过的限值，是专门对某些物质如刺激性气体或以急性作用为主的物质规定的。单位为 mg/m³。

熔点

晶体物质融化时的温度称为熔点，晶体凝固时的温度称为凝固点。一般填写常温常压的数值，特殊条件下得到的数值，标出技术条件。

沸点

是在一定温度下液体内部和表面同时发生的剧烈汽化现象。液体沸腾时候的温度被称为沸点。浓度越高，沸点越高。不同液体的沸点是不同的，所谓沸点是针对不同的液态物质沸腾时的温度。沸点随外界压力变化而改变，压力低，沸点也低。

相对密度（水的相对密度 = 1）

在给定的条件下，某一物质的密度与参考物质（水）密度的比值。填写 20℃时物质的密度与 4℃时水的密度比值。

相对蒸气密度（空气的相对密度 = 1）

在给定条件下，某一物质的蒸气密度与参考物质（空气）密度的比值。填写 0℃时物质的蒸气与空气密度的比值。

饱和蒸气压

在一定温度下，于真空容器中纯净液体与蒸气达到平衡量时的压力，用 kPa 表示，并标明温度。

辛醇/水分配系数

当一种物质溶解在辛醇/水的混合物中时，该物质在辛醇和水中浓度的比值称为分配系数，通常以 10 为底的对数形式（log Pow）表示。辛醇/水分配系数是用来预计一种物质在土壤中的吸附性、生物吸收、辛脂性储存和生物富集的重要参数。

燃烧热

指 1mol 某物质完全燃烧时产生的热量，用 kJ/mol 表示。

临界温度

物质处于临界状态时的温度。就是加压后使气体液化时所允许的最高温度，用℃

表示。

临界压力

物质处于临界状态时的压力。就是在临界温度时使气体液化所需要的最小压力，也就是液体在临界温度时的饱和蒸气压，用 MPa 表示。

溶解性

指在常温常压下该物质在溶剂（以水为主）中的溶解性，分别用混溶、易溶、溶于、微溶表示其溶解程度。

急性毒性

指一次或短时间（通常指 24 h 内）接触毒物导致机体损伤的能力。

慢性毒性

指长时间（通常指 6 个月以上）反复接触毒物导致机体损伤的能力。

亚急性害性

毒性在急性与慢性毒性之间的称亚急性毒性，也称亚慢性毒性。通常把接触时间在 24 h 以上、1 个月以内，毒物导致机体损伤的能力称为亚急性毒性；接触时间在 1 个月以上、6 个月以内，毒物导致机体损伤的能力称为亚慢性毒性。

刺激性

指毒物在一定条件下作用于皮肤和粘膜，导致发生刺激反应的能力。

致突变性

指毒物在一定条件下导致遗传物质突然变化的能力。

致癌性

指毒物在一定条件下导致机体发生肿瘤的能力。

生殖毒性

指毒物在一定条件下对生育繁殖能力、过程和子代造成影响和损害的能力。

生态毒性

说明该化学品在一定剂量时对环境生态的各种生物造成的危害，并说明造成危害的程度。

应用："该物质对环境有严重危害（或有危害），对……应给予特别注意"，本术语与"哺乳动物"、"鱼类"、"甲壳纲动物"、"鸟类"、"水生生物"等结合使用。

应用："该物质对环境可能有危害，应特别注意……的污染"，本术语与"水体"、

"土壤"、"大气"等结合使用。

应用:"在对人类重要食物链中,特别是在……中发生蓄积作用",本术语结合食物源如"鱼类"、"植物"、"哺乳动物"、"油类"等使用。

非生物降解性

说明该化学品是否具有非生物降解性。如:光解、水解。

生物降解性

说明该化学品是否具有生物降解性。

UN 编号

UN 是 United Nation 的缩写。UN 编号是联合国《关于危险货物运输的建议书》对危险货物制定的编号。

包装标志

指标示危险货物危险性的图形标志。

包装类别

本栏目是依据国标《危险货物运输包装类别划分方法》(GB/T 15098—2008)进行编写的。危险货物包装根据其内装物的危险程度划分为三种包装类别:Ⅰ类包装,盛装具有较大危险性的货物;Ⅱ类包装,盛装具有中等危险性的货物;Ⅲ类包装,盛装具有较小危险性的货物。

目　录

第一章　危险化学品安全生产法律法规 ···································· 1

　第一节　危险化学品安全生产相关法律 ································· 1

　第二节　危险化学品安全生产相关法规 ································· 36

　第三节　危险化学品安全生产相关部门规章和标准 ················· 42

　第四节　国家安全生产监督管理体制 ································· 50

　第五节　作业场所安全使用化学品公约和国外危险化学品安全生产和监管现状 ····· 53

第二章　危险化学品安全生产基础知识 ································· 58

　第一节　危险化学品的相关概念及化学品危险性的分类概述 ········· 58

　第二节　各种类危险化学品的定义、分类及类别和警示标签 ········· 60

　第三节　危险化学品登记的基础知识 ································· 81

　第四节　危险化学品生产、使用的基本要求 ······················· 88

　第五节　危险化学品经营、储存、运输和包装安全要求 ············· 90

　第六节　废弃危险化学品处置知识 ··································· 109

第三章　危险化学品安全管理 ··· 116

　第一节　安全管理基本理论 ··· 116

　第二节　危险化学品安全管理基础 ··································· 122

　第三节　事故管理与工伤保险 ······································· 125

　第四节　现代安全管理技术 ··· 133

第四章　危险化学品安全技术 ··· 144

　第一节　防火防爆安全技术 ··· 144

　第二节　电气安全及电气防火安全技术 ······························· 162

　第三节　化工生产安全技术 ··· 184

　第四节　化工机械设备安全技术 ····································· 197

第五章　危险化学品重大危险源与事故应急管理 ·············· 238

　第一节　危险化学品重大危险源管理 ····················· 238

　第二节　危险化学品事故应急管理 ······················· 244

第六章　职业危害及其预防 ······························· 264

　第一节　职业危害防治概述 ····························· 264

　第二节　工作毒物及其危害 ····························· 267

　第三节　生产性粉尘及其对人体的危害 ··················· 282

　第四节　噪声危害 ··································· 287

　第五节　辐射危害 ··································· 292

　第六节　高温危害 ··································· 298

　第七节　个体防护用品 ······························· 302

第一章　危险化学品安全生产法律法规

化学品是人类生活和生产不可缺少的物品。目前世界上所发现的化学品已超过千万种，常用的也有 700 万种以上，其中约三分之一具有较大程度的危险性，属于危险化学品。同时每年约有千余种新的化学品问世。因此，化学品在造福人类的同时，也给人类的生产和生活带来了很大的威胁。

正是由于化学品种类繁多、性质复杂，在生产、运输、使用过程中稍有疏漏，就会对人体健康和生态环境造成巨大危害。因而，从 20 世纪 60 年代开始，世界各工业国家和一些国际组织纷纷制定有关法规、标准和公约，旨在强化化学品的安全管理，有效预防和控制化学品的危害和事故。

我国是世界上化学品生产和进口的大国，对化学品特别是危险化学品的安全管理工作，是关系到保障人民生命、财产安全，保护环境的大事。我国政府十分关注和重视化学品的安全生产、安全流通和安全使用，相继颁布了一系列法律、法规、规章和标准，对化学品实行全生命周期管理。

经过多年的不断完善，我国已经形成了一套较为完整的安全生产法律体系。这是一个以宪法为依据的，由有关法律、行政法规、地方性法规和有关行政规章、技术标准以及我国政府已批准的国际公约所组成的综合体系，是一个包含多种法律形式和法律层次的综合系统，既包括技术性法律规范、程序性法律规范，也包括刑事处罚、行政责任追究方面的有关法律规范。其中，《中华人民共和国刑法》对生产经营单位及其有关人员违法犯罪行为应承担的刑事责任作了规定；《中华人民共和国行政处罚法》对于规范行政处罚的设定和实施，保障和监督行政机关有效实施行政管理，维持公共利益和社会秩序，保护行政管理相对人的合法权益起了很好的促进作用；《国务院关于特大安全事故行政责任追究的规定》有效地防范特大安全事故的发生，严肃追究了特大安全事故的行政责任，保障了人民群众生命、财产安全。

危险化学品相关法律法规的颁布和实施促进了危险化学品生产经营活动的安全管理，为安全管理人员、安全监督人员开展安全生产、安全经营的监督、监察提供了法律依据。

第一节　危险化学品安全生产相关法律

一、《中华人民共和国安全生产法》

由中华人民共和国第九届全国人民代表大会常务委员会第二十八次会议于 2002 年 6

月29日通过公布，自2002年11月1日起施行。2014年8月31日第十二届全国人民代表大会常务委员会第十次会议通过全国人民代表大会常务委员会关于修改《中华人民共和国安全生产法》的决定，自2014年12月1日起施行。

新《安全生产法》（简称新法），认真贯彻落实了习近平总书记关于安全生产工作一系列重要指示精神，从强化安全生产工作的摆位、进一步落实生产经营单位主体责任，政府安全监管定位和加强基层执法力量、强化安全生产责任追究等四个方面入手，着眼于安全生产现实问题和发展要求，补充完善了相关法律制度规定，是安全生产法制建设的里程碑，它标志着我国的安全生产工作进入了一个新的阶段。

（一）立法宗旨

制定《安全生产法》，保障生产安全，不仅是为了避免造成人身伤害和财产损害，也是为了保证生产经营活动的顺利进行，促进经济的健康发展。《安全生产法》的第一条开宗明义地表述了《安全生产法》的立法宗旨："为了加强安全生产监督管理，防止和减少生产安全事故，保障人民群众生命和财产安全，促进经济发展"。

（二）法律地位

《安全生产法》是我国第一部全面规范安全生产的专门法律，在安全生产法律法规体系中占有极其重要的地位。它是我国安全生产法律体系的主体法，是各类生产经营单位及其从业人员实现安全生产所必须遵循的行为准则，是各级人民政府及其有关部门进行监督管理和行政执法的法律依据，是制裁各种安全生产违法犯罪行为的有力武器。

关于《安全生产法》的调整范围，第二条规定："在中华人民共和国领域内从事生产经营活动的单位（以下统称生产经营单位）的安全生产，适用本法；有关法律、行政法规对消防安全和道路交通安全、铁路交通安全、水上交通安全、民用航空安全以及核与辐射安全、特种设备安全另有规定的，适用其规定。"这就确定了《安全生产法》在安全生产工作方面基本法的地位，也明确了与其他相关法律、法规的关系，即通用的基本制度普遍适用，专项的依照相关法规执行，是一种互补的关系。

（三）运行机制

一是规范生产经营单位的安全生产行为，明确生产经营单位主要负责人的安全生产责任，依法建立安全生产管理制度；二是明确从业人员在安全生产方面的权利和义务，规范从业人员安全作业行为，依法保护从业人员的合法权益，保障人民群众的人身安全和健康；三是明确各级人民政府的安全生产责任，依法加强安全生产监督管理，减少和防止生产安全事故；四是规范从事安全评价、咨询、检测、检验中介机构的行为，加强安全生产社会舆论媒体监督；五是依法建立生产安全事故应急救援体系，强化责任追究。

《安全生产法》总则规定了保障安全生产的国家总体运行机制，包括如下五个方面：

（1）政府监管与指导（通过立法、执法、监管等手段）。

（2）企业实施与保障（落实预防、应急救援和事后处理等措施）。

（3）员工权益与自律（八项权益和三项义务）。

（4）社会监督与参与（公民、工会、舆论和社区监督）。

第一是工会民主监督，即工会有权对建设项目的安全设施与主体工程同时设计、同时施工、同时投入生产和使用的情况进行监督，提出意见；

第二是社会舆论监督，即新闻、出版、广播、电影、电视等单位有对违反安全生产法律、法规的行为进行舆论监督的权利；

第三是公众举报监督，即任何单位或者个人对事故隐患或者安全生产违法行为，均有权向负有安全生产监督管理职责的部门报告或者举报；

第四是社区报告监督，即居民委员会、村民委员会发现其所在区域内的生产经营单位存在事故隐患或者安全生产违法行为时，有权向当地人民政府或者有关部门报告。

（5）中介支持与服务（通过技术支持和咨询服务等方式）。

（四）基本法律制度

作为一部安全生产大法，《安全生产法》确立了对各行业和各类生产经营单位普遍适用的 7 项基本法律制度：

（1）安全生产监督管理制度。这项制度主要包括安全生产监督管理体制、各级人民政府和安全生产监督管理部门以及其他有关部门各自的安全监督管理职责、安全监督管理人员职责、社区基层组织和新闻媒体进行安全生产监督的权利和义务等。

（2）生产经营单位安全保障制度。这项制度主要包括生产经营单位的安全生产条件、安全管理机构及其人员配置、安全投入、从业人员安全资质、安全条件论证和安全评价、建设工程"三同时"、安全设施的设计审查和竣工验收、安全技术装备管理、生产经营场所安全管理、社会工伤保险等。

（3）生产经营单位负责人安全责任制度。这项制度主要包括生产经营单位主要负责人和其他负责人、安全生产管理人员的资质及其在安全生产工作中的主要职责。

（4）从业人员安全生产权利义务制度。这项制度主要包括生产经营单位的从业人员在生产经营活动中的基本权利和义务，以及应当承担的法律责任。

（5）安全中介服务制度。这项制度主要包括从事安全评价、评估、检测、检验、咨询服务等工作的安全中介机构和安全专业技术人员的法律地位、任务和责任。

（6）安全生产责任追究制度。这项制度主要包括安全生产的责任主体，安全生产责任的确定和责任形式，追究安全责任的机关、依据、程序和安全生产法律责任。

（7）事故应急救援和处理制度。这项制度主要包括事故应急预案的制定、事故应急体系的建立、事故报告、调查处理的原则和程序、事故责任的追究、事故信息发布等。

（五）安全生产责任对象

《安全生产法》明确了对我国安全生产负有责任的各方，包括以下四个负有责任的方面：政府责任方，即各级政府和对安全生产负有监管职责的有关部门；生产经营单位责任方；从业人员责任方；中介机构责任方。

（六）对策保障体系

《安全生产法》指明了实现我国安全生产的三大对策体系：

第一是事前预防对策体系，即要求生产经营单位建立安全生产责任制，坚持"三同时"，保证安全机构及专业人员，落实安全投入，进行安全培训，实行危险源管理，进行项目安全评价，推行安全设备管理，落实现场安全管理，严格交叉作业管理，实施高危作业安全管理，保证承包租赁安全管理，落实工伤保险。同时，加强政府监管，发动社会监督，推行中介技术支持。

第二是事中应急救援体系，要求政府建立行政区域内的重大安全事故救援体系，制定社区事故应急救援预案；要求生产经营单位进行危险源的预控，制定事故应急救援预案。

第三是建立事后处理对策系统，包括推行严密的事故处理及严格的事故报告制度，实施事故后的行政责任追究制度，强化事故经济处罚，明确事故刑事责任追究。

（七）主要负责人职责

依照《安全生产法》第五条的规定，生产经营单位的主要负责人对本单位的安全生产工作全面负责。按照本法第十八条的规定，生产经营单位的主要负责人对本单位安全生产工作负有的职责包括：建立、健全本单位安全生产责任制；组织制定本单位安全生产规章制度和操作规程；组织制定并实施本单位安全生产教育和培训计划；保证本单位安全生产投入的有效实施；督促、检查本单位的安全生产工作，及时消除生产安全事故隐患；组织制定并实施本单位的生产安全事故应急救援预案；及时、如实报告生产安全事故。

（八）从业人员的权利和义务

（1）生产经营单位的从业人员有依法获得安全生产保障的权利。从业人员享有的安全生产保障权利主要包括：

① 有关安全生产的知情权，包括获得安全生产教育和技能培训的权利，被如实告知作业场所和工作岗位存在的危险因素、防范措施及事故应急措施的权利。

② 有获得符合国家标准的劳动防护用品的权利。

③ 有对安全生产问题提出批评、建议的权利。从业人员有权对本单位安全生产管理工作存在问题提出建议、批评、检举、控告，生产单位不得因此做出对从业人员不利的处分。

④ 有对违章指挥的拒绝权。从业人员对管理者做出的可能危及安全的违章指挥，有权拒绝执行，并不得因此受到对自己不利的处分。

⑤ 有采取紧急避险措施的权利。从业人员发现直接危及人身安全的紧急情况时，有权停止作业或者在采取紧急措施后撤离作业场所，并不得因此受到对自己不利的处分。

⑥ 在发生生产安全事故后，有获得及时抢救和医疗救治并获得工伤保险赔付的权利等。

⑦ 有获得民事赔偿的权利。

⑧ 有获得安全生产教育和培训的权利。

（2）从业人员在安全生产方面的义务。从业人员在享有获得安全生产保障权利的同时，也负有以自己的行为保证安全生产的义务。主要包括：

① 自律遵规的义务。从业人员在作业过程中，应当遵守本单位的安全生产规章制度和操作规程，服从管理，正确佩戴和使用劳动防护用品；

② 接受安全生产教育和培训，自觉学习安全生产知识的义务。掌握本职工作所需的安全生产知识，提高安全生产技能，增强事故预防和应急处理能力；

③ 危险报告义务，即发现事故隐患或者其他不安全因素时，应当立即向现场安全生产管理人员或者本单位负责人报告。

（九）监管部门的职责与义务

国家有关安全生产监管部门的安全监督检查人员具有以下三项职权：

第一是现场调查取证权，即安全生产监督检查人员有权进入生产经营单位进行现场调查，单位不得拒绝；有权向被检查单位调阅资料，向有关人员（负责人、管理人员、技术人员）了解情况。

第二是现场处理权，即对安全生产违法作业当场纠正权；对现场检查出的隐患，责令限期改正、停产停业或停止使用的职权；责令紧急避险权和依法行政处罚权。

第三是查封、扣押行政强制措施权，其对象是安全设施、设备、器材、仪表等；依据是不符合国家或行业安全标准；条件是必须按程序办事、有足够证据、经部门负责人批准、通知被查单位负责人到场、登记记录等，并必须在15日内做出决定。

《安全生产法》除规定了安全监管部门和监督检查人员的权利外，还明确了其要求和应尽的义务：

一是审查、验收禁止收取费用；

二是禁止要求被审查、验收的单位购买指定产品；

三是必须遵循忠于职守、坚持原则、秉公执法的执法原则；

四是监督检查时须出示有效的监督执法证件；

五是对检查单位的技术秘密、业务秘密尽到保密义务。

（十）法律责任

新修订后的《安全生产法》加大了对安全生产违法行为的责任追究力度：

一是规定了事故行政处罚和终身行业禁入。第一，将行政法规的规定上升为法律条文，按照两个责任主体、四个事故等级，设立了对生产经营单位及其主要负责人的八项罚款处罚规定。第二，大幅提高对事故责任单位的罚款金额：一般事故罚款二十万元至五十万元，较大事故五十万元至一百万元，重大事故一百万元至五百万元，特别重大事故五百万元至一千万元；特别重大事故的情节特别严重的，罚款一千万元至二千万元。第三，进一步明确主要负责人对重大、特别重大事故负有责任的，终身不得担任本行业生产经营单位的主要负责人。

二是加大罚款处罚力度。结合各地区经济发展水平、企业规模等实际，新法维持罚款下限基本不变、将罚款上限提高了2倍至5倍，并且大多数罚则不再将限期整改作为前置条件，反映了"打非治违"、"重典治乱"的现实需要，强化了对安全生产违法行为的震慑力，也有利于降低执法成本、提高执法效能。

三是建立了严重违法行为公告和通报制度。要求负有安全生产监督管理职责的部门建立安全生产违法行为信息库，如实记录生产经营单位的安全生产违法行为信息；对违法行为情节严重的生产经营单位，应当向社会公告，并通报行业主管部门、投资主管部门、国土资源主管部门、证券监督管理部门和有关金融机构。

（十一）《安全生产法》的主要内容

1. 生产经营单位的安全生产保障

1）生产经营单位主要负责人的职责

《安全生产法》第五条规定："生产经营单位的主要负责人对本单位的安全生产工作全面负责。"作为生产经营单位的主要负责人，对搞好本单位的安全生产具有举足轻重的作用，必须对本单位的安全生产工作全面负责。《安全生产法》第十八条对生产经营单位的主要负责人的职责做了以下七个方面的法律强制规范：

（1）建立、健全安全生产责任制。这里讲的安全生产责任制，是指生产经营单位的全员安全生产责任制，即将不同的安全生产责任分解落实到生产经营单位的主要负责人以及每个岗位上的工人身上，是"安全第一、预防为主"方针的具体体现，是生产经营单位最基本的安全管理制度。只有明确安全责任，分工负责，才能形成比较完整有效的安全管理体系，激发职工的安全责任感，严格执行安全生产方面的法律、法规和标准，减少和防止事故，为安全生产创造良好的环境。其主要内容有：

① 主要负责人的安全生产责任制。生产经营单位的主要负责人是本单位安全生产第一责任人，对本单位的安全生产工作全面负责。

② 副职的安全生产责任制。生产经营单位的副职在各自职责范围内，协助主要负责人搞好安全生产工作。

③ 职能管理机构负责人及其工作人员的安全生产责任制。职能管理机构负责人按照本机构的职责，组织有关工作人员做好安全生产工作，对本机构职责范围内的安全生产工作负责。职能机构工作人员在本职责范围内做好有关安全生产工作。

④ 班组长安全生产责任制。班组长是搞好安全生产工作的关键，是法律、法规的直接执行者。班组长督促本班组的工人遵守有关安全生产的规章制度和安全操作规程，不违章指挥、不违章作业、不强令工人冒险作业。

⑤ 岗位工人的安全生产责任制。接受安全生产教育和培训，遵守有关安全生产规章和安全操作规程，遵守劳动纪律，不违章作业，对本岗位的安全生产负责；特种作业人员必须接受专门的培训，经考试合格取得操作资格证书后方可上岗作业。

（2）组织制定本单位安全生产规章制度和操作规程。党和国家关于安全生产的方针、政策、法律、法规及政府部门有关安全生产的规定，只有通过各项安全生产规章制度才能真正落实到基层，落实到每个职工。操作规程是生产经营单位对某一具体工艺、工种、岗位所制定的具体规章制度。制定安全生产规章制度和操作规程本身是一项安全生产的基础工作，是搞好安全生产的重要保证。生产经营单位只有建立、健全各项安全生产规章制度和操作规程，才能建立和规范安全管理秩序，才能有效地搞好安全生产。

（3）组织制定并实施本单位安全生产教育和培训计划。生产经营单位应当对从业人员进行安全生产教育和培训，保证从业人员具备必要的安全生产知识，熟悉有关的安全生产规章制度和安全操作规程，掌握本岗位的安全操作技能，了解事故应急处理措施，知悉自身在安全生产方面的权利和义务。未经安全生产教育和培训合格的从业人员，不得上岗作业。生产经营单位使用被派遣劳动者的，应当将被派遣劳动者纳入本单位从业人员统一管理，对被派遣劳动者进行岗位安全操作规程和安全操作技能的教育和培训。劳务派遣单位应当对被派遣劳动者进行必要的安全生产教育和培训。生产经营单位接收中等职业学校、高等学校学生实习的，应当对实习学生进行相应的安全生产教育和培训，提供必要的劳动防护用品。学校应当协助生产经营单位对实习学生进行安全生产教育和培训。生产经营单位应当建立安全生产教育和培训档案，如实记录安全生产教育和培训的时间、内容、参加人员以及考核结果等情况。

（4）保证本单位安全生产的投入和实施。要保证生产经营单位达到规定的安全生产条件，实现安全生产，就要进行安全生产的投入。安全生产投入是保障安全生产的重要基础。作为生产经营单位的主要负责人有责任保证安全生产的投入和有效实施，充分发挥投入资金的作用。要根据本单位的安全生产状况，组织制定本单位安全生产投入的长远规划和年度计划；要设立专门的账户或科目，专款专用，不得随意挪用安全生产资金；要定期召开会议，听取安全生产投入资金的使用情况；安全设备更新等投入项目完成后，主要负责人要组织验收，检查并保证投入资金有效使用。

安全生产资金投入主要包括：

① 建设安全技术措施工程，如防灭火工程、通风工程等；

② 更新安全设备、器材、装备、仪器、仪表等，并对这些安全设备进行日常维护；

③ 重大危险源的评估监测和重大安全生产课题的研究；

④ 职工的安全生产教育和培训；

⑤ 其他有关预防事故发生的安全技术措施费用。

（5）督促、检查本单位的安全生产工作，及时消除生产安全事故隐患。

生产经营单位的主要负责人要定期召开有关安全生产的会议，听取有关职能部门安全生产工作的汇报，对反映的安全问题或者存在的事故隐患，要认真组织研究，制定切实可行的安全措施，并督促有关部门限期解决。经常组织安全检查，对检查中发现的安全问题或者事故隐患，指定专人负责，立即处理解决；难以处理的，组织有关职能部门进行研究，采取有效措施，限期整改，并在人、财、物上予以保证，及时消除事故隐患。加强事故隐患整改和安全措施落实情况的监督检查，发现问题及时解决，把事故消灭在萌芽状态。

（6）组织制定并实施本单位的生产安全事故应急救援预案。

事故应急救援是一种事故发生之前就已经预先制定好的事故救援方案。它的作用是：一旦事故发生，生产经营单位就能够立即按照事故应急救援预案中确定的救援方案开展工作，避免事故救援的盲目性。

事故往往有突发性，一旦发生，正常的工作秩序被打乱，人们的思想出现慌乱，往往会出现领导或者临时成立的抢救组制定不出有效的抢救措施、事先物质准备不充分、抢救人员迟迟不到位以及其他种种现象。这些原因，往往延误了抢救的最佳时机，导致事故扩大，很多事故已经证明了这一点。如果事先制定并实施了事故应急救援预案演练，就可以避免上述情况的发生，及时、有效、正确地实施现场抢救和其他各种救援措施，最大限度地减少人员伤亡和财产损失。因此，制定和实施事故应急救援预案，对一个单位来说，非常重要，必不可少。主要负责人要根据本单位安全生产的状况，组织有关部门、专家和专业技术人员认真研究本单位可能出现的生产安全事故，采取切实可行的安全措施，明确从业人员各自的责任，制定出符合实际、操作性强的生产安全事故应急救援预案。事故应急救援预案要发到每个职能部门、每个班组，并组织大家认真学习，使广大从业人员都知道内容，了解救援方法。生产经营单位的安全生产条件发生变化，要重新制定事故应急救援预案。一旦事故发生，主要负责人要按照事故应急救援预案中确定的救援方案，立即开展各项工作。

（7）及时、如实报告生产安全事故。生产经营单位发生事故，现场人员应当立即报告有关负责人，有关负责人应当立即向生产经营单位主要负责人报告。主要负责人接到事故报告后，应当迅速采取有效措施，组织抢救，防止事故扩大，减少人员伤亡和财产损失。同时，按照国家有关法律法规的规定，及时、如实地向有关人民政府及其安全生产监督管理部门和有关部门报告。不得隐瞒不报、谎报或者拖延不报，不得故意破坏事故现场、毁灭有关证据。

2）生产经营单位的安全生产条件

良好的工作环境和劳动条件是实现安全生产，避免和减少人员伤亡、财产损失的重要保障。《安全生产法》第十七条明确规定："生产经营单位应当具备《安全生产法》和有关法律、行政法规和国家标准或者行业标准规定的安全生产条件；不具备安全生产条件的，不得从事生产经营活动。"并在现行法律法规规定的基础上，对生产经营单位的安全生产条件做了如下规定：

(1) 生产经营单位新建、改建、扩建工程项目（以下统称建设项目）的安全设施，必须与主体工程同时设计、同时施工、同时投入生产和使用。安全设施投资应当纳入建设项目概算（第二十八条）。

(2) 生产经营单位安全设备的设计、制造、安装、使用、检测、维修、改造和报废，应当符合国家标准或者行业标准。生产经营单位必须对安全设备进行经常性维护、保养，并定期检测，保证正常运转。维护、保养、检测应当作好记录，并由有关人员签字（第三十三条）。

(3) 生产经营单位使用的危险物品的容器、运输工具，以及涉及人身安全、危险性较大的海洋石油开采特种设备和矿山井下特种设备，必须按照国家有关规定，由专业生产单位生产，并经具有专业资质的检测、检验机构检测、检验合格，取得安全使用证或者安全标志，方可投入使用。检测、检验机构对检测、检验结果负责（第三十四条）。

(4) 生产经营单位应当在有较大危险因素的生产经营场所和有关设施、设备上，设置明显的安全警示标志（第三十二条）；生产经营单位应当教育和督促从业人员严格执行本单位的安全生产规章制度和安全操作规程；并向从业人员如实告知作业场所和工作岗位存在的危险因素、防范措施以及事故应急措施（第四十一条）。

(5) 国家对严重危及生产安全的工艺、设备实行淘汰制度，具体目录由国务院安全生产监督管理部门会同国务院有关部门制定并公布。法律、行政法规对目录的制定另有规定的，适用其规定。省、自治区、直辖市人民政府可以根据本地区实际情况制定并公布具体目录，对前款规定以外的危及生产安全的工艺、设备予以淘汰。生产经营单位不得使用应当淘汰的危及生产安全的工艺、设备（第三十五条）。

(6) 生产、经营、储存、使用危险物品的车间、商店、仓库不得与员工宿舍在同一座建筑物内，并应当与员工宿舍保持安全距离。生产经营场所和员工宿舍应当设有符合紧急疏散要求、标志明显、保持畅通的出口。禁止锁闭、封堵生产经营场所或者员工宿舍的出口（第三十九条）。

要求生产经营单位具备的安全生产条件，是指生产经营单位在生产经营过程中，其生产经营场所、生产经营设备和设施以及与生产经营相适应的管理组织与技术措施，应能满足生产经营的安全需要，符合国家的安全生产法律、法规要求。

自从 1956 年国务院颁布《工厂安全卫生规程》、《建筑安装工程安全技术规程》以来，我国颁布了大量有关安全生产的法律、法规、标准，对各种类型生产经营单位的安全生产条件做出规定，要求工作场所的光线充足，噪声、有毒有害气体和粉尘浓度不得超过国家标准，建筑施工、易燃易爆和有毒有害等危险作业场所应当设置相应的防护措施、报警装置、通讯装置、安全标志等；对危险性较大的生产设备设施，如锅炉、压力容器、起重机械、电梯、厂内机动车辆、客运索道等，必须经过安全评价认可，取得安全使用证后，方可投入使用。

3）安全生产管理机构的建立

安全生产管理机构指的是生产经营单位专门负责安全生产监督管理的内设机构，其工作人员都是专职安全生产管理人员。安全生产管理机构的作用是落实国家有关安全生产法律法规，组织生产经营单位内部各种安全检查活动，负责日常安全检查，及时整改各种事故隐患，监督安全生产责任制落实，等等。它是生产经营单位安全生产的重要组织保证。

从理论上讲，每个生产经营单位都应该设立安全管理机构，但在实际工作中，某些生产经营单位危险性很小，可以不设立专职安全生产管理机构，由专职或者兼职安全生产管理人员来负责安全生产工作就可以。因此，是否设立安全生产管理机构，以及配备多少专职安全生产管理人员，还是配备兼职安全管理人员，这要根据生产经营单位的危险性、规模大小等因素来确定。

从当前来讲，生产危险性较大的行业主要有如下三种：

一是矿山开采。除小部分工作以外，主要是在井下作业。井下作业场所狭小、阴暗、潮湿、多变，生产环节多、过程复杂，导致灾害的因素多。井下作业受到各种灾害，包括顶板、水、火、有毒有害物质的危害及瓦斯、煤尘的严重威胁。另外，矿工大多来自农村，职工素质比较低，安全教育和培训不到位。因此，每年矿山企业发生伤亡事故很多，造成大量人员伤亡。

二是建筑施工。建筑施工作业，大多数是高空作业，危险性很大。施工现场设备和材料又多，施工场所相互交叉作业比较严重，事故隐患比较多。每年，建筑施工行业发生的事故也不少。

三是危险物品的生产、经营、储存。这种工作本身危险性很大，一旦发生事故，不仅影响自身的安全，而且影响周围人群的安全，社会影响力大。

正是出于上述考虑，针对这几类危险性比较大的生产经营单位，《安全生产法》第二十一条规定，矿山、金属冶炼、建筑施工、道路运输单位和危险物品的生产、经营、储存单位，应当设置安全生产管理机构或者配备专职安全生产管理人员。具体工作中是否设置安全生产管理机构或者配备多少专职安全生产管理人员合适，则应根据生产经营单位危险性的大小、从业人员的多少、生产经营规模的大小等因素确定。从事矿山开采的生产经营单位危险性很大，必须设置安全生产管理机构。从事危险物品经营的生产经营单位有的规模可能较小，仅几个至几十个从业人员，则可以不设立安全生产管理机构，但必须配备专职安全生产管理人员。

除从事矿山开采、建筑施工和危险物品的生产、经营、储存活动的生产经营单位外，其他生产经营单位的危险性较小，如纺织、电子、商场等。这类生产经营单位是否设立安全生产管理机构以及是否配备专职安全生产管理人员，则要根据其从业人员的规模来确定。

国外一般规定，企业雇员超过100人，要建立安全健康委员会。安全健康委员会负责日常安全管理工作，相当于我国的安全生产管理机构。随着我国安全生产工作的进一步推进，企业国际化程度提高，确定须建立安全生产管理机构的从业人员的规模为一百人。

因此，《安全生产法》第二十一条规定，除矿山、金属冶炼、建筑施工、道路运输单位和危险物品的生产、经营、储存单位以外的其他生产经营单位，从业人员超过一百人的，应当设置安全生产管理机构或者配备专职安全生产管理人员；从业人员在一百人以下的，应当配备专职或者兼职的安全生产管理人员。

4）生产经营单位的安全教育与培训

安全生产教育培训是指对生产经营单位各类人员，包括负责人、安全生产管理人员、基层干部、工程技术人员、管理人员、班组长和工人，在安全生产政策法规、安全文化、安全技术、管理、技能等方面，有计划、有步骤地组织教育培训，以全面提高各类人员的安全素质。

（1）生产经营单位主要负责人的安全生产资格培训。《安全生产法》第二十四条规定：生产经营单位的主要负责人和安全生产管理人员必须具备与本单位所从事的生产经营活动相应的安全生产知识和管理能力。危险物品的生产、经营、储存单位以及矿山、建筑施工单位的主要负责人和安全生产管理人员，应当由有关主管部门对其安全生产知识和管理能力考核合格后方可任职。"

生产经营单位主要负责人是本单位安全生产的第一责任者，对本单位的安全生产工作全面负责。一个生产经营单位的安全生产工作搞得好不好，关键在于该单位的主要负责人。作为本单位安全生产第一责任者的主要负责人需要知道、熟悉国家有关安全生产的法律、法规、规章、规程和国家标准、行业标准，需要建立健全的安全生产责任制，需要听取有关安全生产汇报，需要参加各种安全大检查以及其他有关安全生产的工作等，这就迫切要求主要负责人掌握与本单位生产经营活动有关的安全生产知识。只有这样，才能真正搞好安全生产工作，保障生产经营单位的安全生产，防止各类生产安全事故的发生。对一个生产经营单位的主要负责人来讲，具备必要的安全生产知识和管理能力，是最基本的要求，也是生产经营单位安全生产的重要保证。

从事危险物品的生产、经营、储存的单位以及矿山、建筑施工单位，都是高危行业，危险性极大，容易发生事故。为此，国家对这类生产经营单位的主要负责人应具备的安全生产知识有特殊的要求；针对不同行业，各有关主管部门都有相应的规定。生产经营单位主要负责人必须经有关主管部门组织的安全生产知识和管理能力的考核合格后，方可任职。考核的内容应由有关主管部门来确定，一般包括下列内容：① 有关安全生产的法律、法规及有关本行业的规章、规程、规范和标准；② 有关本行业的安全生产知识；③ 企业管理能力；④ 事故应急救援和调查处理的知识；⑤ 安全生产责任制。

安全生产管理人员是生产经营单位专门负责安全生产管理的人员，是国家有关安全生产法律、法规、方针、政策在本单位的具体贯彻执行者，是本单位安全生产规章制度的具体落实者，是生产经营单位安全生产的"保护神"。安全生产管理人员知识水平的高低、工作责任心的强弱，对生产经营单位的安全生产起着重要作用。这里讲的安全生产管理人员，是所有从事安全生产管理人员的总称，它既包括安全生产管理机构的负责人，也包括生产经营单位主管安全生产的负责人，既指专职的安全生产管理人员，也指兼职的安全生产管理人员。

作为一名安全生产管理人员，必须具备与本单位所从事的生产经营活动相应的安全知识和管理能力，只有这样，才能保障生产经营单位的安全生产。对于从事危险物品的生产、经营、储存的单位以及矿山、建筑施工单位的安全生产管理人员，其安全生产知识和管理能力的要求就更高，国家也有相应的规定。这些生产经营单位的安全生产管理人员必须经过有关主管部门的考核，考核合格后，方可上岗。总之，生产经营单位要加强对安全生产管理人员的教育和培训，提高他们的安全知识水平，提高他们的安全管理能力，加强现场安全管理，及时消除事故隐患，保障生产经营单位安全生产，保障职工人身安全和健康。

（2）从业人员的安全生产教育培训。《安全生产法》第二十五条规定：生产经营单位应当对从业人员进行安全生产教育和培训，保证从业人员具备必要的安全生产知识，熟悉有关的安全生产规章制度和安全操作规程，掌握本岗位的安全操作技能，了解事故应急处理措施，知悉自身在安全生产方面的权利和义务。未经安全生产教育和培训合格的从业人员，不得上岗作业。生产经营单位使用被派遣劳动者的，应当将被派遣劳动者纳入本单位从业人员统一管理，对被派遣劳动者进行岗位安全操作规程和安全操作技能的教育和培训。劳务派遣单位应当对被派遣劳动者进行必要的安全生产教育和培训。生产经营单位接收中等职业学校、高等学校学生实习的，应当对实习学生进行相应的安全生产教育和培训，提供必要的劳动防护用品。学校应当协助生产经营单位对实习学生进行安全生产教育和培训。生产经营单位应当建立安全生产教育和培训档案，如实记录安全生产教育和培训的时间、内容、参加人员以及考核结果等情况。

我国对从业人员的安全教育实行"三级教育"制度，即入厂安全教育、车间级安全教育和岗位安全教育。而且，实行教育培训考核制度，从业人员经教育培训考核合格才能上岗，否则，不能上岗。

在实行"三级教育"时，只要符合"三新"条件都必须进行教育培训。"三新"的条件是：① 新入厂的从业人员；② 新调动工种的从业人员；③ 采用新工艺、新技术、新材料或者使用新设备的情况。针对第三个"新"条件，《安全生产法》第二十六条做了专门规定："生产经营单位采用新工艺、新技术、新材料或者使用新设备，必须了解、掌握其安全技术特性，采取有效的安全防护措施，并对从业人员进行专门的安全生产教育和培训。"

（3）特种作业人员安全教育培训。特种作业是指在劳动过程中容易发生伤亡事故，对操作者本人、他人及周围设施的安全有重大危害的作业。从事特种作业的人员称为特种作业人员。

特种作业危险性较大，一旦发生事故，对整个企业的生产影响较大，常常会造成严重的人身伤害和财产损失。因此，《安全生产法》第二十七条规定："生产经营单位的特种作业人员必须按照国家有关规定经专门的安全作业培训，取得相应资格，方可上岗作业。特种作业人员的范围由国务院安全生产监督管理部门会同国务院有关部门确定。"

国家安全生产监督管理总局令（第3号）《生产经营单位安全培训规定》对生产经营单位的主要负责人、安全生产管理人员、特种作业人员和其他从业人员的安全培训作出了具体规定；而国家安全生产监督管理总局令（第30号）《特种作业人员安全技术培训考核管理规定》则对特种作业人员的安全技术培训、考核、发证做了具体规定。

5）项目建设的安全保障

项目建设的安全保障是《安全生产法》的重要内容。为了确保生产经营单位新建、改建、扩建工程投产后，具备必要的安全生产条件及安全生产设施，符合《安全生产法》和国家有关法规及行业安全规程、技术规范的规定，《安全生产法》第二十八条、第二十九条、第三十条和第三十一条对建设工程项目的"三同时"制度做了明确规定。

（1）项目建设的"三同时"制度。《安全生产法》第二十八条规定："生产经营单位新建、改建、扩建工程项目（以下统称建设项目）的安全设施，必须与主体工程同时设计、同时施工、同时投入生产和使用。安全设施投资应当纳入建设项目概算。"这条规定明确了建设工程项目设计、施工和投产时所必须遵循的基本原则，也就是通常所说的"三同时"。

第二十九条规定："矿山、金属冶炼建设项目和用于生产、储存、装卸危险物品的建设项目，应当按照国家有关规定进行安全评价。"

第三十条规定："建设项目安全设施的设计人、设计单位应当对安全设施设计负责。矿山、金属冶炼建设项目和用于生产、储存、装卸危险物品的建设项目的安全设施设计应当按照国家有关规定报经有关部门审查，审查部门及其负责审查的人员对审查结果负责。"

第三十一条规定："矿山、金属冶炼建设项目和用于生产、储存、装卸危险物品的建设项目的施工单位必须按照批准的安全设施设计施工，并对安全设施的工程质量负责。矿山、金属冶炼建设项目和用于生产、储存危险物品的建设项目竣工投入生产或者使用前，应当由建设单位负责组织对安全设施进行验收；验收合格后，方可投入生产和使用。安全生产监督管理部门应当加强对建设单位验收活动和验收结果的监督核查。

多年来大量经验教训证明，在生产性基本建设项目和技术改造项目中贯彻执行"三同时"制度，是实现安全生产的根本大计。

首先，它是从源头上消除可能造成伤亡事故和职业病的危险因素，保障新、改、扩建项目和新工艺、新产品、新技术从开始投产起，就消除了事故隐患，或使其得到有效控制，达到安全生产，保护职工安全健康的目的。

其次，实施"三同时"制度，可以保证新的工程项目的正常投产使用和顺利运行，使新项目达到预期要求，促进生产和经济效益的提高；反之，如果为了节省投资、加快工程进度而不注重安全设施的建设，就会给生产遗留重大隐患。待发生事故后再采取弥补措施，就会给改造工程带来困难，资金投入也要大得多，效果也差得多。

国家安全生产监督管理总局令（第36号）《建设项目安全设施"三同时"监督管理暂行办法》对经县级以上人民政府及其有关主管部门依法审批、核准或者备案的生产经营单位新建、改建、扩建工程项目安全设施"三同时"监督管理做出了具体规定。国家安全生产监督管理总局令（第51号）《建设项目职业卫生"三同时"监督管理暂行办法》对可能产生职业病危害的新建、改建、扩建和技术改造、技术引进建设项目职业病防护设施建设及其监督管理做了具体规定。

（2）建设项目安全预评价制度。《安全生产法》第二十九条规定："矿山、金属冶炼建设项目和用于生产、储存、装卸危险物品的建设项目，应当按照国家有关规定进行安全评价。"此规定明确了建设项目安全预评价制度。

安全评价是指运用定量或定性的方法，对建设项目或生产经营单位存在的职业危险因素和有害因素进行识别、分析和评估。安全评价包括安全预评价、安全验收评价、安全现状综合评价和专项安全评价。

安全预评价是根据建设项目可行性研究报告的内容，分析和预测该建设项目存在的危险、有害因素的种类和程度，提出合理可行的安全技术设计和安全管理的建议。

安全验收评价是在建设项目竣工、试生产运行正常后，通过对建设项目的设施、设备、装置实际运行状况的检测、考察，查找该建设项目投产后可能存在的危险、有害因素，提出合理可行的安全技术调整方案和安全管理对策。

安全现状综合评价是针对某一个生产经营单位总体或局部的生产经营活动安全现状进行的全面评价。

专项安全评价是针对某一项活动或场所，以及一个特定的行业、产品、生产方式、生产工艺或生产装置等存在的危险、有害因素进行的专项安全评价。

6）设备设施的安全保障

（1）安全设备的管理。为了保护生产经营单位的安全生产，必须正确使用安全设备。在我国，由于各种安全设备的不合格，以及使用过程中的不当，发生的事故也不少，为此，《安全生产法》第三十三条规定：安全设备的设计、制造、安装、使用、检测、维修、改造和报废，应当符合国家标准或者行业标准。这从两个方面来进行规定：一方面，对于生产安全设备的生产经营单位（生产厂家）来说，要保证安全设备的设计和制造符合国家标准或者行业标准，生产出合格的安全设备；作为生产安全设备的生产经营单位，生产厂家有责任提供合格的产品。如果由于安全设备的设计或者制造不符合国家标准或者行业标准，导致事故发生，将追究生产厂家的责任。这在法律中是第一次对生产厂家提出了要求。厂家也有保障生产经营单位安全生产的责任。另一方面，对于使用安全设备的生产经营单位（使用单位）来说，要做到安全设备的安装、使用、检测、维修、改造和报废符合国家标准或者行业标准。使用单位对安全设备，从安装开始到投入使用、进行检测、维修、改造，直到报废，每一步都要按照标准进行，严禁违章操作。另外，安全设备也是生产经营单位搞好安全生产的硬件。保证安全设备的安全、可靠，是从源头抓好生产经营单位的安全生产。安全设备的正常运转是生产经营单位安全生产的重要保障。为此，《安全生产法》第三十三条又规定，生产经营单位必须对安全设备进行经常性维护、保养，并定期检测，保证正常运转。维护、保养、检测应当做好记录，并由有关人员签字。

生产经营单位要对安全设备进行经常性维护、保养，并定期检测，这是保证安全设备正常运转的前提。安全设备不同于一般设备，专业性较强，对其维护、保养和检测需要一定的专业技术。国家对安全设备的检测有严格的规定，对从事安全设备检测的厂家实行资格审查。生产经营单位应当指定有工作经验和专业技能的专门人员，定期对安全设备进行维护和保养；应当定期将有关安全设备送到有检测资格的单位进行检测，确有困难不能直接到有关单位进行检测的，应当聘请有检测资格的单位派员到生产经营单位进行检测。

生产经营单位要落实责任，必须要做到维护、保养、检测有记录，并由有关人员签字。这是落实责任制的具体体现，也是保证维护、保养、检测效果的重要前提。安全设备的维护、保养、检测没有记录或没有有关人员签字，极易造成工作人员弄虚作假，致使该维护的没有维护，该保养的没有保养，该定期检测的没有定期检测，安全设备带病运转。因此，做好安全设备的维护、保养、检测的记录，并由有关人员签字，也是事故发生后，保障从业人员合法权益的有力证据。

（2）生产经营场所和有关设备、设施安全警示。《安全生产法》第三十二条规定："生产经营单位应当在有较大危险因素的生产经营场所和有关设施、设备上，设置明显的安全警示标志。"

在有较大危险因素的生产经营场所和有关设施、设备上设置安全警示标志，是生产经营单位的基本义务之一，也是生产经营单位安全生产管理工作的重要内容，必须切实重视，认真执行。

执行这一规定，要求生产经营单位根据本单位的生产经营性质、有关设施设备的安全性能等因素，确定哪些属于有较大危险因素的生产经营场所和有关设施、设备。一般来说，有较大危险因素的生产经营场所和有关设施、设备，是指因生产经营场所进行的作业性质、使用的设备、材料或者储存的物品有危险因素，容易造成从业人员或者其他人员伤亡，或者有关设施、设备的操作使用中容易对人身造成伤害。生产经营单位在有较大危险因素的生产经营场所或者有关设施、设备上，设置相应的明显的安全警示标志，以提醒、警告作业人员或其他有关人员，使其能时刻清醒认识所处环境的危险，提高注意力，加强自身安全保护，对减少生产安全事故的发生，有不可忽视的作用。

（3）设备的报废与淘汰。《安全生产法》第三十五条规定："国家对严重危及生产安全的工艺、设备实行淘汰制度，具体目录由国务院安全生产监督管理部门会同国务院有关部门制定并公布。法律、行政法规对目录的制定另有规定的，适用其规定。省、自治区、直辖市人民政府可以根据本地区实际情况制定并公布具体目录，对前款规定以外的危及生产安全的工艺、设备予以淘汰。生产经营单位不得使用应当淘汰的危及生产安全的工艺、设备。"

设备经长期运行使用，不断磨损、老化，生产效率、安全性、可靠性不断下降，对这些设备就应进行报废处理；对危险性大，危及生产经营安全的工艺与设备应进行淘汰处理，以避免因设备不安全而引发安全事故。《安全生产法》从法律上对设备的报废、淘汰制度加以确认，有利于该制度的有效实施。设备报废或淘汰后，任何生产经营单位不得使用已报废、淘汰、禁止使用的危及生产安全的工艺与设备。

（4）特种设备实行安全许可证。《安全生产法》第三十四条规定："生产经营单位使用的危险物品的容器、运输工具，以及涉及人身安全、危险性较大的海洋石油开采特种设备和矿山井下特种设备，必须按照国家有关规定，由专业生产单位生产，并经具有专业资质的检测、检验机构检测、检验合格，取得安全使用证或者安全标志，方可投入使用。检测、检验机构对检测、检验结果负责。"

特种设备是指危险性较大、易发生事故而危及生命安全、对管理有特殊要求的一类设备，如锅炉、压力容器、压力管道、起重设备、架空索道等。对特种设备，国家制定专门的管理规定，实行安全使用制度，具体内容包括：

① 设计单位、生产厂家具有设计或生产特种设备的许可证。对特种设备，国家通常采用定点生产，由具备生产能力的专业生产单位生产，并发给生产许可证，没有取得生产许可证的单位不得生产特种设备。

② 检测、检验机构具有专业资质证。特种设备的检测、检验通常需要专门的检测设备，测定要求高，测定过程规范。为了保证检测、检验质量，防止因检测精度不够或检测错误而导致特种设备在使用中发生事故，必须由具备检测、检验技术力量、并经认证取得专业资质证的机构进行。其他没有取得专业资质认证的单位，不得从事特种设备的检测、检验工作。

③ 安全使用证。首先，特种设备必须由具有相应特种设备安装许可证的单位进行安装，有的要求将安装平面图（如锅炉房）交上级有关部门审查批准后才能进行安装；其

次，安装完工后必须进行竣工验收，验收调试通过后才能试运行；最后，要向特种设备管理部门申报，并申请安全使用证，取得安全使用证后才能正式投入运营。

（5）劳动防护用品及工伤保险。

①劳动防护用品。劳动防护用品是指劳动者在劳动过程中为免遭或者减轻事故伤害或者职业危害所配备的防护装置。使用劳动防护用品，是保障从业人员人身安全与健康的重要措施，也是保障生产经营单位安全生产的基础。

劳动防护用品的种类很多，有自救器、防护罩、安全帽等。目前，我国由于生产经营单位没有配备必要的劳动防护用品，或者从业人员不会使用劳动防护用品导致的事故很多。很多私营小企业"要钱不要命"，安全不投入，根本不给从业人员配备劳动防护用品。为此，《安全生产法》第四十二条规定，生产经营单位必须为从业人员提供符合国家标准或者行业标准的劳动防护用品，并监督、教育从业人员按照使用规则佩戴、使用。

生产经营单位必须为从业人员免费提供符合国家标准或者行业标准的劳动防护用品，不得提供不符合标准的劳动防护用品，不得以货币或者其他物品替代应当配备的劳动防护用品。劳动防护用品都有使用期限，超过使用期限的劳动防护用品，生产经营单位必须及时更新。生产经营单位应当建立健全劳动防护用品的购买、验收、保管、发放、更新、报废等管理制度，应当按照劳动防护用品的使用要求，在使用前对其防护性能进行必要的检查。生产经营单位要尽可能到固定的生产厂家购买劳动防护用品，以保证质量的可靠。劳动防护用品购买回来后，生产经营单位要组织验收。生产经营单位要加强劳动防护用品使用规范的教育和培训，监督、教育从业人员按照劳动防护用品的使用规范和防护要求正确佩戴、使用劳动防护用品，对不佩戴、不使用的从业人员要给予教育以至必要的处分。

②工伤保险。《安全生产法》第四十八条规定，生产经营单位必须依法参加工伤社会保险，为从业人员缴纳保险费。

工伤保险的主要任务是保障因工作遭受事故伤害、患职业病的职工获得医疗救治、职业康复和经济补偿。建立工伤保险后，从业人员可以安心工作，遵守规程制度，从而保障生产经营单位的安全生产。《安全生产法》第四十三条规定，所有生产经营单位必须依法参加工伤保险，为从业人员缴纳保险费。关于工伤保险的法规，国务院已经制定颁发工伤保险条例，对工伤保险做出详细的规定，生产经营单位必须严格执行。

（6）危险作业的安全管理。《安全生产法》第四十条规定："生产经营单位进行爆破、吊装以及国务院安全生产监督管理部门会同国务院有关部门规定的其他危险作业，应当安排专门人员进行现场安全管理，确保操作规程的遵守和安全措施的落实。"

危险作业是指容易造成严重伤害事故和财产损失的作业。主要是指临时性作业、非生产性作业以及劳动条件恶劣的作业，如拆除房屋，砍伐树木，清扫作业场所，立体交叉作业，易燃易爆场所附近动火，机械设备的检查、修理、注油，重大设备的拆迁、吊运、安装，特大、特重零部件的制造、搬运、吊装，大型设施的修理或改造，设备故障的紧急抢修，易燃易爆有毒物品的处置，高处、沟坑、水上、容器或其他有限空间内的作业，压力容器的耐压试验、气密试验，爆破作业，带电作业，高温、严寒、辐射作业等。特种作业和外出作业也应作为危险作业来对待。

安排专门人员进行现场安全管理，这是一个较新的要求。专门人员是指具备一定的专业知识，熟悉爆破、吊装作业的有关技术和操作规程，并具有一定管理能力的人员。专门人员应严格履行现场安全管理的职责，包括监督操作人员遵守操作规程，检查安全措施的落实情况，处理现场紧急事件，纠正违规操作等；确保安全措施的落实是指确保应采取的防止爆破、吊装等危险事故发生的措施落到实处。

（7）相关生产经营单位的安全管理协调。在生产经营活动中，经常有不同生产经营单位在同一区域内作业的情况出现，或者因项目发包或出租而出现的"外来施工"单位的情况。在这两种情况下，都涉及两个独立单位之间的安全生产协调问题，《安全生产法》对此做了具体规范。

① 共同区域生产经营活动的安全协调。《安全生产法》第四十五条规定："两个以上生产经营单位在同一作业区域内进行生产经营活动，可能危及对方生产安全的，应当签订安全生产管理协议，明确各自的安全生产管理职责和应当采取的安全措施，并指定专职安全生产管理人员进行安全检查与协调。"

当两个或两个以上的生产经营单位在同一作业区域进行生产经营活动或施工作业时，由于是两个平等的法律主体关系，其中的任何一个单位都不能直接以行政管理的方式去影响另一方，因此，只能通过签订安全生产管理协议的方式来协调两个平等法律主体的关系，明确各自的安全生产管理职责和应当采取的安全措施。在生产经营活动或施工中，各方应指定专职安全生产管理人员进行安全检查与协调。

② 项目承包的安全协调。《安全生产法》第四十六条规定："生产经营项目、场所发包或者出租给其他单位的，生产经营单位应当与承包单位、承租单位签订专门的安全生产管理协议，或者在承包合同、租赁合同中约定各自的安全生产管理职责；生产经营单位对承包单位、承租单位的安全生产工作统一协调、管理，定期进行安全检查，发现安全问题的，应当及时督促整改。"

生产经营项目、场所、设备发包、出租等经济活动中，常存在很多事故隐患，有些承包单位或个人由于不具备安全生产条件，在经营活动中安全生产没有得到保障而发生重大生产安全事故。通常，不具备安全生产条件或没有资质的承包单位或个人，其经营成本要比正规的单位要低，因此，有些生产经营单位为了获取更大的经济效益，千方百计压低工程项目承包费用，或提高场所、设备出租费用，而把生产经营项目、场所、设备发包、出租给不具备安全生产条件或者相应资质的单位或者个人。这些承包单位或个人在经营活动中，不采取安全措施也不加强安全生产管理，从而引发生产安全事故。许多生产经营单位也存在各种形式的"外来施工单位"或"挂靠施工单位"的安全生产管理问题；有的单位"以包代管"，甚至与承包方签订"生死合同"，忽视对承包单位的安全生产协调与管理，因而导致重大伤亡事故的发生。这方面的事故教训很深刻，需要法律加以规范约束。因此，《安全生产法》第四十六条的规定要求：

a. 生产经营项目、场所发包或者出租给其他单位的，生产经营单位应当与承包单位、承租单位签订专门的安全生产管理协议，或者在承包合同、租赁合同中约定各自的安全生产管理职责；

b. 生产经营单位对承包单位、承租单位的安全生产工作统一协调、管理，定期进行安全检查，发现安全问题的，应当及时督促整改。

（8）安全生产投入。《安全生产法》第二十条规定："生产经营单位应当具备的安全生产条件所必需的资金投入，由生产经营单位的决策机构、主要负责人或者个人经营的投资人予以保证，并对由于安全生产所必需的资金投入不足导致的后果承担责任。有关生产经营单位应当按照规定提取和使用安全生产费用，专门用于改善安全生产条件。安全生产费用在成本中据实列支。安全生产费用提取、使用和监督管理的具体办法由国务院财政部门会同国务院安全生产监督管理部门征求国务院有关部门意见后制定。"第四十四条规定："生产经营单位应当安排用于配备劳动防护用品、进行安全生产培训的经费。"

安全是具有效益的，安全活动要正常进行，必须有一定的经济投入。一般把投入安全活动的一切人力、物力和财力的总和称为安全投资。在安全活动实践中，安全专职人员的配备、安全与卫生技术措施的投入、安全设施维护、保养及改造的投入、安全教育及培训的花费、个体劳动防护及保健费用、事故援救及预防、事故伤亡人员的救治花费等，都属于安全资金投入。

① 我国企业安全投资的来源主要有：

a. 国家在工程项目中预算安排，包括安全设备、设施等内容的预算费用；

b. 国家安全生产管理部门根据各行业或部门的需要，给企业按项目管理的办法下拨安全技术专项措施费；

c. 作为企业生产性费用的投入，支付从事安全或劳动保护活动的需要；

d. 企业从利润留成或福利费中提取的保健、职业人身保险费用。

（2）根据安全投资对事故和伤害的预防或控制作用，安全投资可分为：

a. 预防费用，指为了预防事故而进行的安全投资，包括安全措施费、防护用品费、保健费、安全奖金等超前预防性投入；

b. 事故费用，指事故发生中或发生后的伤亡程度和损失后果的控制性投入，如事故营救、职业病诊治、设备（或设施）修复等。

预防费用也可称为主动投资，而事故费用可称为被动投资。

2. 从业人员安全生产的基本权利和义务

1）从业人员享有的安全生产权利

《安全生产法》第六条规定："生产经营单位的从业人员有依法获得安全生产保障的权利，并应当依法履行安全生产方面的义务。"

由于各类生产经营单位的所有制形式、规模、作业条件和管理方式多种多样，法律不可能也不需要对其从业人员所有的安全生产权利都做出具体规定，《安全生产法》主要规定了各类从业人员必须享有的、有关安全生产和人身安全的最重要、最基本的权利，包括：

（1）工伤保险和伤亡求偿权。

《安全生产法》明确赋予从业人员享有工伤保险和获得伤亡赔偿的权利，同时规定了生产经营单位的相关义务。《安全生产法》第四十九条生产经营单位与从业人员订立的劳动合同，应当载明有关保障从业人员劳动安全、防止职业危害的事项，以及依法为从业人员办理工伤保险的事项。生产经营单位不得以任何形式与从业人员订立协议，免除或者减轻其对从业人员因生产安全事故伤亡依法应承担的责任。第五十三条规定："因生产安全事故受到损害的从业人员，除依法享有工伤保险外，依照有关民事法律尚有获得赔偿的权利的，有权向本单位提出赔偿要求。"第四十八条规定："生产经营单位必须依法参加工伤保险，为从业人员缴纳保险费。国家鼓励生产经营单位投保安全生产责任保险。"此外，法律还规定，生产经营单位与从业人员订立协议，免除或者减轻其对从业人员因生产安全事故伤亡依法应承担的责任的，该协议无效；对生产经营单位的主要负责人、个人经营的投资人处二万元以上十万元以下的罚款。

《安全生产法》的有关规定，明确了以下 4 个问题：

① 从业人员依法享有工伤保险和伤亡求偿的权利。法律规定这项权利必须以劳动合同必要条款的书面形式加以确认。没有依法载明或者免除或者减轻生产经营单位对从业人员因生产安全事故伤亡依法应承担的责任的，是一种非法行为，应当承担相应的法律责任。

② 依法为从业人员缴纳工伤社会保险费和给予民事赔偿，是生产经营单位的法律义务。生产经营单位不得以任何形式免除该项义务，不得变相以抵押金、担保金等名义强制从业人员缴纳工伤社会保险费。

③ 发生生产安全事故后，从业人员首先依照劳动合同和工伤社会保险合同的约定，享有相应的赔付金。如果工伤保险金不足以补充受害者的人身损害及经济损失的，依照有关民事法律生产经营单位应当给予赔偿的，从业人员或其近亲属有要求生产经营单位给予赔偿的权利，生产经营单位必须履行相应的赔偿义务；否则，受害者或其近亲属有向人民法院起诉和申请强制执行的权利。

④ 从业人员获得工伤社会保险赔付和民事赔偿的金额标准、领取和支付程序，必须符合法律、法规和国家的有关规定。从业人员和生产经营单位均不得自行确定标准，不得非法降低标准。

（2）危害因素和应急措施的知情权。生产经营单位（特别是从事矿山、建筑、危险物品生产经营单位和具有公众聚集场所的单位）往往存在着一些对从业人员生命和健康带来危险、危害的因素，譬如具有粉尘、火灾、瓦斯爆炸、高空坠落、有毒有害、放射性、腐蚀性、易燃易爆等危险有害因素的场所、工种、岗位、工序、设备、原材料、产品，都有发生人身伤亡事故的可能。直接接触这些危险有害因素的从业人员往往是生产安全事故的直接受害者。许多生产安全事故中从业人员伤亡严重的教训之一，就是从业人员不了解危险因素以及发生事故时应当采取的应急措施。如果从业人员知道并且掌握有关安全知识和处理办法，就可以消除许多不安全因素和事故隐患，避免事故发生或者减少人身伤亡；所以，《安全生产法》规定，生产经营单位从业人员有权了解其作业场所和工作岗位存在的危害因素及事故应急措施。要保证从业人员享有这项权利，生产经营单位就有义务事前告知有关危险因素和事故应急措施；否则，生产经营单位就侵犯了从业人员的权利，并对由此产生的后果承担相应的法律责任。

（3）安全管理的批评、检举、控告权。从业人员是生产经营单位的主人，他们对安全生产情况尤其是安全管理中的问题和事故隐患最了解、最熟悉，具有他人不能替代的作用。只有依靠他们并且赋予其必要的安全生产监督权和自我保护权，才能做到预防为主，防患于未然，才能保障他们的人身安全和健康。关注安全，就是关爱生命，关心企业。一些生产经营单位的主要负责人不重视安全生产，对安全问题熟视无睹，不听取从业人员的正确意见和建议，使本来可以发现并及时处理的事故隐患不断扩大，导致事故和人员伤亡。有的竟然对批评、检举、控告生产经营单位安全生产问题的从业人员进行打击报复。《安全生产法》针对某些生产经营单位存在的不重视甚至剥夺从业人员对安全管理监督权的问题，规定从业人员有权对本单位的安全生产工作提出建议；有权对本单位安全生产工作中存在的问题提出批评、检举、控告。

（4）拒绝违章工作和强令冒险作业权。在生产经营活动中，经常出现企业负责人或者管理人员违章指挥和强令从业人员冒险作业的现象，由此导致事故，造成人员大量伤亡。法律赋予从业人员拒绝违章指挥和强令冒险作业的权利，不仅是为了保护从业人员的人身安全，也是为了警示生产经营单位负责人和管理人员必须照章指挥，保证安全，并不得因从业人员拒绝违章指挥和强令冒险作业而对其进行打击报复。《安全生产法》第五十一条规定："生产经营单位不得因从业人员对本单位安全生产工作提出批评、检举、控告或者拒绝违章指挥、强令冒险作业而降低其工资、福利等待遇或者解除与其订立的劳动合同。"

（5）紧急情况下的停止作业和紧急撤离权。由于生产经营场所的自然和人为的危险因素的存在不可避免，经常会在生产经营作业过程中发生一些意外的或人为的直接危及从业人员人身安全的危险情况，将会或者可能会对从业人员造成人身伤害。从事矿山、建筑、危险物品生产作业的从业人员，一旦发现将要发生透水、瓦斯爆炸、冒顶、片帮、坠落、倒塌，危险物品泄漏、燃烧、爆炸等紧急情况，并且无法避免时，应将最大限度地保护现场作业人员的生命安全放在第一位。法律赋予他们享有在这种情况下停止作业和紧急撤离的权利。《安全生产法》第五十二条规定："从业人员发现直接危及人身安全的紧急情况时，有权停止作业或者在采取可能的应急措施后撤离作业场所。生产经营单位不得因从业人员在前款紧急情况下停止作业或者采取紧急撤离措施而降低其工资、福利等待遇或者解除与其订立的劳动合同。"从业人员在行使这项权利的时候，必须明确四点：一是危及从业人员人身安全的紧急情况除外，该项权利也不能滥用；二是紧急情况必须直接危及人身安全，间接或者可能危及人身安全的情况不应撤离，而应采取有效处理措施；三是出现危及人身安全的紧急情况时，首先是停止作业，然后要采取可能的应急措施，采取应急措施无效时，再撤离作业场所；四是该项权利不适用于某些从事特殊职业的从业人员，比如飞行人员、船舶驾驶人员、车辆驾驶人员等。根据有关法律、国际公约和职业惯例，在发生危及人身安全的紧急情况下，他们不能或者不能先行撤离从业场所或者岗位。

2）从业人员应履行的安全生产义务

（1）遵守安全生产规章制度。《安全生产法》第五十四条规定，从业人员在作业过程中，应当严格遵守本单位的安全生产规章制度和操作规程，服从管理，正确佩戴和使用劳动防护用品。从业人员应严格遵守各项安全生产规章制度，包括安全生产责任制度，安全教育培训制度，安全生产检查制度，伤亡事故调查和处理制度以及各项交接班制度等；严格遵守国家有关安全生产方面的法律、法规和国家标准、行业标准、企业标准，严格遵守各项安全操作规程；不违反劳动纪律，不违章作业；正确操作，精心维护设备，保持作业环境整洁，做好各项记录；有权拒绝违章作业的指令，对他人违章作业加以劝阻和制止。

从业人员上岗时应按规定着装，正确佩戴和使用劳动防护用品，妥善保管和正确使用各种防护器具和灭火器材，应使用经产品质量检验合格的劳动防护用品。有关劳动防护用品的选用、佩戴和使用等应遵守有关劳动防护用品的规定。

（2）接受安全生产方面的教育与培训。《安全生产法》第五十五条规定，从业人员应当接受安全生产教育和培训，掌握本职工作所需的安全生产知识，提高安全生产技能，增强事故预防和应急处理能力。教育与培训是安全生产方面的一项基础性工作，是提高从业人员安全生产技能、掌握安全生产基础知识和专业技术知识的一个重要途径。安全生产重要目的之一是保护作业现场的从业人员，同时，安全生产目标的落实最终要依靠现场的从业人员；因此，从业人员的安全文化素质是企业安全生产水平及其保障程度的最基础元素。人员操作的可靠性和安全性与个人的安全意识、文化意识、思维方法、文化素质、技术水平、个性特征和心理状态等都存在着密切的关系，因此，提高从业人员的安全文化素质是预防事故的最根本的措施。企业应加强从业人员的安全教育与培训，提高从业人员的生产安全技能，以保证其在工作过程中提高工效，安全操作。从业人员安全教育和培训的主要内容应包括：安全生产的方针政策教育，安全生产法规教育，一般生产技术知识教育，一般安全生产技术知识教育，专业安全生产技术知识教育，安全生产技能教育，事故案例教育，三级安全教育，转岗、交换工种和"四新"（新工艺、新材料、新设备、新产品）安全教育，复工教育，特殊工种培训教育，全员安全教育及生产经营单位日常性教育及其他教育等。

　　（3）报告事故隐患或其他不安全因素。《安全生产法》第五十六条规定，从业人员发现事故隐患或者其他不安全因素，应当立即向现场安全生产管理人员或者本单位负责人报告；接到报告的人员应当及时予以处理。这里规定了从业人员报告的时限和报告的内容。报告的时限要求从业人员发现问题应立即向现场安全生产管理人员或本单位负责人报告。报告的内容包括各种存在的或潜在的事故隐患以及所有危及安全的因素。从业人员应认真学习并掌握安全生产方面的有关知识，认真进行巡回检查，正确分析、判断和处理各种事故隐患和不安全因素，把事故消灭在萌芽状态。发现异常情况能处理的应及时处理，不能处理的应立即向现场安全生产管理人员或本单位负责人报告，以便及时采取防范措施。

　　3. 安全生产的监督管理
　　1）安全生产监督管理的涵义
　　安全生产关系到各类生产经营单位和社会的方方面面，涉及面极广；因此，做好安全生产的监督管理工作，仅靠政府及其有关部门是不够的，必须走专门机关和群众相结合的道路，充分调动和发挥社会各界的积极性，齐抓共管，群防群治，才能建立起经常性的、有效的监督机制，从根本上保障生产经营单位的安全生产。

　　安全生产监督管理既包括政府及其有关部门的监督，也包括社会力量的监督。具体有以下七个方面：

　　（1）县级以上地方人民政府的监督管理。主要是组织有关部门对本行政区域内容易发生重大生产安全事故的生产经营单位进行严格的检查并及时处理发现的事故隐患。

　　（2）负有安全生产监督管理职责的部门的监督管理，包括严格依照法定条件和程序对涉及安全生产的事项进行审批和验收，并及时进行监督检查等。为了保证监督检查的顺利进行，对监督检查部门享有的职权、工作程序以及监督检查人员的素质要求和应当遵守的义务也做了明确规定。

　　（3）监察机关的监督。监察机关依照行政监察法的规定，对负有安全生产监督管理职责的部门及其工作人员依法履行监督检查职责的情况进行监察。

　　（4）社会中介机构的监督。承担安全评价、认证、检测、检验等的安全生产中介机构要具备国家规定的资质条件，并对其出具的有关报告、证明负责。

（5）社会公众的监督。任何单位或者个人对事故隐患或者安全生产违法行为，都有权向负有安全生产监督管理职责的部门报告或者举报。

（6）基层群众性自治组织的监督。居民委员会、村民委员会等基层群众性自治组织发现所在区域的生产经营单位存在事故隐患或者安全生产违法行为时，应当向当地政府或者有关部门报告。

（7）新闻媒体的监督。新闻、出版、广播、电影、电视等单位有进行安全生产宣传教育的义务，有对违反安全生产法律、法规的行为进行舆论监督的权利。

2）政府的监督管理职责

《安全生产法》第五十九条规定，县级以上地方各级人民政府应当根据本行政区域内的安全生产状况，组织有关部门按照职责分工，对本行政区域内容易发生重大生产安全事故的生产经营单位进行严格检查。安全生产监督管理部门应当按照分类分级监督管理的要求，制定安全生产年度监督检查计划，并按照年度监督检查计划进行监督检查，发现事故隐患，应当及时处理。

《安全生产法》第五十九条讲的是县级以上人民政府的职责。这一条有几层意思：首先确定主体是"县级以上地方各级人民政府"，其职责，简单地说，就是组织检查、发现并及时处理事故隐患。第二层意思，同时附有前置条件，即"应当根据本行政区域内的安全生产状况"来组织检查。县级以上地方各级行政区域经济状况不一样，发展水平差异很大，生产方式各异，安全生产状况当然也存在很大差别，因此根据各地安全生产状况组织检查是合理的。组织谁来检查是第三层意思，即"组织有关部门按照职责分工"进行检查。具体哪些部门，总则第九条做了规定，即"按照职责分工来确定"的"负责安全生产监督管理的部门"和"有关部门"。第四层意思是检查谁，"对本行政区域内容易发生重大生产安全事故的生产经营单位进行严格检查"，强调了要"严格"。最后"发现事故隐患，应当及时处理"，点明了检查的目的。

3）安全生产监督管理部门职权

《安全生产法》第六十二条规定，安全生产监督管理部门和其他负有安全生产监督管理职责的部门依法开展安全生产行政执法工作，对生产经营单位执行有关安全生产的法律、法规和国家标准或者行业标准的情况进行监督检查，行使以下职权：

（1）进入生产经营单位进行检查，调阅有关资料，向有关单位和人员了解情况；

（2）对检查中发现的安全生产违法行为，当场予以纠正或者要求限期改正；对依法应当给予行政处罚的行为，依照本法和其他有关法律、行政法规的规定作出行政处罚决定；

（3）对检查中发现的事故隐患，应当责令立即排除；重大事故隐患排除前或者排除过程中无法保证安全的，应当责令从危险区域内撤出作业人员，责令暂时停产停业或者停止使用相关设施、设备；重大事故隐患排除后，经审查同意，方可恢复生产经营和使用；

（4）对有根据认为不符合保障安全生产的国家标准或者行业标准的设施、设备、器材以及违法生产、储存、使用、经营、运输的危险物品予以查封或者扣押，对违法生产、储存、使用、经营危险物品的作业场所予以查封，并依法作出处理决定。

监督检查不得影响被检查单位的正常生产经营活动。

除上述规定的权力外，有关安全生产监督管理部门还具有如下各项权力：

（1）县级以上各级人民政府行政主管部门依法对用人单位遵守劳动法律、法规的情况进行监督监察，对违反劳动法律、法规的行为有权制止，并责令改正。

（2）县级以上各级人民政府主管行政部门监督检查人员执行公务时，有权进入用人单位了解执行安全生产法律、法规的情况，查阅必要的资料，并对劳动场所进行检查。

（3）行政处罚权。对用人单位制定的劳动规章制度违反法律、法规规定；用人单位违反安全生产法规定，延长劳动者工作时间；用人单位的劳动安全设施和劳动卫生条件不符合国家规定或者未向劳动者提供必要的劳动防护用品和劳动保护设施等行为进行行政处罚。

另外，安全生产监督管理部门有权发布《安全生产整改指令书》，指出用人单位在安全生产方面存在的问题，并要求限期解决。对违反安全生产法规，发生伤亡事故，或有重大隐患和严重职业危害的用人单位，根据情节轻重给予经济处罚或责令其存在隐患的部分停产整顿。对有关责任人员，提请用人单位主管部门给予行政处分；情节严重、触犯刑律的，提请司法机关依法惩处。

4）安全生产事项的审批和监管

《安全生产法》第六十条规定，负有安全生产监督管理职责的部门依照有关法律、法规的规定，对涉及安全生产的事项需要审查批准（包括批准、核准、许可、注册、认证、颁发证照等，下同）或者验收时，必须做到以下各项要求：

（1）必须严格依照有关法律、法规和国家标准或者行业标准规定的安全生产条件和程序进行审查；

（2）不符合有关法律、法规和国家标准或者行业标准规定的安全生产条件的，不得批准或者验收通过。

（3）对未依法取得批准或者验收合格的单位擅自从事有关活动的，负责行政审批的部门发现或者接到举报后应当立即予以取缔，并依法予以处理。

（4）对已经依法取得批准的单位，负责行政审批的部门发现其不再具备安全生产条件的，应当撤销原批准。

5）安全生产的社会监督

《安全生产法》第七条规定："工会依法安全生产工作对进行监督。生产经营单位的工会依法组织职工参加本单位安全生产工作的民主管理和民主监督，维护职工在安全生产方面的合法权益。生产经营单位制定或者修改有关安全生产的规章制度，应当听取工会的意见。"第五十七条规定："工会有权对建设项目的安全设施与主体工程同时设计、同时施工、同时投入生产和使用进行监督，提出意见。"第七十四条规定："新闻、出版、广播、电影、电视等单位有进行安全生产公益宣传教育的义务，有对违反安全生产法律、法规的行为进行舆论监督的权利。"第七十一条规定："任何单位或者个人对事故隐患或者安全生产违法行为，均有权向负有安全生产监督管理职责的部门报告或者举报。"

国家的这些法律条款，使得安全生产的社会性监督能够做到有法可依，有法必依，执法必严，违法必究。有关法律条款规定任何组织、个人，都可以对生产经营单位的安全生产进行监督，凡发现某单位有违反国家的安全生产方针、安全生产法规，不对职工进行安全教育培训，违章指挥，强令冒险作业，不为职工提供符合国家规定的劳动安全卫生条件和必要的劳动防护用品，对伤亡事故瞒报、迟报、漏报等现象时，都可以向负有安全生产监督管理职责的部门报告或者检举，也可向新闻媒体部门报告。这样，生产经营单位的安全生产情况，在受到国家监督部门的监督管理的同时，还要受到各种社会组织和个人的监督；通过这种多方位、立体交叉的监督网站，可以有效防止伤亡事故，减少职业危害，保障安全生产的顺利进行和国家经济建设的高速发展。

《安全生产法》第六十九条规定："承担安全评价、认证、检测、检验的机构应当具备国家规定的资质条件，并对其做出的安全评价、认证、检测、检验的结果负责。"这是对有关安全生产中介服务机构的一些原则要求。

安全评价、认证、检测、检验是安全生产工作的重要环节。安全评价是指对生产经营单位的有关安全生产条件是否符合有关法律、法规和国家标准或者行业标准所提出的综合性意见。

承担安全评价、认证、检测、检验的机构属于服务的中介机构，其主要职责是接受有关生产经营单位或者负有安全生产监督管理职责的部门的委托，进行相应的安全评价、认证、检测、检验等技术服务工作。过去，这些工作有不少是由有关行政管理部门直接承担的，随着政府职能的转变，中介机构在这方面将会发挥越来越大的作用。安全评价、认证、检测、检验的结果已经成为生产经营单位安全生产管理以及负责安全生产监督管理的部门进行监督检查的重要参考，甚至是其对有关安全生产问题进行审批、决策的重要依据。

承担安全评价、认证、检测、检验的机构应当保证其做出的安全评价、认证、检测、检验结果的客观性、真实性、公正性。如果因其做出的安全评价、认证、检测、检验结果而导致生产安全事故，构成犯罪的，依照刑法有关提供虚假证明文件罪或者其他有关规定追究刑事责任；不构成犯罪的，应依法予以行政处罚，撤销其相应的资格。给他人造成损害的，依法承担赔偿责任。

4. 事故应急救援与调查处理

安全生产的目标是防止事故的发生，但当事故发生时，为了减少事故损失，应采取有效的措施控制事故的扩大，事故应急救援预案就是控制事故扩大的有效方法。事故发生以后，应按法定要求对事故进行调查和处理。

事故应急救援预案是指为了加强对重大事故的处理能力，防止事故的扩大，使事故损失降到最低限度，而根据实际情况预计可能发生的重大事故，所预先制定的事故应急救援对策。通过制定事故应急救援预案，并进行必要的演练，事故发生时按应急预案采取正确的应对措施，可以抑制紧急事件的影响范围，降低事故引起的人员伤害和财产损失。因此，《安全生产法》第七十七条、第七十八条和第七十九条对事故应急救援制度从法律上加以确认。

1）区域应急救援体系

《安全生产法》第七十七条规定："县级以上地方各级人民政府应当组织有关部门制定本行政区域内生产安全事故应急救援预案，建立应急救援体系。"该规定要求地方政府应根据本地的生产经营实际情况，建立完善应急救援体系。

（1）区域应急救援体系的构成。区域应急救援体系由区域应急救援预案和单位应急救援预案组成。其中单位应急救援预案是整个区域应急救援体系的基础，区域应急救援预案涉及范围广，是更宏观的预案，它应整合各单位的应急救援预案于其中。

（2）建立区域应急救援体系应考虑的主要因素：

① 区域内危险性大的生产经营单位及其分布；

② 各类重大危险源及其分布情况；

③ 生产、经营、储存危险物品及其规模情况；

④ 区域的自然条件情况，如气温、风速与风向、滑坡、自然灾害因素等；

⑤ 区域人口密度及分布情况；

⑥ 区域经济、文化、医疗等发展状况；

⑦ 区域的行政管理体制等。

2）生产经营单位应急救援预案

《安全生产法》第七十八条规定：生产经营单位应当制定本单位生产安全事故应急救援预案，与所在地县级以上地方人民政府组织制定的生产安全事故应急救援预案相衔接，并定期组织演练。第七十九条规定：危险物品的生产、经营、储存单位以及矿山、金属冶炼、城市轨道交通运营、建筑施工单位应当建立应急救援组织；生产经营规模较小的，可以不建立应急救援组织，但应当指定兼职的应急救援人员。

危险物品的生产、经营、储存、运输单位以及矿山、金属冶炼、城市轨道交通运营、建筑施工单位应当配备必要的应急救援器材、设备和物资，并进行经常性维护、保养，保证正常运转。

（1）建立应急救援组织、指定应急救援人员。危险物品的生产、经营、储存单位以及矿山、建筑施工单位的生产经营活动具有较高的风险，事故发生率相对较高，影响面也较大，因此，有必要对其安全生产管理工作做出一些特别规定。

根据本条规定，危险物品的生产、经营、储存单位以及矿山、建筑施工单位应当建立应急救援组织。应急救援组织是单位内部专门从事应急救援工作的独立机构。危险物品的生产、经营、储存单位以及矿山、建筑施工单位建立了应急救援组织，一旦发生生产安全事故，应急救援组织就能够迅速、有效地投入抢救工作，防止事故进一步扩大，最大限度地减少人员伤亡和财产损失。为了保证应急救援组织能够适应救援工作需要，应急救援组织应当对应急救援人员进行培训和必要的演练，使其了解本行业安全生产方针、政策、有关法律、法规以及安全救护规程；熟悉应急救援组织的任务和职责，掌握救援行动的方法、技能和注意事项；熟悉本单位安全生产情况；掌握应急救援器材、设备的性能、使用方法、常见故障处理和维护保养的要求。

生产经营规模较小，可以不建立应急救援组织的，应当指定兼职的应急救援人员。这些单位主要是一些规模较小，从业人员较少，发生事故时应急救援任务相对较轻，可以由兼职应急救援人员胜任的单位。这些单位虽然可以不建立应急救援组织，但是由于其所从事的作业具有危险性，必须指定兼职的应急救援人员。兼职应急救援人员也应该具有与专业应急救援人员相同的素质，在发生生产安全事故时能够有效担当起应急救援任务。兼职应急救援人员在平时参加生产经营活动，但应安排适当的应急救援培训和演练，并在发生生产安全事故时保证能够立即投入到应急救援工作中来。

国家安全生产监督管理总局令（第 17 号）《生产安全事故应急预案管理办法》为了规范生产安全事故应急预案的管理，完善应急预案体系，增强应急预案的科学性、针对性、实效性，对生产安全事故应急预案的编制、评审、发布、备案、培训、演练和修订等工作制定了更加具体的规定。

（2）应急救援器材、设备的配备和维护、保养。必要的应急救援器材、设备，是进行事故应急救援不可缺少的工具和手段。这些器材设备必须在平时就予以配备，否则，发生事故时就很难有效地进行救援。因此，在要求危险物品的生产、经营、储存单位以及矿山、建筑施工单位建立应急救援组织或者指定兼职的应急救援人员的同时，还要求应当配备必要的应急救援器材、设备。所谓"配备必要的应急救援器材、设备"，是指根据本单位生产经营活动的性质、特点以及应急救援工作的实际需要，有针对性、有选择地配备应急救援器材、设备。为了保证这些器材、设备处于正常运转状态，在发生事故时用得上、用得好，还应当对应急救援器材、设备进行经常性维护、保养。

3）事故报告与抢险

《安全生产法》的第八十条到第八十二条对事故发生以后的报告程序与抢险工作作了规定：

第八十条：生产经营单位发生生产安全事故后，事故现场有关人员应当立即报告本单位负责人。单位负责人接到事故报告后，应当迅速采取有效措施，组织抢救，防止事故扩大，减少人员伤亡和财产损失，并按照国家有关规定立即如实报告当地负有安全生产监督管理职责的部门，不得隐瞒不报、谎报或者迟报，不得故意破坏事故现场、毁灭有关证据。

第八十一条：负有安全生产监督管理职责的部门接到事故报告后，应当立即按照国家有关规定上报事故情况。负有安全生产监督管理职责的部门和有关地方人民政府对事故情况不得隐瞒不报、谎报或者迟报。

第八十二条：有关地方人民政府和负有安全生产监督管理职责的部门的负责人接到生产安全事故报告后，应当按照生产安全事故应急救援预案的要求立即赶到事故现场，组织事故抢救。

参与事故抢救的部门和单位应当服从统一指挥，加强协同联动，采取有效的应急救援措施，并根据事故救援的需要采取警戒、疏散等措施，防止事故扩大和次生灾害的发生，减少人员伤亡和财产损失。

事故抢救过程中应当采取必要措施，避免或者减少对环境造成的危害。

任何单位和个人都应当支持、配合事故抢救，并提供一切便利条件。

生产安全事故的抢救要坚持及时、得当、有效的原则。因生产安全事故属突发事件，《安全生产法》要求在事故发生后，任何单位和个人都应当支持、配合事故的抢救工作，为事故抢救提供一切便利条件；同时，明确了有关部门及其负责人在事故抢救中的职责：

（1）生产经营单位负责人在事故抢救中的职责。生产经营单位负责人接到事故报告后，一要根据应急救援预案和事故的具体情况，迅速采取有效措施，组织抢救；二要千方百计防止事故扩大，减少人员伤亡和财产损失；三要严格执行有关救护规程和规定，严禁救护过程中的违章指挥和冒险行为，避免救护中的伤亡和财产损失；四要注意保护事故现场，不得故意破坏事故现场、毁灭有关证据。

（2）重大生产安全事故的抢救。生产经营单位发生重大生产安全事故时，单位的主要负责人应当立即组织抢救。有关地方人民政府的负责人接到重大生产安全事故报告后，要立即赶到事故现场，组织抢救。负有安全生产监督管理职责的部门的负责人接到重大生产安全事故报告后，也必须立即赶到事故现场，组织抢救。

重大生产安全事故的抢救应当成立抢救指挥部，由指挥部统一指挥。特大生产安全事故的抢救依照上述规定进行。

4）事故的调查与处理

（1）事故的调查。《安全生产法》第八十三条规定："事故调查处理应当按照科学严谨、依法依规、实事求是、注重实效的原则，及时、准确地查清事故原因，查明事故性质和责任，总结事故教训，提出整改措施，并对事故责任者提出处理意见。事故调查报告应当依法及时向社会公布。事故调查和处理的具体办法由国务院制定。事故发生单位应当及时全面落实整改措施，负有安全生产监督管理职责的部门应当加强监督检查。"该条主要对事故调查的原则、目标和依据进行规范。

① 事故调查原则。事故调查处理应当按照实事求是、尊重科学的原则进行。为了防止人为因素的干扰，第八十五条规定："任何单位和个人不得阻挠和干涉对事故的依法调查处理。"

② 事故调查目标。事故调查应做到如下要求：

a. 及时、准确地查清事故原因、伤亡及损失情况；

b. 查明事故性质和责任，对事故责任者提出处理意见；

c. 总结事故教训，提出防范事故的整改措施。

③ 事故调查依据。事故调查和处理的具体办法由国务院制定相应的行政法规。目前执行《生产安全事故报告和调查处理条例》和《国务院关于特大安全事故行政责任追究的规定》。

（2）事故处理的"四不放过"原则。"四不放过"原则是指在调查处理工伤事故时，必须坚持事故原因分析不清不放过，事故责任者和群众没有受到教育不放过，没有采取切实可行的防范措施不放过，事故责任者没有受到严肃处理不放过。

"四不放过"原则的第一层含义是要求在调查处理工伤事故时，首先要把事故原因分析清楚，找出导致事故发生的真正原因，不能敷衍了事，不能在尚未找到事故主要原因时就轻易下结论。只有找到事故发生的真正原因，并搞清各因素之间的因果关系才算达到事故原因分析的目的。

"四不放过"原则的第二层含义是要求在调查处理工伤事故时，不能认为原因分析清楚了，有关人员也处理了就算完成任务了，还必须使事故责任者和广大群众了解事故发生的原因及所造成的危害，并深刻认识到搞好安全生产的重要性，使大家从事故中吸取教训，在今后工作中更加重视安全工作。

"四不放过"原则的第三层含义是要求在对工伤事故进行调查处理时，必须对事故发生的原因，提出防止相同或类似事故发生的切实可行的预防措施，并督促事故发生单位加以实施。只有这样，才算达到了事故调查和处理的最终目的。

"四不放过"原则的第四层含义也是安全事故责任追究制的具体体现，对事故责任者要严格按照安全事故责任追究规定和有关法律、法规的规定进行严肃处理，根据所承担的责任大小追究行政责任、民事责任，构成犯罪的，追究刑事责任。

（3）事故责任的处理。《安全生产法》第八十四条规定："生产经营单位发生生产安全事故，经调查确定为责任事故的，除了应当查明事故单位的责任并依法予以追究外，还应当查明对安全生产的有关事项负有审查批准和监督职责的行政部门的责任，对有失职、渎职行为的，依照本法第八十七条的规定追究法律责任。"

责任事故是指由人为因素引起的生产安全事故，包括由于违章作业、违反劳动纪律、违章指挥；不具备安全生产条件擅自从事生产经营活动；违反安全生产法律和规章制度；安全生产监督管理与审批失职、玩忽职守、徇私舞弊等行为造成的事故。这些都属于责任事故，应追究有关责任人的法律责任。根据第八十四条的规定，要追究法律责任的对象包括：① 生产经营单位及其责任人；② 安全生产审查批准机构及其责任人；③ 安全生产监督管理部门及其责任人。

5. 违反《安全生产法》的法律责任

1）主要法律责任及执法主体

《安全生产法》规定的法律责任包括行政责任、刑事责任和民事责任。

（1）行政责任。《安全生产法》第八十七条至第一百一十一条对违反本法的行为的行政处分或处罚做了规定，构成职务过错责任的行为人主要包括政府与安全生产有关的工作人员，负责安全生产监督管理职责的部门及其工作人员；构成行政过错责任的行为人包括生产经营单位及其负责人、管理人员、从业人员、中介机构及其工作人员等。行政责任制裁方式分为行政处分和行政处罚两种，对于国家工作人员的行政处分分为：警告、记过、记大过、降级、降职、撤职、留用察看、开除八种；对于企业职工的行政处分为：警告、记过、记大过、降级、降职、留用察看、开除七种，并可给予一定的罚款。行政处罚的种类包括警告、通报批评、限期改正等申诫罚；责令停止生产经营活动、停建、关闭，吊销营业执照、取消资格、除名等行为罚；罚款、没收财产等财产罚。

（2）刑事责任。《安全生产法》第八十七条、第八十九条、第九十条、第九十一条、第九十三条、第九十五条、第九十六条、第九十七条、第九十八条、第壹佰零二条、第一百零四条、第一百零五条、第一百零七条和第一百一十一条都对构成犯罪要追究刑事责任做了规定。构成犯罪是刑事责任追究的前提，违反《安全生产法》规定是否构成犯罪，应依据《刑法》判定。

（3）民事责任。《安全生产法》第八十九条、第一百条和第一百一十一条，对造成事故引起伤害应承担民事责任做了规定。第一百一十一条规定："生产经营单位发生生产安全事故造成人员伤亡、他人财产损失的，应当依法承担赔偿责任；拒不承担或者其负责人逃匿的，由人民法院依法强制执行。生产安全事故的责任人未依法承担赔偿责任，经人民法院依法采取执行措施后，仍不能对受害人给予足额赔偿的，应当继续履行赔偿义务；受害人发现责任人有其他财产的，可以随时请求人民法院执行。"根据该条规定，要承担民事责任的主体既可以是发生生产安全事故造成人员伤亡、他人财产损失的生产经营单位（法人），也可以是生产安全事故的责任人（自然人）。也就是说，由于个人原因导致事故发生，造成人员伤害或财产损失，除根据违法性质和后果严重程度追究行政责任或刑事责任外，个人还要承担民事赔偿责任。对于不依法承担赔偿责任的事故责任人（包括法人和自然人），人民法院将依法采取强制执行措施。

连带民事责任是指由于行为的过错而导致另一方在生产经营活动中发生事故，造成人员伤亡或财产损失，一方要连带与另一方一起承担民事责任。《安全生产法》第八十九条规定，承担安全评价、认证、检测、检验工作的机构，出具虚假证明的，没收违法所得；

违法所得在十万元以上的，并处违法所得二倍以上五倍以下的罚款；没有违法所得或者违法所得不足十万元的，单处或者并处十万元以上二十万元以下的罚款；对其直接负责的主管人员和其他直接责任人员处二万元以上五万元以下的罚款；给他人造成损害的，与生产经营单位承担连带赔偿责任；构成犯罪的，依照刑法有关规定追究刑事责任。对有前款违法行为的机构，吊销其相应资质。第一百条规定，生产经营单位将生产经营项目、场所、设备发包或者出租给不具备安全生产条件或者相应资质的单位或者个人的，责令限期改正，没收违法所得；违法所得十万元以上的，并处违法所得二倍以上五倍以下的罚款；没有违法所得或者违法所得不足十万元的，单处或者并处十万元以上二十万元以下的罚款；对其直接负责的主管人员和其他直接责任人员处一万元以上二万元以下的罚款；导致发生生产安全事故给他人造成损害的，与承包方、承租方承担连带赔偿责任。

（4）执法主体。无论是规定的行政处罚还是刑罚，执法主体必须是法定的国家机关。刑罚的执法主体只能是国家司法机关，行政处罚则应根据具体法律来设定。《安全生产法》第一百一十条对本法规定的行政处罚的执法主体做了法律设定：

① 《安全生产法》规定的行政处罚，由负责安全生产监督管理的部门决定；

② 予以关闭的行政处罚由负责安全生产监督管理的部门报请县级以上人民政府按照国务院规定的权限决定；

③ 给予拘留的行政处罚由公安机关依法决定；

④ 有关法律、行政法规对行政处罚的决定机关另有规定的，依照其规定。

2）《安全生产法》规定应承担法律责任的主要违法行为

（1）安全生产监督管理部门的主要违法行为包括以下几方面。

① 要求被审查、验收的单位购买其指定的安全设备、器材或者其他产品；

② 在对安全生产事项的审查、验收中收取费用；

③ 对生产安全事故隐瞒不报、谎报或者拖延不报。

（2）生产经营单位的主要违法行为包括以下几方面。

① 不具备本法和其他有关法律、行政法规和国家标准或者行业标准规定的安全生产条件，经停产停业整顿仍不具备安全生产条件；

② 未按照规定设立安全生产管理机构或者配备安全生产管理人员的；

③ 单位的主要负责人和安全生产管理人员未按照规定经考核合格；

④ 未按本法规定对从业人员进行安全生产教育和培训，或未如实告知从业人员有关安全生产事项；

⑤ 特种作业人员未经专门安全作业培训并取得特种作业操作资格证书而上岗作业；

⑥ 建设项目没有安全设施设计或安全设施设计未经审查同意；

⑦ 施工单位未按批准的安全设施设计施工（限于矿山建设项目或用于生产、储存危险物品的建设项目）；

⑧ 建设项目竣工投入生产或使用前，安全设施未经验收合格；

⑨ 危险因素较大的生产经营场所和有关设施、设备上未设置明显的安全警示标志；

⑩ 安全设备的安装、使用、检测、改造和报废不符合规定标准；

⑪ 未对安全设备进行经常性维护、保养和定期检测；

⑫ 未为从业人员提供符合标准要求的劳动防护用品；

⑬ 使用未经具备资质机构检测、检验合格并取得安全使用证或安全标志的特种设备以及危险物品的容器、运输工具；

⑭ 使用国家明令淘汰、禁止使用的危及生产安全的工艺、设备；

⑮ 未经依法批准，擅自生产、经营、储存危险物品；

⑯ 生产、经营、储存、使用危险物品，未建立专门安全管理制度、未采取可靠的安全措施或不接受有关主管部门依法实施的监督管理。

⑰ 对重大危险源未登记建档，或者未进行评估、监控，或者未制定应急预案；

⑱ 进行爆破、吊装等危险作业，未安排专门管理人员进行现场安全管理；

⑲ 将生产经营项目、场所、设备发包或者出租给不具备安全生产条件或者相应资质的单位或者个人；

⑳ 未与承包单位、承租单位签订专门的安全生产管理协议或者未在承包合同、租赁合同中明确各自的安全生产管理职责，或未对承包单位、承租单位的安全生产统一协调、管理；

㉑ 两个以上生产经营单位在同一作业区域内进行可能危及对方安全生产的生产经营活动，未签订安全生产管理协议或未指定专职安全生产管理人员进行安全检查与协调；

㉒ 生产、经营、储存、使用危险物品的车间、商店、仓库与员工宿舍在同一座建筑内，或者与员工宿舍的距离不符合安全要求；

㉓ 生产经营场所和员工宿舍未设有符合紧急疏散需要、标志明显、保持畅通的出口，或封闭、堵塞生产经营场所或员工宿舍出口。

（3）中介机构的主要违法行为。承担安全评价、认证、检测、检验工作的机构，其主要违法行为有出具虚假证明。

（4）涉及个人的主要违法行为包括以下几方面：

① 安全生产监督管理部门的工作人员的主要违法行为：

（a）对不符合法定安全生产条件的、涉及安全生产的事项予以批准或验收通过；

（b）发现未依法取得批准、验收的单位擅自从事有关活动，或接到举报后不予取缔或不依法予以处理；

（c）对已经依法取得批准的单位不履行监督管理职责，发现其不再具备安全生产条件而不撤销原批准，或发现安全生产违法行为不予查处。

② 生产经营单位的主要负责人的主要违法行为：

（a）不依照本法规定保证安全生产所必需的资金投入，致使生产经营单位不具备安全生产条件（也适用于：生产经营单位的决策机构、个人经营的投资人）；

（b）未履行本法规定的安全生产管理职责；

（c）与从业人员订立免除或减轻对承担从业人员伤亡事故责任的协议（也适用于：个人经营的投资人）；

（d）本单位发生重大生产安全事故时，不立即组织抢救或者在事故调查处理期间擅离职守或者逃匿；

（e）对生产安全事故隐瞒不报、谎报或者拖延不报。

③ 从业人员的主要违法行为有：从业人员不服从管理，违反安全生产规章制度或者操作规程。

3）有关法律责任的其他注意事项

第九十二条规定，生产经营单位的主要负责人未履行本法规定的安全生产管理职责，导致发生生产安全事故的，由安全生产监督管理部门依照下列规定处以罚款：

（1）发生一般事故的，处上一年年收入百分之三十的罚款；

（2）发生较大事故的，处上一年年收入百分之四十的罚款；

（3）发生重大事故的，处上一年年收入百分之六十的罚款；

（4）发生特别重大事故的，处上一年年收入百分之八十的罚款。

第九十三条规定，生产经营单位的安全生产管理人员未履行本法规定的安全生产管理职责的，责令限期改正；导致发生生产安全事故的，暂停或者撤销其与安全生产有关的资格；构成犯罪的，依照刑法有关规定追究刑事责任。

第九十六条规定，生产经营单位有下列行为之一的，责令限期改正，可以处五万元以下的罚款；逾期未改正的，处五万元以上二十万元以下的罚款，对其直接负责的主管人员和其他直接责任人员处一万元以上二万元以下的罚款；情节严重的，责令停产停业整顿；构成犯罪的，依照刑法有关规定追究刑事责任：

（1）未在有较大危险因素的生产经营场所和有关设施、设备上设置明显的安全警示标志的；

（2）安全设备的安装、使用、检测、改造和报废不符合国家标准或者行业标准的；

（3）未对安全设备进行经常性维护、保养和定期检测的；

（4）未为从业人员提供符合国家标准或者行业标准的劳动防护用品的；

（5）危险物品的容器、运输工具，以及涉及人身安全、危险性较大的海洋石油开采特种设备和矿山井下特种设备未经具有专业资质的机构检测、检验合格，取得安全使用证或者安全标志，投入使用的；

（6）使用应当淘汰的危及生产安全的工艺、设备的。

第九十九条规定，生产经营单位未采取措施消除事故隐患的，责令立即消除或者限期消除；生产经营单位拒不执行的，责令停产停业整顿，并处十万元以上五十万元以下的罚款，对其直接负责的主管人员和其他直接责任人员处二万元以上五万元以下的罚款。

第一百零五条规定，生产经营单位拒绝、阻碍负有安全生产监督管理职责的部门依法实施监督检查的，责令改正；拒不改正的，处二万元以上二十万元以下的罚款；对其直接负责的主管人员和其他直接责任人员处一万元以上二万元以下的罚款；构成犯罪的，依照刑法有关规定追究刑事责任。

第一百零九条　发生生产安全事故，对负有责任的生产经营单位除要求其依法承担相应的赔偿等责任外，由安全生产监督管理部门依照下列规定处以罚款：

（1）发生一般事故的，处二十万元以上五十万元以下的罚款；

（2）发生较大事故的，处五十万元以上一百万元以下的罚款；

（3）发生重大事故的，处一百万元以上五百万元以下的罚款；

（4）发生特别重大事故的，处五百万元以上一千万元以下的罚款；情节特别严重的，处一千万元以上二千万元以下的罚款。

二、《中华人民共和国职业病防治法》

2001 年 10 月 27 日第九届全国人民代表大会常务委员会第二十四次会议通过，自 2002 年 5 月 1 日起施行的《中华人民共和国职业病防治法》（以下简称《职业病防治法》）是一部职业病防治的综合法律。2011 年 12 月 31 日第十一届全国人民代表大会常务委员会第二十四次会议通过《全国人民代表大会常务委员会关于修改〈中华人民共和国职业病防治法〉的决定》。

（一）立法目的

该法的立法目的是为了预防、控制和消除职业病危害，防治职业病，保护劳动者健康及其相关权益，促进经济社会发展。

作为与《安全生产法》平行的法律，该法规定我国职业病防治工作的方针是"预防为主、防治结合"，建立用人单位负责、行政机关监管、行业自律、职工参与和社会监督的机制，实行分类管理、综合治理。

（二）主要内容

1. 职业病的范围

《职业病防治法》规定，本法所称职业病，是指企业、事业单位和个体经济组织等用人单位的劳动者在职业活动中，因接触粉尘、放射性物质和其他有毒、有害因素而引起的疾病。

职业病的分类和目录由国务院卫生行政部门会同国务院安全生产监督管理部门、劳动保障行政部门制定、调整并公布。

2. 用人单位在职业病防治方面的职责和职业病的前期预防规定

（1）用人单位在职业病防治方面的职责：

①用人单位应当为劳动者创造符合国家职业卫生标准和卫生要求的工作环境和条件，并采取措施保障劳动者获得职业卫生保护。

②职业病防治责任制。《职业病防治法》第五条规定，用人单位应当建立、健全职业病防治责任制，加强对职业病防治的管理，提高职业病防治水平，对本单位产生的职业病危害承担责任。

③用人单位的主要负责人对本单位的职业病防治工作全面负责。

④工伤社会保险。《职业病防治法》第七条规定，用人单位必须依法参加工伤社会保险。

（2）职业病的前期预防：

①工作场所的职业卫生要求。《职业病防治法》第十五条规定，产生职业病危害的用人单位的设立，除应当符合法律、行政法规规定的建立条件外，其工作场所还应当符合以下六项职业卫生要求：

a. 职业病危害因素的强度或浓度必须符合国家职业卫生标准。

b. 有与职业病危害防护相适应的设施。

c. 生产布局合理，符合有害与无害作业分开的原则。

d. 有配套的更衣间、洗浴间、孕妇休息间等卫生设施。

e. 设备、工具、用具等符合保护劳动者生理、心理健康的要求。

　　f. 法律、行政法规和国务院卫生行政部门、安全生产监督管理部门关于保护劳动者健康的其他要求。

　　②职业病危害项目申报。《职业病防治法》第十六条规定，国家建立职业病危害项目申报制度。用人单位工作场所存在职业病目录所列职业病的危害因素的，应当及时、如实地向所在地安全生产监督管理部门申报危害项目，并接受监督。

　　③建设项目职业病危害预评价。新建、扩建、改建建设项目和技术改造、技术引进项目（以下统称建设项目）可能产生职业病危害的，建设单位在可行性论证阶段应当向安全生产监督管理部门提交职业病危害预评价报告。安全生产监督管理部门应当自收到职业病危害预评价报告之日起三十日内，做出审核决定并书面通知建设单位。未提交预评价报告或者预评价报告未经安全生产监督管理部门审核同意的，有关部门不得批准该建设项目。

　　④职业病危害防护设施。建设项目的职业病防护设施所需费用应当纳入建设项目工程预算，并与主体工程同时设计、同时施工、同时投入生产和使用。

　　3. 劳动过程中职业病的防护与管理、职业病诊断与职业病病人保障的规定

　　（1）用人单位职业病防治措施。《职业病防治法》第二十一条规定，用人单位应当采取下列职业病防治管理措施：

　　①设置或者指定职业卫生管理机构或者组织，配备专职或者兼职的职业卫生管理人员，负责本单位的职业病防治工作。

　　②制订职业病防治计划和实施方案。

　　③建立、健全职业卫生管理制度和操作规程。

　　④建立、健全职业卫生档案和劳动者健康监护档案。

　　⑤建立、健全工作场所职业病危害因素监测及评价制度。

　　⑥建立、健全职业病危害事故应急救援预案。

　　（2）用人单位职业病管理：

　　①职业病危害公告和警示。《职业病防治法》第二十五条规定，产生职业病危害的用人单位，应当在醒目位置设置公告栏，公布有关职业病防治的规章制度、操作规程、职业病危害事故应急救援措施和工作场所职业病危害因素检测结果。

　　对产生严重职业病危害的作业岗位，应当在其醒目位置，设置警示标识和中文警示说明。警示说明应当载明产生职业病危害的种类、后果、预防以及应急救治措施等内容。

　　第二十六条规定，对可能发生急性职业损伤的有毒、有害工作场所，用人单位应当设置报警装置，配置现场急救用品、冲洗设备、应急撤离通道和必要的泄险区。

　　对放射工作场所和放射性同位素的运输、贮存，用人单位必须配置防护设备和报警装置，保证接触放射线的工作人员佩戴个人剂量计。

　　对职业病防护设备、应急救援设施和个人使用的职业病防护用品。用人单位应当进行经常性的维护、检修，定期检测其性能和效果，确保其处于正常状态，不得擅自拆除或者停止使用。

　　②劳动合同的职业病危害内容。用人单位与劳动者订立劳动合同（含聘用合同，下同）时，应当将工作过程中可能产生的职业病危害及其后果、职业病防护措施和待遇等如实告知劳动者，并在劳动合同中写明，不得隐瞒或者欺骗。

　　劳动者在已订立劳动合同期间因工作岗位或者工作内容变更，从事与所订立劳动合同中未告知的存在职业病危害的作业时，用人单位应当依照前款规定，向劳动者履行如实告知的义务，并协商变更原劳动合同相关条款。

　　用人单位违反前两款规定的，劳动者有权拒绝从事存在职业病危害的作业。用人单位不得因此解除与劳动者所订立的劳动合同。

　　4．职业病患者享受待遇

　　职业病病人变动工作单位，其依法享有的待遇不变。用人单位应当按照国家有关规定，安排职业病病人进行治疗、康复和定期检查。用人单位应当将不适宜继续从事原工作的职业病人，调离岗位，并妥善安置。用人单位对从事接触职业病危害的作业的劳动者，应当给予岗位津贴。用人单位在发生分立、合并、解散、破产等情形时，应当对从事接触职业病危害的作业的劳动者进行健康检查，并按照国家有关规定妥善安置职业病病人。

　　5．法律责任

　　《职业病防治法》规定，用人单位违反本法规定，已经对劳动者生命健康造成严重损害的，由安全生产监督管理部门责令停止产生职业病危害的作业，或者提请有关人民政府按照国务院规定的权限责令关闭，并处十万元以上五十万元以下的罚款。

　　用人单位违反本法规定，造成重大职业病危害事故或者其他严重后果，构成犯罪的，对直接负责的主管人员和其他直接责任人员，依法追究刑事责任。

三、《中华人民共和国消防法》

　　1998 年 4 月 29 日第九届全国人大常委会第二次会议通过《中华人民共和国消防法》（以下简称《消防法》），2008 年 10 月 28 日第十一届全国人民代表大会常务委员会第五次会议修订，自 2009 年 5 月 1 日起施行最新《消防法》。

　　（一）立法目的

　　该法的立法目的是为了预防火灾和减少火灾危害，加强应急救援工作，保护人身、财产安全，维护公共安全。

　　（二）主要内容

　　1．新的消防工作原则

　　新《消防法》继承和发展了我国消防法制建设成果，在总则中规定"消防工作贯彻预防为主、防消结合的方针，按照政府统一领导、部门依法监管、单位全面负责、公民积极参与的原则，实行消防安全责任制，建立健全社会化的消防工作网络"，确立了消防工作的方针、原则和责任制。

　　消防安全是政府社会管理和公共服务的重要内容，是社会稳定经济发展的重要保障。各级人民政府必须加强对消防工作的领导，这是贯彻落实科学发展观、建设现代服务型政府、构建社会主义和谐社会的基本要求。政府有关部门对消防工作齐抓共管，这是消防工作的社会化属性决定的。各级公安、建设、工商、质监、教育、人力资源等部门应当依据有关法律法规和政策规定，依法履行相应的消防安全职责。单位是社会的基本单元，是消防安全管理的核心主体。公民是消防工作的基础，没有广大人民群众的参与，消防工作就不会发展进步，全社会抗御火灾的基础就不会牢固。"政府"、"部门"、"单位"、"公民"四者都是消防工作的主体，政府统一领导、部门依法监管、单位全面负责、公民积极参与，共同构筑消防安全工作格局，任何一方都非常重要，不可偏废，这是新《消防法》确定的消防工作的原则。

2. 政府各有关部门及单位的消防职责

（1）政府消防工作职责。新《消防法》第三条规定："国务院领导全国的消防工作。地方各级人民政府负责本行政区域内的消防工作。"这是关于各级人民政府消防工作责任的原则规定。

消防安全关系人民安居乐业、社会安定和经济建设，关系改革发展稳定大局，因此做好消防工作十分重要。国务院作为中央人民政府、最高国家权力机关的执行机关、最高国家行政机关，领导全国的消防工作。同时，消防工作又是一项地方性很强的政府行政工作，许多具体工作，必须由地方政府负责。新《消防法》在宏观规划、火灾预防、农村消防工作、消防组织建设、灭火救援、执法监督等方面，对政府具体消防工作责任都做出了明确的规定。

（2）公安机关及其消防机构职责。新《消防法》第四条规定："国务院公安部门对全国的消防工作实施监督管理。县级以上地方人民政府公安机关对本行政区域内的消防工作实施监督管理，并由本级人民政府公安机关消防机构负责实施。"

新《消防法》对公安机关及其消防机构在宣传教育、监督执法、灭火救援、队伍建设、廉政建设等方面都做出了明确规定。

新《消防法》规定，公安机关消防机构的工作人员在消防工作中滥用职权、玩忽职守、徇私舞弊，尚不构成犯罪的，依法给予行政处分。

（3）行政主管部门消防职责。新《消防法》第四条第二款规定："县级以上人民政府其他有关部门在各自的职责范围内，依照本法和其他相关法律、法规的规定做好消防安全工作。"

新《消防法》规定了教育、人力资源行政主管部门和学校、有关职业培训机构应当将消防知识纳入教育、教学、培训的内容。明确了建设工程的消防设计未经依法审核或者审核不合格的，负责审批该工程施工许可的部门不得给予施工许可。规定了产品质量监督部门、工商行政管理部门应当按照职责加强对消防产品质量的监督检查；对生产、销售不合格的消防产品或者国家明令淘汰的消防产品的，由产品质量监督部门或者工商行政管理部门依照《中华人民共和国产品质量法》的规定从重处罚。

（4）单位消防安全责任。单位是社会消防管理的基本单元，单位对消防安全和致灾因素的管理能力，反映了社会消防安全管理水平，在很大程度上决定了一个城市、一个地区的消防安全形势。新《消防法》进一步强化了机关、团体、企业、事业等单位在保障消防安全方面的职责，明确单位的主要负责人是本单位的消防安全责任人。

新《消防法》规定，任何单位都应当无偿为报警提供便利，不得阻拦报警，严禁谎报火警；发生火灾的单位，必须立即组织力量扑救火灾，邻近单位应当给予支援；火灾扑灭后，发生火灾的单位和相关人员应当按照公安机关消防机构的要求保护现场，接受事故调查，如实提供与火灾有关的情况。

3. 公民的权利和义务

公民是消防工作重要的参与者和监督者。新《消防法》关于公民在消防工作中权利和义务的规定主要有：

任何人都有维护消防安全、保护消防设施、预防火灾、报告火警的义务。任何成年人都有参加有组织的灭火工作的义务。

任何人不得损坏、挪用或者擅自拆除、停用消防设施、器材，不得埋压、圈占、遮挡消火栓或者占用防火间距，不得占用、堵塞、封闭疏散通道、安全出口、消防车通道。

任何人发现火灾都应当立即报警。任何人都应当无偿为报警提供便利，不得阻拦报警。严禁谎报火警。

火灾扑灭后，相关人员应当按照公安机关消防机构的要求保护现场，接受事故调查，如实提供与火灾有关的情况。

4. 建设工程实行消防审核、验收和备案抽查制度

为减少行政许可事项，适应便民利民要求，新《消防法》改革了建设工程消防监督管理制度，明确了建设工程消防设计审核、消防验收和备案抽查制度。

新《消防法》规定对国务院公安部门规定的大型人员密集场所和其他特殊建设工程，由公安机关消防机构实行建设工程消防设计审核、消防验收。

新《消防法》明确了其他工程实行备案抽查制度。规定对其他建设工程，建设单位应当自依法取得施工许可之日起 7 个工作日内，将消防设计文件报公安机关消防机构备案，公安机关消防机构应当进行抽查；经依法抽查不合格的，应当停止施工。建设单位在工程验收后应当报公安机关消防机构备案，公安机关消防机构应当进行抽查；经依法抽查不合格的，应当停止使用。

5. 完善消防行政处罚制度

新《消防法》适应消防工作发展的需要，在有关法律责任的规定上做出较大修订，加大消防行政处罚力度，补充完善了消防行政处罚制度。

新《消防法》增加了应予行政处罚的违反消防法规的行为，解决了原《消防法》对违反消防法规的行为规定得不全、不严密，一些违法行为得不到及时制止、纠正和依法惩处的问题，维护了法律的严肃性和权威性。

新《消防法》调整了行政处罚的种类。新《消防法》设定了警告、罚款、拘留、责令停产停业（停止施工、停止使用）、没收违法所得、责令停止执业（吊销相应资质、资格）六类行政处罚，增加了责令停止执业（吊销相应资质、资格）一类行政处罚，对一些严重违反消防法规的行为特别是危害公共安全的行为增设了拘留处罚，增强了法律的威慑力。

6. 危险化学品消防违法行为

新《消防法》所界定的关于危险化学品消防主要违法行为有：

（1）生产、储存、经营易燃易爆危险品的场所与居住场所设置在同一建筑物内，或者未与居住场所保持安全距离的。

（2）生产、储存、经营其他物品的场所与居住场所设置在同一建筑物内，不符合消防技术标准的。

（3）非法携带易燃易爆危险品进入公共场所或者乘坐公共交通工具的。

（4）违反有关消防技术标准和管理规定生产、储存、运输、销售、使用、销毁易燃易爆危险品的。

（5）违反消防安全规定进入生产、储存易燃易爆危险品场所的。

（6）违反规定使用明火作业或者在具有火灾、爆炸危险的场所吸烟、使用明火的。

第二节　危险化学品安全生产相关法规

我国政府历来重视危险化学品的安全管理工作，在吸取了众多危险化学品事故及国外的经验基础上，先后制定、颁布了一系列的法律法规、标准和规范。对从事危险化学品的生产经营活动进行规范制约，在防止发生事故、减少人民生命财产的损失、保护环境等方面取得了显著的效果。本节简要介绍一些危险化学品主要的安全管理方面的法规、标准和规范。

一、《危险化学品安全管理条例》

《危险化学品安全管理条例》已经于 2011 年 2 月 16 日国务院第 144 次常务会议修订通过，现将修订后的《危险化学品安全管理条例》公布，自 2011 年 12 月 1 日起施行。

（一）立法目的

为了加强危险化学品的安全管理，预防和减少危险化学品事故，保障人民群众生命财产安全，保护环境，制定本条例。

（二）主要内容

（1）危险化学品安全管理，应当坚持"安全第一、预防为主、综合治理"的方针，强化和落实企业的主体责任。

生产、储存、使用、经营、运输危险化学品的单位（以下统称危险化学品单位）的主要负责人对本单位的危险化学品安全管理工作全面负责。

任何单位和个人不得生产、经营、使用国家禁止生产、经营、使用的危险化学品。

危险化学品单位应当具备法律、行政法规规定和国家标准、行业标准要求的安全条件，建立、健全安全管理规章制度和岗位安全责任制度，对从业人员进行安全教育、法制教育和岗位技术培训。从业人员应当接受教育和培训，考核合格后上岗作业；对有资格要求的岗位，应当配备依法取得相应资格的人员。

（2）任何单位和个人不得生产、经营、使用国家禁止生产、经营、使用的危险化学品。

国家对危险化学品的使用有限制性规定的，任何单位和个人不得违反限制性规定使用危险化学品。

（3）国家对危险化学品的生产、储存实行统筹规划、合理布局。

国务院工业和信息化主管部门以及国务院其他有关部门依据各自职责，负责危险化学品生产、储存的行业规划和布局。

地方人民政府组织编制城乡规划，应当根据本地区的实际情况，按照确保安全的原则，规划适当区域专门用于危险化学品的生产、储存。

（4）新建、改建、扩建生产、储存危险化学品的建设项目（以下简称建设项目），应当由安全生产监督管理部门进行安全条件审查。

（5）危险化学品生产企业进行生产前，应当依照《安全生产许可证条例》的规定，取得危险化学品安全生产许可证。

（6）危险化学品生产装置或者储存数量构成重大危险源的危险化学品储存设施（运输工具加油站、加气站除外），与下列场所、设施、区域的距离应当符合国家有关规定：

①居住区以及商业中心、公园等人员密集场所；

②学校、医院、影剧院、体育场（馆）等公共设施；

③饮用水源、水厂以及水源保护区；

④车站、码头（依法经许可从事危险化学品装卸作业的除外）、机场以及通信干线、通信枢纽、铁路线路、道路交通干线、水路交通干线、地铁风亭以及地铁站出入口；

⑤基本农田保护区、基本草原、畜禽遗传资源保护区、畜禽规模化养殖场（养殖小区）、渔业水域以及种子、种畜禽、水产苗种生产基地；

⑥河流、湖泊、风景名胜区、自然保护区；

⑦军事禁区、军事管理区；

⑧法律、行政法规规定的其他场所、设施、区域。

已建的危险化学品生产装置或者储存数量构成重大危险源的危险化学品储存设施不符合前款规定的，由所在地设区的市级人民政府安全生产监督管理部门会同有关部门监督其所属单位在规定期限内进行整改；需要转产、停产、搬迁、关闭的，由本级人民政府决定并组织实施。

储存数量构成重大危险源的危险化学品储存设施的选址，应当避开地震活动断层和容易发生洪灾、地质灾害的区域。

本条例所称重大危险源，是指生产、储存、使用或者搬运危险化学品，且危险化学品的数量等于或者超过临界量的单元（包括场所和设施）。

（7）生产、储存危险化学品的单位，应当根据其生产、储存的危险化学品的种类和危险特性，在作业场所设置相应的监测、监控、通风、防晒、调温、防火、灭火、防爆、泄压、防毒、中和、防潮、防雷、防静电、防腐、防泄漏以及防护围堤或者隔离操作等安全设施、设备，并按照国家标准、行业标准或者国家有关规定对安全设施、设备进行经常性维护、保养，保证安全设施、设备的正常使用。

（8）生产、储存危险化学品的企业，应当委托具备国家规定的资质条件的机构，对本企业的安全生产条件每3年进行一次安全评价，提出安全评价报告。安全评价报告的内容应当包括对安全生产条件存在的问题进行整改的方案。

（9）使用危险化学品的单位，其使用条件（包括工艺）应当符合法律、行政法规的规定和国家标准、行业标准的要求，并根据所使用的危险化学品的种类、危险特性以及使用量和使用方式，建立、健全使用危险化学品的安全管理规章制度和安全操作规程，保证危险化学品的安全使用。

（10）使用危险化学品从事生产并且使用量达到规定数量的化工企业（属于危险化学品生产企业的除外，下同），应当依照本条例的规定取得危险化学品安全使用许可证。

前款规定的危险化学品使用量的数量标准，由国务院安全生产监督管理部门会同国务院公安部门、农业主管部门确定并公布。

（11）国家对危险化学品经营（包括仓储经营，下同）实行许可制度。未经许可，任何单位和个人不得经营危险化学品。

（12）依法取得危险化学品安全生产许可证、危险化学品安全使用许可证、危险化学品经营许可证的企业，凭相应的许可证件购买剧毒化学品、易制爆危险化学品。民用爆炸物品生产企业凭民用爆炸物品生产许可证购买易制爆危险化学品。

（13）从事危险化学品道路运输、水路运输的，应当分别依照有关道路运输、水路运输的法律、行政法规的规定，取得危险货物道路运输许可、危险货物水路运输许可，并向工商行政管理部门办理登记手续。

危险化学品道路运输企业、水路运输企业应当配备专职安全管理人员。

（14）危险化学品生产企业、进口企业，应当向国务院安全生产监督管理部门负责危险化学品登记的机构（以下简称危险化学品登记机构）办理危险化学品登记。

二、《安全生产许可证条例》

《安全生产许可证条例》于 2004 年 1 月 7 日国务院第 34 次常务会议通过，自 2004 年 1 月 13 日起施行。

（一）立法目的

制定《安全生产许可证条例》目的是为了严格规范安全生产条件，进一步加强安全生产监督管理，防止和减少生产安全事故。

（二）主要内容

1. 非煤矿山企业和危险化学品、烟花爆竹生产企业安全生产许可证的颁发和管理

国务院安全生产监督管理部门负责中央管理的非煤矿山企业和危险化学品、烟花爆竹生产企业安全生产许可证的颁发和管理。省（自治区、直辖市）人民政府安全生产监督管理部门负责中央管理范围以外的非煤矿山企业和危险化学品、烟花爆竹生产企业安全生产许可证的颁发和管理，并接受国务院安全生产监督管理部门的指导和监督。

2. 企业取得安全生产许可证应当具备的安全生产条件

（1）建立、健全安全生产责任制，制定完备的安全生产规章制度和操作规程。

（2）安全投入符合安全生产要求。

（3）设置安全生产管理机构，配备专职安全生产管理人员。

（4）主要负责人和安全生产管理人员经考核合格。

（5）特种作业人员经有关业务主管部门考核合格，取得特种作业操作资格证书。

（6）从业人员经安全生产教育和培训合格。

（7）依法参加工伤保险，为从业人员缴纳保险费。

（8）厂房、作业场所和安全设施、设备、工艺符合有关安全生产法律、法规、标准和规程的要求。

（9）有职业危害防治措施，并为从业人员配备符合国家标准或者行业标准的劳动防护用品。

（10）依法进行安全评价。

（11）有重大危险源检测、评估、监控措施和应急预案。

（12）有生产安全事故应急救援预案、应急救援组织或者应急救援人员，配备必要的应急救援器材、设备。

（13）法律、法规规定的其他条件。

3. 安全生产许可证的有效期

安全生产许可证的有效期为 3 年。安全生产许可证有效期满需要延期的，企业应当于期满前 3 个月向原安全生产许可证颁发管理机关办理延期手续。

企业在安全生产许可证有效期内，严格遵守有关安全生产的法律法规，未发生死亡事故的，安全生产许可证有效期届满时，经原安全生产许可证颁发管理机关同意，不再审查，安全生产许可证有效期延长 3 年。

三、《使用有毒物品作业场所劳动保护条例》

根据《职业病防治法》和其他有关法律、行政法规的规定，经 2002 年 4 月 30 日国务院第 57 次常务会议通过了《使用有毒物品作业场所劳动保护条例》，自 2002 年 5 月 12 日起施行。

（一）立法目的

该法的立法目的是为了保证作业场所安全使用有毒物品，预防、控制和消除职业中毒危害，保护劳动者的生命安全、身体健康及其相关权益。

（二）主要内容

1. 使用有毒品作业场所必须符合的要求

（1）作业场所与生活场所分开，作业场所不得住人。

（2）有害作业与无害作业分开，高毒作业场所与其他作业场所隔离。

（3）设置有效的通风装置；对可能突然泄漏大量有毒物品或者易造成急性中毒的作业场所，设置自动报警装置和事故通风设施。

（4）高毒作业场所设置应急撤离通道和必要的泄险区。

2. 劳动防护要求

本条例第十七条明确规定：

用人单位应当依照《职业病防治法》的有关规定，采取有效的职业卫生防护管理措施，加强劳动过程中的防护与管理。

从事使用高毒物品作业的用人单位，应当配备专职的或者兼职的职业卫生医师和护士；不具备配备专职的或者兼职的职业卫生医师和护士条件的，应当与依法取得资质认证的职业卫生技术服务机构签订合作合同，由其提供职业卫生服务。

3. 职业健康监护

用人单位应当对从事使用有毒物品作业的劳动者进行定期职业健康检查。

用人单位发现有职业禁忌或者有与所从事职业相关的健康损害的劳动者，应当将其及时调离原工作岗位，并妥善安置。

4. 劳动者的权利与义务

（1）获得职业卫生教育、培训。

（2）获得职业健康检查、职业病诊疗、康复等职业病防治服务。

（3）了解工作场所产生或者可能产生的职业中毒危害因素、危害后果和应当采取的职业中毒危害防护措施。

（4）要求用人单位提供符合防治职业病要求的职业中毒危害防护设施和个人使用的职业中毒危害防护用品，改善工作条件。

（5）对违反职业病防治法律、法规，危及生命、健康的行为提出批评、检举和控告。

（6）拒绝违章指挥和强令进行没有职业中毒危害防护措施的作业。

（7）参与用人单位职业卫生工作的民主管理，对职业病防治工作提出意见和建议。

用人单位应当保障劳动者行使前款所列权利。禁止因劳动者依法行使正当权利而被降低其工资、福利等待遇或者解除、终止与其订立的劳动合同。

四、《易制毒化学品管理条例》

国务院总理温家宝签署第 445 号国务院令，发布《易制毒化学品管理条例》，自 2005 年 11 月 1 日起施行。

（一）立法目的

该法的立法目的是为了加强易制毒化学品管理，规范易制毒化学品的生产、经营、购买、运输和进口、出口行为，防止易制毒化学品被用于制造毒品，维护经济和社会秩序。

（二）主要内容

（1）国家对易制毒化学品的生产、经营、购买、运输和进口、出口实行分类管理和许可制度。易制毒化学品分三类：第一类是可以用于制毒的主要原料，第二类、第三类是可以用于制毒的化学配剂。

（2）禁止走私或者非法生产、经营、购买、转让、运输易制毒化学品。禁止使用现金或者实物进行易制毒化学品交易，但个人合法购买第一类中的药品类易制毒化学品药品制剂和第三类易制毒化学品的除外。生产、经营、购买、运输和进口、出口易制毒化学品的单位，应当建立单位内部易制毒化学品管理制度。

（3）申请生产第一类易制毒化学品，应当具备下列条件，并经本条例第八条规定的行政主管部门审批，取得生产许可证后，方可进行生产：

①属依法登记的化工产品生产企业或者药品生产企业；

②有符合国家标准的生产设备、仓储设施和污染物处理设施；

③有严格的安全生产管理制度和环境突发事件应急预案；

④企业法定代表人和技术、管理人员具有安全生产和易制毒化学品的有关知识，无毒品犯罪记录；

⑤法律、法规、规章规定的其他条件。

申请生产第一类中的药品类易制毒化学品，还应当在仓储场所等重点区域设置电视监控设施以及与公安机关联网的报警装置。

（4）运输易制毒化学品，运输人员应当自启运起全程携带运输许可证或者备案证明。公安机关应当在易制毒化学品的运输过程中进行检查。因治疗疾病需要，患者、患者近亲属或者患者委托的人凭医疗机构出具的医疗诊断书和本人的身份证明，可以随身携带第一类中的药品类易制毒化学品药品制剂，但是不得超过医用单张处方的最大剂量。医用单张处方最大剂量，由国务院卫生主管部门规定、公布。

（5）未经许可或者备案擅自生产、经营、购买、运输易制毒化学品，伪造申请材料骗取易制毒化学品生产、经营、购买或者运输许可证，使用他人的或者伪造、变造、失效的许可证生产、经营、购买、运输易制毒化学品的，由公安机关没收非法生产、经营、购买或者运输的易制毒化学品、用于非法生产易制毒化学品的原料以及非法生产、经营、购买或者运输易制毒化学品的设备、工具，处非法生产、经营、购买或者运输的易制毒化学品货值 10 倍以上 20 倍以下的罚款，货值的 20 倍不足 1 万元的，按 1 万元罚款；有违法所得的，没收违法所得；有营业执照的，由工商行政管理部门吊销营业执照；构成犯罪的，依法追究刑事责任。

五、《特种设备安全监察条例》

2003 年 3 月 11 日中华人民共和国国务院令第 373 号公布，根据 2009 年 1 月 14 日《国务院关于修改〈特种设备安全监察条例〉的决定》修订。新修订的《特种设备安全监察条例》于 2009 年 5 月 1 日起施行。

（一）立法目的

该法的立法目的是为了加强特种设备的安全监察，防止和减少事故，保障人民群众生命和财产安全，促进经济发展。

（二）主要内容

1. 《特种设备安全监察条例》修订后的重大变化

增加高耗能特种设备节能管理的规定以及特种设备事故分级和调查的相关制度；将国务院特种设备安全监督管理部门（特种设备安全监督管理部门设在国家质量监督检验检疫总局及县级以上质量技术监督局）行使的部分行政许可权下放给省、自治区、直辖市特种设备安全监督管理部门；将场（厂）内专用机动车辆、移动式压力容器充装、特种设备无损检测的安全监察明确纳入条例调整范围，鼓励实行特种设备责任保险，进一步完善法律责任，加大对违法行为的处罚力度。

2. 《特种设备安全监察条例》调整的特种设备范围

《特种设备安全监察条例》所调整的特种设备是指涉及生命安全、危险性较大的设备，如锅炉、压力容器、压力管道、电梯、起重机械、客运索道、大型游乐设施和场（厂）内专用机动车辆，同时也包括其附属的安全附件、安全保护装置和与安全保护装置相关的设施。特种设备的目录由国务院特种设备安全监督管理部门制订，报国务院批准后执行。

3. 对特种设备使用单位要求

（1）特种设备在投入使用前或者投入使用后 30 日内，特种设备使用单位应当向直辖市或者设区的市的质量技术监督部门登记。特种设备使用单位应当使用符合安全技术规范要求的特种设备。对于存在严重安全隐患，无改造、维修价值，或者超过安全技术规范规定使用年限的特种设备，使用单位应当及时予以报废，并应当向原登记的质量技术监督部门办理注销。

（2）使用单位应当建立特种设备的安全技术档案，记录与设备安全有关的内容。

（3）特种设备使用单位应当按照安全技术规范的定期检验要求，在安全检验合格有效期届满前 1 个月向特种设备检验检测机构提出定期检验要求。未经定期检验或者检验不合格的特种设备，不得继续使用。

锅炉使用单位应当按照安全技术规范的要求进行锅炉水（介）质处理，并接受特种设备检验检测机构实施的水（介）质处理定期检验。从事锅炉清洗的单位，应当按照安全技术规范的要求进行锅炉清洗，并接受特种设备检验检测机构实施的锅炉清洗过程监督检验。特种设备不符合能效指标的，使用单位应当采取相应措施进行整改。

（4）对客运索道、大型游乐设施等为公众提供服务的特种设备运营使用单位在设备每日投入使用前，应当进行试运行和例行安全检查，并对安全装置进行检查确认。

（5）使用单位应当对特种设备作业人员进行特种设备安全、节能教育和培训，保证特种设备作业人员具备必要的特种设备安全、节能知识。特种设备作业人员及其相关管理人员，应当按照国家有关规定经质量技术监督部门考核合格，取得国家统一格式的特种作业人员证书，方可从事相应的作业或者管理工作。

《中华人民共和国特种设备安全法》由中华人民共和国第十二届全国人民代表大会常务委员会第3次会议于2013年6月29日通过，2013年6月29日中华人民共和国主席令第4号公布。《中华人民共和国特种设备安全法》分总则，生产、经营、使用，检验、检测，监督管理，事故应急救援与调查处理，法律责任，附则7章101条，自2014年1月1日起施行。

第三节　危险化学品安全生产相关部门规章和标准

一、《危险化学品生产企业安全生产许可证实施办法》

新修订的《危险化学品生产企业安全生产许可证实施办法》已于2011年7月22日由国家安全生产监督管理总局局长办公会议审议通过，自2011年12月1日起施行。原国家安全生产监督管理局（国家煤矿安全监察局）于2004年5月17日公布的《危险化学品生产企业安全生产许可证实施办法》（原国家安全生产监督管理局〈国家煤矿安全监察局〉令第10号）同时废止。

（一）立法目的

该法的立法目的是为严格规范危险化学品生产企业安全生产条件，做好危险化学品生产企业安全生产许可证的颁发和管理工作。

（二）主要内容

（1）适用范围。本办法所称危险化学品生产企业（以下简称企业），是指依法设立且取得工商营业执照或者工商核准文件从事生产最终产品或者中间产品列入《危险化学品目录》的企业。

（2）主要内容。企业选址布局、规划设计以及与重要场所、设施、区域的距离应当符合下列要求：

①国家产业政策；当地县级以上（含县级）人民政府的规划和布局；新设立企业建在地方人民政府规划的专门用于危险化学品生产、储存的区域内。

②危险化学品生产装置或者储存危险化学品数量构成重大危险源的储存设施，与《危险化学品安全管理条例》第十九条第一款规定的八类场所、设施、区域的距离符合有关法律、法规、规章和国家标准或者行业标准的规定。

③总体布局符合《化工企业总图运输设计规范》（GB50489）、《工业企业总平面设计规范》（GB50187）、《建筑设计防火规范》（GB50016）等标准的要求。

（3）石油化工企业除符合本条第一款规定条件外，还应当符合《石油化工企业设计防火规范》（GB50160）的要求。

企业的厂房、作业场所、储存设施和安全设施、设备、工艺应当符合下列要求：

①新建、改建、扩建建设项目经具备国家规定资质的单位设计、制造和施工建设；涉及危险化工工艺、重点监管危险化学品的装置，由具有综合甲级资质或者化工石化专业甲级设计资质的化工石化设计单位设计。

②不得采用国家明令淘汰、禁止使用和危及安全生产的工艺、设备；新开发的危险化学品生产工艺必须在小试、中试、工业化试验的基础上逐步放大到工业化生产；国内首次使用的化工工艺，必须经过省级人民政府有关部门组织的安全可靠性论证。

③涉及危险化工工艺、重点监管危险化学品的装置装设自动化控制系统；涉及危险化工工艺的大型化工装置装设紧急停车系统；涉及易燃易爆、有毒有害气体化学品的场所装设易燃易爆、有毒有害介质泄漏报警等安全设施。

④生产区与非生产区分开设置，并符合国家标准或者行业标准规定的距离。

⑤危险化学品生产装置和储存设施之间及其与建（构）筑物之间的距离符合有关标准规范的规定。

同一厂区内的设备、设施及建（构）筑物的布置必须适用同一标准的规定。

二、《危险化学品建设项目安全监督管理办法》（安监总局令第 45 号）

经 2012 年 1 月 4 日国家安全生产监督管理总局局长办公会议审议通过的《危险化学品建设项目安全监督管理办法》，自 2012 年 4 月 1 日起施行。国家安全生产监督管理总局于 2006 年 9 月 2 日公布的《危险化学品建设项目安全许可实施办法》同时废止。

（一）立法目的

目的是为加强危险化学品建设项目安全监督管理，规范危险化学品建设项目安全审查。

（二）主要内容

建设项目的设计、施工、监理单位和安全评价机构应当具备相应的资质，并对其工作成果负责。涉及重点监管危险化工工艺、重点监管危险化学品或者危险化学品重大危险源的建设项目，应当由具有石油化工医药行业相应资质的设计单位设计。

建设单位应当在建设项目的可行性研究阶段，对下列安全条件进行论证，编制安全条件论证报告：①建设项目是否符合国家和当地政府产业政策与布局；②建设项目是否符合当地政府区域规划；③建设项目选址是否符合《工业企业总平面设计规范》（GB50187）、《化工企业总图运输设计规范》（GB50489）等相关标准，涉及危险化学品长输管道的，是否符合《输气管道工程设计规范》（GB50251）、《石油天然气工程设计防火规范》（GB50183）等相关标准；④建设项目周边重要场所、区域及居民分布情况，建设项目的设施分布和连续生产经营活动情况及其相互影响情况，安全防范措施是否科学、可行；⑤当地自然条件对建设项目安全生产的影响和安全措施是否科学、可行；⑥主要技术、工艺是否成熟可靠；⑦依托原有生产、储存条件的，其依托条件是否安全可靠。

设计单位应当根据有关安全生产的法律、法规、规章和国家标准、行业标准以及建设项目安全条件审查意见书，按照《化工建设项目安全设计管理导则》（AQ/T3033），对建设项目安全设施进行设计，并编制建设项目安全设施设计专篇。建设项目安全设施设计专篇应当符合《危险化学品建设项目安全设施设计专篇编制导则》的要求。

建设项目安全设施施工完成后，建设单位应当按照有关安全生产法律、法规、规章和国家标准、行业标准的规定，对建设项目安全设施进行检验、检测，保证建设项目安全设施满足危险化学品生产、储存的安全要求，并处于正常适用状态。

建设单位应当组织建设项目的设计、施工、监理等有关单位和专家，研究提出建设项目试生产（使用）（以下简称试生产〈使用〉）可能出现的安全问题及对策，并按照有关安全生产法律、法规、规章和国家标准、行业标准的规定，制定周密的试生产（使用）方案。试生产（使用）方案应当包括下列有关安全生产的内容：①建设项目设备及管道试压、吹扫、气密、单机试车、仪表调校、联动试车等生产准备的完成情况；②投料试车方案；③试生产（使用）过程中可能出现的安全问题、对策及应急预案；④建设项目周边环境与建设项目安全试生产（使用）相互影响的确认情况；⑤危险化学品重大危险源监控措施的落实情况；⑥人力资源配置情况；⑦试生产（使用）起止日期。

建设项目安全设施施工完成后，施工单位应当编制建设项目安全设施施工情况报告。建设项目安全设施施工情况报告应当包括下列内容：①施工单位的基本情况，包括施工单位以往所承担的建设项目施工情况；②施工单位的资质情况（提供相关资质证明材料复印件）；③施工依据和执行的有关法律、法规、规章和国家标准、行业标准；④施工质量控制情况；⑤施工变更情况，包括建设项目在施工和试生产期间有关安全生产的设施改动情况。

三、危险化学品经营许可证管理办法

《危险化学品经营许可证管理办法》已于 2012 年 5 月 21 日在国家安全生产监督管理总局局长办公会议审议通过，自 2012 年 9 月 1 日起施行。

（一）立法目的

本法的立法目的是为严格危险化学品经营安全条件，规范危险化学品经营活动，保障人民群众生命、财产安全。

（二）主要内容

1. 从事危险化学品经营的单位（以下统称申请人）应当依法登记注册为企业，并具备的基本条件

（1）经营和储存场所、设施、建筑物符合《建筑设计防火规范》（GB50016）、《石油化工企业设计防火规范》（GB50160）、《汽车加油加气站设计与施工规范》（GB50156）、《石油库设计规范》（GB50074）等相关国家标准、行业标准的规定。

（2）企业主要负责人和安全生产管理人员具备与本企业危险化学品经营活动相适应的安全生产知识和管理能力，经专门的安全生产培训和安全生产监督管理部门考核合格，取得相应安全资格证书；特种作业人员经专门的安全作业培训，取得特种作业操作证书；其他从业人员依照有关规定经安全生产教育和专业技术培训合格。

（3）有健全的安全生产规章制度和岗位操作规程。

（4）有符合国家规定的危险化学品事故应急预案，并配备必要的应急救援器材、设备。

（5）法律、法规和国家标准或者行业标准规定的其他安全生产条件。

2. 相关罚则

（1）未取得经营许可证从事危险化学品经营的，依照《中华人民共和国安全生产法》有关未经依法批准擅自生产、经营、储存危险物品的法律责任条款并处罚款；构成犯罪的，依法追究刑事责任。

（2）带有储存设施的企业违反《危险化学品安全管理条例》规定，有下列情形之一的，责令改正，处5万元以上10万元以下的罚款；拒不改正的，责令停产停业整顿；经停产停业整顿仍不具备法律、法规、规章、国家标准和行业标准规定的安全生产条件的，吊销其经营许可证：

① 对重复使用的危险化学品包装物、容器，在重复使用前不进行检查的；

② 未根据其储存的危险化学品的种类和危险特性，在作业场所设置相关安全设施、设备，或者未按照国家标准、行业标准或者国家有关规定对安全设施、设备进行经常性维护、保养的；

③未将危险化学品储存在专用仓库内，或者未将剧毒化学品以及储存数量构成重大危险源的其他危险化学品在专用仓库内单独存放的；

④未对其安全生产条件定期进行安全评价的；

⑤危险化学品的储存方式、方法或者储存数量不符合国家标准或者国家有关规定的；

⑥危险化学品专用仓库不符合国家标准、行业标准的要求的；

⑦未对危险化学品专用仓库的安全设施、设备定期进行检测、检验的。

四、其他有关行政规章

（一）《非药品类易制毒化学品生产、经营许可办法》

2006年3月21日国家安全生产监督管理总局局长办公会议审议通过了《非药品类易制毒化学品生产、经营许可办法》，2006年4月5日国家安全生产监督管理总局令第5号公布，自2006年4月15日起施行。

1. 立法目的

该法的立法目的是为加强非药品类易制毒化学品管理，规范非药品类易制毒化学品生产、经营行为，防止非药品类易制毒化学品被用于制造毒品，维护经济和社会秩序。

2. 主要内容

（1）适用范围。本法律所称非药品类易制毒化学品，是指《易制毒化学品管理条例》附表确定的可以用于制毒的非药品类主要原料和化学配剂。

（2）主要内容。国家对非药品类易制毒化学品的生产、经营实行许可制度。对第一类非药品类易制毒化学品的生产、经营实行许可证管理，对第二类、第三类易制毒化学品的生产、经营实行备案证明管理。

省、自治区、直辖市人民政府安全生产监督管理部门负责本行政区域内第一类非药品类易制毒化学品生产、经营的审批和许可证的颁发工作。设区的市级人民政府安全生产监督管理部门负责本行政区域内第二类非药品类易制毒化学品生产、经营和第三类非药品类易制毒化学品生产的备案证明颁发工作。县级人民政府安全生产监督管理部门负责本行政区域内第三类非药品类易制毒化学品经营的备案证明颁发工作。

国家安全生产监督管理总局负责监督、指导全国非药品类易制毒化学品生产、经营许可和备案管理工作。县级以上人民政府安全生产监督管理部门负责本行政区域内执行非药品类易制毒化学品生产、经营许可制度的监督管理工作。

生产、经营第一类非药品类易制毒化学品的，必须取得非药品类易制毒化学品生产、经营许可证方可从事生产、经营活动。非药品类易制毒化学品生产、经营许可证有效期为3年。许可证有效期满后需继续生产、经营第一类非药品类易制毒化学品的，应当于许可证有效期满前3个月内向原许可证颁发管理部门提出换证申请并提交相应资料，经审查合格后换领新证。

（二）《安全生产事故隐患排查治理暂行规定》

2007年12月22日国家安全生产监督管理总局局长办公会议审议通过了《安全生产事故隐患排查治理暂行规定》，自2008年2月1日起施行。

1. 立法目的

该法的立法目的是为了建立安全生产事故隐患排查治理长效机制，强化安全生产主体责任，加强事故隐患监督管理，防止和减少事故，保障人民群众生命财产安全。

2. 主要内容

安全生产事故隐患（以下简称事故隐患），是指生产经营单位违反安全生产法律、法规、规章、标准、规程和安全生产管理制度的规定，或者因其他因素在生产经营活动中存在可能导致事故发生的物的危险状态、人的不安全行为和管理上的缺陷。

事故隐患分为一般事故隐患和重大事故隐患：一般事故隐患，是指危害和整改难度较小，发现后能够立即整改排除的隐患；重大事故隐患，是指危害和整改难度较大，应当全部或者局部停产停业，并经过一定时间整改治理方能排除的隐患，或者因外部因素影响致使生产经营单位自身难以排除的隐患。

生产经营单位应当建立健全事故隐患排查治理制度。生产经营单位主要负责人对本单位事故隐患排查治理工作全面负责。生产经营单位应当建立健全事故隐患排查治理和建档监控等制度，逐级建立并落实从主要负责人到每个从业人员的隐患排查治理和监控责任制。生产经营单位应当每季、每年对本单位事故隐患排查治理情况进行统计分析，并分别于下一季度15日前和下一年1月31日前向安全监管监察部门和有关部门报送书面统计分析表。统计分析表应当由生产经营单位主要负责人签字。

（三）《安全生产违法行为行政处罚办法》

新修订的《安全生产违法行为行政处罚办法》经2007年11月9日国家安全生产监督管理总局局长办公会议审议通过，自2008年1月1日起施行。

1. 立法目的

该法的立法目的是为了制裁安全生产违法行为，规范安全生产行政处罚工作。

2. 主要内容

县级以上人民政府安全生产监督管理部门对生产经营单位及其有关人员在生产经营活动中违反有关安全生产的法律、行政法规、部门规章、国家标准、行业标准和规程的违法行为实施行政处罚，适用本办法。

生产经营单位及其有关人员对安全监管监察部门给予的行政处罚，依法享有陈述权、申辩权和听证权；对行政处罚不服的，有权依法申请行政复议或者提起行政诉讼；因违法给予行政处罚受到损害的，有权依法申请国家赔偿。

本办法所称的生产经营单位，是指合法和非法从事生产或者经营活动的基本单元，包括企业法人、不具备企业法人资格的合伙组织、个体工商户和自然人等生产经营主体。

（四）《关于认真贯彻危险化学品生产企业安全生产许可证实施办法的通知》（粤安监管三〔2011〕44号）

1. 立法目的

为严格规范危险化学品生产企业的安全生产条件，做好危险化学品生产企业安全生产许可证的颁发和监管工作。

2. 主要内容

严格按照规定报送安全生产许可申请材料：

危险化学品生产企业申请安全生产许可证时，应严格按照《实施办法》的规定要求，提交相应的文件、资料（材料清单可在省局网站下载）一式一份（申请书一式两份），并对其内容的真实性负责。按要求可提供复印件的，企业必须分别签章确认，并提供原件核对。

（1）企业安全生产有关费用提取和使用情况报告、有关安全生产费用提取和使用规定的正式文件的内容，应当符合财政部安全监管总局《高危行业企业安全生产费用财务管理暂行办法》（财企〔2012〕16号）规定要求。

（2）危险化学品生产企业在安全生产许可证有效期内，符合《实施办法》规定可直接办理延期换证手续条件的，应提交达到二级以上等级安全生产标准化的考评材料及《实施办法》第三十四条规定的相关文件、资料。

（3）危险化学品生产企业在安全生产许可证有效期内，利用现有厂房、仓库和设备设施条件变更许可范围（品种）的，应按照《关于危险化学品生产企业变更许可范围有关事项的补充通知》（粤安监函〔2011〕163号）的要求，提交相关文件、资料。

（五）《关于认真贯彻危险化学品生产企业安全生产许可证实施办法的补充通知》（粤安监〔2012〕56号）

（1）关于从业人员配备及要求的问题。企业主要负责人是指对企业日常生产经营活动全面负责、有生产经营决策权的人员，包括企业法定代表人、董事长、厂长或总经理、经理含实际控制人。分管安全负责人是指在企业分管安全生产工作的负责人包括副厂长、副总经理、副经理、安全总监等。专职安全生产管理人员是指在企业专职从事安全生产管理工作的人员。

除法定代表人以外的企业主要负责人、分管安全负责人和专职安全生产管理人员的配备应以企业的正式文件包括董事会决议、聘任合同或任书等明确其相应的职务、职责等。对于规模较小、从业人员少的企业，如其分管安全负责人与专职安全生产管理人员为同一人的，其从业条件应符合《实施办法》第十六条有关专职安全生产管理人员从业条件的相关要求。

鉴于目前广东省正在完善从事危险化工工艺过程操作及化工自动化控制仪表安装、维修、维护的特种作业人员的培训考核工作条件，企业申请安全生产许可证时可暂时不提交《特种作业人员安全技术培训考核管理规定》（国家安全监管总局令第30号）的相关危险化学品安全作业特种作业人员资格证书，待相应的培训考核正常工作开展后将严格按照规定要求执行。安全评价报告应对企业从业人员从业条件及配备是否符合《实施办法》第十六条要求进行专项评价并将相关学历证明、职称或资格证书和任命文件等资料作为评价报告的附件。

各级安全监管部门应将总局 41 号令第十六条规定纳入新建企业建设项目安全设施竣工验收或对现役企业安全监督检查的内容。对新建企业配备的专职安全生产管理人员不符合从业条件要求的，不予通过其建设项目安全设施竣工验收。对现役企业配备的专职安全生产管理人员不符合从业条件要求的，应督促其限期完成调整或配备符合总局 41 号令第十六条第二款规定专业、学历、职称或资格的专职安全生产管理人员，整改期限不得超过 6 个月，全部企业原则上应于 2013 年底完成。对属于仍在期限内整改的企业向省安全监管局提出延期换证申请时除提交必要的材料外还应附上书面整改计划，否则发证机关不予延期换证。对限期不能完成整改的将依法暂扣或吊销其安全生产许可证。

（2）关于安全设施设备合规性的问题。企业应当根据生产、储存的危险化学品的种类和危险特性在作业场所设置相应的防火、灭火、防雷、防静电、防中毒、防泄漏、电气安全、可燃有毒气体报警等安全设施、设备，并按照国家标准、行业标准或者国家有关规定对其进行定期维护、保养和检测检验，保证安全设施、设备的正常使用。安全评价报告应依据国家法律法规、标准规范对上述安全设施、设备是否按规定设置并有效可行进行专项评价，实事求是地提出"安全设施、设备是否符合国家法律法规、标准规范要求处于正常使用状态"的结论。

（3）关于安全生产费用的问题。企业安全生产费用的提取、使用和管理应符合财政部安全监管总局《关于印发〈企业安全生产费用提取和使用管理办法〉的通知》（财企〔2012〕16 号）的规定要求。费用提取和使用情况报告应包括上年度实际营业收入、安全生产费用实际提取比例、安全生产费用的提取数额和具体使用情况，包含完善、改造和维护安全防护设施设备支出，配备、维护、保养应急救援器材设备支出，应急演练支出，安全生产宣传、教育、培训支出，安全设施及特种设备检测检验支出等内容。

（4）关于危险化学品登记的问题。企业应按照《危险化学品安全管理条例》（国务院令第 591 号）的规定办理危险化学品登记。申请安全生产许可证时，应提供危险化学品登记证及其台账，且台账上登记的危险化学品品种应与申请许可的危险化学品品种一致。

（5）关于涉及危险化工工艺、重点监管危险化学品装置评价的问题。安全评价报告的内容应包括涉及危险化工工艺、重点监管危险化学品的装置是否设自动化控制系统，涉及危险化工工艺的大型化工装置是否装设紧急停车系统，涉及易燃易爆、有毒有害化学品的场所是否装设易燃易爆、有毒有害介质泄漏报警等安全设备设施的安全性评价。专项评价报告的内容应详细描述相关装置的生产工艺控制参数及控制点、安全控制工作原理、采用的逻辑控制单元、检测变送单元等设计、安装单位的资质条件设备系统的安全可靠性等情况。

五、危险化学品安全生产相关标准

（一）《危险货物运输包装通用技术条件》（GB12463—2009）

本标准规定了危险货物运输包装的分级、基本要求、性能试验和检验方法等，也规定了包装容器的类型和标记代号。

适用于盛装危险货物的运输包装，是运输、生产和检验部门对危险货物运输包装质量进行性能试验和检验的依据。

（二）《化学品的分类及危险性公示通则》（GB13690—2009）

本标准规定了有关 GHS 的化学品分类及其危险性公示。

本标准适用于化学品分类及其危险性公示。本标准适用于化学品生产场所和消费品的标志。

（三）《化学品安全标签编写规定》（GB15258—2009）

本标准是为规范化学品安全标签内容的表述和编写而制定的。安全标签是《工作场所安全使用化学品规定》和国际 170 号《作业场所安全使用化学品公约》要求的预防和控制化学危害基本措施之一，主要是对市场上流通的化学品通过加贴标签的形式进行危险性标识，提出安全使用注意事项，向作业人员传递安全信息，以预防和减少化学危害，达到保障安全和健康的目的。

本标准规定了化学品安全标签的术语和定义、标签内容、制作和使用要求。本标准适用于化学品安全标签的编写、制作与使用。

（四）《常用化学危险品贮存通则》（GB15603—1995）

该通则规定了常用化学危险品贮存的基本要求、贮存场所的要求、贮存安排及贮存量限制、养护、出入库管理、消防措施、废弃物处理、人员培训等内容。

该法规适用于常用化学危险品出、入库，贮存及养护。

（五）《化学品安全技术说明书内容和项目顺序》（GB/T 16483—2008）

化学品安全技术说明书，提供了化学品（物质或混合物）在安全、健康和环境保护等方面的信息，推荐了防护措施和紧急情况下的应对措施。它是化学品的供应商向下游用户传递化学品基本危害信息（包括运输、操作处置、储存和应急行动信息）的一种载体。同时化学品安全技术说明书还可以向公共机构、服务机构和其他涉及该化学品的相关方传递这些信息。

它规定了化学品安全技术说明书的结构、内容和通用形式。适用于化学品安全技术说明书的编制。

（六）《危险化学品重大危险源辨识》（GB18218—2009）

本标准规定了辨识危险化学品重大危险源的依据和方法。

本标准适用于危险化学品的生产、使用、储存和经营等各企业或组织。

本标准不适用于：

（1）核设施和加工放射性物质的工厂，但这些设施和工厂中处理非放射性物质的部门除外；

（2）军事设施；

（3）采矿业，但涉及危险化学品的加工工艺及储存活动除外；

（4）危险化学品的运输；

（5）海上石油天然气开采活动。

（七）其他相关标准

（1）《危险货物品名表》（GB12268—2012）；

（2）《易燃易爆性商品储藏养护技术条件》（GB17914—1999）；

（3）《腐蚀性商品储藏养护技术条件》（GB17915—1999）；

（4）《毒害性商品储藏养护技术条件》（GB17916—1999）；

（5）《汽车加油加气站设计与施工规范》（GB50156—2012）；

（6）《石油化工企业设计防火规范》（GB50160—2008）；

（7）《石油天然气工程设计防火规范》（GB50183—2004）；

（8）《建筑设计防火规范》（GB50016—2006）。

第四节　国家安全生产监督管理体制

一、概述

国家安全生产监督管理，是指国家法律授权行政部门设立的监察机构，具有法律形式的监督管理。国家安全生产监督管理是以国家机关为主实施的，是以国家名义并运用国家权力，对企业、事业单位和有关机关履行安全生产职责和执行安全生产法律法规、政策和标准的情况，依法进行监督、监察、纠正和惩戒的工作。

（一）安全生产监督管理是一种国家监察

（1）监察机构与被监察对象之间的关系，是依据国家法律法规的规定，构成行政机构与法人之间的行政法律关系。监察机构可以采取包括强制手段在内的多种监督检查形式和方法执行极端监察任务。

（2）国家安全监督管理机构的监察活动，是从国家整体利益出发，对法律和政府负责，不受部门和行业的限制，不受用人方或被用人方的约束，具有公正的第三方的特征。

（3）国家安全生产监督管理机构的监督监察活动，是遭用国家行政权力进行的，监察机构在职权范围内依法做出的决定，具有法律所赋予的确定力、强制力和约束力，因而它的活动具有权威性、强制性和约束性。

（二）安全生产监察具有专门的监察对象和特定的监察任务

其监察对象主要是生产单位（企、事业单位等），也包括国家法规所确定的负有安全管理职责的有关政府机关及企、事业单位的主管部门、行业主管部门等；监察内容主要是对监察对象履行安全生产职责和执行安全生产法律法规、政策和标准的情况。

由此可以看出，国家安全生产监察机构与行业或企、事业主管部门所设立的内部安全生产监督管理机构，以及工会组织的群众监督管理有明显区别。另外，因其仍属于政府系统的行政监察机构，故与检察机关在职责权限方面也有很大不同。

（三）安全生产监察机构（人员）实施安全生产监督检查必须依法监察

（1）监察机构和监察人员的设置必须符合国家法律法规的要求，监察机构的活动必须符合国家法律法规确定的职责权限。严格做到不失职、不渎职、不越权。

（2）国家监察是一种执法监察，主要是监察单位执行国家法律法规、政策和标准的情况，预防和纠正违反法律法规政策和标准的行为，它不干预企、事业单位内部执行法律、法规政策和标准的具体方法、措施和步骤；不代替单位日常安全管理和安全检查等具体事务；更不干预企业生产经营活动。

（3）进行监察活动时，必须依据实体法的规定（包括有关安全生产法律、法规、规章、标准以及国家批准的国际公约等），也必须依据程序法的规定实施。

二、我国安全生产监督管理的基本原则

（一）坚持"安全第一、预防为主、综合治理"的方针

"安全第一、预防为主、综合治理"是我国的安全生产方针，作为国家安全生产监察机构，在安全生产监督管理工作中，坚持此方针责无旁贷。

（二）坚持"有法必依、执法必严、违法必究"的原则

有法必依，包括执行和遵守两个方面：安全生产监察机构和人员在工作中要严格依法办事；司法机关在审理案件时必须严格以事实为依据，以法律为准绳的原则；用人单位必须严格遵守安全生产法律、法规和标准，使法律、法规和标准真正成为有关各方（及人员）的行为准则。

执法必严，即指安全生产监督执法机关和执法人员，必须在查清事实的基础上，严格依照法律规定进行处理。司法机关在审理案件，在定罪量刑、刑罚轻重方面，必须依照国家法律法规的规定。

违法必究，即对一切违法犯罪行为都必须认真追究，依法惩处，对谁也不能例外。严格遵守"法律面前人人平等"的原则，任何人都不能凌驾于法律之上或超越法律之外。

（三）坚持以事实为依据，以法律为准绳的原则

安全生产监察机构（人员）在履行职责时，必须深入调查，实事求是地查明、核对违法事实，使认定的事实有充分的证据，经得起历史的检验。在此基础上依照法律、法规的规定，正确无误地进行处罚，而不受任何机关、单位或个人（特别是领导机关或个人）的影响和干涉。

（四）坚持行为监察和技术监察相结合的原则

国家安全生产监察工作，不仅实施行为监察，即监督检查用人单位及其领导、管理人员的管理行为（包括各项规章制度和管理活动是否符合劳动安全卫生法律法规及标准的规定要求），而且实施技术监察，即凭借技术手段，监督检查单位的工艺、设备、原材料、作业环境及安全卫生防护条件等方面是否符合劳动安全卫生法律法规及标准的规定要求。只有将行为监察和技术监察相结合，并突出行为监察的作用，才能有效达到国家监察的目的。

（五）坚持监察与服务相结合的原则

安全生产监察机构（人员）既要严肃认真地进行监督检查，揭露和纠正用人单位安全生产管理中的缺陷、偏差及问题，又要满腔热忱地帮助用人单位进行安全生产宣传、教

育、培训工作，提供有关信息和科技情报，帮助他们解决存在的问题，指导单位做好安全生产工作。

（六）坚持教育与惩罚相结合的原则

应当认识到，惩罚并不是目的，而是一种教育手段。要通过对违法行为的处罚，来达到教育本人不再重犯和警示别人不犯同类或类似错误，以预防安全生产违法行为发生的目的。

三、县级以上各级人民政府的安全生产监督管理职责

按照《安全生产法》的规定，县级以上各级人民政府应当根据本行政区域（简称本地区）内的安全生产状况，包括本地区生产单位的性质等客观情况（如危险性较大的矿山、建筑施工、危险化学品生产、储存及运输单位所占比例和分布等）、本地区生产单位的安全保障情况、本地区近期生产伤亡事故发生的情况以及对时间等因素（如重大节假日）的考虑，组织政府有关部门按照职责分工，对本地区容易发生重大生产事故的单位（如生产性质比较危险，安全生产保障存在较大问题或者一旦发生事故后果严重的单位），进行严格的安全检查。对于检查发现的事故隐患，必须及时处理，不能不了了之。

四、政府安全生产监督管理部门的监督管理职责

按照《安全生产法》规定，政府监督管理部门对需要审批或者验收通过的涉及安全生产事项严格把关，并加强监督管理。对"审批把关"的具体要求是严把审批关；对未依法取得批准或者验收合格而擅自从事有关生产活动的单位严肃处理；实施动态管理，对不再具备安全生产条件的单位，应当撤销原批准。

《安全生产法》赋予政府监督管理部门的职权主要有以下 4 项：

（1）进入生产单位进行检查以及了解情况的职权；

（2）对安全生产违法行为的处理职权；

（3）对事故隐患的处理职权；

（4）对不符合安全标准的设备、设施、器材、物料等的处理职权。

安全生产监督管理人员应当忠于职守，坚持原则，秉公执法。生产单位对他们履行职责的过程应当予以配合。

五、政府其他有关部门的监督管理职责

（1）对危险化学品的生产、储存企业的新建、改建及扩建的"三同时"审查，这是从危险化学品单位"孕育"开始的控制，保证"优生"，从根本上对安全进行有效的控制；

（2）对危险化学品包装物、容器专业生产企业的审查；

（3）发放危险化学品及其包装物、容器的生产许可证，并对危险化学品及其包装物、容器的产品质量实施监督；

（4）发放危险化学品的经营许可证；

（5）国内危险化学品的登记；

（6）负责危险化学品的运输并对运输（包括铁路、航空及公路、水路等）单位及其

运输工具的安全管理实施监督；

（7）对危险化学品道路运输安全实施监督；

（8）核发危险化学品生产、储存、经营、运输单位营业执照，并监督管理危险化学品的市场活动；

（9）对邮寄危险化学品的监督检查；

（10）对危险化学品事故的调查处理；

（11）对废弃危险化学品的处置实施监督管理，对重大危险化学品污染事故和生态破坏事故进行调查；

（12）对危险化学品事故应急救援的组织和协调等。

第五节　作业场所安全使用化学品公约和国外危险化学品安全生产和监管现状

一、《作业场所安全使用化学品公约》

国际劳工组织于 1990 年 6 月 6 日在日内瓦举行的第 77 届会议上，制定了第 170 号《作业场所安全使用化学品公约》，也称之为"1990 年化学品公约"（以下简称 170 号国际公约）。我国是劳工组织成员国，于 1994 年 10 月 27 日第八届全国人大常委会第十次会议审议批准，承认并实施该公约。

（一）立法目的

170 号国际公约的宗旨是要求政府主管当局、雇主组织、工人组织共同协商努力、采取措施，保护员工免受化学品危害的影响，有助于保护公众和环境。

（二）主要内容

该公约分 7 部分 27 条：第一部分，范围和定义；第二部分，总则；第三部分，分类和有关措施；第四部分，雇主的责任；第五部分，工人的义务；第六部分，工人及其代表的权利；第七部分，出口国的责任。

170 号国际公约里所说的作业场所，是指化学品生产、搬运、储存、运输、废弃、设备维护的所有场所。

170 号国际公约强调政府主管当局、雇主组织、工人组织三方合作。

1. 政府主管当局的责任

（1）与雇主组织和工人组织协商，制定政策并定期检查。

（2）当发现问题时有权禁止或限制使用某种化学品。

（3）建立适当的制度或专门标准，确定化学品的危险特性，评价分类；提出"标识"或"标签"要求。

（4）制定《安全使用说明书》（CSDS）编制标准。

2. 雇主的责任

（1）对化学品进行分类。

（2）对化学品进行标识或加贴标签，使用前采取安全措施。

（3）提供安全技术说明书，在作业现场编制"使用须知"（周知卡）。

（4）保证工人接触化学品的程度符合主管当局的规定。

（5）对工人接触程度评估，并有监测、记录（健康监护）。

（6）采取措施将危险、危害降低到最低程度。

（7）当措施达不到要求时，免费提供个体防护用具。

（8）提供急救设施。

（9）制定应急处理预案。

（10）处置废物应依照法律、法规。

（11）对工人进行培训并提供资料、作业须知等。

（12）与工人及其代表合作。

3. 工人的权利和义务

（1）有权了解化学品的特性、危害性、预防措施、培训程序。

（2）当有充分理由判断安全与健康受到威胁可以脱离危险区，并不受不公正待遇。

（3）与雇主密切合作，遵章守纪。

（4）采取合理步骤对可能产生的危害加以消除或降低。

4. 出口国的责任

当本国由于安全和卫生方面的原因，对某种化学品部分或全部禁止使用时，应及时将事实和原因通报给进口国。

我国批准 170 号国际公约表明我国政府已向世界劳工组织正式做出了承诺，要使我国的化学品管理与国际管理体系接轨，按照国际通用模式建立新型的化学品管理体系，促进化学品管理逐步国际化。

二、国外危险化学品安全生产和监管现状

随着我国经济建设的不断发展，危险化学品的生产、使用、储存越来越普遍。很多危险化学品具有易燃、易爆、有毒及氧化等危险特性，在生产、使用、储存、运输、经营以及废弃处置过程中，一旦发生事故，将造成重大人身伤亡和经济损失，给社会造成极其恶劣的影响。在危险化学品安全管理上，美国、英国、加拿大等西方国家积累了丰富的经验，值得我国学习借鉴。

1. 美国——加强危险化学品风险预测和预防

美国化学安全和危害调查署，负责危险化学品的安全管理和事故调查统计。依据美国化学安全和危害调查署（CBS）的报告，在 1987—1996 年 10 年内，美国大约有 605 000 次危险化学品的伤害事故，而实际情况可能会更多。也就是说平均每年大约有 60 000 起危险化学品的事故发生，每年导致 2 565 人死亡和 22 949 人受伤，其中死亡 333 人和受伤的 9 962 人与固定设施装置有关。资料还显示，42% 的事故发生是在固定设施内，43% 的事故发生是在物料的传输过程中。设备的失效和人员的失误是造成事故的关键因素。

为防止事故的继续发生，对危险化学品的设施和装置，必须执行风险管理计划条例（RMPs）。如果装置在生产过程中含有的危险有害物质多于 140 磅（约 63.5 kg），那么必须执行 RMPs。RMPs 详细描述了关于化学物质的释放和活性的详细信息，并由此可以防止化学事故的发生以及应对紧急情况。风险管理计划条例主要集中于防止化学物质的释

放，降低由于有害化学物质暴露于社区的风险，同时将对环境的破坏后果减少到最低。风险管理计划条例需要对盛装危险化学品的容器进行识别，并分析这些化学物质对周围环境的风险程度大小，以及对紧急情况的反应计划。这些信息都要在风险管理计划条例中进行描述。风险管理计划条例必须包括如下内容：

（1）事故原因分析，通过原因分析可以估计潜在的对社区环境的风险大小程度。

（2）最近 5 年以来危险化学品的意外释放的事故的历史记录。

（3）相关的事故调查报告。

（4）预防事故发生的措施概述。

（5）对潜在的危险化学品意外释放或飞溅的应急反应计划（应急预案）。

对危险化学品的设备设施的管理，分为 3 个安全水平级，每一个安全水平级对应不同的安全措施。

第一个安全水平级代表了设备设施中的危险化学品一旦释放，对周围环境或社区的危害是最低的水平。一个设施或设备被界定为第一安全水平级则应满足：

（1）在最近 5 年内应没有对周围环境和社区造成危害的泄漏事故的发生。

（2）在最坏的条件状态下泄漏时对周围的人员没有影响。由于该水平级的设备设施，其危险性比较低，对社区及周围环境的影响比较小，因此对其可进行较少的危害评估、预防，以及紧急情况的应急措施。该水平级的应急响应预案必须与现场的应急预案相一致。

第二安全水平级不像第一安全水平级那样比较合格、可以接受，也不像第三安全水平级那样具有非常大的危险性。第二安全水平级的设备设施主要依据高度危险化学物质过程安全管理条例。

第三安全水平级的设备设施，具有最大的危险危害性，必须严格地一步步地对工艺过程、设备进行危害分析，以便于确认在什么地方危险化学品容易泄漏发生事故。

人的失误和机械故障是造成化学品飞溅和泄漏的主要的原因（通过分析 1987—1996 年美国危险化学品事故）。事故预防应当确定问题的所在并解决它们。可以采取以下安全措施来降低风险，并减少事故的发生。

（1）对操作员工的培训，可以降低事故的发生。大多数事故的发生是由于人的不安全的状态或不安全的行为造成的。合适的培训可以减少事故发生的次数。风险管理计划条例中要求要对操作员工以及相关人员进行适当的安全培训。

（2）保持生产过程中设备的完整有效性可以降低风险，使风险程度可以降低。

（3）通过对事故的调查，分析原因，可以预防事故的再次发生。

（4）减少危险以提高安全性。

2. 英国——加强危险化学品规划管理

英国化学品的管理部门主要由英国环境食品和乡村事务部、健康与安全执行局、环境署等十几个机构组成，在化学品的不同生命阶段扮演着不同的管理角色。英国政府对危险化学品管理的主要特色是加强危险化学品的规划管理。对于危险化学品规划的承诺是力争实现 4 个目标，即有效保护环境，谨慎使用自然资源，保持经济快速稳定增长，充分就业。

对危险化学品规划管理的主要目的有以下几个方面：

（1）尽可能地界定那些对人类健康和环境可以造成不可承受风险的化学品。

（2）尽可能减少那些在日常生活必须使用的危险化学品所造成的风险，从而保护人类健康与环境，取得社会与经济的协调发展。

（3）使得大家都可以获得有关危险化学品造成环境和健康风险的全面信息。

（4）维持和提高化工企业的竞争能力。

危险化学品规划的范围：

（1）市场上可获得的危险化学品对环境和人类健康所造成的风险。

（2）危险化学品的商业生产和使用。

（3）与危险化学品生产和使用相关的控制措施。

（4）加快对化学品所造成的环境风险进行评估的措施。

其中，化学品规划不考虑下面的情况：暴露于工作场所的危险化学品；危险化学品的运输和重大危险源；食品在加工过程中添加的化学品；化学品释放到环境中的控制措施。一个国家的化学品规划，常受到许多国际协议的影响，如英国的化学品政策受到许多国际协议的影响。英国积极参加许多国际活动，都是为了实现对化学品规划管理的承诺。

联合国推动了全球范围内许多方面的国际合作，包括在化学品领域。在化学品管理方面，英国的规划涉及好几个联合国协议。在制定化学品规划时应该遵循的指导原则：充分利用现有法律；充分利用可以获得的可靠信息；生成相关信息，采用均衡原则；使当局可以获得信息；避免复杂问题；尽量减少对动物进行实验；与协调当局紧密合作。

3．加拿大——加强化学品管理与立法

根据加拿大政府统计，每4个加拿大人中就有1人接触过危险化学品，每年因在工作场所接触危险化学品造成的经济损失达6亿元之多。严重的安全卫生问题引起了加拿大政府的高度重视，如何预防和监控化学品对人类产生的危害已成为加拿大政府十分关注的问题。1979年1月，联邦、省和地方劳工立法委员会根据为使工人、雇主遵守有关危险物品的法规，需要从供货商获得统一信息这一前提，提出了需要标准化的危险物品信息系统。经过近十年的工作，1987年由工业、劳工和联邦三方起草了"工作场所有害物质信息法"（即WHMIS）。为实施WHMIS法，加拿大政府修订了《危险产品法》（HPA）和其他法规。同时，省和地方政府也修订了本地的"职业安全卫生法"，使WHMIS法能在工作场所实施。

加拿大化学品安全管理法令体系由联邦和省的法令组成。联邦法律主要有以下5部：《危害物品法令》、《危害物品管理条例规定》、《危害物品成分报告条例》、《危害物品资料审核法令》和《危害物品资料审核条例》。

《危害物品法令》和《危害物品管理条例规定》规定，化学品销售单位或进口危险化学品单位必须为使用化学品者提供符合标准的化学品安全标签和安全技术说明书（SDS）。

《危害物品成分报告条例》列出1 736种有害化学品。只要一种化学品物质的有害成分是1 736种有害化学品之一，并且超过所列规定的浓度，销售单位或进口化学品单位就必须将该种化学品视为有害化学品，并提供符合标准的化学品安全标签和安全技术说明书（SDS）。

4．日本——危险化学品经营管理

日本的化学工业十分发达。2001年，日本共有化工企业9 093个，从业人员近50万人，化工产品进出口额分别为256亿美元和308亿美元。

（1）日本有关危险化学品方面的法律法规主要包括《化学物质审查与生产控制法》、《劳动安全卫生法》、《有毒有害物质控制法》、《高压气体控制法》、《爆炸物品控制法》、《化学物品排出管理促进法》、《消防法》、《废弃物法》、《环境基本法》、《航空危险货物运输法》等。

（2）企业必须对危险化学品的危害性、有害性进行风险评价，强调企业采取自律性的管理方式和措施。

（3）《消防法》针对已有的化学物品中易燃等危险有毒化学物品规定了登记制度，《化学物质审查与生产控制法》针对可能有慢性毒性的物品规定了登记制度。关于新型化学物品，必须根据《化学物质审查与生产控制法》和《劳动安全卫生法》进行登记。

（4）不论危险化学品的生产及储存等各阶段，只要涉及危险化学品设施的设置就必须获得政府有关部门许可。根据危险化学品使用场所，危险化学品设施主要分为生产设施、储存设施（室内、室外、地下、移动式和简易设施等）、使用设施（加油站用、零售用、运输用等）等三大类别。

（5）实施化学品安全技术说明书（SDS）制度，企业在向其他单位转移和供应指定化学品物质（435种）以及含有这些指定物质（1%以上）的制品时，应当编制和向收货单位提供化学品安全技术说明书。

第二章　危险化学品安全生产基础知识

由于化学品在全球贸易中的扩大化，以及各国为了保障化学品的安全使用、安全运输与安全废弃的需要，建立一个全球一致化的化学品分类体系成为必然。建立全球一致化的化学品分类体系具有以下目的：

——通过提供一种易被理解的国际制度来表达化学品的危害，提高对人类和环境的保护；

——为没有现有相关制度的国家提供一种公认的制度框架；

——减少对化学品的测试和评估；

——方便已在国际基础上对危险性做出适当评估和识别的化学品的国际贸易。

在2002年9月联合国召开的可持续发展各国首脑会议上，鼓励各国尽快实施《化学品分类及标记全球协调制度》（GHS），要求各国2008年前实施GHS。中国时任总理朱镕基参加了会议，中国代表团投了赞同票。

我国参照GHS标准修制订了化学品分类、警示标签和警示性说明安全规范的标准共计26个，于2006年10月24日发布，自2008年1月1日起在生产领域实施，2008年12月31日起在流通领域实施，2008年1月1日至2008年12月31日为该项目的实施过渡期。另外，在GHS中还有一个种类的危险性——"吸入危险性"，在我国还未转化成为国家标准。以下内容以相关标准为依据编写而成。

第一节　危险化学品的相关概念及化学品危险性的分类概述

一、危险化学品的相关概念

为便于对本节内容及相关化学品分类标准的理解，特在下面列出某些术语的定义，这些定义皆摘自相关化学品分类等方面的国家标准。

物质：在自然状态下或通过任何生产过程获得的化学元素及其化合物，包括为保持其稳定性而有必要添加的任何添加剂和加工过程中产生的任何杂质，但不包括任何不会影响物质稳定性或不会改变其成分的可分离的溶剂。

物品：具有特定形状、外观或设计的物体，这些形状、外观和设计比其化学成分更能决定其功能。

混合物：由两种或多种彼此不发生反应的物质组成的混合物或溶液。

化学品：各种化学元素、由元素组成的化合物及其混合物。

危险化学品：具有爆炸、燃烧、助燃、毒害、腐蚀、环境危害等性质并且对接触的人员、设施、环境可能造成伤害或者损害的化学品。

危险类别：每个危险种类中的标准划分，如口服急性毒性包括五种危险类别，而易燃液体包括四种危险类别及这些危险类别在一个危险种类内比较危险的严重程度，不可将它们视为较为一般的危险类别比较。

危险种类：危险种类指物理、健康或环境危险的性质，例如易燃固体、致癌性、口服急性毒性。

危险说明：对某个危险种类或类别的说明，它们说明一种危险产品的危险性质，在情况适合时还说明其危险程度。

标签：关于一种危险产品的一组适当的书面、印刷或图形信息要素，因为与目标部门相关而被选定，它们附于或印刷在一种危险产品的直接容器上或它的外部包装上。

标签要素：统一用于标签上的一类信息，例如象形图、产品标识符、信号词等。

①象形图：一种图形结构，它可能包括一个符号加上其他图形要素，例如边界、背景图案或颜色，意在传达具体的信息。

②产品标识符：标签或安全数据单上用于危险产品的名称或编号。它提供一种唯一的手段使产品使用者能够在特定的使用背景下识别该物质或混合物，例如在运输、消费时或在工作场所。

③信号词：标签上用来表明危险的相对严重程度和提醒读者注意潜在危险的单词。GHS 使用"危险"和"警告"作为信号词。

二、化学品危险性的分类概述

依据化学品的物理危险、健康危害和环境危害，将化学品危险性分为 27 个种类；其中，依据化学品的物理危险，将化学品的危险性分为 16 个种类，分别为：爆炸物、易燃气体、易燃气溶胶、氧化性气体、压力下气体、易燃液体、易燃固体、自反应物质、自热物质、自燃液体、自燃固体、遇水放出易燃气体的物质、金属腐蚀物、氧化性液体、氧化性固体、有机过氧化物；依据化学品的健康危害，将化学品的危险性分为 12 个种类，分别为：急性毒性、皮肤腐蚀、刺激、严重眼睛损伤、眼睛刺激、呼吸或皮肤过敏、生殖细胞突变性、致癌性、生殖毒性、特异性靶器官系统毒性一次接触、特异性靶器官系统毒性反复接触、吸入危险；依据化学品的环境危害，将化学品的危险性列为一个种类：对水环境的危害。另外，在每一个种类中，依据各自的分类分级标准，又分为一个或多个级别，部分类别又进一步细分为多个子级别。

三、卫生防护距离与安全防护距离

1. 卫生防护距离

卫生防护距离是指在正常生产条件下，散发无组织排放大气污染物的生产装置、"三废"处理设施等的边界至居住区边界的最小距离。卫生防护距离主要是在正常生产情况下对散发有毒有害物质影响周边的防护。

2. 安全防护距离

安全防护距离不同于卫生防护距离，目前尚无确切的定义。可以理解为事故状态下装置、设施、厂房与周边场所的最小的安全距离。危险化学品生产、储存企业与周边的安全防护距离，涉及的国家标准：一是有关设计防火规范要求的防火间距，防火间距主要是对易燃易爆场所的基本防护要求，如《建筑设计防火规范》（GB50016—2006）规定：甲类厂房与重要公共建筑之间的防火间距不应小于50.0m，与明火或散发火花地点之间的防火间距不应小于30.0m；二是极少数产品的生产有专门安全技术规程规定的距离，如《光气及光气化工产品生产安全规程》（GB19041—2003）中对安全距离的定义为：从光气及光气化产品生产装置的边界开始计算，至人员相对密集区域边界之间的最小允许距离。

卫生防护距离是正常生产情况下的防护距离要求，安全防护距离是事故状态下将损失降到心理上能承受程度的防护距离要求。

第二节　各种类危险化学品的定义、分类及类别和警示标签

一、爆炸物

1. 术语和定义

（1）爆炸物质（或混合物）：能通过化学反应在内部产生一定速度、一定温度与压力的气体，且对周围环境具有破坏作用的一种固体或液体物质（或其混合物）。

（2）烟火物质（或混合物）：能发生爆轰，自供氧放热化学反应的物质或混合物，并产生热、光、声、气、烟或几种效果的组合。烟火物质无论其是否产生气体都属于爆炸物。

（3）爆炸品：包括一种或多种爆炸物质或其混合物的物品。

（4）烟火制品：当物品包含一种或多种烟火物质或其混合物时，称其为烟火制品。

爆炸物由以下三个部分组成：

（1）爆炸物及其混合物。

（2）爆炸品，不包括那些含有一定数量的爆炸物或其混合物的装置，在这些装置内的爆炸物在不小心或无意中被点燃时不会在装置外产生喷射、着火、冒烟、放热或巨响等效果。

（3）上面两项均未提及的，而实际上又是以产生爆炸或烟火效果而制造的物质、混合物和制品。

2. 分类

根据爆炸物所具有的危险特性分为以下六项：

1.1项　具有整体爆炸危险的物质、混合物和制品（整体爆炸是实际上瞬间引燃几乎所有装填料的爆炸）。

1.2项　具有喷射危险但无整体爆炸危险的物质、混合物和制品。

1.3项　具有燃烧危险和较小的爆轰危险或较小的喷射危险或两者兼有，但非具有整体爆炸危险的物质、混合物和制品。该项物质在燃烧时有以下特征：

①产生显著辐射热的燃烧；

②一个接一个地燃烧，同时产生较小的爆轰或喷射作用或两者兼有。

1.4 项　不存在显著爆炸危险的物质、混合物和制品，这些物质、混合物和制品，一旦被点燃或引爆也只存在较小危险，并且要求最大限度地控制在包装内，同时保证无肉眼可见的碎片喷出，爆炸产生的外部火焰应不会引发包装内的其他物质发生整体爆炸。

1.5 项　具有整体爆炸危险，但本身又很不敏感的物质或混合物，这些物质、混合物虽然具有整体爆炸危险，但是极不敏感，以至于在正常条件下引爆或由燃烧转至爆轰的可能性非常小。

1.6 项　极不敏感，且无整体爆炸危险的制品，这些制品只含极不敏感爆轰物质或混合物和那些被证明意外引发的可能性几乎为零的制品。

3. 类别和标签要素的配置

爆炸物类别和标签要素的配置见表 2 - 1。

表 2 - 1　爆炸物类别和标签要素的配置

不稳定的/1.1 项	1.2 项	1.3 项	1.4 项	1.5 项	1.6 项
			1.4 （无象形图）	1.5 （无象形图）	1.6 （无象形图）
危　险 爆炸物； 整体爆炸 危险	危　险 爆炸物； 严重喷射 危险	危　险 爆炸物； 燃烧、爆 轰或喷射 危险	警　告 燃烧或喷射 危险	警　告 燃烧中可爆炸	无信号词 无危险性说明

二、易燃气体

1. 术语和定义

易燃气体：在 20℃和标准大气压 101.3 kPa 时与空气混合有一定易燃范围的气体。

2. 分类

易燃气体分为两类，分类标准见下：

（1）类别 1。在 20℃和标准大气压 101.3 kPa 时的气体：在与空气的混合物中按体积占 13% 或更少时可被点燃的气体；或不论易燃下限如何，与空气混合，可燃范围至少为 1 2 个百分点的气体。

（2）类别 2。在 20℃和标准大气压 101.3 kPa 时，除类别 1 中的气体之外，与空气混合时有易燃范围的气体。

注：氨和甲基溴化物可以视为特例。

表 2 - 2　易燃气体类别和标签要素的配置

类别 1	类别 2
	无象形图 警　告 易燃气体
危　险 极易燃气体	

3. 类别和标签要素的配置

易燃气体类别和标签要素的配置见表 2 – 2。

三、易燃气溶胶

1. 术语和定义

凡分散介质为气体的胶体物系为气溶胶。它们的粒子大小在 100 ～ 10 000 nm 之间，属于粗分散物系。常用的气溶胶是指喷射罐（是任何不可重新罐装的容器，该容器由金属、玻璃或塑料制成）内装有强制压缩、液化或溶解的气体（包含或不包含液体、膏剂或粉末），并配有释放装置以使内装物喷射出来，在气体中形成悬浮的固态、液态微粒或形成泡沫、膏剂、粉末或者以液态或气态形式出现。

2. 分类

如果气溶胶中含有易燃液体、易燃气体或易燃固体等任何易燃的成分时，该气溶胶应考虑分类为易燃气溶胶。

易燃气溶胶根据其成分的化学燃烧热，如适用时根据其成分的泡沫试验（对泡沫气溶胶），以及点燃距离试验和封闭空间试验（对喷雾气溶胶）的结果分为类别 1 和类别 2 两个类别。

注：易燃成分不包括自燃、自热物质或遇水反应物质，因为这些成分从来不用作气溶胶内装物。

3. 类别和标签要素的配置

易燃气溶胶类别和标签要素的配置见表 2 – 3。

表 2 – 3　易燃气溶胶类别和标签要素的配置

类别 1	类别 2
危 险 极易燃气溶胶	警 告 易燃气溶胶

四、氧化性气体

1. 术语和定义

氧化性气体：能通过提供氧或可引起比空气更能促进其他物质燃烧的任何气体。

2. 分类

氧化性气体只有一个类别。其分类依据即为其定义。含氧量体积分数高于 23.5% 的人造空气视为非氧化性气体。

3. 类别和标签要素的配置

氧化性气体类别和标签要素的配置见表 2 – 4。

表 2 – 4　氧化性气体类别和标签要素的配置

类别 1
危 险 可引起或加剧燃烧；氧化剂

五、压力下气体

1. 术语和定义

压力下气体：20℃时压力不小于 280 kPa 的容器中的气体或成为冷冻液化的气体。

2. 分类

按包装的物理状态，压力下气体分为压缩气体、液化气体、溶解气体、冷冻液化气体4类，压力下气体的分类依据为：

（1）压缩气体：在压力下包装时，−50℃是完全气态的气体，包括所有具有临界温度不大于−50℃的气体。

（2）液化气体：在压力下包装时，温度高于−50℃时部分是液态的气体。它区分为：①高压液化气：临界温度介于−50℃和+65℃之间的气体。②低压液化气：临界温度高于+65℃的气体。

（3）溶解气体：在压力下包装时溶解在液相溶剂中的气体。溶解气体主要特指溶解乙炔。

（4）冷冻液化气体：包装时由于其低温而部分成为液体的气体。

注：临界温度是指高于此温度，无论压缩程度如何，纯气体都不能被液化的温度。

3. 类别和标签要素的配置

压力下气体类别和标签要素的配置见表2−5。

表2−5　压力下气体类别和标签要素的配置

压缩气体	液化气体	溶解气体	冷冻液化气体
警　告 含压力下气体 如受加热可以爆炸	警　告 含压力下气体 如受加热可以爆炸	警　告 含压力下气体 如受加热可以爆炸	警　告 含冷冻气体 如受加热可以爆炸

六、易燃液体

1. 术语和定义

易燃液体：指闪点不大于93℃的可燃液体。

2. 分类

易燃液体分为四类，其分类依据为：

类别1：闪点小于23℃和初沸点不大于35℃。

类别2：闪点小于23℃和初沸点大于35℃。

类别3：闪点不小于23℃和闪点不大于60℃。

类别4：闪点大于60℃和闪点不大于93℃。

注：①闪点范围在55～75℃的燃料油、柴油和轻质加热油，在某些法规中可被视为一特定组。

②闪点高于35℃的液体如果在联合国《关于危险货物运输的建议书试验和标准手册》

的持续燃烧性试验中得到否定结果时，对于运输可看作为非易燃液体。

③对于运输，黏稠的易燃液体如色漆、磁漆、喷漆、清漆、黏合剂和抛光剂将视为一特定组。

3. 类别和标签要素的配置

易燃液体类别和标签要素的配置见表 2－6。

表 2－6　易燃液体类别和标签要素的配置

类别 1	类别 2	类别 3	类别 4
危　险　极易燃　液体和蒸气	危　险　高度易燃　液体和蒸气	警　告　易燃　液体和蒸气	无象形图　警　告　可燃液体

七、易燃固体

1. 术语和定义

易燃固体：指容易燃烧的或通过摩擦引起或促进着火的固体。

易于燃烧的固体是指如果它们与点火源（如着火的火柴）短暂接触易被点燃并使火焰有较快蔓延速度的有危险性的粉状、颗粒状或膏状物质。

2. 分类

当粉状、颗粒状或膏状物质或混合物按联合国《关于危险货物运输的建议书试验和标准手册》中规定的试验方法进行的一次或多次试验，如果 100 mm 的连续的带或粉带的燃烧时间小于 45 s 或燃烧速率大于 2.2 mm/s 时，就应被分类为易燃固体。

当金属或金属合金的粉末能被点燃并在 10 min 或更短时间内蔓延到样品的 100 mm 的连续的粉末带的整个长度时，该物质应被分类为易燃固体。

直至明确的原则建立之前，通过类比现有项目（例如火柴），经摩擦可以着火的固体应被分类为易燃固体。

采用联合国《关于危险货物运输的建议书试验和标准手册》中规定的方法，易燃固体可分为两类，其分类依据为：

类别 1：燃烧速率试验，除金属粉末以外的物质或混合物：潮湿区不能阻挡火焰，并且 100 mm 的连续的带或粉带的燃烧时间小于 45 s 或燃烧速率大于 2.2 mm/s。燃烧速率试验，金属粉末：100 mm 的连续的粉末带的燃烧时间不大于 5 min。

类别 2：燃烧速率试验，除金属粉末以外的物质或混合物：潮湿区能阻挡火焰至少 4 min，并且 100 mm 的连续的带或粉带的燃烧时间小于 45 s 或燃烧速率大于 2.2 mm/s。

燃烧速率试验，金属粉末：100 mm 的连续的粉末带的燃烧时间大于 5 min 且小于或等于 10 min。

注：对于固定物质或混合物的分类试验，该试验应按提供的物质或混合物进行。例如，如果对于供应或运输为目的，同种化学品其提交的形态不同于试验时的形态，而且被认为可能实际上不同于分类试验时的性能时，则该物质还必须以新形态进行试验。

3. 类别和标签要素的配置

易燃固体类别和标签要素的配置见表 2－7。

表 2－7　易燃固体类别和标签要素的配置

类别 1	类别 2
危　险 易燃固体	警　告 易燃固体

八、自反应物质

1. 术语和定义

自反应物质：指热不稳定性液体或固体物质或混合物，即使没有氧（空气），也易发生强烈放热分解反应。这一概念不包括 GHS 分类为爆炸品、有机过氧化物或氧化物的物质和混合物。

当自反应物质或混合物具有在实验室试验以有限条件加热时易于爆炸、快速爆燃或显现剧烈反应时，可认为其具有爆炸特性。

2. 分类

任何自反应物质或混合物都应按此要求分类，除非分类为爆炸物、氧化性液体或氧化性固体、有机过氧化物，或者其分解反应热小于 300 J/g，或者 50 kg 包装自加速分解温度高于 75℃。自反应物质和混合物按下列原则分为 "A～G" 七个类型：

（1）在包装内，会发生爆炸或快速爆燃的任何自反应物质或混合物，分为 A 型自反应物质。

（2）在包装内，具有爆炸特性，既不会爆炸也不会快速爆燃，但易发生受热爆炸的任何自反应物质或混合物，分为 B 型自反应物质。

（3）在包装内，具有爆炸特性，不会发生爆炸、快速爆燃或受热爆炸的任何自反应物质或混合物，分为 C 型自反应物质。

（4）在实验室试验中以下情况的任何自反应物质或混合物：

有限条件加热时部分爆燃，不会快速爆燃，没有呈剧烈反应；或

有限条件加热时完全不会爆炸，会缓慢燃烧，没有呈剧烈反应；或

有限条件加热时完全不会爆炸或爆燃，呈中等反应。

将被确定为 D 型自反应物质。

（5）在实验室试验中，有限条件加热时完全不会爆炸又不爆燃，呈微反应或不反应的任何自反应物质或混合物，分类为 E 型自反应物质。

（6）在实验室试验中，有限条件加热时既不会在空化状态爆炸，也完全不会爆燃，呈微反应或不反应，低爆炸能量或无爆炸能量的任何物质或混合物将被分类为 F 型反应物质。

（7）在实验室试验中，有限条件加热时既不会在空化状态爆炸，也完全不会爆燃，

并且不发生反应，无任何爆炸能量；只要是热稳定的（50 kg 包装的自加速分解温度为 60 ～75℃），对于液体混合物，用沸点不低于 150 ℃ 的稀释剂减感的任何自反应物质或混合物都被确定为 G 型自反应物质；如果该混合物不是热稳定的，或用沸点低于 150℃ 的稀释剂减感，则该混合物被确定为 F 型反应物质。

注：G 型没有标签要素，但应考虑属于其他危险类型的性质；A 型到 G 型未必适用于所有系统。

3. 类别和标签要素的配置

自反应物质类别和标签要素的配置见表 2 - 8。

表 2 - 8　自反应物质类别和标签要素的配置

A 型	B 型	C 型和 D 型	E 型和 F 型	G 型
危　险 加热可引起 爆炸	危　险 加热可引起 燃烧和爆炸	危　险 加热可引起 燃烧	警　告 加热可引起 燃烧	这一类别 无警和示 标签要素

九、自热物质

1. 术语和定义

自热物质：通过与空气反应并且无能量供应，易于自热的固体、液体物质或混合物，该物质或混合物与自燃液体或固体不同之处在于：只有在大量（几千克）和较长的时间周期（数小时或数天）时才会着火。

物质或混合物的自热，导致自燃，是由该物质或混合物与氧（空气中的）反应和产生的热不能足够迅速地传导至周围环境中引起的。当热的产生速度超过热的散失速度和达到了自燃温度时应会发生自燃。

2. 分类

一种物质或混合物如果按联合国《关于危险货物运输的建议书试验和标准手册》中所列的试验方法进行试验，并符合相关要求，则应被分类为自热物质。根据试验方法及结果的不同，自热物质分为两类，其分类依据为：

类别 1：用边长 25 mm 的立方体样品在 140℃ 时得到肯定结果。

类别 2：

①用边长 100 mm 的立方体样品在 140℃ 试验时得到肯定结果和使用边长 25 mm 的立方体样品在 140℃ 试验时得到否定结果并且该特质是待包装在体积大于 3 m³ 的包装中。

②用边长 100 mm 的立方体样品在 140℃ 试验时得到肯定结果和使用边长 25 mm 的立方体样品在 140℃ 试验时得到否定结果，用边长 100 mm 的立方体样品在 120℃ 试验时得到肯定结果并且该物质是待包装在体积大于 450L 的包装中。

③用边长 100 mm 的立方体样品在 140℃ 试验时得到肯定结果和使用边长 25 mm 的立方体样品在 140℃ 试验时得到否定结果并且用边长 100 mm 的立方体样品在 100℃ 试验时得到肯定结果。

注：①对于固体物质或混合物的分类试验而言，该试验应对其提交的物质或混合物进行。例如，如果对于供应或运输的目的，同样的化学品被提交的形态不同于试验时的形态并且认为其性能可能与分类试验有实质不同时，该物质或混合物还必须以新的形态试验。

②基于木炭的自燃温度，体积为 27 m³，自燃温度为 50℃ 的物质和混合物不应划入本危险类别；体积 450L，自燃温度高于 50℃ 的物质和混合物不应划入类别 1。

3. 类别和标签要素的配置

自热物质类别和标签要素的配置见表 2-9。

表 2-9　自热物质类别和标签要素的配置

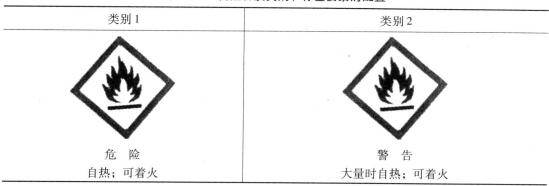

类别 1	类别 2
危　险	警　告
自热；可着火	大量时自热；可着火

十、自燃液体

1. 术语和定义

自燃液体：即使数量较少，但也能在与空气接触后 5 min 内着火的液体。

2. 分类

自燃液体共一类：该类液体被加至惰性载体上并暴露于空气中 5 min 内燃烧，或与空气接触 5 min 内会燃着或炭化滤纸。

3. 类别和标签要素的配置

自燃液体类别和标签要素的配置见表 2-10。

表 2-10　自燃液体类别和标签要素的配置

类别 1

危　险
如暴露于空气中会自燃

十一、自燃固体

1. 术语和定义

自燃固体：该类物品是与空气接触后 5 min 内，即使量少也易着火的固体。

2. 分类

自燃固体共一类：与空气接触后 5 min 内会发生燃烧的固体。

3. 类别和标签要素的配置

自燃固体类别和标签要素的配置见表 2－11。

表 2－11　自燃固体类别和标签要素的配置

类别 1

危　险
如暴露于空气中会自燃

十二、遇水放出易燃气体的物质

1. 术语和定义

遇水放出易燃气体的物质：该类物品可与水相互反应并且所产生的气体通常显示具有自燃的倾向，或放出具有危险数量的易燃气体的固体或液体物质。

2. 分类

遇水放出易燃气体的物质或混合物分为三类，其分类依据为：

类别 1：在环境温度下与水剧烈反应，所产生的气体通常显示具有自燃的倾向，或在环境温度下容易与水反应，放出易燃气体的速率大于或等于每千克物质在任何 1 min 内释放 10 m³ 的任何物质或混合物。

类别 2：在环境温度下易于与水反应，放出易燃气体的最大速率大于或等于每小时 20L/kg，并且不符合类别 1 准则的任何物质或混合物。

类别 3：在环境温度下与水缓慢反应，放出易燃气体的最大速率大于或等于每小时 1L/kg，并且不符合类别 1 和类别 2 的任何物质或混合物。

注：①如果在试验程序的任何一步中发生自燃，该物质就被分类为遇水放出易燃气体的物质或混合物。

②对于固体物质或混合物的分类试验而言，该试验应对其提交的物质或混合物的形态进行。例如，如果对于供应或运输的目的，同种的化学品被提交的形态不同于试验时的形态并且认为其性能可能与分类试验有实质不同时，该物质或混合物还必须以新的形态试验。

3. 类别和标签要素的配置

遇水放出易燃气体的物质类别和标签要素的配置见表 2－12。

表 2 – 12　　遇水放出易燃气体的物质类别和标签要素的配置

类别 1	类别 2	类别 3

危险	危险	警告
接触水释放	接触水释放	接触水释放
可自发燃烧的易燃气体	易燃气体	易燃气体

十三、金属腐蚀物

1. 术语和定义

金属腐蚀物：通过化学作用会显著损伤或甚至毁坏金属的物质或混合物。

2. 分类

金属腐蚀物质或混合物共分一类，分类依据为：在试验温度 55℃ 下，钢或铝表面的腐蚀率超过 6.25 mm/年。

3. 类别和标签要素的配置

金属腐蚀物类别和标签要素的配置见表 2 – 13。

十四、氧化性液体

1. 术语和定义

氧化性液体：通过产生氧，可引起或促使其他物质燃烧，其本身并不一定是可燃的液体。

2. 分类

氧化性液体共分为三类，其分类依据为：

类别 1：在密闭容器中，受试物质（或混合物）与纤维素 1:1（质量比）混合物可自燃，或受试物质（或混合物）与纤维素 1:1（质量比）混合物的平均压力升高时间小于 50% 高氯酸水溶液和纤维素 1:1（质量比）混合物的平均压力升高时间的任何物质和混合物。

类别 2：在密闭容器中，受试物质（或混合物）与纤维素 1:1（质量比）混合物显示的平均压力升高时间小于或等于 40% 氯酸钠水溶液和纤维素 1:1（质量比）混合物的平均压力升高时间，并且不符合类别 1 的任何物质和混合物。

表 2 – 13　金属腐蚀物类别和标签要素的配置

类别 1

警　告
可以腐蚀金属

类别3：在密闭容器中，受试物质（或混合物）与纤维素1∶1（质量比）混合物显示的平均压力升高时间小于或等于65%硝酸水溶液和纤维素1∶1（质量比）混合物的平均压力升高时间，并且不符合类别1和类别2的任何物质和混合物。

注：①物质和混合物的处置和使用中显示它们是否具有氧化性的经验是考虑在这一种类中分类的一个重要的附加因素。如果在试验结果与已知经验之间存有分歧时，根据已知经验的判断应优先于试验结果。

②在某些情况，物质和混合物可能产生不是由物质或混合物氧化性特征的化学反应引起的压力升高（太高或太低）。在这些情况中，有必要采用惰性物质，以澄清反应的性质。

③如果为下列情况，对于有机物或混合物应不需要采用这一种类的分类程序：该物质或混合物不含氧、氟或氯；该物质或混合物含氧、氟或氯，且这些元素只与碳或氢化学键合。

④对于无机物或混合物而言，如果它们不含氧或卤素原子时，则不需要采用这一种类的分类程序。

3. 类别和标签要素的配置

氧化性液体类别和标签要素的配置见表2-14。

表2-14　氧化性液体类别和标签要素的配置

类别1	类别2	类别3
危　险 可引起燃烧或爆炸； 强氧化剂	危　险 可加剧燃烧；氧化剂	警　告 可加剧燃烧；氧化剂

十五、氧化性固体

1. 术语和定义

氧化性固体：本身不一定可燃，但一般通过产生氧而引起或促使其他物质燃烧的一种固体。

2. 分类

氧化性固体共分为三类，其分类依据为：

类别1：在密闭容器中，受试物质（或混合物）与纤维素4∶1或1∶1（质量比）混合物显示平均燃烧时间小于溴酸钾与纤维素3∶2（质量比）混合物的平均燃烧时间的任何物质或混合物。

类别2：在密闭容器中，受试物质（或混合物）与纤维素4∶1或1∶1（质量比）混合物显示平均燃烧时间等于或小于溴酸钾与纤维素 2:3（质量比）混合物的平均燃烧时间和不符合类别 1 的任何物质或混合物。

类别 3：在密闭容器中，受试物质（或混合物）与纤维素 4:1 或 1:1（质量比）混合物显示平均燃烧时间等于或小于溴酸钾与纤维素 3:7（质量比）混合物的平均燃烧时间和不符合类别 1 和类别 2 的任何物质或混合物。

对于固体物质或混合物的分类试验，试验应对其提交的物质或混合物进行。例如，如果对于供应或运输的目的，同样的化学品被提交的形态不同于试验时的形态，并且认为其性能与分类试验有实质不同时，该物质还必须以新的形态试验。

3. 类别和标签要素的配置

氧化性固体类别和标签要素的配置见表 2－15。

表 2－15　氧化性固体类别和标签要素的配置

类别 1	类别 2	类别 3
危　险	危　险	警　告
可引起燃烧或爆炸；强氧化剂	可加剧燃烧；氧化剂	可加剧燃烧；氧化剂

十六、有机过氧化物

1. 术语和定义

有机过氧化物：凡含有—O—O—结构含氧物或可视为过氧化氢的一个或两个氢原子已被有机基团取代的衍生物的液体或固体有机物。本术语还包括有机过氧化配制物（混合物）。有机过氧化物是可发生放热自加速分解、热不稳定的物质或混合物。此外，它们可具有一种或多种下列性质：易爆炸分解、快速燃烧、对撞击或摩擦敏感、与其他物质发生危险的反应。

实验室试验中有机过氧化物在密闭条件下加热时易发生爆炸、迅速爆燃或表现剧烈效果，被认为具有爆炸性质。

2. 分类

任何有机过氧化物应考虑分类在这一种类，除非它：①含有不大于 1.0% 过氧化氢时的有机过氧化物的有效氧不大于 1.0%；或②含有大于 1.0% 但不大于 7.0% 过氧化氢时的有机过氧化物有效氧不大于 0.5%。

有机过氧化物按下列性质可分为 A～G 七类：

①任何有机过氧化物，如在包装件中时，能起爆或迅速爆燃的，为 A 型有机过氧化物。

②任何具有爆炸性的有机过氧化物，如在包装件中，既不起爆，也不迅速爆燃，但易

在该包装内发生热爆者，将被分类为 B 型有机过氧化物。

③任何具有爆炸性质的有机过氧化物，如在包装件中时，不可能起爆或迅速爆燃或发生爆炸，则定为 C 型有机过氧化物。

④任何有机过氧化物，如果在实验室试验中：

a. 部分起爆，不迅速爆燃，在封闭条件下加热时不呈现任何剧烈效应；

b. 根本不起爆，缓慢爆燃，在封闭条件下加热时不呈现任何剧烈效应；

c. 根本不起爆或爆燃，在封闭条件下加热时呈现中等效应。

则定为 D 型有机过氧化物。

⑤任何有机过氧化物，在实验室试验中，既绝不起爆也绝不爆燃，在封闭条件下加热时只呈现微弱效应或无效应，则定为 E 型有机过氧化物。

⑥任何有机过氧化物，在实验室试验中，既绝不在空化状态下起爆也绝不爆炸，在封闭条件下时只呈现微弱效应或无效应，而且爆炸力弱或无爆炸力，则定为 F 型有机过氧化物。

⑦任何有机过氧化物，在实验室试验中，既绝不在空化状态下起爆也绝不爆燃，在封闭条件下时显示无效应，而且无任何爆炸力，则定为 G 型有机过氧化物，但该物质或混合物必须是热稳定的（50 kg 包装件的自加速分解温度为 60℃或更高），对于液体混合物，所用脱敏稀释剂的沸点不低于 150℃。如果有机过氧化物不是热稳定的，或者所用脱敏稀释剂的沸点低于 150℃，则定为 F 型有机过氧化物。

注：①G 型无指定的警示标签要素，但应考虑属于其他危险种类的性质。

②A ～ G 型未必适用于所有体系。

3. 类别和标签要素的配置

有机过氧化物类别和标签要素的配置见表 2 - 16。

表 2 - 16　　有机过氧化物类别和标签要素的配置

A 型	B 型	C 型和 D 型	E 型和 F 型	G 型
危　险 加热可引起爆炸	危　险 加热可引起 燃烧或爆炸	危　险 加热可引起燃烧	警　告 加热可引起燃烧	在这一危险类型中无标签

十七、急性毒性

1. 术语和定义

急性毒性：经口或皮肤摄入物质的单次剂量或在 24h 内给予的多次剂量，或者 4h 的吸入接触后发生的急性有害影响。

2. 分类

以化学品及其混合物的急性经口、皮肤和吸入毒性将急性毒性划分为类别 1、类别 2、类别 3、类别 4、类别 5 五个类别。

评价化学品经口和吸入途径的急性毒性时的最常用的试验动物是大鼠，而评价经皮肤急性毒性常用的是大鼠和兔。当有数种动物的急性毒性的试验数据时，应采用科学的判断，选择有效的和良好的试验中得出的最合适 LD_{50} 值。对急性毒性的测定多于一种接触途径时，应选用毒性最大的数据进行分类。在表述危害信息时，应考虑所有可利用的信息和所有相关接触途径的数据。

3. 类别和标签要素的配置

急性毒性类别和标签要素的配置见表 2－17、表 2－18、表 2－19。

表 2－17　急性毒性类别和标签要素的配置——口服

经口服急性毒性				
类别 1	类别 2	类别 3	类别 4	类别 5
危　险 吞咽致死	危　险 吞咽致死	危　险 吞咽会中毒	警　告 吞咽有害	无象形图　　警告 吞咽可能有害

表 2－18　急性毒性类别和标签要素的配置——皮肤

经皮肤急性毒性				
类别 1	类别 2	类别 3	类别 4	类别 5
危　险 皮肤接触致死	危　险 皮肤接触致死	危　险 皮肤接触会中毒	警　告 皮肤接触有害	无象形图　　警告 皮肤接触可能有害

表 2 - 19　急性毒性类别和标签要素的配置——吸入

	经皮肤吸入急性毒性			
类别 1	类别 2	类别 3	类别 4	类别 5
危 险 吸入致死	危 险 吸入致死	危 险 吸入会中毒	警 告 吸入有害	无象形图 警告 吸入可能有害

十八、皮肤腐蚀/刺激

1. 术语和定义

①皮肤腐蚀：对皮肤能引起不可逆性损害，即将受试物在皮肤上涂敷 4h 后，能出现可见的表皮至真皮的坏死。

②皮肤刺激：将受试物涂皮 4h 后，对皮肤造成可逆性损害。

2. 分类

皮肤腐蚀是对皮肤造成不可逆损伤，即施用试验物质达到 4h 后，可观察到表皮和真皮坏死。

腐蚀反应的特征是溃疡、出血、有血的结痂，而且在观察期 14d 结束时，皮肤、完全脱发区域和结痂处由于漂白而褪色。应考虑通过组织病理学来评估可疑的病变。

皮肤刺激是施用试验物质达到 4h 后对皮肤造成可逆损伤。

皮肤腐蚀/刺激分为腐蚀物、刺激物和轻度刺激物三类；腐蚀物又分为 A、B、C 三个子类别。

3. 类别和标签要素的配置

皮肤腐蚀/刺激类别和标签要素的配置见表 2 - 20。

表 2 - 20　皮肤腐蚀/刺激类别和标签要素的配置

类别 1A	类别 1B	类别 1C	类别 2	类别 3
危 险 引起严重的皮肤灼伤和眼睛损伤	危 险 引起严重的皮肤灼伤和眼睛损伤	危 险 引起严重的皮肤灼伤和眼睛损伤	警 告 引起皮肤刺激	无象形图 警告 引起轻微的皮肤刺激

十九、严重眼睛损伤/眼睛刺激性

1. 术语和定义

严重眼睛损伤：将受试物滴入眼内表面，对眼睛产生组织损害或视力下降，且在滴眼21d内不能完全恢复。

眼睛刺激性：将受试物滴入眼内表面，对眼睛产生变化，但在滴眼21d内可完全恢复。

2. 分类

严重眼睛损伤/眼睛刺激性分为对眼睛不可逆的影响/对眼睛严重损伤（类别1）和眼睛的可逆效应（类别2）两类；眼睛的可逆效应又分为刺激物（2A）和轻度刺激物（2B）两个子类别。

3. 类别和标签要素的配置

严重眼睛损伤/眼睛刺激性类别和标签要素的配置见表2－21。

表2－21　严重眼睛损伤/眼睛刺激性类别和标签要素的配置

类别1	类别2A	类别2B
		无象形图
危　险	警　告	警　告
引起严重的眼睛损伤	引起严重眼睛刺激	引起眼睛刺激

二十、呼吸或皮肤过敏

1. 术语和定义

呼吸致敏物：是指吸入后会引起呼吸道过敏反应的物质。

皮肤致敏物：是指皮肤接触后会引起过敏反应的物质。

2. 分类

呼吸致敏物和皮肤致敏物各自只有一个类别，即呼吸过敏类别和皮肤过敏类别。

3. 类别和标签要素的配置

呼吸或皮肤过敏类别和标签要素的配置见表2－22。

表 2 - 22　呼吸过敏类别和皮肤过敏类别和标签要素的配置

类别 1（呼吸过敏类别）	类别 1（皮肤过敏类别）

危　险	警　告
吸入可能引起过敏或哮喘症状或呼吸困难	可能引起皮肤过敏性反应

二十一、生殖细胞突变性

1. 术语和定义

生殖细胞突变性：主要是指可引起人体生殖细胞突变并能遗传给后代的化学品。然而，物质和混合物分类在这一危害类别时还要考虑体外致突变性/遗传毒性试验和哺乳动物体细胞体内试验。

"突变"被定义为细胞中遗传物质的数量或结构发生的永久性改变。

2. 分类

生殖细胞突变性分为类别 1 和类别 2 两类，类别 1 又分为类别 1 A 和类别 1 B。

类别 1：已知能引起人体生殖细胞可遗传的突变或被认为可能引起人体生殖细胞可遗传的突变的物质或含有这样物质不小于 0.1% 的混合物。

类别 1 A：已知能引起人体生殖细胞可遗传的突变的化学品或含有这样物质不小于 0.1% 的混合物。

类别 1 B：应认为可能引起人体生殖细胞可遗传的突变的化学品或含有这样物质不小于 0.1% 的混合物。

类别 2：由于可能引起人体生殖细胞可遗传的突变而引起人们担心的物质或含有这样物质不小于 0.1% 的混合物。

3. 类别和标签要素的配置

生殖细胞突变性类别和标签要素的配置见表 2 - 23。

表 2 - 23　生殖细胞突变性类别和标签要素的配置

类别 1A	类别 1B	类别 2

危　险	危　险	警　告
可引起遗传性缺陷（如果结论认为无其他接触途径会产生这一危害时，应说明其接触途径）	可引起遗传性缺陷（如果结论认为无其他接触途径会产生这一危害时，应说明其接触途径）	怀疑可引起遗传性缺陷（如果结论认为无其他接触途径会产生这一危害时，应说明其接触途径）

二十二、致癌性

1. 术语和定义

致癌性：能诱发癌症或增加癌症发病率的化学物质或化学物质的混合物。在操作良好的动物实验研究中，诱发良性或恶性肿瘤的物质通常可认为或可疑为人类致癌物，除非有确切证据表明形成肿瘤的机制与人类无关。

具有致癌危害的化学物质的分类是以该物质的固有性质为基础的，而不提供使用化学物质中发生人类癌症的危险度。

2. 分类

致癌性的分类根据证据力度和其他的参考因素被分成类别1和类别2两个类别，类别1又分为类别1A和类别1B两个子类别。

类别1：为已知或可疑人类致癌物，包括含有不小于0.1%这种物质的混合物。

类别1A：已知对人类具有致癌能力，分类的主要依据为人类的证据。

类别1B：可疑对人类具有致癌能力，分类的主要依据为动物的证据。

类别2：为可疑人类致癌物，包括含有不小于0.1%或不小于1.0%这样物质的混合物。

3. 类别和标签要素的配置

致癌性类别和标签要素的配置见表2-24。

表2-24 致癌性类别和标签要素的配置

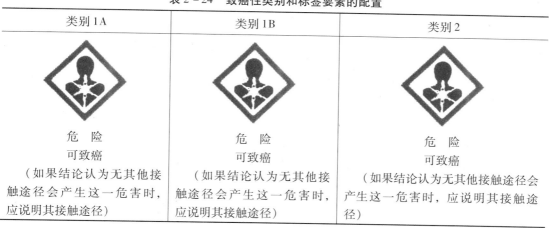

类别1A	类别1B	类别2
危　险 可致癌 （如果结论认为无其他接触途径会产生这一危害时，应说明其接触途径）	危　险 可致癌 （如果结论认为无其他接触途径会产生这一危害时，应说明其接触途径）	危　险 可致癌 （如果结论认为无其他接触途径会产生这一危害时，应说明其接触途径）

二十三、生殖毒性

1. 术语和定义

①生殖毒性：对成年男性或女性的性功能和生育力的有害作用，以及对子代的发育毒性。在此分类系统中，生殖毒性被细分为两个主要部分：对生殖或生育能力的有害效应和对子代发育的有害效应。

②对生殖能力的有害效应：化学品干扰生殖能力的任何效应，这可包括女性和男性生殖系统的变化，对性成熟期开始的有害效应、配子的形成和输送、生殖周期的正常性、性

功能、生育力、分娩、未成熟生殖系统的早衰和与生殖系统完整性有关的其他功能的改变。

③对子代发育的有害效应：就最广义而言，发育毒性包括妨碍胎儿无论出生前后的正常发育过程中的任何影响，而影响是无论来自在妊娠前其父母接触这类物质的结果，还是子代在出生前发育过程中，或出生后至性成熟时期前接触的结果。然而，对发育毒性的分类，其主要目的是对孕妇及有生育能力的男性及女性提供危险性警告。因此，对于分类的实用目的而言，发育毒性主要指对怀孕期间的有害影响，或由于父母的接触造成有害影响的结果。这些影响能在生物体生存时间的任何阶段显露出来。生育毒性的主要表现形式包括：正在发育的生物体死亡、结构畸形、生长不良、功能缺陷。

2. 分类

生殖毒性的物质及混合物的分类：

类别1：已知或推定的人的生殖毒物；或含有不小于0.1%类别1物质组分的混合物；或不小于0.3%类别1物质组分的生殖毒性物质。

类别2：可疑的人的生殖毒物；或含有不小于0.1%类别2物质组分的混合物；或不小于0.3%类别2物质组分的混合物。

附加类别：对哺乳儿童健康引起担心的物质。

3. 类别和标签要素的配置

生殖毒性类别和标签要素的配置见表2-25。

表2-25　生殖毒性类别和标签要素的配置

类别1A	类别1B	类别2	附加类别
			无象形图 无信号词
危　险	危　险	警　告	
可能损害生育力或胎儿（如果已知，说明特异性效应；如果确认无其他接触途径引起危害，说明接触途径）	可能损害生育力或胎儿（如果已知，说明特异性效应；如果确认无其他接触途径引起危害，说明接触途径）	可能损害生育力或胎儿（如果已知，说明特异性效应；如果确认无其他接触途径引起危害，说明接触途径）	可能对母乳喂养的儿童造成损害

二十四、特异性靶器官系统毒性一次接触

1. 术语和定义

特异性靶器官系统毒性一次接触：由一次接触产生特异性的、非致死性靶器官系统毒性的物质。包括产生即时的和/或迟发的、可逆性和不可逆性功能损害的各种明显的健康效应。

2. 分类

根据全部现有证据的权衡，包括使用推荐的指导值，通过专家判断，分为产生急性或

迟发效应，然后依据观察到的效应的性质和严重程度分为类别 1 和类别 2 两个类别。

3. 类别和标签要素的配置

特异性靶器官系统毒性一次接触类别和标签要素的配置见表 2 - 26。

表 2 - 26　特异性靶器官系统毒性一次接触类别和标签要素的配置

类别 1	类别 2

危　险	警　告
致损害（如果没有确切证据指明受损器官，说明受损的全部器官或做一般性说明；如果确认无其他接触途径引起危害，说明引起危害的接触途径）	可能致损害（如果没有确切证据指明受损器官，说明受损的全部器官或做一般性说明；如果确认无其他接触途径引起危害，说明引起危害的接触途径）

二十五、特异性靶器官系统毒性反复接触

1. 术语和定义

特异性靶器官系统毒性反复接触：由反复接触而引起特异性的、非致死性靶器官系统毒性的物质。包括能够引起即时的和/或迟发的、可逆性和不可逆性功能损害的各种明显的健康效应。

2. 分类

根据全部现有证据的权衡，包括使用推荐的指导值应考虑所致效应的接触期限和剂量/浓度，并根据所见效应的性质和严重程度将物质或混合物分为两个类别：类别 1 和类别 2。

3. 类别和标签要素的配置

特异性靶器官系统毒性反复接触类别和标签要素的配置见表 2 - 27。

表 2 - 27　特异性靶器官系统毒性反复接触类别和标签要素的配置

类别 1	类别 2
危　险	警　告
长期或反复接触（如果可确证其他接触途径不引起损害时，说明受损的接触途径）致使（影响的所有器官状况，或在其他器官不受影响无确定证据场合采用一般说明）损伤	经长期或反复接触可能引起损害（如果无肯定证据表明其他器官不受损时，说明全部受损器官或作一般性说明；如果确证其他接触途径不引起损害时，说明受损的接触途径）

二十六、吸入危险

该危险性在我国还未转化成为国家标准，因此该危险性的有关内容在此暂不作介绍。

二十七、对水环境的危害

1. 术语和定义

①急性水生生物毒性：是指物质对短期接触它的生物体造成伤害的固有性质。

②慢性水生生物毒性：物质在与生物生命周期相关的接触期间对水生生物产生有害影响的潜在或实际的性质。

2. 分类

物质协调分类制度由三个急性分类类别和四个慢性分类类别组成。急性和慢性类别单独使用。将物质划为急性类别的原则仅以急性毒性数据（EC_{50} 或 LC_{50}）为基础。将物质划为慢性类别的原则结合了两种类型的信息，即急性毒性信息和环境后果数据（降解性和生物积累数据）。要将混合物划为慢性类别，可从组分试验中获得降解和生物积累性质。

对水环境的物质及混合物的急性危害分为急性 1、急性 2 和急性 3 三类。

对水环境的物质及混合物的慢性危害分为慢性 1、慢性 2、慢性 3 和慢性 4 四个类别。

3. 类别和标签要素的配置

对水环境的急性和慢性危害类别和标签要素的配置分别见表 2-28 和表 2-29。

表 2-28　对水环境的急性危害类别和标签要素的配置

类别 1	类别 2	类别 3
 警　告 对水生生物 毒性非常大	无象形图 无信号词 对水生生物有毒	无象形图 无信号词 对水生生物有害

表 2-29　对水环境的慢性危害类别和标签要素的配置

类别 1	类别 2	类别 3	类别 4
 警　告 对水生生物毒性非常大 并具有长期持续影响	 无信号词 对水生生物有毒并具有 长期持续影响	无象形图 无信号词 对水生生物有害 并具有长期持续 影响	无象形图 无信号词 可能对水生生物造成 长期持续的有害影响

第三节　危险化学品登记的基础知识

一、危险化学品登记制度

为加强危险化学品的安全管理，有效预防和控制危险化学品造成的事故和危害，并使危险化学品管理与国际接轨，保证和促进我国的商品交易，加强国际交流与合作，我国按照国际通用模式建立新型的化学品管理体系，对化学品进行管理。

国际劳工组织于 1990 年 6 月讨论通过的第 170 号《作业场所安全使用化学品公约》（简称 170 号国际公约）和第 177 号《作业场所安全使用化学品建议书》（简称 177 号建议书），就化学品的危险性鉴别与分类、注册登记、加贴安全标签、向用户提供安全技术说明书以及企业的责任和义务等问题做出了基本的规定。我国于 1994 年 10 月 22 日第八届全国人大常委会第十次会议审议批准了 170 号国际公约，表明我国政府向世界劳工组织正式做出承诺，使我国的化学品管理与国际管理体系接轨，促进化学品管理逐步国际化。

为有效贯彻实施 170 号国际公约，原劳动部和化工部联合颁布了《工作场所安全使用化学品规定》（劳部发〔1996〕423 号，以下简称《规定》），其中第六条规定："生产单位应执行《化工企业安全管理制度》及国家有关法规和标准，并到化工行政部门进行危险化学品登记注册"。第八条规定："生产单位应对所生产的危险化学品挂贴'危险化学品安全标签'，填写'危险化学品安全技术说明书'。"

依据 170 号国际公约和《规定》，原国家经贸委决定开展危险化学品登记注册工作，下发了《关于开展危险化学品登记注册工作的通知》（国经贸安全〔1999〕1039 号）、《危险化学品登记注册管理规定》（国家经济贸易委员会令第 19 号），标志着我国危险化学品登记工作进入实质性阶段，成立了国家化学品登记注册中心。2012 年 7 月 1 日，国家安全生产监督管理总局发布了《危险化学品登记管理办法》（总局 53 号令），由国家安全监管总局化学品登记中心负责全国的登记工作，各省陆续成立了化学品登记注册办公室，负责本省的登记工作。

《危险化学品安全管理条例》规定："国家实行危险化学品登记制度，为危险化学品安全管理、危险化学品事故预防和应急救援提供技术、信息支持。""危险化学品生产企业应当向国务院安全生产监督管理部门负责危险化学品登记的机构办理危险化学品登记。""危险化学品生产企业应当提供与其生产的危险化学品相符的化学品安全技术说明书，并在危险化学品包装（包括外包装件）上粘贴或者拴挂与包装内危险化学品相符的化学品安全标签。化学品安全技术说明书和化学品安全标签所载明的内容应当符合国家标准的要求。"

依据《危险化学品安全管理条例》，原国家经贸委和国家安监总局先后出台了《危险化学品登记管理办法》（国家经贸委令第 35 号）和《关于〈危险化学品登记管理办法〉的实施意见》（安监管管二字〔2002〕103 号）、《关于全面开展危险化学品登记工作的通知》（安监总危化字〔2005〕155 号）。《危险化学品登记管理办法》（国家安监总局令第

53 号）明确了登记的登记机构、内容和程序，登记工作全面开展。

危险化学品登记工作是危险化学品安全管理中的一项重要基础工作，国家实行危险化学品登记制度，旨在全面掌握危险化学品的生产、储存和使用状况，建立和完善本地区乃至全国的危险化学品基础数据库，为危险化学品安全管理、事故预防、应急救援提供基本技术支撑和信息支持，提高危险化学品安全监管水平，预防、控制和减少危险化学品事故造成的危害。通过登记，对化学品进行危险性鉴别和分类，有针对性地制定预防和防护措施，同时通过"化学品安全标签"和"化学品安全技术说明书"将其危险性公开，使接触者了解所接触物品的化学危害和安全使用的注意事项以及简要的应急防护自救方法，从而达到自主防护和安全使用的目的。

二、"化学品安全技术说明书"的基本内容及编写要求

1. 安全技术说明书的基本内容

"化学品安全技术说明书"的内容包括以下十六部分：

第 1 部分：化学品及企业标识

主要内容为标明化学品的名称，该名称应与安全标签上的名称一致，建议同时标注供应商的产品代码。

应标明供应商的名称、地址、电话号码、应急电话、传真和电子邮件地址。

该部分还应说明化学品的推荐用途和限制用途。

第 2 部分：危险性概述

该部分应标明化学品主要的物理和化学危险性信息，以及对人体健康和环境影响的信息，如果该化学品存在某些特殊的危险性质，也应在此处说明。

如果已经根据《全球化学品统一分类和标签制度》（以下简称 GHS）对化学品进行了危险性分类，应标明 GHS 危险性类别，同时应注明 GHS 的标签要素，如象形图或符号、防范说明、危险信息和警示词等。象形图或符号如火焰、骷髅和交叉骨可以用黑白颜色表示。GHS 分类未包括的危险性（如粉尘爆炸危险）也应在此处注明。

应注明人员接触后的主要症状及应急综述。

第 3 部分：成分/组成信息

该部分应注明该化学品是物质还是混合物。

如果是物质，应提供化学名或通用名、美国化学文摘登记号（CAS 号）及其他标识符。

如果某种物质按 GHS 分类标准分类为危险化学品，则应列明包括对该物质的危险性分类产生影响的杂质和稳定剂在内的所有危险组分的化学名或通用名以及浓度或浓度范围。

如果是混合物，不必列明所有组分。

如果按 GHS 标准被分类为危险的组分，并且其含量超过了浓度限值，应列明该组分的名称信息、浓度或浓度范围。对已经识别出的危险组分，也应该提供被识别为危险组分的那些组分的化学品或通用名、浓度或浓度范围。

第 4 部分：急救措施

该部分应说明必要时应采取的急救措施及应避免的行动，此处填写的文字应该易于被

受害人和（或）施救者理解。

根据不同的接触方式将信息细分为：吸入、皮肤接触、眼睛接触和食入。

该部分应简要描述接触化学品后的急性和迟发效应、主要症状和对健康的主要影响，详细资料可在第 11 部分列明。

如果必要，本项应包括对保护施救者的忠告和对医生的特别提示。

如果必要，还要给出及时的医疗护理和特殊的治疗。

第 5 部分：消防措施

该部分应说明合适的灭火方法和灭火剂，如有不合适的灭火剂也应在此处标明。

应标明化学品的特别危险性（如产品是危险的易燃品）。

标明特殊灭火方法及保护消防人员特殊的防护装备。

第 6 部分：泄漏应急处理

该部分应包括以下信息：

①作业人员防护措施、防护装备和应急处置程序。

②环境保护措施。

③泄露化学品的收容、清除方法及所使用的处置材料（如果和第 13 部分不同，列明恢复、中和和/或清除方法）。

提供防止发生次生危害的预防措施。

第 7 部分：操作处置与储存

①操作处置：应描述安全处置注意事项，包括防止化学品人员接触、防止发生火灾和爆炸的技术措施和提供局部或全面通风、防止形成气溶胶和粉尘的技术措施等。还应包括防止直接接触不相容物质或混合物的特殊处置注意事项。

②储存：应描述安全储存的条件（适合的储存条件和不适合的储存条件）、安全技术措施、同禁配物隔离储存的措施、包装材料信息（建议的包装材料和不建议的包装材料）。

第 8 部分：接触控制和个体防护

列明容许浓度，如职业接触限值或生物限值。

列明减少接触的工程控制方法，该信息是对第 7 部分内容的进一步补充。

如果可能，列明容许浓度的发布日期、数据出处、试验方法及方法来源。

列明推荐使用的个体防护设备。例如：呼吸系统防护、手防护、眼睛防护、皮肤和身体防护的设备和方法。

标明防护设备的类型和材质。

化学品若只在某些特殊条件下才具有危险性，如量大、高浓度、高温、高压等，应标明这些情况下的特殊防护措施。

第 9 部分：理化特性

该部分应提供以下信息：

——化学品的外观与性状，例如：物态、形状和颜色；

——气味；

——pH 值，并指明浓度；

——熔点/凝固点；

——沸点、初沸点和沸程；

——闪点；

——燃烧上下极限或爆炸极限；

——蒸气压；

——蒸气密度；

——密度/相对密度；

——溶解性；

——n - 辛醇/水分配系数；

——自燃温度；

——分解温度。

如果有必要，应提供下列信息：

——气味阈值；

——蒸发速率；

——易燃性（固体、气体）。

也应提供化学品安全使用的其他材料，例如放射性或体积密度等。

应使用 SI 国际单位制单位，见 ISO 1000：1992 和 ISO 1000：1992/Amdl：1998。可以使用非 SI 单位，但只能作为 SI 单位的补充。

必要时，应提供数据的测定方法。

第 10 部分：稳定性和反应性

该部分应描述化学品的稳定性和在特定条件下可能发生的危险反应。

应包括以下信息：

①应避免的条件（例如：静电、撞击或震动）；

②不相容的物质；

③危险的分解产物，一氧化碳、二氧化碳和水除外。

填写该部分时应考虑提供化学品的预期用途和可预见的错误用途。

第 11 部分：毒理学信息

该部分应全面、简洁地描述使用接触化学品后产生的各种毒性作用（健康影响）。

应包括以下信息：

①急性毒性；

②皮肤刺激或腐蚀；

③眼睛刺激或腐蚀；

④呼吸或皮肤过敏；

⑤生殖细胞突变性；

⑥致癌性；

⑦生殖毒性；

⑧特异性靶器官系统毒性一次性接触；

⑨特异性靶器官系统毒性反复接触；

⑩吸入危害。

应注意体外致突变试验数据如 Ames 试验数据，在生殖细胞致突变条目中描述。

如果可能，分别描述一次性接触、反复接触与连续接触所产生的毒作用；迟发效应和即时效应应分别说明。

潜在的有害效应，应包括与毒性值（例如急性毒性估计值）测试观察到的有关症状、理化和毒理学特性。

应按照不同的接触途径（如：吸入、皮肤接触、眼睛接触、食入）提供信息。

如果可能，提供更多的科学实验产生的数据或结果，并标明引用文献资料来源。如果混合物没有作为整体进行毒性试验，应提供每个组分的相关信息。

第12部分：生态学信息

该部分提供化学品的环境影响、环境行为和归宿方面的信息，如：

①化学品在环境中的预期行为，可能对环境造成的影响/生态毒性；

②持久性和降解性；

③潜在的生物累积性；

④土壤中的迁移性。

如果可能，提供更多的科学实验产生的数据或结果，并标明引用文献资料来源。

如果可能，提供任何生态学限值。

第13部分：废弃处置

该部分包括为安全和有利于环境保护而推荐的废弃处置方法信息。

这些处置方法适用于化学品（残余废弃物），也适用于任何受污染的容器和包装。

第14部分：运输信息

该部分包括国际运输法规规定的编号与分类信息，这些信息应根据不同的运输方式，如陆运、海运和空运进行区分。

应包含以下信息：

①联合国危险货物编号（UN号）；

②联合国运输名称；

③联合国危险性分类；

④包装组（如果可能）；

⑤海洋污染物（是/否）；

⑥提供使用者需要了解或遵守的其他与运输或运输工具有差别的特殊防范措施。

可增加其他相关法规的规定。

第15部分：法规信息

该部分应标明使用本SDS（安全技术说明书）的国家或地区，管理该化学品的法规名称，提供与法律相关的法规信息和化学品标签信息，提供下游用户注意当地废弃处置法规。

第16部分：其他信息

该部分应进一步提供上述各项未包括的其他重要信息。例如：可以提供需要进行的专业培训、建议的用途和限制的用途等。

参考文献可在本部分列出。

2. 化学品安全技术说明书的编写要求

（1）总体上一种化学品应编制一份SDS。

（2）SDS中16部分提供化学品的信息，每部分的标题、编号和前后顺序不应随意变更。

（3）为方便 SDS 编制者识别不同化学品的 SDS，SDS 应该设定 SDS 编号。

（4）在 16 部分填写相关的信息，该项如果无数据，应写明无数据原因。在 16 部分中，除第 16 部分"其他信息"外，其余部分不能留下空项。SDS 中信息的来源一般不用详细说明。不过最好提供信息来源，以便阐明依据。

（5）对 16 部分可以根据内容细分出小项，与 16 部分不同的是这些小项不编号。

（6）16 部分要清楚地分开，大项标题和小项标题的排版要醒目。

（7）使用小项标题时，应按指定的顺序排列。

（8）SDS 的每一页都要注明该种化学品的名称，名称与标签上的名称一致，同时注明日期和 SDS 编号。日期是指最后修订的日期。页码中应包括总的页数，或者显示总页数的最后一页。

（9）化学品的名称应该是化学品名称或用在标签上化学品的名称。如果化学名称太长，缩写名称应在第 1 部分或第 3 部分描述。

（10）SDS 编号和修订日期（版本号）写在 SDS 的首页，每页可填写 SDS 编号和页码。

（11）第 1 次修订的修订日期和最初编制日期应写在 SDS 的首页。

（12）SDS 正文的书写应该简明、扼要、通俗易懂。推荐采用常用词语。SDS 应该使用用户可接受的语言书写。

（13）有些信息与 SDS 有关但未作为条目列入，可在相关项目下追加该条目。对于给定化学品，并非所有条目都适用，可以根据具体情况进行选择。

三、化学品安全标签

（一）标签上的必要信息

根据《基于 GHS 的化学品标签规范》（GB/T 22234—2008）的要求，标签上的必要信息如下：

（1）表示危害性的象形图；

（2）警示语；

（3）危害性说明；

（4）注意事项；

（5）产品名称；

（6）生产商/供应商。

（二）标签内容的表示顺序

根据 GHS 的分类结果相对于某危害性类别和等级时，使用分别对应的象形图、警示语、危害性说明做成标签。

1. 表示危害性的象形图

GHS 中使用的标准象形图如表 2-30 ～ 表 2-32 所示。标签上的象形图不能与 GHS 中使用的标准象形图有显著差异。

表 2 - 30

名称（符号）	火焰	圆圈上的火焰	炸弹爆炸
象形图			
使用这种图形表示的危害性类别	可燃性气体、易燃性 易燃性压力下气体 易燃液体 易燃固体 自反应化学品 自燃液体和固体 自热化学品 遇水放出可燃性气体化学品 有机过氧化物	助燃性、氧化性气体类、氧化性液体、固体	火药类 自反应化学品 有机过氧化物

表 2 - 31

名称（符号）	腐蚀性	气体罐	骷髅
象形图			
使用这种图形表示的危害性类别	金属腐蚀物 皮肤腐蚀/刺激 对眼睛有严重的损伤、刺激性	压力下气体	急性毒性/剧毒

表 2 - 32

名称（符号）	感叹号	环境	健康有害性
象形图			
使用这种图形表示的危害性类别	急性毒性/剧毒 皮肤腐蚀性、刺激性 严重眼睛损伤/眼睛刺激性 引起皮肤过敏 对靶器官、全身有毒害性	对水生环境有害性	引起呼吸器官过敏 引起生殖细胞突变 致癌性 对生殖毒性 对靶器官、全身有毒性 对吸入性呼吸器官有害

标签中使用的象形图为：在菱形（正方形）的白底上用黑色的符号，为了醒目，再用较粗的红线做边框。非出口用包装，其标签也可以使用黑线边框。

象形图的实例如 2－1 所示。

2. 警示语

所谓警示语是指表示危险有害严重性的相对程度、向使用者警告潜在危害性的语句。GHS 中所使用的警示语有"危险 Danger"和"警告 Warning"。"危险"用于比较严重的危害性等级，

图 2－1　皮肤刺激性物质的象形图

"警告"用于危害性较低的级别，危险性更低的情况下也有不写警示语的。

3. 危害性说明

危害性说明与各类危害性及等级标准相对应，表示该产品危害性的性质和程度。

4. 注意事项

为了防止接触具有危害性的产品或不恰当地存放及处理而产生的危害，或者是为了将危险降低到最小，而应该采取的推荐措施，用文字（或象形图）表示。标签上含有适当的注意事项，而且，其选择由所要进行的表示而判断。

5. 产品的名称

产品的名称如下：

（1）产品的名称或一般名称记载到标签上。该名称和 SDS 的产品特定名称应一致。该物质或混合物如果符合联合国运输危险货物的标准手册，应在包装上同时标出联合国产品名称。

（2）标签上应包含化学物质的名称。

（3）混合物或者是合金的标签上，如果表示有急性毒性（剧毒）、皮肤腐蚀性、对眼有严重的损失性、引起生殖细胞突变、致癌性、生殖毒害性、可引起皮肤过敏、可引起呼吸器官过敏或者对特定靶器官、全身有毒害性（TOST）等危害性时，与这些有关的所有成分或者合金元素的化学名称应在标签上表示出来。

与皮肤刺激性、眼睛刺激性有关的所有成分或合金元素，也可以记载到标签上。

6. 生产厂商名

必须将物质或混合物的制造厂家或者供应商的名称在标签上表示出来。同时应标出其地址和电话号码。可能的话，紧急情况下的联系方也应记载在标签上。

第四节　危险化学品生产、使用的基本要求

一、危险化学品生产的基本要求

1. 危险化学品生产的特点

化工生产具有易燃、易爆、易中毒特性和高温、高压、有腐蚀性的工作状态等特点，其产品绝大部分具有一定的危险性，因而与其他工业部门相比有更大的危险性。可以将危

险化学品生产的特点归纳为以下四点：

①生产流程长；

②工艺过程复杂，工艺条件苛刻；

③原料、半成品、副产品、产品及废弃物都具有危险特性；

④正常生产时易发生事故，一旦发生事故，可能导致重大的生命、财产损失和环境破坏。

2. 危险化学品生产的基本要求

（1）实施安全生产许可制度。《危险化学品安全管理条例》第十四条规定："危险化学品生产企业进行生产前，应当依照《安全生产许可证条例》的规定，取得危险化学品安全生产许可证。"未取得安全生产许可证的企业，不得从事危险化学品的生产活动。

根据《安全生产许可证条例》、《危险化学品安全管理条例》等法律、行政法规，国家安全生产监督管理局于2011年8月5日审议通过新修订的《危险化学品生产企业安全生产许可证实施办法》，对危险化学品生产企业应具备的安全生产条件进行了严格规定，其中第九条对危险化学品生产企业的厂房、作业场所和安全设施、设备、工艺等做出了如下规定，即危险化学品生产企业的厂房、作业场所和安全设施、设备、工艺应当符合下列要求：

①新建、改建、扩建建设项目经具备国家规定资质的单位设计、制造和施工建设；涉及危险化工工艺、重点监管危险化学品的装置，由具有综合甲级资质或者化工石化专业甲级设计资质的化工石化设计单位设计。

②不得采用国家明令淘汰、禁止使用和危及安全生产的工艺、设备；新开发的危险化学品生产工艺必须在小试、中试、工业化试验的基础上逐步放大到工业化生产；国内首次使用的化工工艺，必须经过省级人民政府有关部门组织的安全可靠性论证。

③涉及危险化工工艺、重点监管危险化学品的装置装设自动化控制系统；涉及危险化工工艺的大型化工装置装设紧急停车系统；涉及易燃易爆、有毒有害气体化学品的场所装设易燃易爆、有毒有害介质泄漏报警等安全设施。

④生产区与非生产区分开设置，并符合国家标准或者行业标准规定的距离。

⑤危险化学品生产装置和储存设施之间及其与建（构）筑物之间的距离符合有关标准规范的规定。

同一厂区内的设备、设施及建（构）筑物的布置必须适用同一标准的规定。

（2）实施登记制度。具体要求详见本章第三节"危险化学品登记的基础知识"。

二、危险化学品使用的基本要求

1. 实施使用许可制度

由于危险化学品的使用涉及各行各业，点多面广，而且危险化学品种类繁多，要实现对所有危险化学品安全进行使用许可难度大，困难多。但对使用量大、潜在危害严重，如果不能对其进行有效控制，就有可能造成极大危害的危险化学品必须实行使用许可制度。对危险化学品进行使用许可，是对危险化学品使用领域进行有效的控制，防止火灾、爆炸、中毒等危害发生的有效手段。

《危险化学品安全管理条例》规定："使用危险化学品从事生产并且使用量达到规定

数量的化工企业（属于危险化学品生产企业的除外，下同），应当依照本条例的规定取得危险化学品安全使用许可证。危险化学品使用量的数量标准，由国务院安全生产监督管理部门会同国务院公安部门、农业主管部门确定并公布。"

国家安全监管总局于 2013 年 2 月 21 日公布了《危险化学品安全使用许可适用行业目录（2013 年版)》，国家安全监管总局、公安部、农业部于 2013 年 4 月 19 日联合公布了《危险化学品使用量的数量标准（2013 年版)》。

适用行业目录和数量标准是《危险化学品安全管理条例》的配套文件，适用行业目录共列入了 5 大类 25 个小类（行业），数量标准列入了 75 种危险化学品的最低年设计使用量（吨/年），对以危险化学品作为原料或以其他用途从事危险化学品生产经营活动进行许可管理。

2. 使用单位应履行的职责

（1）使用单位使用的化学品应有标识，危险化学品应有安全标签，并向操作人员提供安全技术说明书；购进化学品时必须核对包装（或容器）上的安全标签，安全标签若脱落或损坏，经检查确认后应补贴；盛装危险化学品的容器在未净化处理前，不得更换原安全标签。

（2）使用单位应通过下列方法，消除、减少和控制工作场所危险化学品产生的危害：

①选用无毒或低毒的化学替代品；

②选用可将危害消除或减少到最低程度的技术；

③采用能消除或降低危害的工程控制措施（如隔离、密闭等）；

④采用能减少或消除危害的作业制度和作业时间；

⑤采用其他的劳动安全卫生措施。

（3）使用单位应对工作场所使用的危险化学品产生的危害定期进行监测和评估，并向职工公开监测结果；作业人员接触的危险化学品浓度不得高于国家规定的标准，暂时没有规定的，使用单位应在保证作业安全的情况下使用。

（4）使用单位应经常对职工进行工作场所安全使用化学品的教育和培训，使其掌握必要的应急处理方法和自救措施。

第五节　危险化学品经营、储存、运输和包装安全要求

一、危险化学品经营的安全管理

（一）经营单位的条件和要求

危险化学品经营单位在组织危险物品的流通过程中，要始终把危险化学品的安全管理工作认真抓好，按照国家颁布的有关法律、法规要求认真执行。

1. 危险化学品经营许可制度

《危险化学品安全管理条例》第三十三条规定："国家对危险化学品经营（包括仓储经营）实行许可制度。未经许可，任何单位和个人不得经营危险化学品。"

危险化学品的经营是指从事危险化学品的采购、调拨、销售等活动。危险化学品经营

许可证是从事危险化学品的采购、调拨、销售等活动的合法凭证。

经营销售危险化学品的单位，应当依照《危险化学品经营许可证管理办法》（以下简称《经营许可证管理办法》）取得危险化学品经营许可证，并凭经营许可证依法向工商行政管理部门申请办理登记注册手续，未取得经营许可证和未经工商登记注册，任何单位和个人都不得经营销售危险化学品。违者由工商行政管理部门会同公安机关依法查处。

危险化学品生产企业在本厂区范围内销售本企业生产的危险化学品，不再办理经营许可证，但销售非本单位生产的危险化学品或在厂外设立销售网点，仍需办理经营许可证。

2. 经营条件

《危险化学品安全管理条例》等法规、规章规定了危险化学品经营企业必须具备的条件：

（1）有符合国家标准、行业标准的经营场所，储存危险化学品的，还应当有符合国家标准、行业标准的储存设施。

经营条件、储存条件要符合《危险化学品经营企业开业条件和技术要求》（GB18265—2000）、《常用化学危险品贮存通则》（GB15603—1995）的规定。

经营和储存场所、设施、建筑物要符合《建筑设计防火规范》（GB50016—2006）、《爆炸危险场所安全规定》和《仓库防火安全管理规定》等规定，建筑物应当经公安消防机构验收合格。

①危险化学品经营企业的经营场所应坐落在交通便利、便于疏散处；

②危险化学品经营企业的经营场所的建筑物应符合《建筑设计防火规范》的要求；

③从事危险化学品批发业务的企业，应具备经县级以上（含县级）公安、消防部门批准的专用危险化学品仓库（自用或租用），所经营的危险化学品不得存放在业务经营场所内；

④零售业务的店面应与繁华商业或居住人口稠密区保持500m以上距离；

⑤零售业务的店面经营面积（不含库房）应不小于60m^2，其店面内不得有生活设施；

⑥零售业务的店面内危险化学品的摆设应布局合理，禁忌物料不能混放，综合性商场（含建材市场）所经营的危险化学品应有专柜存放；

⑦零售业务的店面与存放危险化学品的库房（或罩棚）应有实墙相隔，单一品种存放量不能超过500kg，总质量不能超过2t；

⑧零售店面备货库房应根据危险化学品的性质和禁忌分别采用隔离储存或隔开储存或分离储存等不同方式进行储存。

（2）从业人员经过专业技术培训并经考核合格。

《安全生产法》第二十条规定，生产经营单位的主要负责人和安全生产管理人员必须具备与本单位所从事的生产经营活动相应的安全生产知识和管理能力。危险物品的生产、经营、储存单位以及矿山、建筑施工单位的主要负责人和安全生产管理人员，应当由有关主管部门对其安全生产知识和管理能力考核合格后方可任职。

《危险化学品生产企业安全》第十六条规定，从业人员应当接受教育和培训，考核合格后上岗作业；对有资格要求的岗位，应当配备依法取得相应资格的人员。

《经营许可证管理办法》第六条第二款规定，企业主要负责人和安全生产管理人员具备与本企业危险化学品经营活动相适应的安全生产知识和管理能力，经专门的安全生产培训和安全生产监督管理部门考核合格，取得相应安全资格证书。

《危险化学品经营企业开业条件和技术要求》对危险化学品经营企业各类人员做了明确规定，危险化学品经营企业的法人代表或经理应经过国家授权部门的专业培训，取得合格证书方能从事经营活动。企业业务经营人员应经国家授权部门的专业培训，取得合格证书后方能上岗。经营剧毒物品企业的人员，还应经过县级以上（含县级）公安部门的专门培训，取得合格证书后方可上岗。

《生产经营单位安全培训规定》第六条规定，生产经营单位主要负责人和安全生产管理人员应当接受安全培训，具备与所从事的生产经营活动相适应的安全生产知识和管理能力。煤矿、非煤矿山、危险化学品、烟花爆竹等生产经营单位主要负责人和安全生产管理人员，必须接受专门的安全培训，经安全生产监管监察部门对其安全生产知识和管理能力考核合格，取得安全资格证书后，方可任职。

（3）有健全的安全管理规章制度。

①有各级各类人员的安全管理责任制。

②有健全的安全管理，包括教育培训、防火、动火、用火、检修、废弃物处理等制度；经营剧毒化学品的需有剧毒化学品的管理内容，包括剧毒化学品的"五双"制等。

③有完善的经营、销售管理制度，包括采购、出入库登记、验收、发放、出售等制度。

④建立安全检查制度，包括巡回检查、夜间和节假日值班制度。

⑤有符合国家标准《易燃易爆性商品储藏养护技术条件》（GB17914—1999）、《腐蚀性商品储藏养护技术条件》（GB17915—1999）、《毒害性商品储藏养护技术条件》（GB17916—1999）的仓储物品储藏养护制度。

⑥有各岗位安全操作规程，包括装卸、搬运、劳动保护用品的佩戴和防火花工具使用等操作规程。

（4）有专职安全管理人员。

危险化学品经营企业应有事故应急救援措施。构成重大危险源的，应建立事故应急救援预案，内容一般包括：应急处理组织与职责、事故类型和原因、事故防范措施、事故应急处理原则和程序、事故报警和报告、工程抢险和医疗救护、演练等。

（5）有符合国家规定的危险化学品事故应急预案和必要的应急救援器材、设备。

《安全生产法》第三十四条规定，生产、经营、储存、使用危险物品的车间、商店、仓库不得与员工宿舍在同一座建筑物内，并应当与员工宿舍保持一定的安全距离。

生产经营场所和员工宿舍应当设有符合紧急疏散要求、标志明显、保持畅通的出口。

《危险化学品经营企业开业条件和技术要求》明确规定了零售业务范围："零售业务只许经营除爆炸品、放射性物品、剧毒物品以外的危险化学品。"还要求：

①零售业务的店面内显著位置应设有"禁止明火"等警示标志；

②零售业务的店面内应放置有效、急救安全设施；

③零售业务的店面备货库房应报公安、消防部门批准；

④运输危险化学品的车辆应专车专用，并有明显标志。

（6）法律、法规规定的其他条件。

3. 经营危险化学品的规定

《危险化学品安全管理条例》对危险化学品经营作了规定：

（1）经营危险化学品，不得有下列行为：

①从非法生产或者非法经营危险化学品的企业采购危险化学品；

②经营国家明令禁止生产、经营、使用的危险化学品；

③经营没有化学品安全技术说明书和化学品安全标签的危险化学品。

（2）危险化学品生产企业、经营企业不得向未取得危险化学品经营许可证从事危险化学品经营的单位或者个人销售危险化学品。

（3）危险化学品经营企业储存危险化学品，应当遵守《危险化学品安全管理条例》的有关规定。危险化学品商店内只能存放民用小包装的危险化学品，其总量不得超过国家规定的限量。

（二）剧毒化学品的经营

1. 购买剧毒化学品应遵守的规定

《危险化学品安全管理条例》第三十八条规定，购买剧毒化学品，应当遵守下列规定：

（1）依法取得危险化学品安全生产许可证、危险化学品安全使用许可证、危险化学品经营许可证的企业，凭相应的许可证件购买剧毒化学品、易制爆危险化学品。民用爆炸物品生产企业凭民用爆炸物品生产许可证购买易制爆危险化学品。

（2）前款规定以外的单位购买剧毒化学品的，应当向所在地县级人民政府公安机关申请取得剧毒化学品购买许可证；购买易制爆危险化学品的，应当持本单位出具的合法用途说明。

个人不得购买剧毒化学品（属于剧毒化学品的农药除外）和易制爆危险化学品。

《危险化学品安全管理条例》第四十二条规定：使用剧毒化学品、易制爆危险化学品的单位不得出借、转让其购买的剧毒化学品、易制爆危险化学品；因转产、停产、搬迁、关闭等确需转让的，应当向具有本条例第三十八条第一款、第二款规定的相关许可证件或者证明文件的单位转让，并在转让后将有关情况及时向所在地县级人民政府公安机关报告。

2. 销售剧毒化学品应遵守的规定

《危险化学品安全管理条例》规定，危险化学品生产企业、经营企业销售剧毒化学品、易制爆危险化学品，应当如实记录购买单位的名称、地址、经办人的姓名、身份证号码以及所购买的剧毒化学品、易制爆危险化学品的品种、数量、用途。销售记录以及经办人的身份证明复印件、相关许可证件复印件或者证明文件的保存期限不得少于1年。

剧毒化学品、易制爆危险化学品的销售企业、购买单位应当在销售、购买后5日内，将所销售、购买的剧毒化学品、易制爆危险化学品的品种、数量以及流向信息报所在地县级人民政府公安机关备案，并输入计算机系统保存。

剧毒化学品生产企业、经营企业应当每天核对剧毒化学品的销售情况，发现被盗、丢失、误售等情况时，应当立即向当地公安部门报告。

通过道路运输剧毒化学品的，托运人应当向始发地或者目的地的县级人民政府公安部门申请办理剧毒化学品道路运输通行证。申请办理剧毒化学品道路运输通行证，托运人应当向公安部门提交有关危险化学品的品名、数量、运输始发地和目的地、运输路线以及运输单位的押运人员、经营单位和购买单位资质情况的材料。受理申请的县级人民政府公安部门应当将剧毒化学品的运输路线和有关情况通知沿线公安部门。剧毒化学品道路运输通行证的式样和具体申领办法由国务院公安部门规定。

禁止通过内河封闭水域运输剧毒化学品以及国家规定禁止通过内河运输的其他危险化学品。

前款规定以外的内河水域，禁止运输国家规定禁止通过内河运输的剧毒化学品以及其他危险化学品。

（三）经营许可证管理办法

1．指导、监督、审批权限

国家安全生产监督管理总局指导、监督全国经营许可证的颁发和管理工作。

省、自治区、直辖市人民政府安全生产监督管理部门指导、监督本行政区域内经营许可证的颁发和管理工作。

设区的市级人民政府安全生产监督管理部门（以下简称市级发证机关）负责下列企业的经营许可证审批、颁发：

①经营剧毒化学品的企业；

②经营易制爆危险化学品的企业；

③经营汽油加油站的企业；

④专门从事危险化学品仓储经营的企业；

⑤从事危险化学品经营活动的中央企业所属省级、设区的市级公司（分公司）；

⑥带有储存设施经营除剧毒化学品、易制爆危险化学品以外的其他危险化学品的企业。

县级人民政府安全生产监督管理部门（以下简称县级发证机关）负责本行政区域内本条前款规定以外企业的经营许可证审批、颁发；没有设立县级发证机关的，其经营许可证由市级发证机关审批、颁发。

2．经营许可证的办理程序

（1）申请。申请人申请经营许可证，应当依照《经营许可证管理办法》第五条规定向所在地市级或者县级发证机关（以下统称发证机关）提出申请，提交下列文件、资料，并对其真实性负责：

①申请经营许可证的文件及申请书。

②安全生产规章制度和岗位操作规程的目录清单。

③企业主要负责人、安全生产管理人员、特种作业人员的相关资格证书（复制件）和其他从业人员培训合格的证明材料。

④经营场所产权证明文件或者租赁证明文件（复制件）。

⑤工商行政管理部门颁发的企业性质营业执照或者企业名称预先核准文件（复制件）。

⑥危险化学品事故应急预案备案登记表（复制件）。

带有储存设施经营危险化学品的，申请人还应当提交下列文件、资料：

①储存设施相关证明文件（复制件）；租赁储存设施的，需要提交租赁证明文件（复

制件）；储存设施新建、改建、扩建的，需要提交危险化学品建设项目安全设施竣工验收意见书（复制件）。

②重大危险源备案证明材料、专职安全生产管理人员的学历证书、技术职称证书或者危险物品安全类注册安全工程师资格证书（复制件）。

③安全评价报告。

（2）受理。发证机关受理经营许可证申请后，应当组织对申请人提交的文件、资料进行审查，指派 2 名以上工作人员对申请人的经营场所、储存设施进行现场核查，并自受理之日起 30 日内做出是否准予许可的决定。

发证机关做出准予许可决定的，应当自决定之日起 10 个工作日内颁发经营许可证；发证机关做出不予许可决定的，应当在 10 个工作日内书面告知申请人并说明理由，告知书应当加盖本机关印章。

二、危险化学品储存的安全管理

储存是化学品流通过程中非常重要的一个环节，同时也是化学品在商品流通过程中的事故多发阶段。储存、流通环节危险化学品的事故所造成的损失是惊人的。为了加强对危险化学品储存的管理，国家不断加强对储存的监管力度，并制定了一系列有关危险化学品法规和标准，如：《危险化学品安全管理条例》、《常用化学危险品贮存通则》（GB 15603—1995）等，对危险化学品储存技术条件、许可制度、安全储存等方面都提出了具体要求，对规范化学品的储存，防止储存事故的发生起到了重要的作用。

（一）危险化学品储存的相关制度

1. 危险化学品储存的规划原则与要求

《危险化学品安全管理条例》第十一条和第十九条对危险化学品规划、储存地点的选择提出了具体要求。

《危险化学品安全管理条例》第十一条规定：国家对危险化学品的生产、储存实行统筹规划、合理布局。

国务院工业和信息化主管部门以及国务院其他有关部门依据各自职责，负责危险化学品生产、储存的行业规划和布局。

地方人民政府组织编制城乡规划，应当根据本地区的实际情况，按照确保安全的原则，规划适当区域专门用于危险化学品的生产、储存。

《危险化学品安全管理条例》第十九条规定：危险化学品生产装置或者储存数量构成重大危险源的危险化学品储存设施（运输工具加油站、加气站除外），与下列场所、设施、区域的距离应当符合国家有关规定：

①居民区、商业中心、公园等人口密集区域；

②学校、医院、影剧院、体育场（馆）等公共设施；

③供水水源、水厂及水源保护区；

④车站、码头（按照国家规定，经批准，专门从事危险化学品装卸作业的除外）、机场以及公路、铁路、水路交通干线、地铁风亭及出入口；

⑤基本农田保护区、畜牧区、渔业水域和种子、种畜、水产苗种生产基地；

⑥河流、湖泊、风景名胜区和自然保护区；

⑦军事禁区、军事管理区；

⑧法律、行政法规规定予以保护的其他区域。

已建的危险化学品生产装置或者储存数量构成重大危险源的危险化学品储存设施不符合前款规定的，由所在地设区的市级人民政府安全生产监督管理部门会同有关部门监督其所属单位在规定期限内进行整改；需要转产、停产、搬迁、关闭的，由本级人民政府决定并组织实施。

储存数量构成重大危险源的危险化学品储存设施的选址，应当避开地震活动断层和容易发生洪灾、地质灾害的区域。

2. 储存危险化学品的审批条件

《危险化学品安全管理条例》明确规定危险化学品储存企业必须具备下列条件：

①符合统一规划、合理布局的要求；

②选址符合城乡规划，并与周边建筑、设施保持必要的安全距离；

③储存设施、装置、储存方式以及安全、环保设备、设施符合国家有关标准和规范；

④有健全的安全生产管理制度和操作规程；

⑤有安全生产管理机构和专职安全生产管理人员；

⑥有符合国家规定的事故应急救援预案，并配备必要的应急救援器材、设备；

⑦法律、行政法规规定的其他条件。

3. 危险化学品储存的申请和办理程序

《危险化学品安全管理条例》第十二条规定，新建、改建、扩建生产、储存危险化学品的建设项目（以下简称建设项目），应当由安全生产监督管理部门进行安全条件审查。

建设单位应当对建设项目进行安全条件论证，委托具备国家规定的资质条件的机构对建设项目进行安全评价，并将安全条件论证和安全评价的情况报告报建设项目所在地区的市级以上人民政府安全生产监督管理部门；安全生产监督管理部门应当自收到报告之日起45日内做出审查决定，并书面通知建设单位。具体办法由国务院安全生产监督管理部门制定。

（二）储存的安全要求

危险化学品的储存根据物质的理化性质和储存量的大小分为整装储存和散装储存两类。

整装储存是将物品装于小型容器或包件中储存。如各种袋装、桶装、箱装或钢瓶装的物品。这种储存方式往往存放的品种多，物品的性质复杂，比较难管理。散装储存是物品不带外包装的净货储存，这种储存方式储存量比较大，设备、技术条件比较复杂，一旦发生事故难以施救。无论是整装储存还是散装储存都存在着很大的危险。对两类储存方式的安全要求如下。

1. 基本要求

（1）《危险化学品安全管理条例》第二十六条要求，危险化学品专用仓库应当符合国家标准、行业标准的要求，并设置明显的标志。储存剧毒化学品、易制爆危险化学品的专用仓库，应当按照国家有关规定设置相应的技术防范设施。储存危险化学品的单位应当对其危险化学品专用仓库的安全设施、设备定期进行检测、检验。

剧毒化学品以及储存数量构成重大危险源的其他危险化学品应当在专用仓库内单独存

放，并实行双人收发、双人保管制度。储存企业应当将储存剧毒化学品以及储存数量构成重大危险源的其他危险化学品的数量、地点以及管理人员的情况，报所在地县级人民政府公安部门和安全生产监督管理部门备案。

（2）储存场所的消防设施、电气设施应符合《建筑设计防火规范》（GB50016）的要求。

（3）贮存易燃、易爆危险化学品的建筑，必须安装避雷设施（避雷设施要有效覆盖）。

（4）储存区应按 CB16179、GB15063 的规定设置安全标志，消防通道应设置明显标志。

（5）禁配要求：根据危险化学品性能分区、分类、分库储存，各类危险化学品不得与化学性质相抵触或灭火方法不同的禁忌物料混合储存。

（6）安全设施：应当按照国家标准和国家有关规定，根据危险化学品的种类、特征，在储存区设置相应的检测、通风、防晒、调温、防火、灭火、防爆、泄压、防毒、消毒、中和、防潮、防雷、防静电、防腐、防渗漏、防护围堤或者隔离操作等安全设施，保证符合安全运行要求。

（7）报警装置：应在储存场所设置通讯、报警装置，并保证在任何情况下处于正常状态。

（8）健全的安全管理制度和操作规程。

（9）有符合国家规定的事故应急救援预案，并配备必要的应急救援器材和设备。

（10）有经培训且考核合格的人员对储存场所进行养护与管理。

2. 储罐储存的安全要求

（1）根据储存物料的性质，储罐（常压储罐）应配备通气管、呼吸阀、泡沫灭火装置、喷水装置等安全附件。

（2）应按储罐的设计规定及储罐的储存系数储存化学品，确保储量在安全储量范围内，不得混装和超装。

（3）储罐区与周边的安全距离、储罐区的布置、防火堤的设置应符合《建筑设计防火规范》（GB50016）、《石油化工企业设计防火规范》（GB50160）的要求。

（4）在操作室内，应有储罐区的事故应急预案、工艺图等，工艺图应注明各储罐内危险化学品的品种、最高液位、加热温度、泵的速度等，以便一旦发生事故和重大火灾时，能够迅速正确处理。

（5）危险化学品储罐区应定期开展重大危险源安全评估，建立重大危险源数据库并定期报告。对属于重大危险源的储罐应设置实时监测装置。

3. 仓库储存安全要求

根据危险化学品的特性，以及仓库建筑防火要求及养护技术要求，储存的危险化学品可归为 3 类：易燃易爆性商品（储存火灾危险性物品）、毒害性商品和腐蚀性商品。

（1）储存安排及储存限量。

①危险化学品储存安排取决于危险化学品分类、分项、容器类型、储存方式和消防的要求。

②储存量及要求见表 2-33。

表2-33　储存量及要求

序号	储存要求	露天储存	隔离储存	隔开储存	分离储存
1	平均单位面积储存量/（t·m^{-2}）	1.0～1.5	0.5	0.7	0.7
2	单一储存区最大量/t	2 000～2 400	200～300	200～300	400～600
3	垛距限制/m	2	0.3～0.5	0.3～0.5	0.3～0.5
4	通道宽度/m	4～6	1～2	1～2	5
5	墙距宽度/m	2	0.3～0.5	0.3～0.5	0.3～0.5
6	与禁忌品距离/m	10	不得同库储存	不得同库储存	7～10

③遇火、遇热、遇潮能引起燃烧、爆炸或发生化学反应，产生有毒气体的危险化学品不得在露天或潮湿、积水的建筑物中储存。

④受日光照射能发生化学反应引起燃烧、爆炸、分解、化合或能产生有毒气体的危险化学品应储存在一级建筑物中，其包装应采取避光措施。

⑤爆炸性物品不准和其他类物品同储，必须单独隔离限量储存，仓库不准建在城镇。应与周围建筑、交通干道、输电线路保持一定安全距离。

⑥压缩气体和液化气体必须与爆炸性物品、氧化剂、易燃物品、自燃物品、腐蚀性物品隔离储存。易燃气体不得与助燃气体、剧毒气体同储；氧气不得和油脂混合储存；盛装液化气体的容器属压力容器的，必须有压力表、安全阀、紧急切断装置，并定期检查，不得超装。

⑦易燃液体、遇湿易燃物品、易燃固体不得与氧化剂混合储存，具有还原性的氧化剂应单独存放。

⑧有毒物品应储存在阴凉、通风、干燥的场所，不得露天存放，不能接近酸类物质。

⑨腐蚀性物品，包装必须严密，不允许泄露，严禁与液化气体和其他物品共存。

（2）储存易燃易爆品的要求。

《易燃易爆性商品储藏养护技术条件》（GB17914—1999）对易燃易爆品的储存提出了详细的要求。

（3）储存毒害品的要求。

《毒害性商品储藏养护技术条件》（GB17916—1999）对毒害品的储存提出了详细的要求。

（4）储存腐蚀性物品的要求。

《腐蚀性商品储藏养护技术条件》（GB17915—1999）对腐蚀品的储存提出了详细要求。

4. 危险化学品储存发生火灾的主要原因

分析研究危险化学品储存发生火灾的原因，对加强危险化学品的安全储存管理是十分有益的。总结多年的经验和案例，危险化学品储存发生火灾的原因主要有以下9种情况。

（1）着火源控制不严。着火源是指能引起可燃物燃烧的一切热能源，包括明火焰、炽热体、火星和火花、化学能等。在危险化学品的储存过程中的着火源主要有两个方面：一是外来火种，如烟囱飞火、汽车排气管的火星、库房周围的明火作业、吸烟的烟头等；

二是内部设备不良，操作不当引起的电火花、撞击火花和太阳能、化学能等，如电器设备、装卸机具不防爆或防爆等级不够，装卸作业使用铁质工具碰击打火，露天存放时太阳的曝晒，易燃液体操作不当产生静电放电等。

（2）性质相互抵触的物品混存。出现危险化学品的禁忌物料混存，往往是由于经办人员缺乏知识或者是有些危险化学品出厂时缺少鉴定；也有的企业因储存场地缺少而任意临时混存，造成性质抵触的危险化学品因包装容器渗漏等原因发生化学反应而起火。

（3）产品变质。有些危险化学品已经长期不用，仍废置在仓库中，又不及时处理，往往因变质而引起事故。

（4）养护管理不善。仓库建筑条件差，不适应所存物品的要求，如不采取隔热措施，使物品受热；因保管不善，仓库漏雨进水使物品受潮；盛装的容器破漏，使物品接触空气或易燃物品蒸气扩散和积聚等均会引起着火或爆炸。

（5）包装损坏或不符合要求。危险化学品容器包装损坏，或者出厂的包装不符合安全要求，都会引起事故。

（6）违反操作规程。搬运危险化学品没有轻装轻卸；或者堆垛过高不稳，发生倒塌；或在库内改装打包，封焊修理等违反安全操作规程造成事故。

（7）建筑物不符合存放要求。危险品库房的建筑设施不符合要求，造成库内温度过高、通风不良、湿度过大、漏雨进水、阳光直射、有的缺少保温设施，使物品达不到安全储存的要求而发生火灾。

（8）雷击。危险品仓库一般都设在城镇郊外空旷地带，独立的建筑物或是露天的储罐或是堆垛区均十分容易遭受雷击。

（9）着火扑救不当。因不熟悉危险化学品的性质和灭火方法，着火时使用不当的灭火器材使火灾扩大，造成更大的危险。

三、危险化学品的运输安全

（一）运输安全管理概述

我国的危险化学品国内立法直接受到国际立法的影响。有关危险货物的国家标准，如《危险货物分类与品名编号》（GB6944—2012）和《危险货物品名表》（GB12268—2012）等主要参考和吸收了《联合国关于危险货物运输的建议书·规章范本》（橘皮书）的内容；而有关化学品的标准则是主要参考了全球化学品统一分类和标签制度（GHS）的内容，如《化学品分类、警示标签和警示性说明安全规范》的系列国家标准、《化学品危险性评价通则》（GB/T 22225—2008）等。

《安全生产法》第三十条规定：生产经营单位使用的涉及生命安全、危险性较大的特种设备，以及危险物品的容器、运输工具，必须按照国家有关规定，由专业生产单位生产，并经取得专业资质的检测、检验机构检测、检验合格，取得安全使用证或者安全标志，方可投入使用。检测、检验机构对检测、检验结果负责。

1. 铁路运输的规定

《铁路危险货物运输管理规则》（以下简称《铁路危规》）自2008年12月1日起施行；《铁路危规》共分二十三章，主要包括：总则；承运人、托运人资质；办理站和专用线（专用铁路）；托运和承运；包装和标志；新品名、新包装等运输条件；基础管理制度；运输及签认制度；危险货物运输押运管理；消防、劳动安全及防护；洗刷除污；保管和交付；培训与考核；危险货物自备货车、自备集装箱技术审查程序；危险货物自备货车运输；危险货物集装箱运输；剧毒品运输；放射性物质运输；危险货物进出口运输；技术咨询与培训机构；事故应急预案及施救信息网络；监督与处罚；附则等规定。

2. 道路运输的规定

现有道路危险货物运输规则包含交通部颁发的《道路危险货物运输管理规定》（交通部令 2013 年第 2 号，2013 年 7 月 1 日实施）、国家标准《道路运输危险货物车辆标志》（GB13392—2005）和交通行业标准《汽车运输危险货物规则》（JT617—2004）等。

《道路危险货物运输管理规定》共分为：总则；道路危险货物运输许可；专用车辆、设备管理；道路危险货物运输；监督检查；法律责任；附则七章，共七十一条。

公路运输主要工具是汽车，交通部制定了《汽车危险货物运输规则》行业标准。本标准主要内容为：范围，规范性引用标准，术语和定义，分类和分项，包装、标志和标签，托运、承运，车辆和设备、运输，从业人员，劳动防护，事故应急处理。

3. 水路运输的规定

1996 年交通部颁布《水路危险货物运输规则》（以下简称《水路危规》）。《水路危规》是在总结我国现有危险货物运输实践经验，参照国家规则制定的，它不仅依据我国相关的法律、法规，还参照国际海事组织的《国际海运危险货物规则》和联合国《危险货物运输建议书》以及相关的国际公约、规则而制订的，内容包括船舶运输的积载、隔离，危险货物的品名、分类、标记、标识、包装检测标准等。《水路危规》从中国实际出发，特别是在危险货物品名编号、货物分类、适用范围、危险货物明细表、总体格式和运输协调等方面，具有自己鲜明的特点。《水路危规》适用于国内水路危险化学品运输。该规则共八章七十三条。水路运输危险货物有关托运人、承运人、作业委托人、港口经营人以及其他有关单位和人员，应严格执行本规则的各项规定。

（二）运输安全要求

1. 运输许可制度

《危险化学品安全管理条例》规定：国家对危险化学品道路运输经营、水路运输经营实行许可制度。未经许可，任何单位和个人不得从事危险化学品道路运输经营、水路运输经营活动。

危险化学品道路运输、水路运输经营者凭交通运输部门的许可文件，向工商行政管理部门办理登记手续后，方可从事危险化学品道路运输经营、水路运输经营活动。

从事非经营性危险化学品道路运输、水路运输的单位和个人，应当具备国务院交通运输部门规定的条件，并接受交通运输部门依法实施的监督管理。

（1）道路运输企业的许可制度。主要是依据交通部关于发布《道路危险货物运输管理规定》的规定，具体规定如下：

第八条　申请从事道路危险货物运输经营的，应当具备下列条件：

①有符合下列要求的专用车辆及设备：

a. 自有专用车辆（挂车除外）5 辆以上；运输剧毒化学品、爆炸品的，自有专用车辆（挂车除外）10 辆以上。

b. 专用车辆技术性能符合国家标准《营运车辆综合性能要求和检验方法》

（GB18565）的要求；技术等级达到行业标准《营运车辆技术等级划分和评定要求》（JT/T198）规定的一级技术等级。

　　c. 专用车辆外廓尺寸、轴荷和质量符合国家标准《道路车辆外廓尺寸、轴荷和质量限值》（GB1589）的要求。

　　d. 专用车辆燃料消耗量符合行业标准《营运货车燃料消耗量限值及测量方法》（JT719）的要求。

　　e. 配备有效的通讯工具。

　　f. 专用车辆应当安装具有行驶记录功能的卫星定位装置。

　　g. 运输剧毒化学品、爆炸品、易爆危险化学品的，应当配备罐式、厢式专用车辆或者压力容器等专用容器。

　　h. 罐式专用车辆的罐体应当经质量检验部门检验合格，且罐体载货后总质量与专用车辆核定载质量相匹配。运输爆炸品、强腐蚀性危险货物的罐式专用车辆的罐体容积不得超过 $20m^3$，运输剧毒化学品的罐式专用车辆的罐体容积不得超过 $10m^3$，但符合国家有关标准的罐式集装箱除外。

　　i. 运输剧毒化学品、爆炸品、强腐蚀性危险货物的非罐式专用车辆，核定载质量不得超过 10t，但符合国家有关标准的集装箱运输专用车辆除外。

　　j. 配备与运输的危险货物性质相适应的安全防护、环境保护和消防设施设备。

　　②有符合下列要求的停车场地：

　　a. 自有或者租借期限为 3 年以上，且与经营范围、规模相适应的停车场地，停车场地应当位于企业注册地市级行政区域内。

　　b. 运输剧毒化学品、爆炸品专用车辆以及罐式专用车辆，数量为 20 辆（含）以下的，停车场地面积不低于车辆正投影面积的 1.5 倍；数量为 20 辆以上的，超过部分，每辆车的停车场地面积不低于车辆正投影面积；运输其他危险货物的，专用车辆数量为 10 辆（含）以下的，停车场地面积不低于车辆正投影面积的 1.5 倍；数量为 10 辆以上的，超过部分，每辆车的停车场地面积不低于车辆正投影面积。

　　c. 停车场地应当封闭并设立明显标志，不得妨碍居民生活和威胁公共安全。

　　③有符合下列要求的从业人员和安全管理人员：

　　a. 专用车辆的驾驶人员取得相应机动车驾驶证，年龄不超过 60 周岁。

　　b. 从事道路危险货物运输的驾驶人员、装卸管理人员、押运人员应当经所在地设区的市级人民政府交通运输主管部门考试合格，并取得相应的从业资格证；从事剧毒化学品、爆炸品道路运输的驾驶人员、装卸管理人员、押运人员，应当经考试合格，取得注明为"剧毒化学品运输"或者"爆炸品运输"类别的从业资格证。

　　c. 企业应当配备专职安全管理人员。

　　④有健全的安全生产管理制度：

　　a. 企业主要负责人、安全管理部门负责人、专职安全管理人员安全生产责任制度。

　　b. 从业人员安全生产责任制度。

　　c. 安全生产监督检查制度。

　　d. 安全生产教育培训制度。

　　e. 从业人员、专用车辆、设备及停车场地安全管理制度。

f. 应急救援预案制度。

g. 安全生产作业规程。

h. 安全生产考核与奖惩制度。

i. 安全事故报告、统计与处理制度。

第十六条　道路运输管理机构不得许可一次性、临时性的道路危险货物运输。

第十七条　被许可人应当持《道路运输经营许可证》或者《道路危险货物运输许可证》依法向工商行政管理机关办理登记手续。

（2）水路运输危险化学品（剧毒化学品除外）单位运营许可，由国务院交通部门按其规定办理。

2. 托运人的规定

《危险化学品安全管理条例》对危险化学品的托运人和邮寄人做出了明确的规定：

第五条　铁路、民航部门负责危险化学品铁路、航空运输和危险化学品铁路、民航运输单位及其运输工具的安全管理及监督检查。交通部门负责危险化学品公路、水路运输单位及其运输工具的安全管理，对危险化学品水路运输安全实施监督，负责危险化学品公路、水路运输单位、驾驶人员、船员、装卸人员和押运人员的资质认定，并负责前述事项的监督检查。

第三十八条　通过公路运输危险品化学品的，托运人只能委托有危险化学品运输资质的运输企业承运。

第四十一条　托运人托运危险化学品，应当向承运人说明运输的危险化学品的品名、数量、危害、应急措施等情况。

运输危险化学品需要添加抑制剂或者稳定剂的，托运人交付托运时应当添加抑制剂或者稳定剂，并告知承运人。

托运人不得在托运的普通货物中夹带危险化学品，不得将危险化学品匿报或者谎报为普通货物托运。

第四十五条　任何单位和个人不得邮寄或者在邮件内夹带危险化学品，不得将危险化学品匿报或者谎报为普通物品邮寄。

为规范铁路危险货物托运人资质管理，保障铁路运输安全，2005 年 3 月 29 日原铁路部通过了《铁路危险货物托运人资质许可办法》，自 2005 年 4 月 1 日起施行。相关内容如下：

本办法所称铁路危险货物托运人，是指经国家有关部门认定，取得危险货物生产、储存、使用、经营资格，从事铁路危险货物运输托运业务的单位。

第三条　凡在中华人民共和国境内从事铁路危险货物托运业务的托运人，应向有管辖权的铁路管理机构申请取得资质许可。

第四条　申请铁路危险货物托运人资质的，应当具备下列条件：

①具有国家规定的危险物品生产、储存、使用、经营的资格；

②危险货物自备货（罐）车、集装箱（罐）等运输工具的设计、制造、使用、充装、检修等符合铁道部的安全管理规定；

③危险货物容器及包装物的生产符合国家规定的定点生产条件并取得产品合格证书；

④需加固运输的危险货物，应按铁道部《铁路货物装载加固规则》制定加固技术

方案；

⑤装运压缩气体和液化气体的，应按国家规定安装轨道衡等安全计量设备；

⑥办理危险货物作业场所的消防、防雷、防静电、安全检测、防护、装卸、充装等安全设施、设备应符合国家有关规定，储存仓库的耐火等级、防火间距应符合《建筑设计防火规范》等有关国家标准；

⑦相关专业技术人员、运输经办人员和押运人员应经过铁路危险货物运输业务知识培训，熟悉本岗位的相关危险货物知识，掌握铁路危险货物运输规定；

⑧有铁路危险货物运输事故处理应急预案，配备应急救援人员和必要的救援器材及设备。

3. 剧毒品的运输

（1）《危险化学品安全管理条例》的相关规定。《危险化学品安全管理条例》对剧毒品的运输进行了专项的规定：

通过道路运输剧毒化学品的，托运人应当向运输始发地或者目的地县级人民政府公安机关申请剧毒化学品道路运输通行证。

申请剧毒化学品道路运输通行证，托运人应当向县级人民政府公安机关提交下列材料：

①拟运输的剧毒化学品品种、数量的说明；

②运输始发地、目的地、运输时间和运输路线的说明；

③承运人取得危险货物道路运输许可、运输车辆取得营运证以及驾驶人员、押运人员取得上岗资格的证明文件；

④本条例第三十八条第一款、第二款规定的购买剧毒化学品的相关许可证件，或者海关出具的进出口证明文件。

剧毒化学品、易制爆危险化学品在道路运输途中丢失、被盗、被抢或者出现流散、泄漏等情况的，驾驶人员、押运人员应当立即采取相应的警示措施和安全措施，并向当地公安机关报告。公安机关接到报告后，应当根据实际情况立即向安全生产监督管理部门、环境保护主管部门、卫生主管部门通报。有关部门应当采取必要的应急处置措施。

禁止通过内河封闭水域运输剧毒化学品以及国家规定禁止通过内河运输的其他危险化学品。

前款规定以外的内河水域，禁止运输国家规定禁止通过内河运输的剧毒化学品以及其他危险化学品。

（2）《剧毒化学品购买和公路运输许可证件管理办法》（公安部令第77号）的相关规定：

道路运输剧毒化学品时除应遵守法律、法规的规定外，还应符合《剧毒化学品购买和公路运输许可证件管理办法》的要求，办理剧毒化学品公路运输通行证。

（3）《铁路剧毒品运输跟踪管理暂行规定》的相关规定：

铁路发送剧毒化学品时必须按照《铁路剧毒品运输跟踪管理暂行规定》执行：

①必须在铁道部批准的剧毒品办理站或专用线、专用铁路办理。

②剧毒品仅限采用毒品专用车、企业自备车和企业自备集装箱运输。

③必须配备2名以上押运人员。

④填写运单一律使用黄色纸张印刷，并在纸张上印有骷髅图案。

⑤铁路运输局负责全路剧毒品运输跟踪管理工作。

⑥铁路不办理剧毒品的零担发送业务。

四、危险化学品的包装安全

工业产品的包装是现代工业中不可缺少的组成部分。一种产品从生产到使用，一般经过多次装卸、贮存、运输的过程，在这个过程中，产品将不可避免地受到碰撞、跌落、冲击和振动。一个好的包装，将会很好地保护产品，减少运输过程中的破损，使产品安全地到达用户手中。这一点对于危险化学品显得尤为重要。包装方法得当，就会降低贮存、运输中的事故发生率，否则，就有可能导致事故的发生。因此，化学品包装是化学品贮运安全的基础。为了加强危险化学品包装的管理，国家制定了一系列相关的法律、法规和标准，如《危险化学品安全管理条例》对危险化学品包装的监督管理做了明确规定。

《危险化学品安全管理条例》第六条规定：质量监督检验检疫部门负责核发危险化学品及其包装物、容器（不包括储存危险化学品的固定式大型储罐）生产企业的工业产品生产许可证，并依法对其产品质量实施监督，负责对进出口危险化学品及其包装实施检验。

《危险化学品安全管理条例》第十七条规定：危险化学品的包装应当符合法律、行政法规、规章的规定以及国家标准、行业标准的要求。

危险化学品包装物、容器的材质以及危险化学品包装的型式、规格、方法和单件质量（重量），应当与所包装的危险化学品的性质和用途相适应。

《危险化学品安全管理条例》第十八条规定：生产列入国家实行生产许可证制度的工业产品目录的危险化学品包装物、容器的企业，应当依照《中华人民共和国工业产品生产许可证管理条例》的规定，取得工业产品生产许可证；其生产的危险化学品包装物、容器经国务院质量监督检验检疫部门认定的检验机构检验合格，方可出厂销售。

重复使用的危险化学品包装物、容器在使用前，应当进行检查，并做出记录；检查记录应当至少保存2年。

质检部门应当对危险化学品包装物、容器的产品质量进行定期的或者不定期的检查。

1. 危险品包装的定义

危险品包装是指盛装危险货物的包装容器。为确保危险货物在储存运输过程中的安全，除其本身的质量符合安全规定、其流通环节的各种条件正常合理外，最重要的是危险货物必须具有合适的运输包装。包装对于保证危险化学品的危险特性不发生危险具有十分重要的保护作用，同时也便于危险品的保管、储存、运输和装卸。也就是说，没有合格的包装，就谈不上对危险品的保管、储存、运输和装卸，更谈不上对危险品进行贸易。

2. 危险货物包装类别

根据国家标准《危险货物运输包装类别划分方法》（GB/T 15098—2008）规定，除了爆炸品、气体、有机过氧化物和自反应物质、感染性物质、放射性物质、杂项危险物质和物品及净质量大于400 kg和容积大于450 L的包装外，其他危险货物按其内装物的危险程度将危险货物包装划分为三种包装类别：

Ⅰ类包装：盛装具有较大危险性的货物；

Ⅱ类包装：盛装具有中等危险性的货物；

Ⅲ类包装：盛装具有较小危险性的货物。

按《危险货物分类和品名编号》（GB 6944—2012）中危险货物的不同类项及有关的定量值，确定其包装类别。货物具有两种以上危险性时，其包装类别须按级别高的确定。如：

第3类 易燃液体

按易燃性划分包装类别，如表2-34所示。

表2-34 易燃液体包装类别划分表

包装类别	闪点（闭杯）	初沸点
Ⅰ类包装	—	≤35℃
Ⅱ类包装	<23℃	>35℃
Ⅲ类包装	≥23℃，≤60℃	>35℃

第4类 易燃固体、易于自燃的物质、遇水放出易燃气体的物质

《危险货物品名表》（GB12268—2012）中备注栏CN号为41001～41500：Ⅱ类包装；

GB12268中备注栏CN号为41501～41999：Ⅲ类包装；

退敏爆炸品：根据危险性采用Ⅰ类或Ⅱ类包装。

GB12268中备注栏CN号为42001～42500：Ⅰ类包装；

GB12268中备注栏CN号为42501～42999：Ⅱ类包装；

GB12268中备注栏CN号为42501～42999中的含油、含水纤维或碎屑类物质：Ⅲ类包装；

自热物质危险性大的须采用Ⅱ类包装。

GB12268中备注栏CN号为43001～43500：Ⅰ类包装；

GB12268中备注栏CN号为43001～43500中危险性小的以及CN号为43501～43999：Ⅱ类包装；

GB12268中备注栏CN号为43501～43999中危险性小的：Ⅲ类包装。

第5类 氧化性物质

GB12268中备注栏CN号为51001～51500：Ⅰ类包装；

GB12268中备注栏CN号为51501～51999：Ⅱ类包装；

GB12268中备注栏CN号为51501～51999中危险性小的：Ⅲ类包装。

第6类 毒性物质

根据联合国《关于危险货物运输的建议书：规章范本》（第15版），口服、皮肤接触以及吸入粉尘和烟雾的方式确定包装类，如表2-35所示。

表 2-35 口服、皮肤接触以及吸入粉尘和烟雾毒性物质包装类别划分表

包装类别	口服毒性 LD_{50} /(mg·kg^{-1})	皮肤接触毒性 LD_{50} /(mg·kg^{-1})	吸入粉尘和烟雾毒性 LC_{50} /(mg·L^{-1})
Ⅰ类包装	≤5.0	≤50	≤0.2
Ⅱ类包装	$5.0 < LC_{50} \leqslant 50$	$50 < LC_{50} \leqslant 200$	$0.2 < LC_{50} \leqslant 2.0$
Ⅲ类包装	$50 < LC_{50} \leqslant 300$	$200 < LC_{50} \leqslant 1\,000$	$2.0 < LC_{50} \leqslant 4.0$

注：GB 12268 中备注栏 CN 号为 61001～61500 中闪点 <23℃的液态毒性物质：Ⅰ类包装；

GB 12268 中备注栏 CN 号为 61501～61999 中闪点 <23℃的液态毒性物质：Ⅱ类包装。

第 8 类　腐蚀性物质

GB12268 中备注栏 CN 号为 81001～81500：Ⅰ类包装；

GB12268 中备注栏 CN 号为 81501～81999，82001～82500：Ⅱ类包装；

GB12268 中备注栏 CN 号为 82501～82999，83001～83999：Ⅲ类包装。

物质的包装类别决定了包装物或容器的质量要求。Ⅰ类包装表示包装物的最高标准，Ⅱ类包装可以在材料坚固性稍差的装载系统中安全运输，而使用最为广泛的Ⅲ类包装可以在包装标准进一步降低的情况下安全运输。由于《危险货物品名表》对所列各种危险品都具体指明了应采用的包装等级，实质上表明了该危险品的危险等级。

3. 危险化学品包装的一般要求

《危险货物运输包装通用技术条件》（GB12463—2009）中规定了危险货物运输包装的一般要求：

运输包装应结构合理，具有一定强度，防护性能好。材质、型式、规格、方法和内装货物重量应与所装危险货物的性质和用途相适应，并便于装卸、运输和储存。

运输包装应质量良好，其结构和封闭形式应能承受正常运输条件下的各种作业风险，不应因温度、湿度或压力的变化而发生任何渗（撒）漏，表面应清洁，不允许黏附有害的危险物质。

运输包装与内装物直接接触部分，必要时应有内涂层或进行防护处理，运输包装材质不得与内装物发生化学反应而形成危险产物或导致削弱包装强度。

内容器应予固定。如内容器易碎且盛装易撒漏货物，应使用与内装物性质相适应的衬垫材料或吸附材料衬垫妥实。

盛装液体的容器，应能经受在正常运输条件下产生的内部压力。灌装时必须留有足够的膨胀余量（预留容积），除另有规定外。并应保证在温度 55℃时，内装液体不致完全充满容器。

包装封口应根据内装物性质采用严密封口、液密封口或气密封口。

盛装需浸湿或加有稳定剂的物质时，其容器密封应能有效地保证内装液体（水、溶剂和稳定剂）的百分比，在储运期间保持在规定的范围以内。

运输包装有降压装置时，其排气孔设计和安装应能防止内装物泄漏和外界杂质进入，排出的气体量不得造成危险和污染环境。

复合包装的内容器和外包装应紧密贴合，外包装不得有擦伤内容器的凸出物。

盛装爆炸物品包装的附加要求：

①盛装液体爆炸物品容器的封闭形式，应具有防止渗漏的双重保护。

②除内包装能充分防止爆炸品与金属物接触外，铁钉和其他没有防护涂料的金属部件不得穿透外包装。

③双重卷边接合的铁桶、金属桶或以金属做衬里的包装箱，应能防止爆炸物进入缝隙。钢桶或铝桶的封闭装置必须有合适的垫圈。

④包装内的爆炸物质和物品，包括内容器，必须衬垫妥实，在运输中不得发生危险性移动。

⑤装有对外部电磁辐射敏感的电引发装置的爆炸物品，包装应具备防止所装物品受外界电磁辐射影响的功能。

4. 包装储运图示标志

《包装储运图示标志》（GB/T 191—2008）规定了运输包装件上提醒人员注意的一些图示符号（见表 2-36），以供操作人员在装卸时能针对不同情况进行相应的操作。

表 2-36　包装储运图示标志名称与含义

序号	标志名称	标志	含　义
1	易碎物品		表明运输包装件内装易碎物品，搬运时应小心轻放
2	禁用手钩		表明搬运运输包装件时禁用手钩
3	向上		表明该运输包装件在运输时应竖直向上
4	怕晒		表明该运输包装件不能直接照晒
5	怕辐射		表明该物品一旦受辐射会变质或损坏

序号	标志名称	标志	含　义
6	怕雨		表明该运输包装件怕雨淋
7	重心		表明该包装件的重心位置，便于起吊
8	禁止翻滚		表明搬运时不能翻滚该运输包装件
9	此面禁用手推车		表明搬运货物时此面禁止放在手推车上
10	禁用叉车		表明不能用升降叉车搬运的包装件
11	由此夹起		表明搬运货物时可用夹持的面
12	此处不能卡夹		表明搬运货物时不能夹持的面

序号	标志名称	标志	含　义
13	堆码质量极限		表明该运输包装件所能承受的最大质量极限
14	堆码层数极限		表明可堆码相同运输包装件的最大层数
15	禁止堆码		表明该包装件只能单层放置
16	由此吊起		表明起吊货物时挂绳索的位置
17	温度极限		表明该运输包装件应该保持的温度范围

第六节　废弃危险化学品处置知识

废弃危险化学品，是指未经使用而被所有人抛弃或者放弃的危险化学品，包括淘汰、伪劣、过期、失效的危险化学品，以及由公安、海关、质检、工商、农业、安全监管、环保等主管部门在行政管理活动中依法收缴的危险化学品以及接收的公众上交的危险化学品。

废弃危险化学品属于危险废物，列入国家危险废物名录。盛装废弃危险化学品的容器和受废弃危险化学品污染的包装物，按照危险废物进行管理。

一、废弃物处置的有关规定

1. 部分法律的有关规定

《中华人民共和国安全生产法》第三十二条规定：生产、经营、运输、储存、使用危险物品或者处置废弃危险物品的，由有关主管部门依照有关法律、法规的规定和国家标准或者行业标准审批并实施监督管理。

生产经营单位生产、经营、运输、储存、使用危险物品或者处置废弃危险物品，必须执行有关法律、法规和国家标准或者行业标准，建立专门的安全管理制度，采取可靠的安全措施，接受有关主管部门依法实施的监督管理。

《中华人民共和国刑法》第三百三十八条规定：违反国家规定，向土地、水体、大气排放、倾倒或者处置有放射性的废物、含传染病病原体的废物、有毒物质或者其他危险废物，造成重大环境污染事故，致使公私财产遭受重大损失或者人身伤亡的严重后果的，处三年以下有期徒刑或者拘役，并处或者单处罚金；后果特别严重的，处三年以上七年以下有期徒刑，并处罚金。

2. 部分法规的有关规定

《危险化学品安全管理条例》第二条规定：危险化学品生产、储存、使用、经营和运输的安全管理，适用本条例。废弃危险化学品的处置，依照有关环境保护的法律、行政法规和国家有关规定执行。

第六条规定：环境保护主管部门负责废弃危险化学品处置的监督管理，组织危险化学品的环境危害性鉴定和环境风险程度评估，确定实施重点环境管理的危险化学品，负责危险化学品环境管理登记和新化学物质环境管理登记，依照职责分工调查相关危险化学品环境污染事故和生态破坏事件，负责危险化学品事故现场的应急环境监测。

第二十四条规定：处置废弃危险化学品，依照固体废物污染环境防治法和国家有关规定执行。

3. 部分规章的有关规定

《废弃危险化学品污染环境防治办法》（国家环境保护总局令第 27 号）对废弃危险化学品的废弃处置做了具体的规定。

二、废弃物处置的基本方法

废弃危险化学品处理所采用的方法包括物理技术、化学技术、生物技术及其混合技术。部分废弃化学品虽然所含的有毒有害化学品浓度高，常会杀死微生物，但有时仍适应用生物法处理，由于部分废弃危险化学品的有毒有害性质，生物处理技术应用范围受到了一定的限制。固化/稳定化技术是最常用的物理化学技术之一，将危险废物变成高度不溶性的稳定物质，这就是固化/稳定化。

（一）物理处理技术

废弃危险化学品在最终处置之前可以用多种不同的处理技术进行处理，其目的都是改变其物理化学性质，如减容、固定有毒成分和解毒等。处理某种废物应选用何种最佳的实用方法取决于许多因素，这些因素包括处理或处置装置的有效性及适用性、安全标准和成本等因素。例如，可燃性有机溶剂通常是有毒的，其蒸气与空气混合时会发生爆炸，这种废液大多可以回收，实际上经常是在其产生源就应进行回收。如果遇到不能回收的场合，燃烧常常是最合适的处置方法。不可燃的有机溶剂包括由有毒的氯代烃类脱脂剂及油化剥离剂组成的油脂状废弃物，它们虽然是不可燃的，但实际上最佳处置方法是在特殊的高温焚烧炉中添加柴油或其他合适的辅助燃料进行焚烧，焚烧炉配备有洗涤设备，以去除焚烧所产生的氯化氢等有毒有害气体。物理处理技术是通过浓缩或相变化改变危险废物的形态，使之成为便于运输、贮存、利用或处置的形态。

物理处理技术涉及的方法包括固化、沉降、分选、吸附、萃取等，主要作为对废物进行资源回收或最终处置前的预处理。下面介绍其中三种。

1. 固化技术

固化法或者固定法，是将废物转化成不溶性的坚硬物料，通常用作填埋处理前的预处理，将废弃物与各种反应剂混合，转化成一种水泥状产物。例如，玻璃制造、木材防腐、皮革及毛皮处理等工艺都会产生含砷废物，砷及其化合物具有毒性。因此，其工业加工及处理过程需广泛地加以控制。最理想的处置方法是回收，但在某些场合不能回收时，通常是在最严格的安全措施下将各种含砷废物进行包裹处理，对于大量含砷废物，将废物装入混凝土箱中是符合要求的。

2. 沉降技术

沉降是依靠重力从液体中除去悬浮固体的过程。沉降用于去除相对密度大于液体的悬浮颗粒，只要悬浮物质是可沉降的，可使用包括絮凝剂/凝聚剂在内的化学助剂，使沉降效率得到提高。由于沉降操作比较方便，因而沉降技术用途广泛，几乎可应用于一切含悬浮固体的废水处理，也可以方便地组合成更复杂的处理系统作为预处理或后处理方法，如在化学处理的沉淀法中也通常要用沉降技术。

3. 萃取技术

溶剂萃取，也称液－液萃取，即溶液与对杂质有更高亲和力的另一种互不相溶的液体相接触，使其中某种成分分离出来的过程。这种分离可以是由于两种溶剂之间溶解度不同或是发生了某种化学反应的结果。

（二）化学处理技术

化学处理技术是将危险废弃物通过化学反应，转化成无毒无害的化学成分，或者将其中的有毒有害成分从废弃物中转化分离出来，或者降低其毒害危险性。化学处理技术应用最为广泛、最为有效，如氰化物是一种常见的有毒物质，可以是液态或者固态的，可以用比较简单的方法将氰化物转化成无毒无害的其他物质，这样需要处置的废弃物就大大减少。含氰化物的液体废弃物可用化学氧化法处理，在存在铬酸盐废弃物的场合，这种废物可用作还原剂，可用于将六价铬还原成毒性低得多的三价铬。常用的化学处理技术包括化学沉淀法、氧化法、还原法、中和法、焚烧法等。

1. 化学沉淀法

对废弃化学品中各种有毒有害的重金属化合物，在处理时，可通过将其溶解后，加入氢氧化物、硫化物等沉淀剂，将其中的有毒有害阳离子从液相中沉淀或过滤分离出来。如果能沉降但效果不好时，可通过加入絮凝剂加强沉淀作用。所生成的氢氧化物或硫化物沉淀还可通过煅烧、氧化、酸化等方法对其中的重金属回收利用，实现变废为宝的目的。

2. 氧化法

通过加入氧化剂，其废弃化学品中的有毒有害成分转化为无毒或低毒的物质。常用的氧化剂有过氧化氢、高锰酸钾、氯化物（如次氯酸盐）、臭氧等。如过氧化氢可在很大的温度和浓度范围内用来氧化酚类、氰化物类、硫化物及金属离子；高锰酸钾是一种较强的氧化剂，可与醛类、硫醇类、酚类及不饱和酸类反应，高锰酸钾的还原态是二氧化锰，二氧化锰可用过滤法除去，高锰酸钾主要用于分解酚类化合物，它使酚的芳环结构裂开生成直链脂肪族分子，然后将脂肪族分子氧化成二氧化碳和水；次氯酸盐常被用于处理氰化物，将氰离子氧化成无害的物质；次氯酸盐也能氧化酚类化合物，但因反应过程如控制不当时会生成有毒的氯酚类，所以此方法通常不被利用；臭氧对处理酚类比较有效，其氧化能力比过氧化氢大，而且没有选择性，因此可以氧化许多物质，其处理低浓度酚类废弃物时，通常的做法是将酚类化合物氧化成有毒但容易降解的有机中间化合物。臭氧处理的最大优点是净化率高，不产生二次污染，但因臭氧的制备能耗大、成本高，同时它的运输贮存相对比较困难，因此较少得到应用，尤其是对中、高浓度的废水处理一般先使用其他方法进行处置。

3. 还原法

当废弃化学品具有氧化性时，可用还原法对其进行无害化或减害化处理。如铬酸是一种广泛用于金属表面处理及镀铬过程的有腐蚀性的有毒有害化学品，六价铬有很强的毒害性。铬酸在化学上可被还原成三价铬状态。三价铬不但毒害性能降低，而且它的许多化合物的溶解性很小，可以后继的处理过程中转化为沉淀从而得到分离和回收。许多化学品均能作为有效的还原剂，如二氧化硫、亚硫酸盐类、酸式亚硫酸盐类及亚铁盐类等。

4. 中和法

工业企业及化学工业产生大量的酸、碱性水溶液。许多金属处理过程也产生大量酸性废液，废液中含有诸如铁、锌、铜、钡、镍、铬、锡及铅等金属，这类废液腐蚀性极强，在它们的腐蚀性造成危害的场合，需要将其中和。消石灰是便宜又实用的碱性物质，因此常被选用来处理大量废酸，中和所产生的石膏可能是个问题，遇到这种情况，可将石膏过滤后进行填埋。碱性废液也主要来自工业及化工厂，但其组成甚至比酸性废液复杂，在处理时回收有用物质也困难得多，其中除废黏土、催化剂、金属氢氧化物这些固体物质外，可能还有酚类、环烷酸盐、磺酸盐、氰化物、重金属、脂肪类、油类、焦油状物质、天然或合成树脂类。在需要加酸中和时，最常用的有硫酸及盐酸，硫酸会生成较多的不溶性沉淀物，因此产生的残渣会比加盐酸时多，其优点是成本较低。

中和是将酸性或碱性废液的 pH 值调至接近中性的过程，许多工业产生酸性或碱性的废水。在诸多情况下，酸碱性较强的废弃物需要进行中和。例如：沉淀可溶性重金属；防止金属腐蚀和对其他建筑材料的损害；预处理，以便能进行有效的生物处理。简言之，中和法就是酸和碱的相互作用。溶液呈酸性是由于 H^+ 的原因，同样，溶液呈碱性是由于 OH^- 的原因。通常情况下，应根据废弃物的特性及后处理步骤或用途来选择合适的中和方法。

5. 焚烧法

焚烧指燃烧危险废弃物使之分解并无害化的过程。焚烧是一种高温热处理技术，即以一定的过剩空气与被处理的有机废弃物在焚烧炉内进行氧化燃烧反应，废弃物中的有毒有害物质在高温下因氧化、热解而破坏，是一种可同时实现废弃物的减量化、无害化、资源化的处置技术。焚烧的主要目的是尽可能破坏废弃物的化学组成结构，使被焚烧的物质变为无害和最大限度地减少，并尽量减少新的污染物质产生，避免造成二次污染。

废弃物的焚烧和其他处理方式相比，具有下列四个优点：①减量，可以减少废弃物的体积和质量；②消毒，可以去除有毒有机物、可燃性致癌物质或感染性病理废物；③二次污染程度低，而且由于质量大幅减少，残渣经最终处置后所产生的长期性后遗危害及污染低；④能量回收，可以利用产生蒸汽，供制造过程供热或发电所用。

焚烧法不但可以处置固体废弃物，还可以处置液体危险废弃物和气体危险废弃物。焚烧适宜处置有机成分多、热值高的废弃物，当处理可燃有机物组分很少的废弃物时，需要补加大量的燃料，这会使运行费用增高，不适合焚烧的废弃物包括易爆炸废弃物和放射性废弃物。对于低放射性废弃物，只要严格控制放射性同位素的排放量，也可能安全地焚烧，但焚烧过程不能降低放射量。

（三）固化/稳定化技术

早在20世纪50年代初期，欧美等工业发达国家就开始研究用水泥固化和沥青固化的方法处理放射性废物，后来又研究出针对高放射性废物的玻璃固化与塑料固体技术。目前，这些方法已被许多国家采用，并积累了大量的经验。危险废物固化/稳定化处理的目的是使危险废物中的所有污染组分呈现化学惰性或被包容起来，以便运输、利用和处置。固化/稳定化既可以是危险废物的一个单独的处理过程，也可以是最终处置前的一个预处理过程。固化/稳定化技术已经被广泛应用于危险废物管理中，它主要被应用于下列几个方面：

（1）对具有毒性或强反应性等危险性质的废弃物进行处理，可使其满足填埋处置的要求。例如，在填埋处置液态或膏状的危险废弃物时，必须使用物理或化学方法进行固化，使其即使在很大的压力下或者在降雨的淋溶下也不至于扩散污染。

（2）其他处理过程所产生的残渣的无害化处理，例如废弃物焚烧产生的飞灰。焚烧过程可以有效地破坏有机毒性物质，而且具有很好的减容效果，但与此同时，也必然会在飞灰里富集某些化学成分，甚至会富集放射性物质。

（3）对土壤进行去污。在大量土壤被有机或者无机有毒有害物质污染时，需要借助稳定化技术或其他方式使土壤得以恢复。与其他方法（例如封闭与隔离）相比，稳定化技术的作用相对持久，在大量土地遭受较低程度的污染时，稳定化尤其有效。因为在大多数情况下，填埋、焚烧等方法所必需的开挖、运输、装卸等操作会引起污染土壤的飞扬而导致二次污染，而且通常开挖、运输比填埋、焚烧成本要高得多。

在一般情况下，稳定化过程是选用某种适当的添加剂与废弃物混合，以降低废弃物的毒性和减小污染物自废弃物到生态系统的迁移率。因而它是一种将污染物全部或部分地固定于作为支持介质的黏结剂或其他形式的添加剂上的方法。固化过程是一种利用添加剂改变废弃物的工程特性（例如渗透性、可压缩性和强度等）的过程。固化可以看作是一种特定的稳定化过程，可以理解为稳定化的一个部分。但从要领上它们又有所区别。无论是稳定化还是固化，其目的都是减小废弃物的毒性和可迁移性，同时改善被处理对象的工程性质。所涉及的主要过程和技术术语如下：

固化：在危险废弃物中添加固化剂，使其转变为不可流动固体或形成紧密固体的过程。固化的产物是结构完整的整块密实固体，这种固体可用方便的尺寸进行运输，而无须任何辅助容器。

稳定化：将有毒有害物质转变为低溶解性、低迁移性及低毒性的物质的过程。稳定化一般可分为化学稳定化和物理稳定化。化学稳定化是通过化学反应使有毒有害化学物质变成不溶性化合物，使之在稳定的晶格内固定不动；物理稳定化是将废弃物与一种疏松物料（如粉煤灰）混合生成一种粗颗粒的具有土壤状坚实度的固体，这种固体可以用运输机械送至处置场。实际操作中，这两种过程是同时发生的。

虽然有多种固化/稳定化方法得到应用，但是迄今为止尚未研究出一种适用于处理任何类型危险废物的最佳固化/稳定化方法。目前所采用的各种固化/稳定化方法往往只能适用于处理一种或几种类型的危险废物。根据固体基材及固化过程，目前常用的固化/稳定化方法主要包括：水泥固化、塑性材料固化、熔融固化（玻璃化）、药剂稳定化技术、有机聚合物固化、自胶结固化、陶瓷固化等。下面介绍其中几种。

（1）水泥固化。水泥是最常用的危险废物稳定剂。用水泥固定化时，是将废物与水泥混合起来，如果在废物中没有足够的水分，还要加水使之水化。水化以后的水泥形成与岩石性能相近的、整体的钙铝硅酸盐的坚硬晶体结构。以水泥为基本材料的固化技术适用于无机类型的废物。由于水泥 pH 值高，使得几乎所有的重金属形成不溶性的氢氧化物或碳酸盐而被固定在固化体中，如与铅、铜、锌、锡、镉均可得到很好的固定，但汞仍然需要以物理封闭的微包容形式与生态系统进行隔离。

（2）塑性材料固化。塑性材料固化法属于有机性固化处理技术，根据使用材料的性能不同可以把该技术划分为热固化塑料包容和热塑性物质包容两种方法。

热固性塑料包容技术：热固性塑料是指在加热时会从液体变成固体并硬化的材料。它与一般物质的不同之处在于，这种材料即使以后再次加热也不会重新液化或软化。常常利用热固性塑料使危险废物达到稳定化。目前使用较多的材料是脲甲醛、聚酯和聚丁二烯等，有时也可使用酚醛树脂或环氧树脂。由于在绝大多数过程中废物与包封材料之间不进行化学反应，所以包封的效果取决于废物自身的形态（颗粒度、含水量等）与进行聚合的条件。由于在操作过程中，所使用的有机物单体易挥发易燃，所以通常不能大规模应用，因此该法只能处理少量高危害性废物，例如少量的剧毒或放射性废物等。

热塑性物质包容技术：可以用熔融的热塑性物质在高温下与危险废物混合，以达到对其固化的目的，可以使用的热塑性物质有沥青、石蜡、聚乙烯、聚丙烯等。在冷却以后，废物就为固化的热塑性物质所包容，包容后的废物可以在经过一定的包装后进行处置。在 20 世纪 60 年代末期出现的沥青固化，因为处理价格较为低廉，被大规模应用于处理放射性废物。由于沥青具有化学惰性，不溶于水，具有一定的可塑性和弹性，故对于废物具有典型的包容效果。该法的主要缺点是需要高温操作，处理过程能耗较高，会产生大量的挥发性物质，其中有些是有毒有害的。

（3）熔融固化。熔融固化，又称为玻璃固化技术，它与目前应用于高放射性废物的玻璃固化工艺之间的主要区别是通常不需要加入稳定剂，但从原理上来说，仍可以归入固体废物的包容技术之中。该技术是将待处理的危险废物与细小的玻璃质，如玻璃屑、玻璃粉混合，经混合造粒成型后，在 1 000 ～ 1 100℃高温熔融下形成玻璃固化体，借助玻璃体的致密结构，确保固化体的永久固定。熔融固化需要将大量物料加温到熔点以上，无论是采用电力或是其他燃料，所需的能源及费用都是相当高的。玻璃固体所得到的残渣浸出性能以及过程中向大气排放大量挥发性物质的问题是该技术能否在今后被广泛应用的关键。处置过程中的气体排放物，可以在收集后利用现有的大气治理技术达到排放标准。例如，可以用氨气处理氮氧化物，以石灰水吸收二氧化硫、卤化氢等。

（4）药剂、稳定化技术。对于常规的固化/稳定化技术，存在一些不可忽视的问题。例如废物经固化处理后其体积都有不同程度的增加，有的会成倍地胀大，而且随着对固化体稳定性和浸出率的要求逐步提高，在处理废物时会需要更多的凝结剂，这不仅使固化/稳定化技术的费用接近于其他技术（如玻璃化技术），而且会大大地提高处理后固化体的体积，这与废物的最小量化、减容化是相悖的。另一个重要问题是废物的长期稳定性，很多研究都证明了固化/稳定化技术稳定废物成分的主要机理是废物和凝结剂间的化学键力、凝结剂对废物的物理包容及凝结剂水合产物对废物的吸附作用。然而，当包容体破裂后，废物会重新进入环境造成不可预见的影响。

针对这类问题，近年来国际上提出了采用高效的化学稳定化药剂进行无害化处理的概念，并成为危险废物无害化处理领域的研究热点。用药剂稳定化技术处理危险废物，可以在实现废物无害化的同时，达到废物少增容或不增容的目的，从而提高危险处理处置系统的总体效果和经济性。同时，可以通过改进螯合剂的构造和性能，使其与废物中危险成分之间的化学螯合作用得到强化，进而提高稳定化产物的长期稳定性，减少最终处置过程中稳定化产物对环境的影响。

药剂稳定化技术以处理重金属废物为主，pH 值控制技术是一种最普遍、最简单的方法，其原理为：加入碱性药剂，将废物的 pH 值调整致使重金属离子具有最小溶解度的范围，从而实现其稳定性。氧化/还原电势控制技术是为了使某些重金属离子更容易沉淀，将其还原为最有利的价态而采用的一种技术。最典型的是把 6 价铬还原为 3 价铬、5 价砷还原为 3 价砷，常用的还原剂有硫酸亚铁、硫代硫酸钠、亚硫酸氢钠等。常用的沉淀技术包括氧化物沉淀、硫化物沉淀、共沉淀、无机络合物沉淀和有机络合物沉淀等。

第三章　危险化学品安全管理

　　管理是人们为了实现预定的目标，按照一定的原则，通过科学地组织、指挥和协调群体的活动，以达到个人单独活动所不能达到的效果而开展的各项活动。安全管理就是生产经营单位的生产管理者、经营者，为实现安全生产目标，按照一定的安全管理原则，科学地组织、指挥和协调全体员工及生产设备进行安全生产的活动。

　　危险化学品的生产、经营、运输、储存和使用单位主要分布在石油、化工以及制药行业，这类行业涉及危险化学品的各个环节，存在着许多不安全因素和职业危害，具有易燃、易爆、有毒、有害、强腐蚀和高温、高压的特点，有着较大的危险性，容易发生群死群伤和重大经济损失的安全生产事故。搞好危险化学品安全生产管理，是全面落实科学发展观的必然要求，是建设和谐社会的迫切需要，是各级政府和生产经营单位做好安全生产工作的基础。

第一节　安全管理基本理论

　　安全生产管理随着安全科学技术和管理科学的发展而发展，系统安全工程原理和方法的出现，使安全生产管理的内容、方法和原理都有了很大的拓展。现代安全管理的理论有：安全管理哲学、安全系统论、事故致因理论、事故预防理论、安全法学理论、安全文化建设理论、安全行为科学理论等。有了丰富而充实的安全管理理论，安全科学技术的发展才有坚实的基础。人类实现了对真正安全管理的掌握，才能改变自身对事故的认识和态度。任何科学的东西，必须要不断地发展和更新，才会有生命力。因此，现代是相对的，科学是永恒的，安全管理原理是现代企业安全科学管理的基础、战略和纲领。只有不断创新和进步，现代安全管理才能满足现代企业安全生产管理的需要。

一、安全生产管理原理与原则

　　安全生产管理作为管理的重要组成部分，遵循管理的普遍规律，既服从管理的基本原理与原则，又有其特殊的原理与原则。安全生产管理是从生产管理的共性出发，对生产管理中安全工作的实质内容进行科学分析、综合、抽象与概括所得出的安全生产管理规律。安全生产管理原则是指在生产管理原理的基础上，指导安全生产活动的通用规则。

　　1. 系统原理

　　（1）系统原理的含义。系统原理是现代管理学的一个基本原理。它是指人们在从事管理工作时，运用系统理论、观点和方法，对管理活动进行充分的系统分析，以达到管理的优化目标，即用系统论的观点、理论和方法来认识和处理管理中出现的问题，达到管理所要求的目标。

系统是指相互作用和相互依赖的若干部分组成的有机整体。系统可以分成若干个子系统，子系统又可以分成若干个要素，即系统是由要素组成的。按照系统的观点，管理系统具有6个特征，即集合性、相关性、目的性、整体性、层次性和适应性。

安全生产管理系统是整个生产管理的一个子系统，包括各级安全管理人员、安全防护设备与设施、安全管理规章制度、安全生产操作规范和规程以及安全生产管理信息等。安全贯穿于生产活动的方方面面，安全生产管理是全方位、全天候且涉及全体人员的管理。

（2）运用系统原理的原则。

①动态相关性原则。动态相关性原则告诉我们，构成管理系统的各要素是运动和发展的，它们相互联系又相互制约。显然，如果管理系统的各要素都处于静止状态，就不会发生事故。

②整分合原则。高效的现代安全生产管理必须在整体规划下明确分工，在分工的基础上有效综合，这就是整分合原则。运用该原则就要求企业管理者在制订整体目标和进行宏观决策时，必须将安全生产纳入其中，在考虑资金、人员和体系时，都必须将安全生产作为一项重要内容加以考虑。

③反馈原则。反馈是控制过程中对控制机构的反应。成功、高效的管理，离不开灵活、准确、快速的反馈。企业生产的内部条件和外部环境在不断变化，所以及时捕获、反馈各种安全生产信息，以便及时采取相应的行动，防止安全事故的发生。

④封闭原则。在任何一个管理系统内部，管理手段、管理过程等必须构成一个连续封闭的回路，才能形成有效的管理活动，这就是封闭原则。封闭原则告诉我们，在企业安全生产中，各管理机构之间、各种管理制度和方法之间，必须具有紧密的联系，形成相互制约的回路，才能得到有效执行。

2. 人本原理

（1）人本原理的含义。在管理中必须把人的因素放在首位，体现以人为本的指导思想，这就是人本原理。以人为本有两层含义：一是一切管理活动都是以人为本展开的，人既是管理的主体，又是管理的客体，每个人都处于一定的管理层面上，离开人就无所谓管理；二是管理活动中，作为管理对象的要素和管理系统各环节，都需要有人掌管、运作、推动和实施。

（2）运用人本原理的原则。

①动力原则。推动管理活动的基本力量就是人，管理必须有能够激发人的工作能力的动力，这就是动力原则。对于管理系统，有3种动力，即物质动力、精神动力和信息动力。

②能级原则。现代管理认为，单位和个人都具有一定的能量，并且可以按照能量的大小顺序排列，形成管理的能级，就像原子中电子的能级一样。在管理系统中，建立一套合理能级，根据单位和个人能量的大小安排其工作，发挥不同能级的能量，保证结构的稳定性和管理的有效性，这就是能级原则。

③激励原则。管理中的激励就是利用某种外部诱因的刺激，调动人的积极性和创造性。以科学的手段，激发人的内在潜力，使其充分发挥积极性、主动性和创造性，这就是

激励原则。人的工作动力来源于内在动力、外部压力和工作吸引力。

3. 预防原理

（1）预防原理的含义。安全生产管理工作应该做到预防为主，通过有效的管理和技术手段，减少和防止人的不安全行为和物的不安全状态，从而达到安全生产的目标，这就是预防原理。在可能发生人身伤害、设备或设施损坏、环境破坏的场合，事先采取措施，防止事故发生。

（2）运用预防原理的原则。

①偶然损失原则。事故后果及其严重程度，都是随机的、难以预测的。反复发生的同类事故，并不一定产生完全相同的后果，这就是事故损失的偶然性。偶然损失原则告诉我们，无论事故损失的大小，都必须做好预防工作。

②因果关系原则。事故的发生是许多因素互为因果连续发生的最终结果，只要诱发事故的因素存在，发生事故是必然的，只是时间或迟或早而已，这就是因果关系原则。

③"3E"原则。造成人的不安全行为和物的不安全状态的原因可归纳为 4 个方面：技术原因、教育原因、身体和态度原因以及管理原因。针对 4 方面的原因，可以采取 3 种防止对策，即工程技术（Engineering）对策、教育（Education）对策和法制（强制）（Enforcement）对策，即所谓"3E"原则。

④本质安全化原则。本质安全化原则是指从一开始在本质上实现安全，从根本上消除事故发生的可能性，从而达到预防事故发生的目的。本质安全化原则不仅可以应用于设备、设施，还可以应用于建设项目。

4. 强制原理

（1）强制原理的含义。采取强制原理的手段控制人的意愿和行为，使个人的活动、行为等受到安全生产管理要求的约束，从而实现有效的安全生产管理，这就是强制原理。所谓强制就是绝对服从，不必经被管理者同意便可采取控制行动。

（2）运用强制原理的原则。

①安全第一原则。安全第一就是要求在进行生产和其他工作时把安全工作放在一切工作的首要位置。当生产和其他工作与安全发生矛盾时，要以安全为主，生产和其他工作都要服从于安全，这就是安全第一原则。

②监督原则。监督原则是指在安全工作中，为了使安全生产法律法规得到落实，必须明确安全生产监督职责，对企业生产中的守法和执法情况进行监督。

二、事故致因理论

随着社会的发展和科学技术的进步，人们在与各种工业事故斗争的实践中不断总结经验，探索事故发生的规律，相继提出了阐明事故为什么会发生、事故是怎样发生的，以及如何防止事故发生的理论。由于这些理论着重解释事故发生的原因，以及针对事故致因因素如何采取措施防止事故，所以被称作事故致因理论。事故致因理论是生产力发展到一定水平的产物。在生产力发展的不同阶段，生产过程中出现的安全问题有所不同，特别是随着生产方式的变化，人在生产过程中所处地位的变化，引起人们安全观念的变化，产生了反映安全观念变化的不同的事故致因理论，下面简要介绍几种事故致因理论。

1. 事故频发倾向理论

1939 年，法默（Farmer）和扎姆勃（Chamber）等人在前人研究的基础上提出了事故频发倾向理论。事故频发倾向是指个别容易发生事故的稳定的个人内在倾向。事故频发倾向者的存在是工业事故发生的主要原因，即少数具有事故频发倾向的工人是事故频发倾向者，他们的存在是工业事故发生的原因。如果企业中减少了事故频发倾向者，就可以减少工业事故。由于该理论具有一定的局限性，现代事故致因理论已不以此理论研究事故的原因。

2. 因果连锁理论

海因里希（Heinrich）把工业伤害事故的发生发展过程描述为具有一定因果关系的事件的连锁，即人员伤亡的发生是事故的结果，事故的发生是由于人的不安全行为或物的不安全状态导致的，而人的不安全行为或物的不安全状态是由于人的缺点造成的，人的缺点是由于不良环境诱发的或者是由先天的遗传因素造成的。

海因里希将事故因果连锁过程概括为以下 5 个因素：遗传及社会环境、人的缺点、人的不安全行为或物的不安全状态、事故、伤害。海因里希用多米诺骨牌形象地描述了这种事故的因果连锁关系。在多米诺骨牌系列中，一枚骨牌被碰倒了，则将发生连锁反应，其余几枚骨牌相继被碰倒。如果移去中间的一枚骨牌，则连锁被破坏，事故过程被中止。他认为，企业安全工作的中心就是防止人的不安全行为，消除机械或物质的不安全状态，中断连锁的传递，从而就可避免事故的发生。

3. 能量意外释放理论

1961 年吉布森（Gibson）、1966 年哈登（Haddon）等人提出了解释事故发生物理本质的能量意外释放理论。他们认为，事故是一种不正常的或不希望的能量释放。从能量意外释放论出发，预防伤害事故就是防止能量或危险物质的意外释放，防止人体与过量的能量或危险物质接触。通常把约束、限制能量，防止人体与能量接触的措施叫作屏蔽。

根据能量意外释放理论，可以利用各种屏蔽来防止意外的能量转移，从而防止事故的发生。

4. 系统安全理论

在 20 世纪 50 年代至 60 年代美国研制洲际导弹的过程中，系统安全理论应运而生。系统安全理论包括很多区别于传统安全理论的创新概念：在事故致因理论方面，开始考虑如何通过改善物的系统可能性来提高复杂系统的安全性，从而避免事故；没有任何一种事物是绝对安全的，任何事物中都潜伏着危险因素；不可能根除一切危险源，但可以减少现有危险源的危险性；由于人的认识能力有限，不可能完全认识危险源及其风险。安全工作目标就是控制危险源，努力把事故概率降到最低，即使发生事故，也可以把伤害和损失控制在较轻的程度上和人们可接受的范围内。

三、安全文化建设理论

安全文化是安全生产在意识形态领域和人们思想观念上的综合反映，是安全价值观和安全行为准则的总和。安全文化建设是以提高全民安全素质为目标，组织开展一系列宣传教育活动，旨在牢固树立安全第一的安全理念，遵章守法的管理理念，安全操作的工作理念，提高各类企业及全社会的安全意识，提高群众自我安全保护的技能。

由于多种因素的制约，目前全国安全生产形势依然严峻，其中重要原因之一是安全文化建设水平较低，全民的安全意识较为淡薄；一些企业的安全文化行为不够规范；社会的安全舆论氛围不够浓厚。总体看，安全文化建设与形势发展的要求不相适应。

为此，安全文化建设日益受到党和政府、社会和企业的高度重视。2006 年 5 月 11 日国家安全生产监督管理总局下发了《关于印发〈"十一五"安全文化建设纲要〉的通知》（安监总政发〔2006〕88 号），其目的是通过开展形式多样的群众性的安全文化活动，强化全民的安全意识，普及安全知识，提高从业人员的安全素质。国家安全生产监督管理总局于 2008 年 11 月 19 日发布了《企业安全文化建设导则》（AQ/T 9004—2008）、《企业安全文化建设评价准则》（AQ/T 9005—2008），于 2009 年 1 月 1 日正式实施。该标准是我国首次出台与企业安全文化建设相关的标准，标志着我国企业安全文化建设从此有章可循。该标准的实施必对我国安全文化的建设起到指导和推动作用。

1. 安全文化的定义

安全文化是安全价值观和安全行为准则的总和，是人类安全活动所创造的安全生产，安全生活的精神、观念、行为与物态的总和。

2. 安全文化的功能与作用

企业文化是一种新的现代企业管理理论。一个企业无论规模大小，只要有了自己的价值观、信仰和企业精神，就会形成一个有凝聚力的团结的队伍。通过制度文化，企业制定一系列的规章制度，约束着员工的种种行为；通过行为文化，企业培养着员工的一言一行，对照着工作标准，提升员工的安全意识，在经过制度的约束和行为规范之后，就形成了员工状态表现出来的企业文化，可以说文化是管理的灵魂，文化是支撑企业发展的源泉。

我们常说文化是一种力，从国际和我国安全生产方面搞得好的企业来看，文化力，首先是影响力、第二是激励力、第三是约束力、第四是导向力，这四种力也可以叫四种功能。安全文化的这四种功能对安全生产的保障作用将越来越明显地表现出来。

①安全文化具有影响力。通过安全观念文化的建设，强化全员的安全意识，督促决策者、管理者以及从业人员对安全工作树立一个正确态度。

②安全文化具有激励力。通过安全观念文化建设，企业注重了物质和精神激励相结合，更好地激励全员搞好安全工作的自觉性。具体地讲，企业决策者有了一个积极的管理态度，对安全生产的投入给予了足够的重视；从业人员安全意识增强，变"要我安全"，为"我要安全"、"我能安全"，培养了规范操作、遵章守纪的自觉性。

③安全文化具有约束力。通过安全管理文化的建设，提高了企业决策者的安全管理能力和水平，自觉地规范管理行为；通过安全制度文化的建设，规范了全员的安全生产、文明施工行为，杜绝了"三违"现象。

④安全文化具有导向力。通过安全文化建设，对全员的安全意识、安全观念、安全态度以及安全行为进行正确的引导，促使全体员工融入一种前进的、动态的、积极向上的文化氛围，从而达到企业安全管理工作健康发展的目的。

安全文化是近几年才提出的一个比较新的管理理念。与传统意义上的安全教育不同的是，它把安全教育融入文化的氛围之中，注入文化的内涵。众所周知，文化对于人有一种感染、熏陶、浸润和潜移默化的作用。当安全教育变成安全文化时，企业里的各种安全规章制度就不再是印在纸上或贴在墙上的条条框框，而变成了职工头脑里的一种理念，一种思维模式。人的大脑的思维有一种惯性，称为惯性思维或思维定式。同样，安全生产的概念一旦在职工的头脑中形成惯性思维，那么在进行工作和生产之前，首先就会在头脑中反映出与之相关的安全制度或规定，从而考虑到各种安全方面的因素，并采取相应的安全防范措施，这就是惯性思维的作用。安全文化建设的目的就是要培养职工形成这样一种惯性思维的模式，使安全成为一种习惯。

3. 安全文化的建设

安全生产是一个企业素质的综合体现。安全文化的建设能使企业领导和员工都纳入集体安全情绪的环境氛围中，产生有约束力的安全控制机制，使企业成为有共同价值观的、有共同追求的、有凝聚力的集体。如果把安全比作企业发展的生命线，那么安全文化就是生命线中给养的血液，是实现安全的灵魂。

企业安全文化的建设是一项长期的、细致的艰巨工作，只有通过实践才能得以实现。

安全文化建设的内容包括以下方面：

（1）建立稳定可靠、标准规范的安全物质文化。

安全物质文化需要依靠技术进步和技术改造来不断提高本质安全化程度，主要包括以下三个方面：

①作业环境安全。生产场所中有不同程度的噪声、高温、尘毒和辐射等有害物质，它们直接影响作业人员的身心健康和生命安全，应将其控制在规定的标准范围内，创造舒适、安全的工作条件，使环境条件符合人的心理和生理要求。

②工艺过程安全。工艺过程主要指对生产操作、质量等方面的控制过程。工艺过程安全应做到操作者了解物料、原料的性质，正确控制好温度、压力和质量等参数。

③设备控制过程安全。通过对生产设备和安全防护设施的管理来实现设备控制过程安全。在具体实践中应做到：设备的设计、制造和订货等都要考虑其防护能力、可靠性和稳定性；对设备要正确使用、精心养护和科学检修。

（2）建立符合安全伦理道德和遵章守纪的安全行为文化。

安全行为文化的建设一般包括以下两个方面：

①通过多渠道、多手段保证让员工在掌握安全知识的基础上，熟练掌握各种安全操作技能。

②严格进行安全规程操作。

（3）建立健全切实可行的安全制度文化。

安全制度文化指的是与物质、心态、行为安全文化相适应的组织机构和规章制度的建立、实施及控制管理的总和，主要包括以下两个方面：

①建立完善的企业安全管理机制。主要指建立起切实执行"企业负责"、各方面各层次责任落实、横向到边、纵向到底、队伍素质高的高效运作的企业安全管理网络；建立起切实履行"群众监督"职责、奖惩严明、上下结合、对各层次进行有效监督的企业劳动保护监督体系。

②建立完善的企业安全管理基本法规、专业安全规章制度和奖惩制度，使其规范化、科学化、适用化并严格执行。

（4）建立"安全第一、预防为主"的安全精神文化。

①首先应通过多种形式的宣传教育提高员工的安全保护意识，包括应急安全保护意识、间接安全保护意识和超前的安全保护意识，并进行生产安全知识、公共生活安全知识等的教育培训。

②进行安全伦理道德教育，为他人和集体的安全考虑，自觉约束自己的行为，承担起应尽的责任和义务。这种教育不仅要面向普通的员工，更应集中于各级管理人员和技术人员。

4. 安全文化的载体

安全文化必须通过一定的物质实体和手段，在生活和生产活动实践中表现出来。这种物质实体和手段可称为安全文化的载体。安全文化的载体是安全文化的表层现象，它不等于安全文化。安全文化载体的种类和形式很丰富，像安全文化活动室、宣传橱窗、阅览室、各种协会、研究会、安全刊物、安全标志等，都是安全文化的载体。另外，像安全文艺活动、文艺晚会（歌舞、相声、曲艺等）、安全漫画、应急训练、"安全在我心中"演讲比赛、安全表彰会等也是安全文化的载体。安全文化的载体是安全文化的重要支柱。安全文化的建设需要通过安全文化载体来体现和推进。优秀的安全文化必有很好的安全文化载体支持，它们会给企业的安全生产工作和事故防范带来很好的效果。因此，重视和利用好安全文化载体是建设安全文化的重要手段。安全文化建设可以利用不同的载体来实现。

第二节　危险化学品安全管理基础

一、安全管理组织

企业的安全管理业务涉及企业的全体部门。为了取得最佳安全管理成效，相互之间要保持密切的联系和协作，要掌握全面的安全管理状况，发现问题及时调整改进。具有一定规模以上的企业，应设立安全管理专职部门或配备专职的安全生产管理人员。

《安全生产法》第十九条明确规定："矿山、建筑施工单位和危险物品的生产、经营、储存单位，应当设置安全生产管理机构或者配备专职安全生产管理人员。"

危险化学品生产经营单位必须依据《安全生产法》的规定设置安全生产管理机构和配备专职安全生产管理人员，并且安全生产专职管理人员必须具备与本单位从事的生产经营活动相应的安全生产知识和管理能力，从而确保危险化学品生产经营单位安全生产。

安全生产管理机构作为经理或厂长的职能机构，对本单位的安全生产实施综合管理，应当履行下列职责：协助决策机构和主要负责人组织制订本单位的安全管理的综合计划，督促各部门安全计划的实施，为最高领导者当好参谋；负责宣传和贯彻执行国家有关的安全生产法律法规，组织制定和修订安全生产制度、安全操作规程并对执行情况进行监督检查；组织参加现场安全检查，对检查出的问题负责组织或者督促整改；参与审查建设部门和施工现场的安全预算和安全措施；参与制订安全生产资金投入计划和安全技术措施计划，并组织实施；配合安全生产事故的调查处理，进行事故的统计、分析和报告；对安全教育的执行情况进行督促等。

根据规模、风险大小，企业应设置安全生产委员会或安全领导小组作为本单位的安全生产综合管理组织，综合领导和协调本单位的安全生产工作；应建立健全的从安全生产委员会到班组的安全管理网络。

二、安全管理制度

安全管理制度是企业为了实现安全生产，根据安全生产的客观规律和实践经验总结，依据国家有关法律法规、国家和行业标准，结合生产、经营的安全生产实际，对企业各项安全管理工作以及劳动操作的安全要求所做的规定，是企业全体员工安全方面的行动规范和准则。它是企业安全管理体系的重要内容，与企业安全机构相辅相成，也是企业管理制度的重要组成部分。

建立健全安全管理制度是生产经营单位安全生产的重要保障，是生产经营单位的法定责任，生产经营单位是安全生产的责任主体，国家有关法律法规对生产经营单位加强安全规章制度的建设有明确的要求。《安全生产法》第四条规定："生产经营单位必须遵守本法和其他有关安全生产的法律、法规，加强安全生产管理，建立、健全安全生产责任制度，完善安全生产条件，确保安全生产。"《劳动法》第五十二条规定："用人单位必须建立、健全劳动安全卫生制度，严格执行国家劳动安全卫生规程和标准，对劳动者进行劳动安全卫生教育，防止劳动过程中的事故，减少职业危害。"

1. 安全生产责任制度

安全生产责任制度是按照安全生产方针和"管生产的同时必须管安全"的原则，将各级负责人员、各职能部门及其工作人员和各岗位生产人员在安全生产方面应做的事情和应负的责任加以明确规定的一种制度。

建立一个完善的安全生产责任制的总要求是：横向到边、纵向到底，并由生产经营单位的主要负责人组织建立。

安全生产责任制的内容主要包括下列两个方面：

一是纵向方面，即从上到下所有类型人员的安全生产职责。建立从生产经营单位主要负责人、其他负责人、各职能部门负责人到具体工作人员、班组长和岗位工人的安全责任体系。

二是横向方面，即各职能部门（包括党、政、工、团）的安全生产职责。建立安全、设备、计划、技术、生产、基建、人事、财务、设计、档案、培训、党办、宣传、工会等部门各方面的安全职责。

2. 安全技术措施计划

安全技术措施计划是生产经营单位生产财务计划的一个组成部分，是改善生产经营单位生产条件，有效防止事故和职业病的重要保证的制度。生产经营单位为了保证安全资金的有效投入，应编制安全技术措施计划。通过编制和实施安全技术措施计划，可以把改善劳动条件的工作纳入生产经营单位的生产建设计划之中，有计划、有步骤地解决安全技术中的重大技术问题，可以合理使用资金，保证安全技术措施落实，发挥"安措费"的更大作用，可以调动群众的积极性，增强各级领导对安全工作的责任心，从根本上改善企业劳动条件。

安全技术措施计划的项目范围包括改善劳动条件、防止事故、预防职业病、提高职工安全素质等技术措施。大体可以分为4类：一是安全技术措施，如安全防护装置、保险装置、信号装置、防火防爆装置等；二是卫生技术措施，如防尘、防毒、防噪声与振动、通风、降温、防寒、防辐射等装置或设施；三是辅助措施，如尘毒作业人员的淋浴室、更衣室或存衣箱、消毒室、急救室等；四是安全宣传教育措施，如劳动保护宣传教育室、安全生产培训教材、挂图、宣传画、培训室等。

每一项安全技术措施计划至少应包括的内容有：措施应用的单位或工作场所、措施名称、措施目的和内容、经费预算及来源、负责施工的单位或负责人、开工日期和竣工日期、措施预期效果及检查验收等。

3. 安全教育制度

安全教育培训工作是提高员工安全意识和安全素质，防止产生不安全行为，减少人为失误的重要途径。进行安全生产教育，首先要提高生产经营单位管理者及员工的安全生产责任感和自觉性，认真学习有关安全生产的法律、法规和安全生产基础知识；其次是普及和提高员工的安全技术知识，增强安全操作技能，强化安全意识，从而保护自己和他人的安全与健康。

抓好安全教育培训工作是每一个企业的法定责任。《安全生产法》对生产经营单位的主要负责人、安全管理人员、从业人员、特种作业人员的安全生产教育培训都做出了明确规定。为贯彻落实《安全生产法》，国家安全生产监督管理总局下发了《生产经营单位安全培训规定》（第3号令）等一系列的有关安全生产教育培训的文件，对安全教育培训的对象、培训内容、培训时间、培训考核、培训管理等都做出了具体规定。

4. 安全检查与隐患排查

安全检查是安全管理工作的重要内容，是指对生产过程及安全管理中可能存在的隐患、有害与危险因素、缺陷等进行查证，以确定隐患或有害与危险因素、缺陷的存在状态，以及他们转化为事故的条件，以便制定整改措施，消除隐患和危险有害因素。

企业应制订安全检查计划，定期或不定期地开展综合检查、专业检查、季节性检查和日常检查。

各种安全检查均应按相应的《安全检查表》逐项检查，并与安全责任制挂钩。

安全检查的工作程序一般为：

（1）安全检查准备。确定检查的对象、目的、任务；查阅、掌握有关法律、标准、规程的要求；了解检查对象的工艺流程、生产状况、可能出现的危险、危害情况；制订检查计划，安排检查内容、方法、步骤；编写安全检查表或检查提纲；挑选和训练检查人员并进行必要的分工等。

（2）实施安全检查。通过访谈、查阅文件和记录、现场观察、仪器测量等方式获取信息的过程。

（3）通过分析做出判断。掌握情况（获得信息）之后，要进行分析，做出判断，必要时需对所做判断进行验证，以保证得出正确结论。

（4）做出判断后，应针对存在的问题做出采取措施的决定，即提出隐患整改意见和要求，包括要求进行信息的反馈。

（5）整改落实。存在隐患的单位必须按照检查组（人员）提出的隐患进行原因分析，制定整改措施及时整改，并对隐患整改情况进行验证。对事故隐患，应下达《隐患整改通知书》，做到"四定"（即定措施、定负责人、定资金来源和定完成期限）。检查组

（人员）对整改落实情况进行复查，获得整改效果的信息，以实现安全检查工作的闭环。

5. 安全设施的"三同时"

为贯彻执行《安全生产法》、《危险化学品安全管理条例》、《安全生产许可证条例》以及《危险化学品建设项目安全许可实施办法》（国家安全生产监督管理总局 45 号令）等法律、行政法规和部门规章，建设项目安全设施必须满足"三同时"的要求，即建设项目中的安全设施必须符合国家规定的标准，必须与主体工程同时设计、同时施工、同时投入生产和使用，以确保建设项目竣工投产后，符合国家规定的相关标准，保障劳动者在生产过程中的安全与健康。

安全设施是指企业（单位）在生产经营活动中将危险因素、有害因素控制在安全范围内以及预防、减少、消除危害所配备的装置（设备）和采取的措施。

安全设施"三同时"是危险化学品生产经营单位安全生产的重要保障措施，是一种事前保障措施，是有效消除和控制建设项目中危险、有害因素的根本措施。随着经济建设的迅速发展，"三同时"作为事前预防的途径，将不断深化并不断提出更高的要求。

按照《危险化学品建设项目安全许可实施办法》的要求，危险化学品建设项目及与其配套的安全设施，从项目的可行性研究、安全预评价、安全设施设计、施工、试生产和安全设施竣工验收评价到投产使用等环节均应同步进行，其中建设项目的安全条件审查、安全设施设计、安全设施竣工验收需经主管部门审查通过得到许可后，方可正式投入生产。具体包括以下内容：可行性研究；安全预评价；安全设施设计；施工；试生产；竣工验收；投产使用。

第三节　事故管理与工伤保险

生产安全事故的报告和调查处理等安全事故管理工作以及工伤保险工作，是生产经营单位安全生产工作的重要环节。本节主要根据《生产安全事故报告和调查处理条例》（中华人民共和国国务院令第 493 号）等法律法规简要介绍化工生产中事故管理的基本知识，根据《工伤保险条例》等法律法规简要介绍工伤保险的基本知识。

一、事故管理

事故管理是企业安全管理的一个方面。加强事故管理，寻找事故的原因，摸索事故发生的规律，抓住重点，有的放矢地采取防范措施，从事故中吸取教训，举一反三，教育职工，消除人、物、环境和管理上存在的隐患，从而防止事故的发生，无疑是企业实现安全生产的一个重要环节。因此，加强事故管理也是降低和消除各类事故发生的一个有利措施。加强事故管理的最终目的是变事故的事后处理为事前预防，杜绝事故的发生。

事故管理包括事故的分类、事故报告、事故调查处理程序和方法、事故等级和损失计算以及伤亡事故工伤认定等几个环节。

（一）事故分类

有关事故的分类问题，由于研究的目的不同、角度不同，分类的方法也就有所不同。目前主要有以下几种分类方法：

（1）依照造成事故的性质不同，分为责任事故和非责任事故两大类。

责任事故是指由于人们违背自然或客观规律，违反法律、法规、规章和标准等行为造成的事故。

非责任事故是指遭遇不可抗拒的自然因素或目前科学无法预测的原因造成的事故。

（2）依据事故造成的后果不同，分为伤亡事故和非伤亡事故。

造成人身伤害的事故称为伤亡事故。只造成生产中断、设备损坏或财产损失的事故称为非伤亡事故。

（3）依事故监督管理的行业不同，分为企业职工伤亡事故（工矿商贸企业伤亡事故）、火灾事故、道路交通事故、水上交通事故、铁路交通事故、民航飞行事故、农业机械事故、渔业船舶事故等。

（4）企业事故分类，根据其发生的原因和造成的结果，一般可以分为工伤事故、交通事故、火灾事故、爆炸事故、质量事故、生产事故、设备事故、自然事故和破坏事故等九类。

（5）依据事故伤害类型分类，根据《企业职工伤亡事故分类标准》（GB6441—1986），分为物体打击、车辆伤害、机械伤害、起重伤害、触电、淹溺、灼烫、火灾、高处坠落、坍塌、冒顶片帮、透水、放炮、火药爆炸、瓦斯爆炸、锅炉爆炸、容器爆炸、其他爆炸、中毒和窒息、其他伤害。

（二）事故等级

生产安全事故等级是指根据生产安全事故造成的人员伤亡或者直接经济损失严重程度划分的事故等级。这种事故等级的划分，主要是为了便于生产安全事故报告和调查处理工作的分级管理。长期以来，不同时期和不同行业对事故等级的划分有着不同的办法，为统一生产安全事故分级标准，《生产安全事故报告和调查处理条例》根据生产安全事故造成的人员伤亡或者直接经济损失严重程度，明确规定了生产安全事故分级标准，这是在国家行政法规中第一次明确规定生产安全事故分级标准，是目前我国最权威的事故分级标准。

《生产安全事故报告和调查处理条例》第三条的规定，根据生产安全事故（以下简称事故）造成的人员伤亡或者直接经济损失，事故一般分为以下等级（以下分级中的"以上"包括本数，"以下"不包括本数）：

（1）特别重大事故，是指造成30人以上死亡，或者100人以上重伤（包括急性工业中毒，下同），或者1亿元以上直接经济损失的事故；

（2）重大事故，是指造成10人以上30人以下死亡，或者50人以上100人以下重伤，或者5 000万元以上1亿元以下直接经济损失的事故；

（3）较大事故，是指造成3人以上10人以下死亡，或者10人以上50人以下重伤，或者1 000万元以上5 000万元以下直接经济损失的事故；

（4）一般事故，是指造成3人以下死亡，或者10人以下重伤，或者1 000万元以下直接经济损失的事故。

（三）事故报告

生产安全事故报告是安全生产工作中的一项十分重要的内容。事故发生后，及时、准确、完整地报告事故，对于及时、有效地组织事故救援，减少事故损失，顺利开展事故调查和防止类似事故的发生具有十分重要的意义。《生产安全事故报告和调查处理条例》第四条规定："事故报告应及时、准确、完整，任何单位和个人对事故不得迟报、漏报、谎报或者瞒报。"

根据《生产安全事故报告和调查处理条例》的有关规定，事故报告的内容应当包括以下内容：

①事故发生单位概况；

②事故发生的时间、地点以及事故现场情况；

③事故的简要经过；

④事故已经造成或者可能造成的伤亡人数（包括下落不明的人数）和初步估计的直接经济损失；

⑤已经采取的措施；

⑥其他应当报告的情况。

（四）事故调查处理程序和方法

事故调查处理应当坚持实事求是、尊重科学的原则，及时、准确地查清事故经过、事故原因和事故损失，查明事故性质，认定事故责任，总结事故教训，提出整改措施，对事故责任者提出处理意见，并对事故责任者依法追究责任。

1. 事故的组织调查

我国生产安全事故调查工作实行"政府统一领导、分级负责"的原则，根据《生产安全事故报告和调查处理条例》和有关法律、行政法规或者国务院的有关规定，生产安全事故调查工作的职责分工大致如下：

（1）特别重大事故的调查。特别重大事故由国务院或者国务院授权的部门组织事故调查组进行调查。由国务院直接组织事故调查组进行调查的特别重大事故，事故调查组组长既可以由国务院有关领导同志担任，也可以由国务院指定有关部门负责同志担任。

（2）重大事故以下等级事故的调查。根据《生产安全事故报告和调查处理条例》第十九条的有关规定，重大事故、较大事故、一般事故分别由事故发生地省级人民政府、设区的市级人民政府、县级人民政府负责调查。省级人民政府、设区的市级人民政府、县级人民政府可以直接组成事故调查组进行调查，也可以授权或者委托有关部门组织事故调查组进行调查。未造成人员伤亡的事故，县级人民政府也可以委托事故发生单位组织事故调查组进行调查。

对于特别重大事故以下等级事故，事故发生地与事故发生单位不在同一个县级以上行政区域的，由事故发生地人民政府负责调查，事故发生单位所在地人民政府应当派人参加。

（3）上级政府可以调查下级政府负责调查的事故。上级人民政府认为必要时，可以调查由下级人民政府负责调查的事故。

（4）因事故伤亡人数导致事故等级发生变化的事故的调查。自事故发生之日起 30 日内，因事故伤亡人数变化导致事故等级发生变化，依照《生产安全事故报告和调查处理条例》规定应当由上级人民政府负责调查的，上级人民政府可以另行组织事故调查组调查。

2. 事故调查组的组成、职责及权利

事故调查组的组成应当遵循精简、效能的原则。根据事故的具体情况，事故调查组由有关人民政府、安全生产监督管理部门、负有安全生产监督管理职责的有关部门、监察机关、公安机关以及工会派人组成，并应当邀请人民政府检察院派人参加。事故调查组可以聘请有关专家参与调查。

事故调查组成员应当具有事故调查所需要的知识和专长，并与所调查的事故没有直接利害关系。事故调查组组长由负责事故调查的人民政府指定。事故调查组组长主持事故调查组的工作。

根据《安全生产事故报告和调查处理条例》第二十五条规定，事故调查组应履行下列职责：

（1）查明事故发生的经过、原因、人员伤亡情况及直接经济损失。

（2）认定事故的性质和事故责任。

（3）提出对事故责任者的处理建议。

（4）总结事故教训，提出防范和整改措施。

（5）提交事故调查报告。

事故调查组在履行事故调查职责时有以下职权：

（1）事故调查组有权向有关单位和个人了解与事故有关的情况。事故发生单位的负责人和有关人员在事故调查期间不得擅离职守，并应当随时接受事故调查组的询问，如实提供有关情况。

（2）有权获得相关文件、资料。事故调查组根据事故调查工作的需要，有权向事故单位和有关部门、单位及个人调阅、复制相关文件、资料，有关单位和个人必须及时、如实提供，不得拒绝。

（3）事故调查组在事故调查中发现涉嫌犯罪的，事故调查组应当及时将有关材料或者其复印件移交司法机关处理。

3. 事故处理程序和方法

事故处理对于事故责任追究以及防范和整改措施的落实等非常重要，也是落实"四不放过"要求的核心环节。《生产安全事故报告和调查处理条例》对事故处理做出如下明确规定：

（1）事故调查报告的批复及期限。事故调查报告的批复主体是负责组织调查的人民政府批复；重大事故、较大事故、一般事故，负责事故调查的人民政府应当自收到事故调查报告之日起15日内做出批复；对特别重大事故，30日内做出批复。在特殊情况下，批复时间可以适当延长，但延长的时间最长不超过30日。

（2）事故责任追究的落实。有关机关应当按照人民政府的批复，依照法律、行政法规的权限和程序，对事故发生单位和有关人员进行行政处罚。事故发生单位应当按照负责事故调查的人民政府的批复，对本单位负有事故责任的人员进行处理。负有事故责任的人员如涉嫌犯罪的，依法追究刑事责任。

（3）防范和整改措施的落实及其监督检查。事故发生单位应当认真吸取事故教训，落实防范和整改措施，防止事故再次发生。防范和整改措施的落实情况应当接受工会和职工的监督。安全生产监督管理部门和负有安全生产监督管理职责的有关部门对事故发生单位负责落实防范和整改措施的情况进行监督检查。

（4）事故处理情况的公布。事故处理情况（依法需要保密的除外）由负责事故调查的人民政府或者其授权的有关部门、机构向社会公布。

（五）伤亡事故经济损失计算方法

国家标准《企业职工伤亡事故经济损失统计标准》（GB6721—1986），规定了企业职工伤亡事故经济损失的统计范围、计算方法和评价指标。

二、工伤保险

所谓工伤保险，是指劳动者因工作原因受伤、患职业病、致残乃至死亡，暂时或永远丧失劳动能力时，从国家和社会获得医疗、生活保险及必要的经济补偿的制度。工伤保险具有两个明显的特点：一是具有显著的赔偿性质，因此，工伤保险金一般由企业、单位或雇主负担，劳动者个人不交费；二是待遇比较优厚，服务项目较多，除补偿工资损失外，还对伤残情况给予补偿。

工伤保险是世界上普遍实施的一项社会保险制度。目前，全世界有66%的国家和地区实行了工伤保险。我国党和政府历来十分重视因工伤残职工的生活保障。2010年12月20日国务院颁布了第586号令《国务院关于修改〈工伤保险条例〉的决定》，该条例规定，中华人民共和国境内的企业、事业单位、社会团体、民办非企业单位、基金会、律师事务所、会计师事务所等组织和有雇工的个体工商户（以下称用人单位）应当依照本条例规定参加工伤保险，为本单位全部职工或者雇工（以下称职工）缴纳工伤保险费。该条例从2011年1月1日起施行。

工伤保险有助于促进劳动条件的改善，解除工伤和职业病患者的痛苦，使其能够得到及时有效的医疗，尽可能地恢复健康，并保障其在负伤、治疗期间的基本生活费用能有稳定的来源。

（一）工伤保险的基本原则

工伤保险是世界上产生最早的一项社会保险，也是世界各国立法较为普遍、发展最为完善的一项制度。归纳起来，施行工伤保险制度遵循的主要原则有以下几点。

1. 无责任补偿原则

无责任补偿原则又称无过失补偿原则，它包含两层意义：一是无论职业伤害责任属于雇主、其他人或自己，受害者都可得到必要的补偿；二是这种补偿责任不完全是由雇主承担，而是由相应的国家社会保险机构来承担。

2. 风险分担、互助互济原则

这是社会保险制度中的基本原则。首先是要通过法律，强制征收工伤保险费，建立工伤保险基金，采取互助互济的办法，分担风险；其次是在待遇分配上，国家责成社会保险机构对费用进行再分配，这种基金的分配使用，包括人员之间、地区之间、行业之间的调剂。它缓解了部分生产经营单位、行业伤亡事故、职业病的负担，从而减少了社会矛盾。

3. 个人不缴费原则

工伤保险由生产经营单位或雇主缴纳，职工个人不缴纳任何费用，这是工伤保险与养老、医疗等其他社会保险项目的区别之处。

4. 区别因工和非因工原则

在制定工伤保险制度、发放待遇时，应确定因工和非因工负伤的界限。职业伤害与工作或职业病有直接关系，医疗康复、伤残补偿、死亡抚恤待遇均比其他保险水平高，只要是工伤，待遇上不受年龄、性别、缴费期限的限制。非因工受伤不享受工伤保险待遇。

5. 补偿与预防、康复相结合原则

工伤事故一旦发生，补偿是理所当然的，但工伤保险最重要的工作还包括预防和康复工作。《工伤保险条例》规定，用人单位和职工应当遵守有关安全生产和职业病防治的法律法规，执行安全卫生规程和标准，预防工伤事故发生，避免和减少职业病危害。职工发生工伤时，用人单位应当采取措施使工伤职工得到及时救治。

6. 集中管理原则

工伤保险是社会保险的一部分，无论从基金的管理、事故的调查，还是医疗鉴定，由专门、统一的非赢利的机构管理是应遵循的原则。

7. 一次性补偿与长期补偿相结合原则

对因工部分或完全丧失劳动能力，或是因工死亡的职工，职工和遗属在得到补偿时，工伤保险机构应支付一次性补偿金，作为对伤害者精神上的安慰。此外，根据人数对供养的遗属要支付长期抚恤金，补偿期限直至他们失去供养条件为止。

8. 确定伤残和职业病等级原则

为了区别不同伤残和职业病状况，发放不同标准的待遇，应通过专门的鉴定机构和人员对受职业伤害的职工受害程度予以确定。

9. 工伤争议举证倒置原则

《工伤保险条例》规定，职工或者其近亲属认为是工伤，用人单位不认为是工伤的，由用人单位承担举证责任。

（二）工伤认定

工伤保险认定的实质要确定三个问题：要明确实施保险的员工范围；要明确保险的伤害范围；要明确生产经营单位对职工伤亡事故应承担的责任。随着社会的发展，工伤保险也在不断地加入新的内容。

1. 工伤认定的前提条件

工伤认定的前提条件是职工与用人单位建立了劳动关系。劳动关系的建立应当以订立合同为确立标准。但考虑到目前仍存在因用工不规范行为而导致的事实上的劳动关系，因此可根据以下特征来判定。

（1）合同式劳动关系的特征。依照法律规定，以书面形式签订劳动合同。

（2）事实上劳动关系的特征。劳动关系的主体是双方当事人，即必须要有用人单位和职工双方；对于合伙人、个体户个人、家庭成员的共同劳动、承揽人与定做人不能算是建立劳动关系；职工被用人单位支配，成为用人单位一员的，从事有偿的劳动的；用人单位约定给职工支付劳动报酬的，都属事实上的劳动关系。

2. 工伤认定的条件及范围

我国目前工伤认定的条件主要采取列举的方法，而没有对工伤条件的规定。但享受工伤待遇的范围大致可归结为两个方面：一是职工因工作或从事与劳动生产密切相关的活动而导致的人身伤害或急性中毒，这可理解为在工作场所、工作时间内履行工作职责或接受单位委派过程中发生的职业伤害；二是可以比照工伤享受待遇的情况，采取列举法，操作比较方便。

（三）工伤保险的申报

根据《工伤保险条例》的规定，工伤认定是享受工伤保险待遇的第一步，也是工伤保险索赔必须经过的程序。所以，在通常情况下，用人单位在发生事故后要向当地社会保险行政部门提出工伤认定申请，这是用人单位的一项法定义务。同时《工伤保险条例》也规定了申请工伤认定的时间限制。职工发生事故伤害或按照《职业病防治法》规定被诊断、鉴定为职业病，所在单位应当自事故伤害发生之日或者被诊断、鉴定为职业病之日起30日内向统筹地区社会保险行政部门提出工伤认定申请。遇有特殊情况，经报社会保险行政部门同意，申请时限可以适当延长。用人单位没有在规定时间内提出工伤认定申请的，工伤职工或者其近亲属、工会组织在事故伤害发生之日或者被诊断、鉴定为职业病之日起1年内，可以直接向用人单位所在地统筹地区社会保险行政部门提出工伤认定申请。

用人单位没有在规定时限内提交工伤认定申请的，在此期间发生符合《工伤保险条例》规定的工伤待遇等有关费用由该用人单位负担。

（四）工伤保险待遇

我国有关职工工伤保险待遇方面的规定中，所规定职工工伤保险待遇可分为工伤医疗待遇、伤残待遇、特殊情况下的待遇、职业康复待遇和因工死亡待遇。

1. 工伤医疗待遇

（1）职工因工作遭受事故伤害或者患职业病进行治疗，享受工伤医疗待遇。

（2）职工住院治疗工伤的伙食补助费，以及经医疗机构出具证明，报经办机构同意，工伤职工到统筹地区以外就医所需的交通、食宿费用从工伤保险基金支付，基金支付的具体标准由统筹地区人民政府规定。

（3）职工因工作遭受事故伤害或者患职业病需要暂停工作接受工伤医疗的，在停工留薪期内，原工资福利待遇不变，由所在单位按月支付。停工留薪期一般不超过12个月。伤情严重或者情况特殊，经设区的市级劳动能力鉴定委员会确认，可以适当延长，但延长不得超过12个月。工伤职工评定伤残等级后，停发原待遇，按照有关规定享受伤残待遇。工伤职工在停工留薪期满后仍需治疗的，继续享受工伤医疗待遇。生活不能自理的工伤职工在停工留薪期需要护理的，由所在单位负责。

2. 伤残待遇

生产经营单位职工因工负伤医疗终结后经劳动能力鉴定委员会评残，然后按照丧失劳动能力程度享受不同的伤残待遇。伤残待遇包括补偿金、残废补助金、护理补助金。

3. 特殊情况下的待遇

职工因工外出期间发生事故或者在抢险救灾中下落不明的，从事故发生当月起3个月内照发工资，从第4个月起停发工资，由工伤保险基金向其供养亲属按月支付供养亲属抚恤金。生活有困难的，可以预支一次性因工死亡补助金的50%。职工被人民法院宣告死亡的，按照职工因工死亡的规定处理。

4. 职业康复待遇

工伤职工因日常生活或者就业需要，经劳动能力鉴定委员会确认，可以安装假肢、矫形器、假眼、假牙和配置轮椅等辅助器具，所需费用按照国家规定的标准从工伤保险基金支付。

5. 因工死亡待遇

因工死亡待遇包括丧葬费、供养近亲属抚恤费。供养近亲属抚恤费根据供养人口按月发给；没有供养近亲属的，可发给近亲属一次性因工死亡补助金。

在确定工伤保险待遇时，凡工伤职工有下列情形之一的，应停止享受工伤保险待遇：

①丧失享受待遇条件的；

②拒不接受劳动能力鉴定的；

③拒绝治疗的。

（五）劳动能力鉴定与评残标准

职工发生工伤，经治疗伤情相对稳定后存在残疾、影响劳动能力的，应当进行劳动能力鉴定。劳动能力鉴定，是指职工在生产工作中因种种原因造成了劳动能力不同程度的损害，致使职工部分、大部分或完全丧失了劳动的能力，而由法定鉴定机构为此做出的鉴定和评定。劳动能力鉴定是落实工伤待遇的基础和前提条件，也是工伤保险管理工作的一个重要环节。

劳动能力鉴定包括劳动功能障碍程度和生活自理障碍程度的等级鉴定。劳动功能障碍分为 10 个伤残等级，最重的为 1 级，最轻的为 10 级。生活自理障碍分为 3 个等级：生活完全不能自理、生活大部分不能自理和生活部分不能自理。

1. 劳动能力鉴定的程序

（1）职工发生事故，丧失劳动能力需要评级时，由用人单位、工伤职工或者其近亲属向社区的市级劳动能力鉴定委员会提出申请，并向劳动能力鉴定委员会提供工伤认定决定和职工工伤医疗的有关资料。

（2）地方劳动能力鉴定委员会由地方社会保险行政部门、卫生行政部门、工会组织、经办机构代表以及用人单位代表组成。劳动能力鉴定委员会建立有医疗卫生专家库。

（3）劳动能力鉴定委员会收到劳动能力鉴定申请后，对申请书及附件材料认真审定，对资料不全或情况不明的应及时通知申请人补全资料；对符合条件的，应受理鉴定。劳动能力鉴定委员会将从其建立的医疗卫生专家库中随机抽取 3 名或者 5 名相关专家组成鉴定专家组，由专家组提出鉴定意见。专家组具体评定伤残、病残职工的状况，写出定性、定量的诊断结果和伤病等级意见。最后由劳动能力鉴定委员会根据专家组的鉴定意见做出工伤职工劳动能力鉴定结论，并及时送达申请鉴定的单位和个人。

2. 评残鉴定的标准

伤残鉴定标准对残情的分级，是以器官缺损、功能障碍、对医疗依赖和护理依赖的程度，并适当考虑一些特殊残情造成的心理障碍或生活质量的损失进行确定的。

（1）器官缺损。器官缺损是工伤的直接后果，是评残标准分级的重要依据，诸如肢体的缺失、器官的切除等，即使无功能障碍，亦属残疾。

（2）功能障碍。工伤后功能障碍的程度与器官缺损的部位和严重程度有关，职业病所致的器官功能障碍与疾病的严重程度有关，是评残标准分级不可缺少的依据。对功能障碍的判定应以医疗终结时的医疗检查为依据。至于每种残情怎样才算医疗终结，则应根据评残对象确定。

（3）医疗依赖。指伤残致残者医疗终结时仍然不能脱离药物或其他医疗手段治疗，这是评残标准分级不能忽视的问题。

（4）护理依赖。指伤病致残者因生活不能自理需依赖他人护理，这是评残标准分级必需有的内容。

（5）心理障碍。一些特殊残情，在器官缺损、功能障碍的基础上虽不造成医疗依赖，但却导致心理障碍或减损伤残者的生活质量，这是评残标准分级不能遗漏的问题。

上述五个方面问题是我国伤残鉴定标准确定致残等级的主要依据，并按此确定职工工伤与职业病致残程度的分级。

2006 年，新的工伤鉴定的国家标准《职工工伤与职业病致残程度鉴定标准》（GB/T16180—2006）出台，替代了《职工工伤与职业病致残程度鉴定》（GB/T16180—1996）。新标准条文数由原来的 470 条增加到 572 条。根据器官损伤、功能障碍、医疗依赖和护理依赖 4 个方面，将工伤、职业病致残等级分为 5 个门类，划分为 10 个等级，572 个条目，相比 1996 年标准，增加了 102 个条目。其中符合标准一级至四级的为全部丧失劳动能力，五级至六级的为大部分丧失劳动能力，七级至十级的为部分丧失劳动能力。

残情的鉴定是在工伤认定的基础上，在医疗终结或医疗期满之后进行。残情定级不实行"终身制"，残情若有变化，等级应做相应变更。《工伤保险条例》第二十八条规定，自劳动能力鉴定结论做出之日起 1 年后，工伤职工或者其近亲属、所在单位或者经办机构认为伤残情况发生变化的，可以申请劳动能力复查鉴定。

第四节　现代安全管理技术

一、概述及有关术语解释

（一）概述

随着世界经济一体化进程的加速，与生产过程密切相关的职业健康与安全问题受到国际社会的普遍关注。20 世纪 80 年代以来，开始注重人、机、环境之间的相互关系；逐渐发展形成了一系列安全管理方法。一些发达国家率先开始研究制定并推行职业健康安全管理体系，随着国际职业健康安全管理体系的进一步发展，我国安全标准化工作得到了较快的发展。

2008 年 11 月 19 日，《危险化学品从业单位安全标准化通用规范》（AQ3013—2008，简称《通用规范》）的颁布，对危险化学品安全生产标准化工作提出了新的要求；2011 年 6 月 20 日，国家安全生产监管总局颁布《关于印发危险化学品从业单位安全生产标准化评审标准的通知》（安监总管三〔2011〕93 号，简称《评审标准》），明确了标准化评审标准；2011 年 9 月 16 日，《关于印发危险化学品从业单位安全生产标准化评审工作管理办法的通知》（安监总管三〔2011〕145 号）的颁布，明确了标准化评审工作程序及相关要求。

广东省安全生产监管局 2011 年 11 月 7 日出台了《关于认真做好危险化学品企业安全生产标准化评审工作的通知》（粤安监〔2011〕195 号），明确了广东省危险化学品企业安全生产标准化评审工作的具体要求；2011 年 12 月 23 日出台了《关于印发危险化学品企业安全生产标准化评审补充条款等评审标准（试行）的通知》（粤安监管三〔2011〕59 号），结合广东省行业特点，对广东省危险化学品安全生产标准化要求进行了必要的补充。

（二）术语解释

现代安全管理采用以下术语：

（1）事件：导致或可能导致事故的情况。

（2）事故：造成死亡、疾病、伤害、损坏或其他损失的意外情况。

（3）危险源（危险、有害因素）：可能导致伤害或疾病、财产损失、工作环境破坏或这些情况组合的根源或状态。

注：AQ3013—2008 中采用了"危险、有害因素"，GB/T 28001—2001 中采用了"危险源"。

（4）危险源（危险、有害因素）辨识：识别危险源（危险、有害因素）的存在并确定其特性的过程。

（5）风险：某一特定危险情况发生的可能性和后果的组合。

（6）风险评价：评估风险大小以及确定风险是否可容许的全过程。

（7）安全：免除了不可接受的损害风险的状态。

（8）可容许风险：根据组织的法律义务和职业健康安全方针，已降至组织可接受程度的风险。

（9）隐患：作业场所、设备或设施的不安全状态，人的不安全行为和管理上的缺陷。

（10）重大事故隐患：可能导致重大人身伤亡或者重大经济损失的事故隐患。

（11）重大危险源：是指长期地或者临时地生产、搬运、使用或储存危险物质，且危险物质的数量等于或者超过临界量的单元（包括场所和设施）。

二、职业安全健康管理体系（OHSMS）

（一）概述

职业健康安全管理体系（OHSMS）是 20 世纪 80 年代后期在国际上兴起的现代安全生产管理模式，它与 ISO9000 和 ISO14000 等标准体系一并被称为"后工业化时代的管理方法"。我国制定的《职业健康安全管理体系规范》（GB/T 28001—2001）其技术内容与 OHSMS18000：2007《职业安全健康管理体系规范》保持一致。该标准的制定考虑了与《环境管理体系规范及使用指南》（GB/T 24001—2004）、《质量管理体系要求》（GB/T 19001—2008）标准间的相容性，以便于组织将职业健康安全、环境和质量管理体系相结合。职业健康安全管理体系充分体现了系统安全的思想，实施该管理体系是改善企业安全健康管理，降低职业健康风险，提高企业职业安全健康水平的有效途径；它将有助于企业建立科学的管理机制、采用合理的职业健康安全管理原则与方法、持续改进安全健康绩效，有助于企业积极主动地贯彻执行国家的有关安全健康的法律法规并满足其要求。

（二）职业健康安全管理体系的运行模式

职业健康安全管理体系是一个科学、系统、文件化的管理体系，并且能够与企业的其他管理活动进行有效的融合。其采用系统化的戴明模型，即对各项工作通过策划（plan）、实施（do）、检查（check）和改进（action）等过程，对企业的各项生产和管理活动加以规划，确定应遵循的原则，实现安全管理目标，并在实现过程中不断检查和发现问题，及时采取纠正措施，保证实现的过程不会偏离原有目标和原

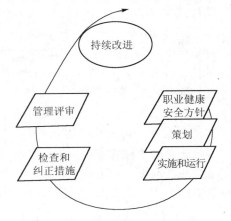

图 3–1　职业健康安全管理体系模型

则。职业健康安全管理体系的实施科学地运用系统安全的思想，通过一系列文件对企业的

生产和管理活动进行有效控制和调节，针对人的不安全行为、物的不安全状态及企业管理的缺陷等因素，实行全员、全过程、全方位的安全管理，从而提高企业的职业健康安全管理水平，如图 3-1 所示。

（三）职业健康安全管理体系的基本要素（内容）

根据职业健康安全管理体系的系统模式所涵盖的基本要素，便可确定职业健康安全管理体系所包含的基本内容。在 GB/T 28001 标准中，职业健康安全管理体系运行模式包括五个环节：职业健康安全方针、策划、实施与运行、检查和纠正措施、管理评审。GB/T 28001 第 4 章是标准的主要内容，其结构如图 3-2 所示。

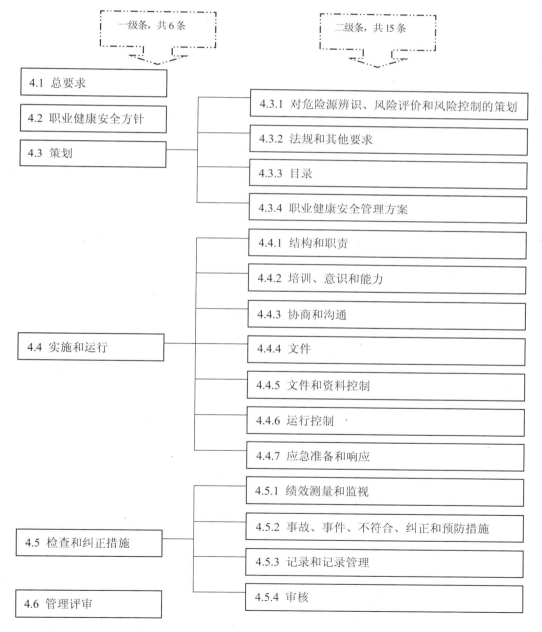

图 3-2　职业健康安全管理体系结构

内容中共包括 6 个一级条和 15 个二级条。除 4.1（一级条）外，5 个一级条中 4.2、4.6 加上 15 个二级条构成了职业安全健康管理体系的完整要求，通常也被称为 17 个职业健康安全管理体系要素。

5 个一级条是：职业健康安全方针、策划、实施和运行、检查和纠正措施、管理评审。

1. 职业健康安全方针

企业应有一个经最高管理者批准的职业健康安全方针，以阐明整体职业健康安全目标和改进职业健康安全绩效的承诺。职业健康安全方针应适合企业职业健康安全的特点、危险性质和规模，包括对持续改进的承诺、对执行国家有关职业健康安全法律、法规和其他要求的承诺，要形成文件并传达到全体员工，使每个人都了解其在职业健康安全方面的权利和义务。

2. 策划

企业要进行危险源辨识、风险评价和风险控制的策划，危险源辨识、风险评价和风险控制策划，是企业通过职业健康安全管理体系的运行，实行风险控制的开端。制定遵守职业健康安全法律法规的计划，企业应遵守的职业健康安全法律、法规及其他要求，为组织开展职业健康安全管理、实现良好的职业健康安全绩效，指明了基本的行为准则；制定职业健康安全管理目标，逐级分解并形成文件；制定实现职业安全健康目标的管理方案，明确各层次的职业健康安全职责和权限、实施方法和时间安排等。

3. 实施和运行

企业要建立和完善职业健康安全管理机构，落实各岗位人员的职责和权利；明确组织内部管理机构和成员的职业健康安全职责，是组织成功运行职业健康安全管理体系的根本保证。教育和培训人员提高职业健康安全意识和能力；建立信息流通网络，保持与内部员工和相关方职业健康安全信息的交流，是确保职业健康安全管理体系持续适用性、充分性和有效性的重要方面。形成、发布、更新、撤回书面或电子形式的文件，对职业健康安全管理体系实行必要的文件化及对文件进行控制，也是保证体系有效运行的必要条件；利用工程技术和管理手段进行危险源辨识、风险评价和风险控制；制订应急预案，在事故或紧急情况下能进行有效的应急响应。

4. 检查和纠正措施

企业应对职业健康安全绩效进行监测和测量；对于所产生的事故、事件及不符合相关法律、法规和标准规范的现象，要及时纠正，并采取预防措施；标识、保存和处置职业健康安全记录、审核和评审结果；定期开展职业健康安全管理体系审核，其目的是检查职业健康安全管理体系是否得到了正确的实施和保持，它为进一步改进职业健康安全管理体系提供了依据。

5. 管理评审

最高管理者应定期对职业健康安全管理体系进行评审，以确保体系的持续适用性、充分性和有效性，最终达到持续改进的目的。

（四）职业健康安全管理体系的建立与保持

1. 职业健康安全管理体系建立的步骤

对于不同组织，由于其组织特性和原有基础的差异，建立职业健康安全管理体系的过程不会完全相同。但总体而言，组织建立职业健康安全管理体系应采取如下步骤：

①领导决策；

②成立工作组；

③人员培训；

④初始状态评审；

⑤体系策划与设计；

⑥体系文件编制；

⑦体系试运行；

⑧内部审核；

⑨管理评审。

体系建立应注意以下几个方面的问题：

①职业健康安全管理体系应充分反映组织的特点；

②职业健康安全管理体系应结合组织现有的管理基础；

③与其他管理体系的结合。

2. 职业健康安全管理体系的保持

职业健康安全管理体系标准，要求组织不但要建立可靠有效的职业健康安全管理体系，而且要予以保持。保持职业健康安全管理体系要体现持续改进的核心思想，这需要做到以下几点：

①严格监测体系的运行情况；

②对不符合要求的要采取及时、有效的纠正和预防措施；

③定期开展职业健康安全管理体系内部审核；

④组织的最高管理者要定期组织管理评审；

⑤完成 PDCA 循环管理，不断持续改进。

三、安全评价

（一）我国的安全评价制度

安全评价，国外也称为风险评价或危险评价。安全评价是利用系统工程方法对拟建或已有工程、系统可能存在的危险性及其可能产生的后果进行综合评价和预测，并根据可能导致的事故风险的大小，提出相应的安全对策措施，以达到工程、系统安全的过程。对工程、系统进行安全评价既是生产经营单位搞好安全生产的重要保证，也是政府安全监督管理的需要。

从 20 世纪 80 年代开始，我国在安全生产监管工作中逐步建立了安全评价制度。2002年 6 月 29 日，《中华人民共和国安全生产法》颁布，安全评价被写进了国家的法律中。《安全生产法》第二十五条规定：矿山建设项目和用于生产、储存危险物品的建设项目，应当分别按照国家有关规定进行安全条件论证和安全评价。第六十二条规定：承担安全评价、认证、检测、检验的机构应当具备国家规定的资质条件，并对其做出的安全评价、认证、检测、检验的结果负责。

《危险化学品安全管理条例》第二十二条：生产、储存危险化学品的企业，应当委托具备国家规定的资质条件的机构，对本企业的安全生产条件每 3 年进行一次安全评价，提出安全评价报告。安全评价报告的内容应当包括对安全生产条件存在的问题进行整改的方案。

生产、储存危险化学品的企业，应当将安全评价报告以及整改方案的落实情况报所在地县级人民政府安全生产监督管理部门备案。在港区内储存危险化学品的企业，应当将安全评价报告以及整改方案的落实情况报港口行政管理部门备案。因此生产、储存危险化学品以及使用特定危险化学品从事生产并且使用量达到规定标准的企业，应当选择具备国家规定的相应资质条件的机构，对本企业的生产、储存装置每三年进行一次安全评价，并提出安全评价报告。承担安全评价的机构应当对其做出的安全评价结果负责。

为加强对安全评价工作的管理，原国家安全生产监督管理局颁布了《安全评价机构管理规定》、《安全评价人员考试管理办法（试行）》等规章和文件，对安全评价机构实行资质许可制度，对安全评价人员实行资格管理。2008 年 2 月 29 日正式颁布《国家职业标准·安全评价师》（试行），标志着安全评价师国家职业资格制度开始实施，安全评价工作法制化进程又迈出重要的一步。

2007 年，国家安全监督管理总局批准发布了《安全评价通则》（AQ8001—2007）、《安全预评价通则》（AQ8002—2007）、《安全验收评价导则》（AQ8003—2007），标志着安全评价标准体系初步形成。

总之，安全评价是国家法律法规所强制要求开展的一项工作，是从源头进行风险控制的有效手段，是政府主管部门进行行政许可的重要依据之一。这些法律法规、标准的颁布实施，对加强安全评价机构的管理，规范安全评价行为，建立公正、开放、竞争、有序的安全评价中介服务体系，提高安全评价水平和服务质量，发挥了重要作用。

（二）安全评价的分类

安全评价的分类方法很多，常用的分类方法有以下几种：

（1）按照实施阶段不同，可分为：安全预评价、安全验收评价、安全现状评价。

（2）按评价性质分类，可分为：系统固有危险性评价、系统安全状况评价和系统现实危险性评价。

（3）按评价的内容分类，可分为：工厂设计的安全评价、安全管理的有效性评价、生产设备的安全可靠性评价、人的行为的安全性评价、作业环境条件的评价和化学物质危险性的评价。

（4）按安全评价量化程度分类，可分为：定性评价、定量评价。定性评价是指根据经验对系统的工艺、设备、环境及人员管理等状况进行定性判断；定量评价是指用量化的指标评价设备、设施或系统的事故概率和事故严重程度。如概率风险评价法、DOW 法、ICI 法、化工厂危险程度分级法。

（三）安全评价的程序

安全评价程序主要包括：准备阶段，危险、有害因素辨识与分析，划分评价单元，定性、定量评价，安全对策措施，安全评价结论及建议，安全评价报告的编制。

1. 准备阶段

明确被评价对象和范围，收集国内外相关法律法规、技术标准及工程、系统的技术资料。

2. 危险、有害因素辨识与分析

根据被评价对象的具体情况，辨识和分析危险、有害因素，确定危险、有害因素存在的部位、存在的方式、事故发生的途径及其变化的规律。

3. 划分评价单元

在辨识和分析危险、有害因素的基础上，划分评价单元。评价单元的划分应科学、合理，便于实施评价、相对独立且具有明显的特征界限。

4. 定性、定量评价

根据评价单元的特征，选择合理的评价方法，对评价对象发生事故的可能性和严重程度进行定性、定量评价。

5. 安全对策措施

根据定性、定量评价结果，提出消除或减弱危险、有害因素的技术和管理措施及建议。

6. 安全评价结论及建议

简要地列出主要危险、有害因素的评价结果，指出工程、系统应重点防范的重大危险因素，明确生产经营者应重视的重要安全措施。

7. 安全评价报告的编制

依据安全评价的结果编制相应的安全评价报告。安全评价报告是安全评价过程的具体体现和概括性总结；是评价对象完善自身安全管理、应用安全技术等方面的重要参考资料；是由第三方出具的技术性咨询文件，可为政府安全生产管理、安全监察部门等相关单位对评价对象的安全行为进行法律法规、标准、行政规章、规范的符合性判别所用；是评价对象实现安全运行的技术性指导文件。

（四）危险、有害因素的辨识

危险、有害因素是指造成人员伤亡、影响人的身体健康、对物造成急性和慢性损害的因素。严格地说，危险因素（强调突发性和短时性）和有害因素（强调长时间的积累效应）统称为危险有害因素。在开展危险、有害因素的辨识之前，首先应了解危险有害因素的分类与种类，以便对其产生的影响做出判断。

1. 危险与有害因素的分类

危险因素的分类方法，根据生产过程和伤亡事故的国家标准不同，可有两种分类方法：

（1）根据危害性质分类的方法。根据《生产过程危险和危害因素分类与代码》（GB/T13861—2009）的规定，将生产过程的危险因素和危害因素分为四大类：①人的因素；②物的因素；③环境的因素；④管理的因素。

（2）根据事故类别和职业病类别的分类方法。参照《企业伤亡事故分类》（GB6441—1986），将危险危害因素分为物体打击、车辆伤害、起重伤害、触电、淹溺、灼烫、火灾、高处坠落等20类。

2. 危险、有害因素的辨识

进行危险、有害因素的辨识时，要全面、有序地进行，防止发生遗漏，宜从以下几个方面进行识别。

（1）厂区环境：包括周围环境、工程地质、地形、自然灾害、气象条件、资源交通、抢险救灾支持条件等。

（2）平面布局：功能分区（生产、管理、辅助生产、生活区）；高温、有害物质、噪声、辐射、易燃、易爆、危险品设施布置；建筑物、构筑物布置；风向、安全距离、卫生防护距离等。

（3）运输路线：施工便道、各施工作业区、作业面、作业点的贯通道路以及与外界联系的交通路线等。

（4）施工工序：物资特性（毒性、腐蚀性、燃爆性）温度、压力、速度、作业及控制条件、事故及失控状态。

（5）施工机具、设备：高温、低温、腐蚀、高压、振动、关键部位的备用设备、控制、操作、检修和故障，失误时的紧急异常情况；机械设备的运动部件和工件、操作条件、检修作业、误运转和误操作；电气设备的断电、触电、火灾、爆炸、误运转和误操作，静电和雷电。

（6）生产工艺过程：着重从以下几种工艺过程进行辨识：

①存在不稳定物质的工艺过程（如原料、中间产物、副产物等不稳定物质）；

②含有易燃物料，且在高温、高压下运行的工艺过程；

③含有易燃物料，且在冷冻状况下运行的工艺过程；

④在爆炸极限范围内或接近爆炸性混合物的工艺过程；

⑤有可能形成尘、雾爆炸性混合物的工艺过程；

⑥储有压力能量较大的工艺过程；

⑦工艺参数难以严格控制并可能引发事故的工艺过程；

⑧其他危险工艺过程。包括：

a. 危险性较大设备和高处作业设备：提升、起重设备等；

b. 特殊装置、设备：锅炉房、危险品库房等；

c. 有害作业部位：粉尘、毒物、噪声、振动、辐射、高温、低温等；

d. 各种设施：管理设施（指挥机关等）、事故应急抢救设施（医院卫生所等）、辅助生产、生活设施等；

e. 劳动组织生理、心理因素和人机工程学因素等。

3. 危险、有害因素的辨识方法

辨识的方法有很多，每一种方法都有其目的性和应用范围。可以粗略地分为对照法和系统安全分析法两大类。

（1）对照法。与有关的标准、规范、规程或经验相对照来辨识危险、有害因素。有关的标准、规范、规程以及常用的安全检查表，都是在大量实践经验的基础上编制而成的。因此，对照法是一种基于经验的方法，适用于有以往经验可借鉴的情况。

（2）系统安全分析法。系统安全分析是通过揭示系统中可能导致系统故障或事故的各种因素及其相互关联来辨识系统中的危险、有害因素。系统安全分析法经常被用来辨识可能带来严重事故后果的危险、有害因素，也可以用于辨识没有事故经验的系统的危险、有害因素。常用的系统安全分析法有危险和可操作性分析（HAZOP）、故障树分析（FTA）、事件树分析（ETA）等。

评价人员根据需要及自身对辨识方法的掌握情况，选择有效、可行的辨识方法进行危险、有害因素的辨识。

（五）常用的安全评价方法

安全评价方法是对生产系统的危险、有害因素及其危险、危害程度进行分析、评价的方法，是进行定性、定量安全评价的工具。安全评价的方法很多，每种评价方法都有其适用范围和应用条件，在进行安全评价时，应根据安全评价对象和要实现的安全评价目标，选择适用的安全评价方法。下面将简单介绍几种安全评价方法。

1. 安全检查表法

为了查找工程、系统中各种设备设施、物料、工件、操作、管理和组织措施中的危险有害因素，事先把检查对象加以分解，将大系统分割成若干个小的子系统，组织有经验的人员事先编制成表格，再以提问的方式把检查项目按系统的组成程序编制成安全检查表。依据安全检查表中的项目，逐一检查，避免遗漏。

编制安全检查表的依据主要有：

①有关标准、规程、规范及规定；

②国内外事故案例和企业以往的事故情况；

③系统分析确定的危险部位及防范措施；

④分析人员运用自己的经验和可靠的参考资料；

⑤有关研究成果，同行业或类似行业检查表等。

2. 作业危害分析（JHA）

作业危害分析（JHA）又称作业安全分析（JSA），是对作业活动的每一步骤进行分析，从而辨识出潜在的危害并制定安全措施。

所谓的"作业"（有时也称"任务"）是指特定的工作安排，如"清罐作业"、"使用高压水灭火器"等。"作业"的概念不宜过大，如"大修机器"，也不能过细。

作业危害分析的主要步骤是：

①确定（或选择）待分析的作业；

②将作业划分为一系列的步骤；

③辨识每一步骤的潜在危害；

④确定相应的预防措施。

3. 预先危险分析（PHA）

预先危险分析也称初始危险分析，是在每项生产活动之前，特别是在项目设计的开始阶段，对系统存在危险类别、危险条件、事故后果等进行概略地分析，尽可能评价出潜在的危险性。预先危险分析的依据主要是同类作业活动或工作系统过去发生过的事故经历以及系统分析及研究的结果。因此，该方法也是一份实现系统安全危害分析的初步或初始的计划，是在方案开发初期阶段或设计阶段之初完成的。

预先危险分析方法的步骤如下：

（1）通过经验判断、技术诊断或其他方法调查确定危险源（即危险因素存在于哪个子系统中），对所需分析系统的生产目的、物料、装置及设备、工艺过程、操作条件以及周围环境等，进行充分详细的了解。

（2）根据过去的经验教训及同类行业生产中发生的事故（或灾害）情况，对系统的影响、损坏程度，类比判断所要分析的系统中可能出现的情况，查找能够造成系统故障、物质损失和人员伤害的危险性，分析事故（或灾害）的可能类型。

（3）对确定的危险源分类，制成预先危险性分析表。

（4）转化条件，即研究危险因素转变为危险状态的触发条件和危险状态转变为事故（或灾害）的必要条件，并进一步寻求对策措施，检验对策措施的有效性。

（5）进行危险性分级，排列出重点和轻、重、缓、急次序，以便处理。

（6）制定事故（或灾害）的预防性对策措施。

4. 危险和可操作性分析（HAZOP）

HAZOP 分析是一种对工艺过程中的危险有害因素进行严格审查控制的技术。它是通过指导语句和标准格式寻找工艺偏差，以确定过程的偏差是否能导致不希望的后果，并确定控制风险的对策。

HAZOP 分析对象可以是一段管道、一个容器、一个转换或连接装置或一个反应器。既适用于设计阶段，又适用于现有装置；可用于连续或间歇过程，还可以对拟定的操作规程进行分析；通过对分析对象的偏差分析，查找系统存在的缺陷（危害）及其风险程度。

HAZOP 分析的基本过程是以关键词为引导，找出工作系统中工艺过程或状态的变化（即偏差），然后继续分析造成偏差的原因、后果以及可以采取的对策。

HAZOP 分析需要准确、最新的管道仪表图（P&ID）、生产流程图、设计意图及参数、过程描述。危险可操作性分析必须由一个多方面的、专业的、熟练的人员组成的小组来完成。

5. 故障树分析（FTA）

故障树是一种逻辑树图，是描述事故因果关系的有方向的"树"，是系统安全工程中的重要分析方法之一。它能对各种系统的危险性进行识别和评价，既适用于定性分析，又能进行定量分析，具有简明、形象化的特点，体现了以系统工程方法研究安全问题的系统性、准确性和预测性。

在故障树中，上一层故障事件是下一层故障事件造成的结果；下一层故障事件是引起上层故障事件的原因。当用逻辑门来联结这些故障事件时，作为结果的上层事件称为输出事件，作为原因的下一层事件叫作输入事件。

故障树中出现的事件一般都是故障事件，只是在较少的场合出现非故障事件。

故障树是从某一特定的事件开始，自上而下依次画出其前兆的故障事件，直到达到最初始的故障事件。某一特定的故障事件是被分析的事件，它可以是一次伤亡事故或其他的不希望的故障事件。它被画在树图的顶端（树根），故称为顶事件。最初始的前兆故障事件是导致顶事件（例如事故）发生的初始原因。它位于树图下部的终端（树叶），被称为基本事件。处于故障树顶事件和基本事件之间的事件，称为中间事件。中间事件即是造成顶事件的原因，又是基本事件产生的结果。

故障树分析法的一般实施步骤是：①选取顶事件；②建立故障树；③求故障树的最小交集；④求系统故障概率。

6. 事件树分析（ETA）

事件树分析与 FTA 正好相反，是一种从原因到结果的自下而上的分析方法。从一个初始事件开始，交替考虑成功与失败的两种可能，然后再以这两种可能性作为新的初始事件，如此继续分析下去，直到找到最后的结果。因此，ETA 是一种归纳逻辑树图，能够看到事故发生的动态发展过程，提供事故后果。

一起事故的发生，是若干事件相继发生的结果，每一初始事件都可能导致灾难性的后果，但并不一定是必然的后果。因为事故向前发展的每一步都会受到安全防护措施、操作人员的工作方式、安全管理及其他条件的制约。因此每一阶段都有两种可能性结果，即达到既定目标的"成功"和达不到既定目标的"失败"。

事件树分析法是从事故的初始事件（或诱发事件）为起点，途经原因事件到结果事件为止，每一事件都按成功和失败两种状态进行分析，成功和失败的分叉称为歧点，用树枝的上分支作为成功事件，下分枝作为失败事件，按事件发展顺序不断延续分析，直到最后结果，最终形成一个在水平方向横向展开的树形图（称事件树）。显然，有 n 个阶段，就有 $(n-1)$ 个歧点。它既可以定性地了解整个事件的动态变化过程，又可以定量计算出各阶段（每个歧点）的成功或失败的概率，最终了解事故发展过程中各种不同结果的发生概率。

事件树分析法的一般实施步骤是：①确定初始事件；②判定安全功能；③绘制事件树和简化事件树；④分析事件树。

7. 定量风险评价（QRA）

在识别危险分析方面，定性和半定量的评估是非常有价值的，但是这些方法仅仅是定性分析，不能提供足够的定量分析，特别是不能对复杂的并存在危险的工艺流程等提供决策的依据和足够的信息，在这种情况下，必须能够提供完全定量的计算和评价。风险可以表征为事故发生的频率和事故后果的乘积，定量风险评价对这两方面均进行评价，可以将风险的大小完全量化。

近代工业逐渐向大型、集团化发展，一些大型、高能和高速的工艺和设施越来越多，工业生产领域中低概率重大事件的风险相对明显增加，其识别、评价与控制技术也日益完善，其中最引人注目的是定量风险评价技术。

定量风险评价是一项新技术，越来越受到各国工业安全领域的重视，在美、英、日和欧共体等工业发达国家，几乎对所有重大工程项目和建设规划都需要事先做定量风险评价和安全建议。定量危险分析技术已成为制定政策的一个重要依据。定量风险评价包括辨识与公众健康、安全和环境有关的危险，并估计危险发生的概率和严重度。定量风险评价技术已广泛应用于工作场所危险、有害物质运输、环境中有毒物质浓度以及评价发生概率小而后果严重的事故隐患分析中。

第四章 危险化学品安全技术

第一节 防火防爆安全技术

随着化学工业的发展，涉及的化学物质的种类和数量显著增加。很多化学品具有易燃性、反应性和毒性，从而决定了化学工业生产事故的多发性和严重性。现代化工装置的规模一般都是大型的，甚至是超大型的。

化工装置大型化，加工能力显著增强，大量化学品都处在工艺过程中，增加了物料外泄的危险性。一旦发生燃烧等事故，所处的装置可能发生爆炸，从而产生极强的冲击波，导致周围厂房、设备等的破坏和人员伤亡。

要实现危险化学品生产、使用等各个环节的安全，防止事故发生，需要在管理和技术两个方面同时开展工作，并依靠从业人员素质的提高才能得以实现。在这三个方面中，管理是保证，从业人员的素质是基础，安全技术则是关键核心的问题。一切安全工作需要掌握必要的安全技术知识，为防止火灾、爆炸等事故打好基础。

一、燃烧及其特性

燃烧是指可燃物与氧化剂作用发生的放热反应，通常伴随有火焰、发光和发烟现象。因此，"燃烧"包括各种类型的氧化反应或类似于氧化的反应以及分解放热反应等。从燃烧的定义来看，物质不一定在"氧"中燃烧，如很多金属可在氟或氯气中燃烧。因此燃烧过程主要是指放出大量的热量的化学过程，它是目前各种工业部门取得能量的一种普遍而重要的方法。

（一）燃烧种类

燃烧按着火方式可分为强制着火（点燃）和自发着火（自燃）两类。

强制着火是由外部能量（点火源）与可燃物直接接触（一般是局部或点接触）引起的燃烧。自发着火分为受热自燃和自热自燃两种情况。

按燃烧时可燃物的状态来分，物质燃烧又可分为气相燃烧、液相燃烧和固相燃烧三类。

（1）气相燃烧：燃烧反应在进行时，如果可燃物和氧化剂均为气相，称为气相燃烧。气相燃烧属均相燃烧，其特征是有火焰产生。气相燃烧是一种最基本的燃烧形式，大多数可燃物的燃烧反应都属于气相燃烧。

（2）液相燃烧：燃烧时可燃物呈液态，称为液相燃烧。只有少数沸点较高的液体的燃烧是在高温下以液体状态直接发生燃烧反应的。

（3）固相燃烧：燃烧时可燃物为固相，称为固相燃烧。固相燃烧的特点是：没有火焰，只产生光和热（阴燃）。许多金属的燃烧反应属于固相燃烧。

（二）燃烧形式

1. 均相燃烧和非均相燃烧

由于可燃物质存在的状态不同，所以它们的燃烧形式是多种多样的。按参加燃烧反应可燃物与助燃剂的相态不同，燃烧反应可分为均一相燃烧和非均一相燃烧。均一相（又称均相）燃烧指参与燃烧反应的可燃物质与助燃剂都属于同一相物质，通常均一相燃烧属于气相燃烧。如氢气、煤气在空气中的燃烧。与此相反，可燃物质与助燃剂不在同一相中的燃烧反应称非均一相（又称非均相）燃烧。如石油、木材、高分子聚合物、固体可燃物在空气中的燃烧反应都属于非均相燃烧。与均相燃烧相比，非均相燃烧比较复杂且需要考虑可燃物的加热以及由此产生的相变化及化学变化。

2. 预混燃烧和扩散燃烧

根据可燃气体的燃烧过程，可燃气体与助燃气体预先混合而后进行的燃烧称为预混燃烧。可燃气体由容器或管道中喷出，进入空气中并不立即燃烧，而是与周围的空气互相接触扩散而后再发生的燃烧，称为扩散燃烧。预混燃烧速度快、温度高、火焰传播快，通常的气相爆炸反应属于这种形式。在扩散燃烧中，可燃性气体分子与助燃性气体分子边混合边燃烧，由于扩散速度相对较慢，与可燃气体接触的氧气量偏低，通常会产生不完全燃烧的产物炭黑。

3. 蒸发燃烧、分解燃烧和表面燃烧

（1）蒸发燃烧：是指在可燃液体的燃烧过程中，通常不是液体本身燃烧而是由液体产生的蒸气进行的燃烧反应。

（2）分解燃烧：很多固体或不挥发性液体，受热后经热分解产生的可燃气体的燃烧称为分解燃烧。

（3）表面燃烧：可燃固体和液体的蒸发燃烧和分解燃烧，均有火焰产生，属火焰型燃烧。当可燃固体燃烧至不能再分解出可燃气体时，便没有火焰。燃烧反应继续在所剩固体的表面进行并发出光和热，这种形式的燃烧称为表面燃烧，也称为阴燃，通常火灾后期易产生这种现象。金属燃烧通常也是表面燃烧，在此过程中无气化现象，但金属燃烧产生的热量大，温度较高，金属燃烧产生的高温会使金属熔化后出现金属熔滴飞溅的现象。

（三）燃烧过程

对不同的可燃物，其燃烧的过程也不相同。大多数可燃物质的燃烧放热反应是在可燃物的蒸气相或气态下进行的。

可燃气体是最易燃烧的物质，只要达到其本身氧化分解所需要的热量，便能燃烧。其燃烧反应速度很快，极易发展成爆炸形式。可燃气体的燃烧反应都属于链式反应，其引燃能只需将分子转化为自由基，因此所需要的引燃能极小，通常只有不到1mJ，极小的火花（如静电、金属的撞击等产生的火花）就可引发此链式反应，导致火灾爆炸的发生。

液体可燃物在火源的作用下首先发生蒸发，然后其蒸气再发生氧化分解，进入燃烧过程，放出大量的热量。

固体燃烧物分为简单物质和复杂物质。简单物质，如单质硫、磷等，受热后首先熔化，然后蒸发、氧化燃烧。复杂物质在受热时先发生分解反应，生成气态和液态产物，然后气态产物和液态产物的蒸气着火燃烧。如木材受热后，在温度小于110℃时，分解释放出水分；当温度达到130～150℃以上时，木材分解变色；在150～200℃时其分解产物主要是水和二氧化碳，这些气态分解产物都不属于可燃物质，所以此时不会发生燃烧反应；温度升至200℃以上时，释放出一氧化碳、氢气和碳氢化合物，此时的分解产物遇氧气时即发生氧化开始燃烧；当温度升到300℃以上时，分解反应明显加快，可燃性气态产物供应充足，燃烧也转入剧烈状态。

（四）燃烧条件

燃烧的条件有：一定的可燃物浓度；一定的氧气（助燃剂）含量；一定的点火能量；未受抑制的链式反应。

对于无焰燃烧，前三个条件同时存在、相互作用，燃烧即会发生，如金属的燃烧就属于无焰燃烧。

大多数燃烧反应都属于有焰燃烧，有焰燃烧除需要前三个条件外，燃烧过程中存在未受抑制的自由基，形成链式反应，链式反应中链的传递使燃烧反应能够持续下去。

可燃物、助燃剂和点火源三个条件同时存在时，还需要都具有一定的"量"的前提，也就是燃烧反应需要具备可燃物及助燃剂具备的浓度，且相互之间产生作用，就可产生燃烧现象。如：氢气在常压空气中的体积分数少于4%时，便不能被点燃。一般可燃物质在含氧量低于14%的空气中也不能燃烧。对于已经进行的燃烧反应，若消除其中任何一个条件，燃烧过程便会终止，这就是灭火的基本原理。

（五）闪燃与闪点

液体表面都有一定量的蒸气存在，由于蒸气压的大小取决于液体所处的温度，因此，蒸气的浓度也由液体的温度所决定。可燃液体表面的蒸气与空气形成的混合气体达到该可燃气体的燃烧极限浓度的下限时，与火源接近时会发生瞬间燃烧，产生一闪即灭的燃烧现象（瞬间火苗或闪光），这种现象称为闪燃。由于闪燃是瞬间发生的，又因为此时可燃液体的温度较低，可燃液体的挥发速率慢，来不及补充气相燃烧所消耗的可燃蒸气。随着燃烧进行，可燃蒸气的浓度下降至燃烧极限以下，火焰自然熄灭，因此不能产生持续的燃烧条件。能产生闪燃现象的最低温度为闪点。如果易燃液体的温度高于它的闪点，则遇火源时即有可能被点燃。所以闪点是衡量可燃液体危险性的一个重要参数，可燃液体的闪点越低，其火灾危险性越大。由闪点对液体火灾危险性的分级见表4-1。

表4-1　由闪点对液体火灾危险性的分级表

种　类	危险级别	闪点/℃	举　例
易燃液体	I	$t \leqslant 28$	汽油、甲醇、乙醇、乙醚、苯、甲苯、丙酮等
	II	$28 < t \leqslant 45$	煤油、丁醇等
可燃液体	III	$45 < t \leqslant 120$	柴油、重油等
	IV	$t > 120$	植物油、矿物油、甘油等

（六）可燃物质的燃点

点燃亦称强制着火，即可燃物质与明火直接接触引起燃烧的现象。可燃物质在空气充足的条件下，被加热升温至一定温度，此时可燃物发生分解产生可燃气体，只要这些可燃气体达到该气体的燃烧爆炸极限，与火源接触即可着火，如此时移去火源后仍能持续燃烧达5min以上，这种现象称为点燃。通常物质被点燃时，先是局部被强烈加热，首先达到引燃温度产生火焰，该局部燃烧产生的热量，足以把邻近部分加热到引燃温度，燃烧就得以蔓延。物质能被点燃的最低温度称为着火点或称为燃点。可燃液体的着火点一般高于其闪点5～10℃。但闪点在100℃以下时，两者往往相近。如没有闪点数据，也可以用着火点表征物质的火灾爆炸危险程度。

（七）自燃与自燃点

自燃是可燃物质自发着火的现象。可燃物在没有外界火源作用的条件下，在一定温度下由于物质内部的物理、化学、生物反应过程所提供的能量经过一定的积聚条件，使物质本身温度升高，达到燃烧温度而引起自行燃烧的现象称为自燃。自燃所需的最低温度称为自燃点（自燃点不是固定不变的）。自燃过程中点火能是物质所具有的内能，也就是物质的温度条件。在自燃点，可燃物所分解产生的可燃气体的浓度显然超过了该气体的燃烧极限的下限。

自燃点是衡量可燃性物质火灾危险性的又一个重要参数，可燃物的自燃点越低，越易引起自燃，其火灾危险性越大。

物质自燃有受热自燃和自热自燃两种类型。

受热自燃一般也需要外部提供一定的能量，但是所提供能量的方式与强制着火不同。受热自燃是当有空气或氧气存在时，可燃物虽未与明火直接接触，但在外部热源的作用下，由于传热而使可燃物受到间接、整体的加热，使可燃物温度上升，当温度达到自燃点时，引起可燃物整体瞬间着火燃烧。即受热自燃有两个条件：外部热源和热量积蓄。

自热自燃是某些物质在没有外部热源作用的条件下，由于物质内部发生的物理、化学或生物反应而产生热量，这些热量在适当条件下会逐渐积聚，以致物质温度升高，达到自燃点而着火燃烧。自热自燃的条件是：必须是比较容易产生反应热的物质；要具有较大的比表面积和良好的绝热保温性能；热量产生的速率要大于向环境散发的速率。自热自燃的原因有：

①由于氧化热积蓄引起的自燃，如油脂、煤、金属碳化物。

②由分解发热而引起的自燃，如硝化棉、赛璐珞等。

③由于聚合热、发酵热引起的自燃，如环氧丙烷、丁二烯。

④由于化学品与空气、水混合接触而引起的自燃。

通常情况下，温度越高，氧化反应的速率就越大，产生的热量也越快，越容易达到物质的自燃点，产生自燃。因此，在气温较高的季节更要注意易自燃物质的通风降温，防止自燃。

自热自燃的主要方式有：①氧化发热；②分解发热；③聚合发热；④吸附发热；⑤发酵发热；⑥活性物质遇水发热；⑦可燃物与强氧化剂的混合。

自热自燃物质的种类有：

①自燃点低的物质，如白磷、磷化氢、硼氢化合物等。

②遇空气、氧气会发生自燃的物质，如油脂类，浸渍在棉纱、木屑中的油脂，很容易发热自燃，又如金属粉尘及金属硫化物极易在空气中自燃。

③能自然分解发热的物质，如硝化棉。

④能产生聚合、发酵热的物质，如潮湿的干草、木屑堆积在一起，由于细菌的发酵作用产生热量，若热量不能及时散发，则温度逐渐升高，当温度达到自燃点时即可发生自燃。

点燃与自燃的差别在于：自燃时可燃物整体温度较高，反应与燃烧是在整个可燃物或相当大的范围内同时发生的（轰燃）；而在点燃时，可燃物整体温度较低，只在火源局部加热处燃烧，然后向可燃物的其他部分传播。

二、爆炸及其特性

爆炸是指由于物质发生急剧物理或化学变化，在变化过程中伴有物质所含的能量快速释放，这些释放的能量转化成对物质本身、变化的产物或周围介质的压缩能或运动能，如氧化或分解反应，使温度、压力急剧增加或使两者同时急剧增加所产生的现象。

一般来说，爆炸现象具有以下特征：

①爆炸过程的反应及传播速度很快。

②爆炸点附近的压强急剧升高，多数爆炸伴有温度升高的现象。

③爆炸反应时，会发出或大或小的响声。

④周围介质发生震动或邻近的物质遭到破坏。

（一）爆炸分类

关于爆炸的分类方法有如下几种：

（1）按爆炸反应的方式分类：

①物理爆炸：是由物理变化引起的爆炸。在爆炸现象发生的过程中，介质的化学性质及化学成分不发生变化，发生变化的仅仅是该介质的状态参数（如温度、压力、体积等）。如液体变成蒸气或者气体而迅速膨胀，压力急速增加，并大大超过容器的极限承受能力而发生的爆炸。

②化学爆炸：因物质本身起化学反应，产生大量气体和高温而发生的爆炸。如可燃气体、可燃液体蒸气的爆炸、炸药的爆炸等。化学爆炸前后物质的性质和成分均发生了根本的变化，这种爆炸能直接造成火灾，具有很大的火灾危险性。化学爆炸是消防工作中防止爆炸的重点。

③核爆炸：因重核裂变或轻核聚变时瞬间产生的巨大能量而发生的爆炸。

（2）对化学爆炸，可按反应物类型来分类，也可按爆炸化学反应的形式来分类：

①可燃气体的分解与爆炸。

②可燃气体混合物爆炸。

③可燃粉尘爆炸（有机粉尘、金属粉、面粉等）。

④可燃蒸气爆炸。

⑤可燃液雾滴爆炸。

（3）按爆炸速率来分类：

①轻爆：燃烧速率为数十厘米至数米每秒。

②爆炸：燃烧速率为十几米至数百米每秒。

③爆轰：燃烧速率为 1 000 ～ 10 000 m/s。

（二）火灾的分级

根据《生产安全事故报告和调查处理条例》规定的生产安全事故等级标准，火灾分为特别重大、重大、较大和一般火灾四个等级。其分级标准见本书第三章第三节中的"事故等级"。

（三）爆炸极限及其影响因素

1. 爆炸极限

可燃物进入空气中，与空气混合后只有在一定的浓度下，遇点火源时才会发生爆炸。这种可燃气体在空气中形成爆炸混合物的最低浓度称为爆炸下限，最高浓度称为爆炸上限。可燃物浓度在爆炸上限与爆炸下限之间遇点火源时均可发生燃烧爆炸，这个浓度范围称为该物质的爆炸极限。可燃气体、可燃蒸气或粉尘与空气的混合物，都具有一定的爆炸极限。爆炸极限通常用可燃物在空气中的体积分数（%）来表示。可燃物的爆炸极限可通过查阅有关手册获得，也可通过实验方法测得，它可作为制定安全生产操作规程的依据。表4－2为一些常见气体的爆炸极限。但不同手册中所查的爆炸极限数据因测试方法不同，略有偏差。

表4－2　一些常见气体的爆炸极限

物　质	爆炸极限（体积分数）/%		物　质	爆炸极限（体积分数）/%	
	下限	上限		下限	上限
H_2	4.1	74	C_2H_4	3.0	29
NH_3	16	27	C_2H_2	2.5	80
CH_4	5.3	14	C_3H_4	1.2	9.5
CO	12.5	74	CH_3OH	7.3	36
C_2H_6	3.2	12.5	C_2H_5OH	4.3	19
C_3H_8	2.4	9.5	C_3H_6O	2.5	13
C_4H_{10}	1.9	8.4	$(C_2H_5)_2O$	1.9	48

当可燃物的浓度小于爆炸下限或高于爆炸上限时，即使有点火源存在，可燃物也不发生燃烧和爆炸；当可燃物的浓度稍高于爆炸下限或稍低于爆炸上限时，遇点火源能轻度爆炸；可燃气体与空气的混合物的浓度在爆炸极限的中部时，遇点火源将会发生剧烈的爆炸反应。

爆炸下限低于10%的为甲类危险性气体；爆炸下限高于10%的为乙类危险性气体。

对于爆炸极限浓度以上的上述物质，由于扩散的原因，因此很容易稀释到爆炸极限范围内，非常容易引起燃爆事故。所以通常将爆炸极限以上的浓度的易燃、易爆气体或粉尘称为极度危险的物质。

2. 影响爆炸极限的因素

各种可燃气体、可燃蒸气、可燃粉尘等，由于它们的理化性质的差异，因而具有不同的爆炸极限。同样，对同一种可燃物质，它的爆炸极限也不是固定不变的，它受温度、压力、氧含量、惰性介质、容器的大小形状等因素的影响。因此，引用爆炸极限数据时，应注明来源、测试条件等。一般手册中的爆炸极限是在标准条件下测得的数据。下面对影响爆炸极限的因素进行讨论。

（1）温度的影响。混合气体的温度越高，则爆炸下限降低、上限增高，爆炸极限范围扩大。因为系统温度升高，分子内能增加，使原来不燃的混合物成为可燃、可爆系统。所以，系统的温度升高，物质的危险性增加。图4-1为初始温度对甲烷爆炸极限的影响。

（2）氧含量（氧体积分数）的影响。混合物中含氧量增加，一般对爆炸下限影响不大，因为在可燃物浓度爆炸下限时，氧气属过量物质。因此氧气含量主要影响在氧气含量相对不足条件时的爆炸上限。随着氧气浓度的上升，爆炸上限也随之升高，爆炸范围加大。

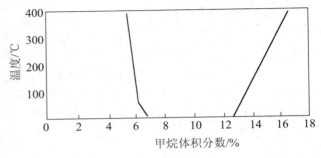

图4-1　初始温度对甲烷爆炸极限的影响

（3）惰性介质的影响。如果在爆炸性混合物中加入不可燃、不助燃的惰性气体，随着惰性气体含量的增加，爆炸极限范围缩小。惰性气体的含量提高到一定浓度时，可使混合物不能爆炸。一般情况下，惰性气体的浓度加大，使混合物中氧的含量减小，而在爆炸上限附近，因氧的含量本已不足，故惰性气体的加入将使爆炸上限有较大程度的下移。而在爆炸下限附近区域，因氧含量充足，所以惰性气体的引入对其影响不大。图4-2显示了一些惰性气体浓度对甲烷爆炸极限的影响。

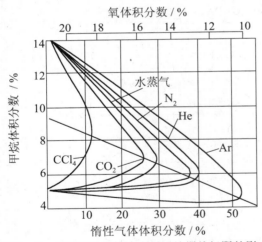

图4-2　各种惰性气体浓度对甲烷爆炸极限的影响

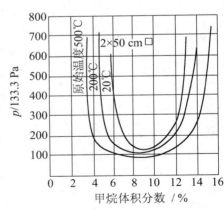

图4-3　初始压力对甲烷爆炸极限的影响

有些物质虽然不参与燃烧爆炸过程的氧化还原反应，但它们能使这些反应的速率发生变化。如金属钠或白磷与氧气的反应，当没有水或水蒸气参与时，反应速率较慢；而一旦有水加入反应体系，则反应速率迅速加大，从而发生燃烧或爆炸反应。

（4）初始压力的影响。可燃性混合物的初始压力对爆炸极限有显著的影响（见图4-3）。压力对爆炸极限的影响比较复杂。一般来说，压力增大，爆炸极限范围也随之扩大，尤其是爆炸上限显著提高。这是因为系统压力增大后，分子间距减小，相互碰撞的概率增加，使燃烧反应更加容易进行。压力降低，则爆炸极限范围缩小。当压力降到某极限值时，则爆炸上限与爆炸下限重合，此时对应的压力称为爆炸的临界压力。低于此压力时，可燃物在任何浓度下均不能发生爆炸。

（5）容器的影响。充装可燃物质的容器的材质、尺寸等对物质爆炸极限均有影响。实验证明，容器管径越小，爆炸极限范围越小。当管径小到一定程度时，火焰因不能通过而被熄灭。有时材料对爆炸极限也有影响，如氢气与单质氟的混合物，在玻璃容器中极易爆炸，甚至在液态空气的低温及没有光照的条件下也能爆炸；而在银制的容器中，只有在室温以上才能爆炸。

容器及其材质对爆炸极限的影响主要是因为燃烧爆炸反应大多数属自由基反应，在较小的容器中，这些自由基与器壁的碰撞频率加大，而分子之间的碰撞频率减少，从而导致在碰撞过程中自由基与容器壁的结合而被淹没，或在碰撞过程中失去能量而使自由基失去活性，不能实现自由基链的传递，从而导致链反应中断。因此，传热性能越好、容器管径越小，爆炸极限范围越窄。

（6）能源（点火源）的影响。能源的性质对爆炸极限有很大的影响。如果能源的强度大，热表面的面积就大，火源与可燃混合物的接触时间长，就会使爆炸极限扩大，其爆炸危险性也就增加。当点火能源的强度增加到一定的程度后，爆炸极限就趋于一个稳定值。所以，一般情况下，测定可燃混合物的爆炸极限时应采用较高的点火能。

（7）可燃物质性质的影响。可燃物质完全燃烧时，所需氧的量越大，则爆炸极限范围越低。如甲烷的爆炸上限为14%，下限为3.5%；而乙烷的上限为12.5%，下限为3%。因此，对碳氢化合物，分子量越大，爆炸极限范围越小。此外，可燃物的燃烧热值越大，爆炸极限的范围也越大。

（四）各种类型的爆炸及其影响因素

1. 爆轰及其产生条件

爆轰又称爆震，是空气与烃类等的混合物爆炸的一种特殊形式，具有很大的破坏性。

（1）爆轰的概念与成因：燃烧速率极快的爆炸性混合物，在全部或部分封闭的状况下，或处于高压下燃烧时，假如混合物的组成或预热条件适宜，可以产生一种与一般爆炸根本不同的现象，这一现象发生的时间极短，引起的压力极高，传播速率高达 2 000 ～ 3 000 m/s，这种现象称为爆轰（即爆震）。

（2）气体混合物的爆震性爆炸。当发生爆震时，燃烧过程太迅速以致没有时间达到混合和压力的均等，它的特性是：

①产生的压力最大值是正常条件的 20 倍左右；

②以超声波传播，使得绝大部分泄压设备无效；

③爆轰所产生的作用不是静压力而是直接的冲击，它往往具有特别大的破坏性。由于它具有方向性，在一个容器内的不同部位所受的冲击力有很大的差别。

（3）爆轰性爆炸的特点。爆轰性爆炸在与固体表面撞击时被反射回来，这种反射，瞬间地将爆震峰面的压力叠加，可形成 2 倍或更大的压力，使破坏力更强。

（4）爆轰的条件。通常认为气体爆轰主要取决于有能迅速燃烧的混合物，并可能包括下列几种：氢气与氧或空气；饱和烃与氧或空气；饱和烃与氧气。饱和烃与空气在高度扰动条件下可以爆轰。几乎所有的可燃气体与空气的混合物都能产生爆轰，而在空气中可燃性烃的雾滴也会产生爆轰。

2. 分解爆炸及其影响因素

对一些分子中存在较弱化学键的气体分子，在弱化学键的断裂并生成强化学键的同时伴随着大量能量释放的物质，都具有分解爆炸的危险性。如乙炔、乙烯、环氧乙烷等，这些物质即使在没有氧气的条件下也能发生爆炸，这个反应的实质是一种分解爆炸。此外，臭氧、氨、丙二烯、含炔基的有机物、氮氧化物等都具有分解爆炸的危险性。分解爆炸性气体在外界的温度和压力作用下，发生分解反应，同时产生较大的分解热，这些分解热为爆炸提供了能量。通常分解热在 80 kJ/mol 以上的气体，在一定条件下都有可能发生爆炸。气体的分解热是爆炸的内因，一定的温度和压力是爆炸的外因。

乙炔是常见的分解爆炸气体，它在分解爆炸过程中的能量密度比其在空气中完全燃烧时还要大。因此在注意防止乙炔与空气的混合物爆炸的同时，也要注意防止发生乙炔的分解爆炸。乙炔分解反应的化学反应式为：

$$C_2H_2 \xrightarrow{\text{点火能}} 2C(s) + H_2 \qquad \Delta H = -226 \text{ kJ/mol}$$

乙炔因火焰、火花引起的分解爆炸情况较多，也有因开关阀门所伴随的绝热压缩产生的热量或其他情况引发爆炸的案例。此外，乙炔易与铜、银、汞等重金属反应生成爆炸性的乙炔盐，这些乙炔盐只需轻微的震动和撞击便能发生爆炸而使乙炔着火。所以为防止乙炔分解爆炸，乙炔站安全操作规程第 8 条及溶解乙炔气瓶安全监察规程第 29 条中均规定：不能用含铜量超过 70% 的铜合金制造盛放乙炔的容器及附件；在用乙炔焊接时，不能使用含银的焊条。乙炔的压力较高时可加入氮气等惰性气体作为稀释剂以降低爆炸危险性。

分解爆炸的敏感性与压力有关。分解爆炸所需引爆能量，随压力升高而降低。在高压下较小的点火能量就能引起分解爆炸，而压力较低时则需有较高的点火能量才能引起分解爆炸，当压力低于某极限值时，就不再产生分解爆炸，此压力值称为分解爆炸的极限压力（也称临界压力）。

目前，国际上一般将 140kPa 规定为焊割作业中乙炔发生装置的限定压力。某些国家的要求更加严格，将限定压力规定为 130kPa。有资料显示，即使在大气压强下，若有足够的能量，乙炔也能发生分解爆炸。

其他能产生分解爆炸的物质中，乙烯分解爆炸的引爆能比乙炔大，因此低压下未曾发生过乙烯分解爆炸的事故，但用高压法工艺制造聚乙烯时，由于压力高达 200MPa 以上，分解爆炸事故也屡有发生。环氧乙烷分解爆炸的临界压力为 40kPa，所以在环氧乙烷的生产、储存和使用过程中，必须十分小心，以防止分解爆炸事故的发生。

3. 气态爆炸性混合物爆炸及其影响因素

可燃气体与空气混合物，可以发生燃烧反应，也可发生爆炸反应，两者的区别主要在于燃烧反应（氧化反应）的速率不同。气体混合物的燃烧反应可分为三个阶段：

①扩散阶段：可燃气分子和氧分子分别从释放源通过扩散达到相互接触。所需的时间称为扩散时间。

②感应阶段：可燃气分子和氧化剂（氧气）分子接受点火源的能量，离解成自由基或活性分子。所需的时间称为感应时间。

③化学反应阶段：自由基与反应物分子相互作用，生成新的分子和新的自由基，使链式反应链得到传递，化学反应得以持续，最终完成燃烧反应。所需的时间称为化学反应时间。

可燃气与空气混合后，是发生燃烧还是爆炸，则主要决定于反应速率是受上述哪个阶段控制。通常情况下，扩散速率要比感应阶段和化学反应阶段都要慢得多，如可燃气体从容器或管道中泄漏燃烧时，在可燃气体与空气之间存在一扩散区，可燃气体向外扩散，外部的空气向可燃气中扩散，形成一锥形扩散区，火焰主要存在于这个扩散区。在泄漏口附近，大部分可燃气体处于较高浓度状态，浓度在爆炸极限之上，不能发生燃烧；在锥形扩散区，由于氧气含量相对不足，虽能发生燃烧，但燃烧不完全，部分可燃物发生炭化，炭化的固体颗粒在燃烧的高温作用下可发光，因此扩散区中火焰比较明亮；在扩散区外，氧气含量充分，通过扩散区逸出的可燃物质完全氧化，化学反应在此区域完成。扩散区中形成的固态物质也被完全氧化，因此火焰比扩散区暗，但温度较高，火焰颜色通常为蓝紫色。由于化学反应的速率比扩散反应快得多，没有多余的氧气分子进入燃料容器或管道内，可燃气也无法逃逸出外部空间，所以只能在容器的泄漏口附近平稳燃烧。

如果可燃气体泄漏后没有立即被点燃，则可燃气分子可通过扩散与空气形成比例均匀的混合体，即燃烧反应的扩散阶段在点燃前已经完成，此时空间充满的物质称为预混气，一遇点火源，整个空间立即燃烧起来，由于反应速度超过热量散发速度，导致温度急剧上升，气体因高热而急速膨胀，即形成爆炸。爆炸时火焰传播速度要比燃烧过程快得多。

可燃气体从工艺装置、储存容器中泄漏到空气中，或空气渗入存有可燃气体的容器中，都会形成爆炸性质的混合物，遇到火源就会发生爆炸事故。预防这类爆炸事故是危险化学品安全工作中的重中之重。

4. 粉尘爆炸及其影响因素

早在 1785 年，世界上第一次有记载的粉尘爆炸发生在意大利 Turin 的面粉仓库。1906 年法国 Courners 矿爆炸致 1 096 人死亡后，各国大量粉尘爆炸的实验研究兴起。1952—1979 年间，日本发生各类粉尘爆炸事故 209 起，共伤亡 546 人，其中以粉碎制粉工程和吸尘分离工程较突出，各为 46 起。联邦德国 1965—1980 年发生各类粉尘爆炸事故 768 起，其中较严重的是木粉及木制品粉尘和粮食饲料爆炸事故，分别占 32% 和 25%。我国曾发生多起粉尘爆炸尤其是系统爆炸事故，造成严重损失，仅 1987 年哈尔滨亚麻厂的亚麻尘爆炸事故，就造成死亡 58 人、伤 177 人、直接经济损失达 882 万元的重大事故。

（1）粉尘的概念。无论是作为生产过程中出现的伴随现象，还是作为所需要的最终成品，凡是呈细粉状态的固体物质，都称为粉尘。按堆积状态，可分为粉尘层（沉积粉尘）和粉尘云（悬浮粉尘）两类。

在粉尘爆炸研究中，常把粉尘分为可燃粉尘和不可燃粉尘（或惰性粉尘）两类。可燃粉尘是指与空气中氧反应后能放热的粉尘。

根据可燃粉尘的爆炸特性，又可将其分为两大类，即活性粉尘和非活性粉尘。其基本区别是：非活性粉尘是典型的燃料，本身不含氧，故只有分散在含氧的气体（如空气）中时才有可能发生爆炸。反之，活性粉尘本身含活性氧，故含氧气体并不是发生爆炸的必要条件，它在惰性气体中也可爆炸。因而活性粉尘不存在浓度上限的情形。显而易见，火炸药和烟火剂粉尘属于活性粉尘，而其他粉尘，如金属、煤、粮食、塑料及纤维粉尘等属于非活性粉尘。

（2）粉尘的特性。

①粒度：任何物质都是由大大小小的粒子组成的，不同的粉尘，粒度不同。粉尘粒度是粉尘爆炸中一个很重要的参数。

粉尘粒度是一个统计的概念，因为粉尘是无数个粒子的集合体，是由不同尺寸的粒子级配而成的。

②粉尘的表面积：粉尘的表面积，主要取决于粉尘的粒度。同一体积的物体，粒度越小，表面积越大。粉尘的表面积比同质量的整块固体的表面积可大好几个数量级。表面积的增加，意味着材料与空气的接触面积增大，这就加速了固体与氧的反应，增加了粉尘的化学活性，使粉尘点火后燃烧更快。

③粉尘的吸附性和活性：任何物质的表面都有对其他物质吸附的能力，这种现象称为吸附作用。由于粉尘的粒度小，表面积大，因此它的吸附作用也大。

④粉尘的动力学稳定性：粒子始终保持分散状态而不向下沉积的稳定性称为动力学稳定性。悬浮在空间的粉尘云是一个不断运动的集合体。粉尘受重力的影响，会发生沉降，沉降的速度与粒度有一定的关系。而粒子间相互碰撞的布朗运动又阻止它们向下沉降，即抵消了粒子的沉降。

（3）可燃粉尘爆炸的条件。处于较高能量状态的可燃物质的粉尘，由于颗粒小、表面积大，所以与助燃剂的接触面积较大，表面吸附能力也较强。

粉尘爆炸是一种特殊的燃烧。其主要特点是燃烧速度非常快，燃烧反应能在瞬间完成。反应产生的热量使温度和压力急剧增加，最终导致爆炸。导致粉尘爆炸的条件主要有以下几个方面因素：

①粉尘本身具有可燃性。

②要有一定的粉尘浓度。与气体爆炸浓度不同，粉尘浓度采用单位体积所含粉尘粒子的质量来表示，单位是 g/m^3 或 mg/L，如浓度太低，粉尘粒子间距过大，火焰难以传播。

③要有一定的氧含量（含能粉尘除外）。一定的氧含量是粉尘得以燃烧的基础。

④要有足够的点火源。粉尘爆炸所需的最小点火能量比气体爆炸大 1～2 个数量级，大多数粉尘云最小点火能量在 5～50mJ 量级范围。

⑤粉尘必须处于悬浮状态，即粉尘云状态。这样可以增加气固接触面积，加快反应速度。

（4）可燃粉尘爆炸机理。粉尘爆炸机理可简单地以图 4-4 来描述。

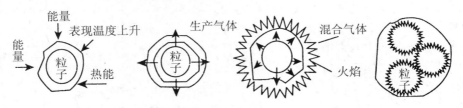

图 4-4　粉尘爆炸机理

①点火能供给粒子表面以热能，使其温度上升。

②粒子表面的分子由于热分解或干馏作用，产生可燃气体分布在粒子周围。

③可燃气体与空气混合生成爆炸性混合气体，进而被点燃产生火焰。

④火焰产生热能，加速粉尘分解，循环往复放出气相的可燃性物质与空气混合，进一步发火传播。

因此，粉尘爆炸时的氧化反应主要是在气相内进行的，实质上是气体爆炸，并且氧化放热速率要受到质量传递的制约，即颗粒表面氧化物气体要向外界扩散，外界氧也要向颗粒表面扩散，这个速度比颗粒表面氧化速度小得多，就形成控制环节。所以，实际氧化反应放热消耗颗粒的速率，最大等于传质速率。

（5）粉尘爆炸的危害。

①粉尘爆炸的燃烧速度或爆炸压力上升速度比气体爆炸要小，但燃烧时间长，产生能量大，爆炸形成的冲击波持续作用时间长，因而具有极强的破坏性。粉尘爆炸的破坏力比同质量的炸药要大 3～4 倍。

②发生爆炸时，有燃烧粒子飞出。如果此燃烧粒子溅射到可燃物或人体上，会使可燃物局部严重炭化和人体严重灼伤。

③容易产生二次爆炸。第一次爆炸气浪把沉积在设备或地面上的粉尘吹扬起来，在爆炸后的短时间内，随着爆炸中心区温度下降，会形成负压，周围的新鲜空气便由外向内填补进来，形成所谓的"返回风"，与扬起的粉尘混合，在第一次爆炸的余火引燃下引起第二次爆炸。二次爆炸时，粉尘浓度一般比一次爆炸时高得多，故二次爆炸威力比第一次要大得多。

④能产生有毒气体。一种是一氧化碳，因为在粉尘爆炸中，氧气含量一般不足，可燃粉尘的不完全燃烧会产生大量的一氧化碳；另一种是爆炸物（如塑料）自身分解的毒性气体。有毒气体的产生往往造成爆炸过后的大量人畜中毒伤亡。如煤矿中发生粉尘爆炸后，由于矿井中通风条件差，爆炸产物不易扩散稀释，较长时间保持较高的一氧化碳浓度。所以煤矿粉尘爆炸中的死亡人员中多半是因为一氧化碳中毒所引起的，因此粉尘爆炸产生的有毒气体问题必须引起充分重视。

（6）影响粉尘爆炸的因素。影响粉尘爆炸的因素有粉尘自身形成的和外部条件形成的两个方面。就粉尘自身因素来说，又有化学因素和物理因素两类。化学因素主要指燃烧热和燃烧速度，此外还有水汽及二氧化碳的反应性等。物理因素主要指粉尘浓度和粒度分布，还有粒子形状、粒子比热容、热传导率、表面状态、带电性和粒子凝聚特性等也是要考虑的。外部因素有气流运动状态、氧气浓度、可燃气浓度、湿度、窒息气浓度、阻燃性粉尘浓度和燃烧灰分、点火源状态等。

5. 雾滴爆炸及其影响因素

可燃性液体雾滴与助燃气体形成爆炸性混合体系引起的爆炸称为喷雾爆炸或雾滴爆炸。油雾按燃料汽化性能和油滴尺寸大小，可分为以下三种形式：

①当燃料易于汽化、油滴直径小于 $30\mu m$，且环境温度较高时，燃料基本上按气相预混可燃混合物的方式进行燃烧。

②当燃料汽化性能较差（沸点较高、蒸发热较大）、油滴直径又较大时，燃烧按边汽化边燃烧的方式，各油滴之间的火焰传播将连成一片。

③当油滴直径大于 $10\mu m$ 且空气供应比较充足时，在各油滴周围形成各自的火焰前锋，整个燃烧区由许多小火焰组成。化工生产过程的化工装置中液相或含液混合体系由于

装备破裂、密封失效、喷射、排空、泄压等过程都会形成可燃混合雾滴，液体雾化、热液闪蒸、气体骤冷等过程也可以形成液相分散雾滴。喷雾爆炸比气体混合体系爆炸需要大得多的引燃能量，雾滴越小，雾液的蒸发热越低，所需引燃能量越小，就越容易形成雾滴爆炸。

6. 蒸汽爆炸（BLEVE）

各种物质由液态转变为气态的过程称为汽化。当温度低于该液体的临界温度时，所蒸发的气体称为蒸汽；当温度高于该液体的临界温度时，则称为蒸气。汽化过程可以通过液体的表面蒸发实现，也可通过液体内部产生的气泡以沸腾形式实现。水、有机液体等液态物质在容器内处于过热状态时，一旦容器破裂，气液平衡破坏，液体就会迅速汽化而发生爆炸。

（1）蒸汽爆炸的定义。蒸汽爆炸是指液体急剧沸腾产生大量过热蒸汽而引发的一种爆炸式沸腾现象。引起这种爆炸的原因有：

①低沸点液体进入高温系统，当此高温系统的温度高于此液体的沸点时，大量的液体突然蒸发（闪蒸）导致压力剧增而引起爆炸。

②冷热液体相混且温度已超过其中一种液体的沸点。

③分层液体中高沸点液体受热后将热量传给低沸点液体使之汽化。

④封闭层下的液体受热汽化。

⑤液体在系统内处于过热状态，一旦外壳破裂、发生泄漏、压力降低，过热液体会突然闪蒸引起爆炸。

（2）蒸汽爆炸的分类。

①以过热液体的种类划分，主要可以分为以下三种：

a. 过热液体为水，炽热的熔融金属与水接触，产生大量水蒸气的爆炸事故（又称熔盐池爆炸），或者蒸汽锅炉由过热水引发的锅炉爆炸；

b. 过热液体为氯、氨等有毒液化气体，则爆炸后，有毒物质的急剧散发将会致人中毒和污染环境；

c. 过热液体为液化石油气之类的易燃液体，则可能引起以火球为特征的火灾灾害，或易燃液体急剧汽化后弥漫于空气中形成爆炸性混合物导致蒸气云爆炸。

②根据过热液体形成的过程来划分，大致可分为两种：

一种是传热型蒸汽爆炸：热从高温物体向与之接触的低温液体快速传热，液体瞬间转变成过热状态，造成蒸汽爆炸。

另一种平衡破坏型蒸汽爆炸：指在密闭容器中，在高压下保持与其蒸汽压平衡的液体，由于容器破坏而引起高压蒸汽泄漏，器内压力急剧减少，使液体突然处于过热状态，导致发生蒸汽爆炸。

显然蒸汽爆炸归纳起来必须具备三个条件：一是储罐内液相部分要处于过热状态，且过热液体的量要大；二是储罐内液温与常压沸点之间的温差要大；三是储罐中存在致使内压急剧下降的条件。

我国目前广泛采用的是常温加压方式来储存液化石油气，如常见的球型储罐、卧式储罐以及汽车槽车上专用槽罐等均采用这种方式。在该储存方式下液化石油气极易发生平衡破坏型爆炸。

上述两种类型的蒸汽爆炸，都会使储罐内的液化石油气高速喷出并夹带着大量的雾滴，在大气中再以 250 倍的倍率汽化并与空气形成爆炸性混合气体，一旦遇明火就会发生化学性爆炸。

（3）液化气体或过热液体蒸汽爆炸的条件和特征。

①容器外壳破裂：液体在密闭容器中具有一定的蒸汽压，只要有气相空间，蒸汽和液体就能保持物理化学平衡。在容器中气液保持平衡时，如气相部分的容器外壳发生裂缝，高压蒸汽就会通过裂缝喷出，容器内压急剧下降，直到等于环境压力。由于内压急剧下降，气液平衡被破坏，液体变为过热状态，为了再次恢复平衡，整个液体内部会均匀地产生沸腾核，产生大量的气泡，液体体积急剧膨胀，液体因膨胀力而获得惯性，猛烈冲击器壁而呈现力量很大的液击现象，使容器的裂缝范围扩大，最后形成蒸汽爆炸。

②可燃蒸汽爆炸：如果过热液体是水或二氧化碳等不燃性物质时，蒸汽爆炸只限于容器破坏后内容物的喷出；如果液体是可燃性有机液体或液体石油气，由于蒸汽爆炸而喷射到空气中的可燃性气体和液体喷雾形成的蒸汽云，遇点火源而着火导致空间化学爆炸，爆炸压力高，且爆炸后在空中形成巨大的火球，这是因为可燃性物质在爆炸时的浓度太高，在爆炸后形成的扩散燃烧的现象。

③压力降速度：压力降速度取决于装置压力与环境压力的差别、装置裂缝面积和位置以及介质的特性等因素。压力降越大，降压所需时间越短；蒸汽爆炸越猛烈，爆压就越高；如果压力降不大，内压下降缓慢，蒸汽所产生的爆炸就弱，压力突跃难以发生。

④裂缝面积和位置：当裂缝位置处于液相部位时，尽管有液体渗出或喷出，并瞬间快速蒸发，但由于液体的流出阻力较大，流出速度受到限制，内压下降的速度缓慢，装置内的液体的过热程度较小，不会发生蒸汽爆炸。当在容器的气相部分产生裂缝时，如果裂口较小，装置内压不会急剧下降，液体不会达到过热状态，其作用过程类似于安全阀等安全装置，因此也不会发生爆炸；只有当在容器的气相部位产生较大面积的裂缝时，才会使装置在极短的时间内形成较大的压力降，导致液体过热，形成蒸汽爆炸。

容器中气相部分所产生的裂缝越接近液面，则对液体而言，产生的压力降也越快，所形成的蒸汽爆炸也越猛烈。

⑤容器中气相体积：当容器被高压状态下的液体充满时，装置内没有气相空间，此时，即使只有很小的裂缝，由于少量液体的泄漏，也会引起内压的极速下降而处于过热状态，最终导致爆炸。因此，盛装液化气体或过热液体的容器，不能充满，需留有足够的安全空间，防止因少量液体的泄漏而导致事故的发生。

三、防火防爆技术

火灾是由失去控制的燃烧所引发的灾害现象，而爆炸则是火灾快速传播的极端情况。随着科学的发展，人类面临的火灾爆炸现象更加复杂和多样化。材料科学的发展，使得可燃物的种类大大增多；各种能源形式和种类的电子产品的使用，使得导致火灾爆炸的因素更为复杂、多样和隐蔽；建筑、交通和航天的发展，使火灾爆炸环境大为复杂。为免于火灾爆炸损失，只有深刻认识这些复杂的火灾现象的基本规律，才能开展有效的火灾防治工作。

减少火灾爆炸的潜在破坏性有两种方法：防止火灾或爆炸的发生；火灾或爆炸发生后

将其破坏降到最低。

（一）基本原理

在制定防火防爆措施时，可以从以下四点进行考虑：

（1）预防性措施：这是最理想、最重要的措施，其基本出发点是使可燃物、氧化剂与点火（起爆）源相分离，没有相互结合、作用的机会，从根本上杜绝起火引爆的可能性。

（2）限制性措施：一旦发生火灾事故，就需要采取有效措施，限制火灾蔓延、扩大，如安装阻火、泄压设备，设置防火墙等。

（3）消防措施：万一不慎起火，要尽快组织人员、物资对火灾进行扑灭。特别是尽可能在着火的初期就能将火扑灭，可以避免发生重大火灾。

（4）疏散性措施：预先采取必要的措施，可在火灾发生时迅速将人员或重要物资撤到安全区，以减少损失。

（二）点火源控制

（1）防止撞击、摩擦产生火花：机械设备上转动部分的相互摩擦、铁器的互相撞击或铁制工具的相互打击、带压管道或铁制容器的开裂、物料喷出与器壁的摩擦等，都可能产生高温或火花，成为火灾、爆炸的点火源。因此，在易燃易爆场所应采取相应的措施，如危险场所严禁穿带钉鞋进入，用铜制、木制工具代替铁制工具，凡可能发生撞击或摩擦的部分采用不同的金属材料等。

（2）防止可燃气体绝热压缩而着火：当气体绝热压缩时，会使温度上升。当压缩比达到一定程度时，温度可升高至该气体的燃点，从而导致火灾或爆炸事故的发生。如柴油发动机中的点燃过程就是通过活塞对汽缸中油气混合物的绝热压缩，使温度升高达到柴油的燃点而工作的。

（3）防止高温表面成为火源：工业生产中的加热装置、高温物料的输送管道、高压蒸汽管道、高温反应设备的表面及白炽灯表面等的温度一般都较高，此外由机械摩擦导致发热的转动部分、烟筒等也具有较高的温度。当可燃物与这些高温表面接触较长时间时，就可能被引燃。为此，高温表面应有保温、隔热措施，可燃气体排放口应远离高温表面，同时要注意高温表面的清洁工作，防止高温表面上黏附的污垢发生自燃。

（4）防止热射线（主要为日光）：直射的太阳光通过凸透镜、圆形玻璃瓶、有气泡的平板玻璃等会聚集形成高温焦点，可能点燃可燃性物质。为此，有爆炸危险的厂房和库房必须采取遮阳措施，将窗玻璃涂上白漆或采用磨砂玻璃，保持这些场所的清洁卫生工作，清除所有可能聚光的玻璃、塑料等透明材料，尤其是一些碎玻璃必须及时清扫。

（5）防止电气火灾爆炸：电气火灾爆炸在火灾爆炸事故中占据着相当大的比例。

（6）消除静电火花：在火灾爆炸危险场所需有防止静电产生的相关措施。消除静电火花的方法见本章相关内容。

（7）防雷电火花：雷电是引起火灾爆炸事故的重要原因之一。因此，火灾爆炸危险场所需要有完备的防雷电措施。

（8）其他用火的控制：生产过程中的明火主要指加热用火、维修用火及其他火源，各种用火的控制如下：

①加热火源的控制：加热易燃物料时，应避免采用明火，宜采用蒸汽、热水或其他间

接热载体装置，防止产生易燃物料局部温度过高的现象。

②维修用火的控制：维修用火主要指焊、割、喷灯等作业，是工矿企业引起火灾爆炸事故的主要原因之一。对维修用火，一般都有较为严格的管理规定，应严格遵守。

③其他用火的控制：制定严格的规章制度，并实行经常性检查制度，采取切实可行的措施防止烟头、火柴、烟囱飞火，以及汽车、拖拉机、柴油机的排气管喷火。这些火种都可能引起可燃物质燃爆。

（三）火灾爆炸危险物质控制

（1）替代性原则：在生产过程中尽量不用或少用可燃物。通过生产工艺的改进，以不燃物质代替可燃物，或以危险性小的物质代替危险性大的物质，这是防火防爆的根本性措施。

（2）隔离性原则：在易燃易爆危险品的使用过程中防止泄漏，工艺设备尽量密闭化。既要防止带压设备中可燃物漏出，也要防止空气渗入负压设备内部，从而防止燃爆型混合物的产生，达到防止火灾爆炸的发生的目的。

（3）管理措施：加强安全管理措施。内容包括：对于可能存有可燃气体或粉尘的场所，要设置良好的通风除尘装置，降低空气中可燃物的浓度；在可能出现可燃气体的场所安装报警装置，时刻监测可燃物质的浓度；对有燃、爆可能性的危险物质的储存、保管、运输，都要根据其特性采取相应的防范措施；对所有参与危险化学品作业的人员进行严格的安全法律法规、安全技术及安全知识的教育。

（四）工艺参数的安全控制

控制化工工艺，即控制反应温度、压力，控制投料的速度、配比、顺序以及原材料的纯度和副反应的发生等。工艺失控，不但破坏平衡的生产过程，还常常导致火灾爆炸事故的发生。因此，严格控制工艺参数，使之处于安全的范围之内，是化工装置防止发生火灾爆炸事故的根本措施之一。

1. 温度控制

温度是化工生产中的主要控制参数。准确控制反应温度不但对保证产品质量、降低能耗有重要的意义，也是防火防爆所必需的。温度过高，可能引起反应失控发生冲料或爆炸；也可能引起反应物的分解燃烧、爆炸；或由于液化气体介质及低沸点液体介质急剧蒸发，造成超压爆炸。温度过低，则有时会因反应速度减慢或停滞造成物料积聚，一旦温度正常，往往会因未反应物料过多而发生剧烈反应引起爆炸。温度过低还可能使某些物料冻结，造成管路堵塞或破裂，致使易燃易爆物质泄漏引起燃烧爆炸。

为了严格控制温度，须从以下三个方面采取相应措施：

（1）有效移走反应热：对放热反应，应选择有效的传热设备、传热方式及传热介质，保证反应热及时导出，防止超温。同时防止换热面结垢、结焦等影响传热的情况出现。一旦结垢、结焦阻碍了正常的散热，必须及时清除。

（2）正确选用传热介质：常用的传热介质有水蒸气、热水、烟道气、导热油、熔盐等。正确选用传热介质对加热过程的安全十分重要。应避免选择能与反应物料作用的物质作为传热介质。

（3）防止搅拌中断：搅拌可以加速反应物料混合以及热的传导。当搅拌中断时，可能会造成局部反应加剧和散热不良而发生超温、超压的爆炸事故。

2. 压力控制

在化工生产中，有许多反应及工艺过程需要在一定的压力条件下才能进行，因此，加压操作在化工生产中得到普遍采用。很多化工设备都是压力容器，当化工工艺过程中发生超压时，可引起设备变形、渗漏甚至破裂和爆炸。压力过低，会受大气压作用变形，外部空气也易渗入，与设备、系统内的可燃物料形成爆炸性混合物导致火灾爆炸事故。

为了确保安全生产，不因压力失控造成事故，除了要求受压系统中的所有设备、管道必须按照设计要求，保证其耐压强度、气密性、有安全阀及压力表等安全装置保护和监控，还必须按照设计压力或最高工作压力以及有关规定，正确选用。所配置的安全附件在生产运行期间必须保持完好。

3. 进料控制

（1）进料速度：对于放热反应，进料速度不能超过设备的散热能力，否则物料温度将会急剧升高，引起物料的反应速率加快和分解，有可能造成爆炸事故。

（2）进料配比：对反应物料的配比要严格控制，尤其是对连续化程度较高、危险性较大的生产，更应注意。如对可燃物质的氧化反应，若进料配比错误，有可能导致可燃物质与氧化剂的比例达到爆炸极限内，产生危险。

对可燃物或易燃物与氧化剂的反应，要严格控制氧化剂的投料速度和投料量。两种以上原料能形成爆炸性混合物的，其配比应严格控制在爆炸极限范围之外，在工艺条件许可的情况下，可用水蒸气或惰性气体进行稀释。

对有催化剂参加的反应，需控制催化剂的投料量。如催化剂过量，就可能使反应速率过快而发生危险。

（3）进料顺序：有些生产过程，进料顺序是不能颠倒的。如硫酸的稀释，当将水加入到浓硫酸中时，因稀释过程放热，因使水沸腾，导致酸液飞溅。

（五）自动控制与安全保险装置

1. 火灾自动报警装置与自动控制

火灾自动报警装置的作用是将感烟、感温、感光等火灾探测器接收到的火灾信号，用灯光、远距离传输信号的方式显示出火灾发生的部位并发出警报，以便尽早采取灭火措施。常用的火灾报警装置有以下几种：

（1）感温报警器：是一种利用起火时产生的热量，与报警器中的感温元件发生物理作用，并启动警报装置发出警报的设备。这类报警器种类繁多，工作原理各异，可按其敏感元件的不同分为定温式、差温式和差定组合式。

（2）感光报警器：是利用火焰辐射出来的红外、紫外及可见光探测元件接收火焰的闪动辐射后产生电信号来报警的装置。该报警器能检测瞬间燃烧的火焰，适用于管道、燃料仓库、石油化工装置等场合。

（3）感烟报警器：是利用着火前或着火时产生的烟尘进行报警的装置。主要用来探测可见或不可见的燃烧产物，尤其是对阴燃阶段，产生大量的烟和少量的热，辐射热较小时的初期火灾最为有效。

（4）可燃气体报警器：主要用来检测可燃气体的浓度，当气体浓度超过报警点时，便能发出警报。主要用于易燃易爆场所的可燃气体检测。

当将自动报警装置与自动灭火装置联动并加以控制后，可形成自动控制灭火系统。一且发生火灾，所产生的高温、烟雾、光辐射等，使感温、感烟、感光等火灾探测器收到火灾信号并转变成电信号输入自动报警器，发出声、光报警信号；同时指示火灾发生的部位，并记录下火灾发生的时间。与此同时，控制装置发生指令性动作，打开自动灭火设备的阀门，喷出灭火药剂（水、泡沫、哈龙等），将初起火灾扑灭。

2. 防火防爆安全保险装置

常用的防火防爆安全装置有阻火装置和防爆泄压装置。

（1）阻火装置：其作用是防止火焰窜入设备、容器或管道内，或阻止火焰在设备和管道内扩展。阻火装置包括：

①安全液封：一般装设在气体管线与生产设备之间，以水或不燃液体作为阻火介质。万一阻火介质一侧着火，可将火势阻止在液封处，防止火势蔓延。

②水封井：是安全液封的另一种形式，一般设置在含有可燃气体或油污的管道上，以防止燃烧爆炸沿排污管道蔓延。

③阻火器：当燃烧在管道中发生时，火焰在管道中的蔓延速度随管径的减小而降低，当管径小到某一极限值时，管壁的热损失大于反应热，并且管壁具有吸收自由基的功能，使火焰不能传播而熄灭，这就是阻火器的原理。在管路中连接一个内装有金属网或砾石的网筒，就可以防止火焰从圆筒的一端蔓延到另一端。

④单向阀：又称止逆阀、止回阀，是仅允许流体向一定方向流动，遇有回流时自动关闭的器件，可防止高压燃烧气流逆向窜入低压部分引起管道、容器、设备爆裂。

（2）防爆泄压装置：防爆泄压装置包括安全阀、防爆片、防爆门和放空管等。安全阀主要防止物理爆炸；防爆片和防爆门主要用于防止化学性爆炸；放空管是用来紧急排泄有超温、超压、暴聚和分解爆炸危险的物料。

（六）限制火灾爆炸蔓延扩散的措施

1. 确保设备安全

确定设备的安全性，需要考虑以下因素：是否按照相关要求设计；是否按照设计说明进行正确制造；是否有适当的安全防护装置；维护、检查的程序是否完善。

2. 物料加工和操作安全

对危险化学品要建立档案，按170号国际公约和我国的《工作场所安全使用化学品规定》及《化学品安全技术说明书》的要求生产、使用、保存和处置危险化学品。对危险化学品的性质及所具有的危险性和可能造成的损失伤害进行充分了解，对发生危险的防范技术手段、措施进行必要的准备。

在化学品的生产操作过程中，需针对各种操作的特点及其危险特性，将危险化学品的状态控制在安全水平之内。尤其在危险化学品的脱氢、加氢、氧化、蒸馏、热裂解等容易产生可燃气体或处于能量较高状态的物料，应加强管理，防止危险危害的发生。

3. 装置布局安全

化工装置的布局和排列，对于绝大多数操作都应该是最有效的，而且安全问题也必须放在同样重要的地位。对于大量处理易燃液体的石油和化工企业，装置布局和设备间距应注意以下几点：

①需要足够的空地把工艺单元分割以保持安全距离；

②对于系统极重要的设备，要保留足够的空间；

③危险性大的区域应与其他部分保持一定安全距离；

④装置事故不能影响水、电、气等关键设备；

⑤可能浸水时，应该设置防水设备；

⑥应该特别注意公路、铁路在装置附近的情况；

⑦对于道路的设置，应该注意在发生事故时救援车辆与人员能容易接近，受灾人员及物资能及时疏散。

4．扑灭火灾

一旦发生火灾，必须尽可能将其控制在一定的范围内并迅速扑灭火焰。一切灭火方法都是为了破坏已经产生的燃烧条件（可燃物、助燃剂和点火能），只要失去其中任何一个条件，燃烧就会停止。但由于在灭火时，燃烧已经开始，所以灭火过程主要是消除可燃物、助燃剂或使两者分离。灭火的基本方法如下：

（1）隔离灭火法：这是常用的灭火方法之一，将燃烧物质与附近未燃的可燃物质隔离或疏散，使燃烧过程因缺少可燃物质而停止。这种灭火方法适用于扑救各种固体、液体和气体火灾。

（2）窒息灭火法：阻止外界空气流入燃烧区，或用惰性气体稀释空气，减少空气中的氧含量，使燃烧物质因得不到足够的氧气而熄灭。常用的二氧化碳灭火剂的主要作用就是窒息灭火。但火药类即自身能发生氧化还原反应的活性物质不能使用此方法灭火（如硝酸铵火灾）。

（3）冷却：此法是最常用的灭火方法。即将灭火剂直接喷洒在燃烧的物体上，将可燃物质的温度降低到燃点以下，以终止燃烧。同时也可用灭火剂喷洒在火场附近的可燃物上起冷却作用，防止其受辐射热升温达到燃点而着火燃烧。火灾消防中喷洒水的主要原理就是起冷却降温作用。

（4）化学抑制：上述几种方法在灭火过程中，灭火剂并不参与燃烧反应，属于物理灭火方法。而化学抑制灭火法则是使灭火剂参与到燃烧反应中去，起到抑制燃烧反应的作用。在这个过程中，灭火剂在火场中产生一定的自由基，这些自由基与燃烧链反应过程中的自由基结合，形成稳定的分子或低活性的自由基，从而切断燃烧过程中氢、氧自由基的连锁反应链，使燃烧停止。

第二节　电气安全及电气防火安全技术

一、电气安全基础知识

（一）电气事故特点及类型概述

电气在生产过程中各个环节的普遍应用，在带来便利的同时，也导致电气事故发生的可能性迅速增大。电气事故主要包括各类触电事故、雷电、静电、电磁场危害、电气火灾或爆炸、电气线路和设备故障等各种事故。

1．电气事故的特点

（1）电气事故危害大：电气事故往往伴随着危害和损失，严重的电气事故不仅会带来重大的经济损失，甚至还可能造成人员伤亡。同时，电气事故的发生，还会严重影响正常的生产、经营过程，因而电气事故往往会伴随着二次事故的发生，使事故的危害更加严重。

（2）电气事故危险过程直观识别难：由于电是看不见、听不到的，其本身不具备给人们直观的特征，因此由电所引起的危险不易被人们察觉，使得电气事故发生过程具有突发性。如此便给电气事故的防护以及人员的培训教育带来一定难度。

（3）电气事故涉及领域广：电气事故并不仅仅局限在用电领域的触电、设备和线路故障等，在一些非用电场所，因电能的释放，也会造成灾害或伤害，如雷电、静电、电磁场危害等。电能的使用极为广泛，遍布各个行业、各个领域。可以说，只要有使用电的场所，就有可能发生电气事故，对电气事故的防范工作就要在这些地方认真执行。

2. 电气事故的类型

电气事故是由于电能非正常作用于人体或系统所造成的。根据电能的不同作用形式，可将电气事故分为以下五类：

（1）触电事故：是以电流形式的能量作用于人体造成的事故。当电流直接作用于人体或置换成其他形式的能量（如热量）作用于人体时，人体都将受到不同形式的伤害。

（2）静电危害事故：是由静电电荷或静电场能量引起的。在生产工艺过程中以及操作人员的操作过程中，某些材料的相对运动、接触与分离等很容易产生静电。尽管在实际过程中产生的静电的能量一般都较小，不会直接造成人员的伤害，但是静电的电压有时可高达数十千伏以上，容易产生放电现象，从而产生电火花。当此电火花与临界能量较低的易燃易爆物品接触时，可导致火灾爆炸事故的发生。当静电作用于一些控制电路时，可造成电气设备工作异常，进而引发次生事故。

（3）雷电灾害事故：雷电是大气中的一种放电现象，雷电放电具有电流大、电压高，并且其能量释放时间短、能量密度大的特点，因此可造成极大的破坏力，能在瞬间造成人员伤亡和电气设备的损坏。

（4）射频电磁场危害：射频是指无线电波的频率或者相应的电磁振荡频率，泛指100kHz以上的频率。射频伤害是由电磁场的能量造成的。在射频电磁场的作用下，人体因吸收辐射能量会受到不同程度的伤害。过量的辐射可引起中枢神经系统的机能障碍，出现神经衰弱等临床症状；可造成植物神经紊乱，出现心律或血压异常；可引起眼睛晶体混浊，严重时导致白内障。能量也可造成皮肤表层灼伤或深度灼伤等，如微波对人体的伤害等。

（5）电气系统故障危害：电气系统故障危害是由于电能在输送、分配、转换等过程中，失去控制而产生的危害。电气系统故障包括断线、短路、异常接地、漏电、误合闸、电气设备或电气元件损坏，以及电子设备受电压后发生的误动作等情况。系统中电气线路或电气设备的故障则可能引起火灾和爆炸、异常带电或停电，从而导致人员伤亡及重大财产损失。

（二）电流对人体的危害及影响因素

1. 电流对人体的伤害

电流通过人体后，能使肌肉产生收缩运动，造成机械性损伤；电流产生的热效应和化学效应可引起一系列急骤的病理变化，使肌体遭受严重的损害，特别是电流流经心脏，对心脏损害极为严重。电击伤对人体的伤害程度与电流的种类、大小、途径、接触部位、持续时间、人体健康状态、精神状态等都有关系。电流对人体所造成的伤害主要有电击、电伤和电磁场生理伤害三种形式。

（1）电击是指电流通过人体内部，影响呼吸、心脏和神经系统，造成人体内部组织的破坏乃至死亡的事件。通常所说的触电事故基本上都是指电击电流引起心室纤维性颤动和呼吸麻痹或中枢神经中枢衰竭，从而造成昏迷乃至死亡。电击伤害的严重程度与通过人体的电流大小、电流通过人体的持续时间、电流通过人体的途径、电流的频率及人体健康状况等因素有关。

（2）电伤是指电流的热效应、化学效应或机械效应对人体的伤害。电弧烧伤、电烙印、熔化的金属微粒渗入皮肤等伤害属于电流的热效应。

（3）电磁场生理伤害是指在高频磁场的作用下，人会出现头晕、乏力、记忆力减退、失眠、多梦等神经系统的症状。

2. 触电事故的种类

发生触电事故时，电流对人体所造成的伤害可分为局部电伤和全身性电伤（电击）两类。

（1）局部电伤：局部电伤是指在电流或电弧的作用下，人体部分组织的完整性明显地遭到破坏。有代表性的局部电伤有电灼伤、电标志、皮肤金属化、机械破坏和电光眼。

①电灼伤：可分为接触灼伤（又称电流灼伤）和电弧灼伤。前者是人体与带电体直接接触，电流通过人体时产生热效应的结果，通常造成皮肤灼伤，只有在大电流通过人体时，才可能损伤皮下组织。后者是指电气设备的电压较高时产生强烈的电弧或电火花，灼伤人体，甚至击穿部分组织或器官，并使深部组织烧死或使四肢烧焦。此时，会由于人体表面大面积灼伤或由于呼吸麻痹而致死。

②电标志：亦称电印记或电流痕迹。电流通过人体时，在皮肤上留下青色或浅黄色的斑痕。

③皮肤金属化：当带负荷拉断电路开关或刀闸形状时，形成弧光短路，被熔化了的金属微粒飞溅，渗入裸露的皮肤；或由于人体某部位长时间紧密接触带电体，使皮肤发生电解作用，电流将金属粒子带入皮肤。皮肤金属化将使人体表皮的电阻迅速下降，从而使通过人体的电流加大，受到更大的伤害。

④机械破坏：电流通过人体时，产生机械—电动力效应，致使肌肉抽搐收缩，造成肌腱、皮肤、血管及神经组织断裂。

⑤电光眼：眼睛受到紫外线或红外线照射后，角膜或结膜组织产生发炎病变的现象。

（2）全身性电伤：遭受电击后，人体维持生命的重要器官（心脏、肺等）和系统（中枢神经系统）的正常活动受到破坏，甚至导致死亡。

3. 电流对人体伤害程度及影响因素

电流对人体的伤害程度与下列因素有关：

（1）流经人体的电流。通过人体的电流越大，对人体的影响也越大，而电流与电压和电阻有关。因此，接触的电压越高，对人体的损伤也就越大。一般将 36 V 以下的电压作为安全电压。在特别潮湿的环境中要用 12V 安全电压。

（2）电流通过人体的持续时间。电流持续时间与损伤程度有密切关系，通电时间短，对肌体的影响小；通电时间长，对肌体损伤就大，危险性也增大，特别是电流持续流过人体的时间超过人的心脏搏动周期时对心脏的威胁很大，极易产生心室纤维性颤动。当心室产生高频纤维性颤动时，心脏将失去供血能力，从而导致组织器官窒息，进而危及人的生命。

（3）电流通过人体的途径。通过人体的电流途径不同，对人体的伤害情况也不同。通过心脏、肺和中枢神经系统的电流强度越大，其后果也就越严重。由于身体的不同部位触及带电体，所以通过人体的电流途径均不相同，因此流经身体各部位的电流也不同，对人体的损害程度也就不一样。所以通过人体的总电流，强度虽然相等，但电流途径不同，其后果也不相同。通常由于人体组织中血液的电阻最小，因此电流在人体内部传导时，主要是通过血液传导。所以大多数触电者以心血管及肺部所受的伤害最大，其中以从左手到胸部的电流途径最危险，因为沿这条途径有较多的电流通过心脏、肺部和脊髓等重要器官。其次为从一手到另一手的电流途径。再次是从一只脚到另一只脚的电流途径。后者容易剧烈痉挛而摔倒，导致电流通过全身，并造成摔伤、坠落等严重的二次事故。

（4）电流的频率。交流电对人体的损害作用比直流电大，不同频率的交流电对人体影响也不同。人体对工频交流电要比直流电敏感得多，接触直流电时，有时其电流达 250 mA 也不引起特殊的损伤。而接触 50 Hz 交流电时只要有 50 mA 的电流通过人体，如持续数十秒，便可引起心脏心室纤维性颤动而导致死亡。交流电中 28 ～ 300 Hz 的电流对人体损害最大，20 000 Hz 以上的交流电对人体影响较小，故使用高频电来作为理疗之用是相对安全的。日常采用的工频交流电源为 50 Hz，从设计电气设备角度考虑是比较合理的，然而 50 Hz 的电流对人体损害是较严重的，故一定要提高警惕，搞好安全用电工作。

（5）人体的健康状况。人的健康状况不同，对电流的敏感程度和可能造成的危害程度也不完全相同。尤其是患有心脏病、神经系统疾病及肺部疾病的人，受电击而形成的伤害程度与健康人群相比都更为严重。

（三）触电的形式和预防措施

1. 触电形式

按照人体及带电体的接触方式和电流通过人体的途径，电击可以分为下列 4 种情况：

（1）低压单相触电，即在地面或其他接地导体上，人体的某一部位触及一相带电体的触电事故。大部分触电事故都是单相触电事故。

（2）低压两相触电，即人体两处同时触及两相带电体的触电事故。这时由于人体受到的电压可高达 380 V，所以具有较大的危险性。

（3）跨步电压触电：当带电体接地有电流流入地下时，电流在接地点周围产生电压降，人在接地点周围，两脚之间出现电压（即跨步电压），由此引起的触电事故称为跨步电压触电。高压故障接地处或有大电流流过的接地装置附近，都可能出现较高的跨步电压。

（4）高压电击：对于 1 000 V 以上的高压电气设备，当人体过分接近时，高压电产生的电场强度足以将空气击穿，从而使电流通过人体。此时还伴有高温电弧，能把人烧伤。

2. 触电的原因

（1）缺乏电气安全知识：如带电拉高压隔离开关、用手触摸绝缘保护被破坏的刀闸等。

（2）违反操作规程：如在高压线附近施工或运输大型超高货物，施工工具和货物接近高压线；带电接临时照明线及临时电源；火线误接在电动工具外壳上等。

（3）电气设备维护不良：如低压线路断裂落地未能及时修理、输电及电气设备线路绝缘老化破损没有得到修理等。

（4）电气设备存在安全隐患：如电气设备漏电、电气设备外壳没有接地而带电、闸刀形状或磁力启动器缺少护壳、电线或电缆因绝缘磨损或腐蚀而损坏等。

3. 触电防护措施

触电事故尽管是由各种各样的原因造成的，但最常见的情况是偶然触及那些正常情况下不带电而意外带电的导电体。触电事故虽然具有突发性，但具有一定的规律性，针对其规律性采取相应的安全技术措施，很多事故是可以避免的。预防触电事故的主要技术措施如下：

（1）保证绝缘性能：电气设备的绝缘，就是用绝缘材料将带电导体封闭起来，使之不能与人体接触，从而防止触电事故。一般使用的绝缘材料有陶瓷、云母、橡胶、塑料、布、纸、矿物油及某些高分子合成材料。作业环境不良时（潮湿，高温，有导电性粉尘、腐蚀性气体的工作环境，如机加工、铆工、锻工、电镀、漂染车间和空压站、锅炉房等场所），可使材料的绝缘性能降低，可选用加强绝缘或双重绝缘的电动工具、设备和导线，以防止触电、漏电事故的发生。不同电压等级的电气设备，有不同的绝缘电阻要求，并要定期测定绝缘层的电阻等理化指标。

除了电气设备需要绝缘保护外，电工作业人员还应正确使用绝缘工具，穿戴绝缘防护用品，如绝缘手套、绝缘鞋和绝缘垫等。

（2）屏护：屏护包括屏蔽和障碍，是指能防止人体有意、无意触及或过分接近带电体的遮挡、护罩、护盖、箱匣等安全装置。某些开启式开关电器的活动部分不便使用绝缘，或高压设备的绝缘不足以保证人在接近时的安全，应有相应的屏护，如围墙、遮挡、护网、护罩等。必要时，还可设置声、光报警信号和联锁保护装置。

（3）保持安全距离：安全距离是指有关规程明确规定的、必须保持的带电部位与地面、建筑物、人体、其他设备之间的最小电气安全空间距离。安全距离的大小取决于电压的高低、设备的类型及安装方式等因素，大致可分为四种：各种线路的安全距离、变配电设备的安全距离、各种用电设备的安全距离和检维修时的安全距离。各类安全距离见表4-3～表4-5。

表4-3 导线与地面或水面的最小距离 单位：m

线路经过地区	线路电压/kV		
	≤1	1～10	10～35
居民区	6	6.5	7
非居民区	5	5.5	6
交通困难地区	4	4.5	5
不能通航或浮运的河、湖（冬季水面）	5	5	5.5
不能通航或浮运的河、湖（50年一遇洪水水面）	3	3	3

表 4－4　　导线与建筑物的最小距离　　　　　　　　单位：m

线路电压/kV	≤1	10	35
垂直距离/m	2.5	3.0	4.0
水平距离/m	1.0	1.5	3.0

表 4－5　　导线与树木的最小距离　　　　　　　　单位：m

线路电压/kV	≤1	10	35
垂直距离/m	1.0	1.5	3.0
水平距离/m	1.0	2.5	

（4）采用安全电压：安全电压是为了防止触电事故而采用的由特定电源供电的电压系统，它是制定电气安全规程和一系列电气安全技术措施的基础数据。这个电压系统的上限值，在任何情况下，两导体间或任一导体与地表之间均不得超过交流（频率为 50～500Hz）有效值 50V。

安全电压能限制触电时通过人体的电流，使电流处于安全范围之内，从而在一定程度上保障了人身安全。国家标准规定，安全电压额定值的等级为 42V、36V、24V、12V 和 6V。当电气设备采用了超过 24V 电压时，必须采取防止人直接接触带电体的保护措施。凡手提照明灯、危险环境中或特别危险环境的局部环境及高度不超过 2.5 m 的一般照明灯具、危险环境或特别危险环境使用的便携式电动工具，如果没有特殊安全结构或安全措施，应采用 36V 安全电压；凡工作地点狭窄、行动不便以及周围有大面积接地导体的环境（如金属容器内、管道内、隧道或矿井内等），所使用的手提照明灯应采用 12V 安全电压；对于水下的安全电压值，我国尚未规定，国际电工标准委员会（IEC）规定为 2.5V。

安全电压应由隔离变压器供电，使输入与输出电路隔离；安全电压电路必须与其他电气系统和任何无关的可导电部分实现电气上的隔离。

（5）合理选用电气装置：合理选用电气装置是减少触电危险和火灾爆炸危害的重要措施。选择电气设备时主要根据周围环境的情况，如在干燥洁净的环境中，可采用开启或封闭电气设备；在潮湿、多尘和腐蚀性气体的环境中，应采用封闭式电气设备；在有易燃易爆的危险环境中，必须采用防爆式电气设备。

（6）装设漏电（剩余电流）保护装置：漏电保护装置（或称漏电动作保护器）是一种在设备及线路漏电时，保证人身和设备安全的装置。其作用主要是防止由于漏电引起的人身触电和火灾爆炸事故。在电源中性点直接接地的保护系统中，规定的设备、场所范围内必须安装漏电保护器和实现漏电保护器的分级保护。对一旦发生漏电情况，如漏电保护器切断电源后会造成事故和重大经济损失的装置和场所，应安装报警式漏电保护器。

4. 保护接地与接零

（1）保护接地。保护接地是把用电设备在故障情况下可能出现危险的金属部分（导电体，如金属外壳等）用导线与接地线连接起来，使用电设备与大地紧密连通。在电源为三相三线制的中性点不直接接地或单相制的电力系统中，应设保护接地线。正常情况下，电力设备的外壳是不带电的。当设备绝缘损坏碰壳时，外壳就带电。若不采取任何安全措施，当人体触及漏电设备外壳时，就会造成触电伤亡。这种事故时有发生。实践证明，保护接地与保护接零是预防触电事故的有效措施。

在变压器中性点不接地的系统中，当人体触及未采用保护接地的漏电设备外壳时，如线路对地有电容或线路某处绝缘不好，就会有电流流过人体造成触电，采用保护接地后，故障电流将同时沿着接地体和人体两条通路流过（如图4-5所示），流过每一条通路的电流与其电阻成反比。一般情况下，人体的电阻 R_0 远大于接地体的电阻 R_d，所以流过人体的电流 I_0 很小，从而可避免或减轻触电伤害。接地电阻愈小，流过人体的电流也愈小，保护作用愈大。接地电阻过大或接地线发生断线时，流过人体的电流就要加大，增加了触电的危险。

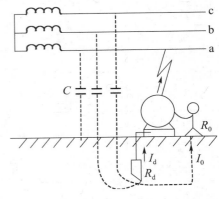

图4-5　三相三线制保护接地原理示意图

接地电阻主要根据允许的对地电压规定。对地电压是指当设备发生接地故障时，其接地部分与大地零电位之间的电位差。根据规程规定，对于1 000V以下变压器中性点不接地的系统，保护接地电阻不宜大于4Ω；当配电变压器或发电机容量不超过100kVA时，由于低压线路短，线路对地电容较小，阻抗较大，单相接地故障电流更小，所以接地电阻可不大于10Ω。

在中性点直接接地的380/220 V三相四线制低压电网中，若采用保护接地（如图4-6所示），当人体触及漏电设备外壳时，人体与保护接地装置呈并联状态。一般情况下，人体电阻 R_0 远大于保护接地电阻 R_d 和变压器中性点接地电阻 R_0，所以人体承压的电压 U_r 近似为：

$$U_r \approx I_d' R_d \approx \frac{U_q}{R_d + R_0} R_d$$

当电网相电压为220V，R_d、R_0 均为4Ω时，可得：

$$U_r \approx \frac{220}{4 + 4} \times 4 = 110(\text{V})$$

这么高的电压仍然是很危险的。为此，应安装漏电保护器，以便迅速切断故障设备电源，避免发生人身触电伤亡事故。

从以上分析得知，采用保护接地时，接地电阻的大小对人身安全极为重要。为此，接地装置应符合下列要求：

①接地装置（含接地体和接地线）应有足够的机械强度和一定的抗腐蚀能力。不得在地下用裸导体作为接地体或接地线。

②接地装置的连接要牢固可靠。地下接地装置的连接应采用焊接。接至电力设备上的接地线应采用螺栓连接，并加装弹簧垫片，以防螺帽松动。电力设备的每个接地部分，应用单独的接地

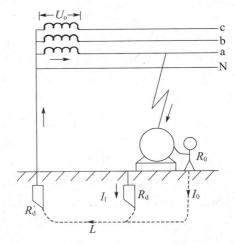

图4-6　三相四线制保护接地原理示意图

线与接地体或接地干线连接。

③接地电阻要符合上述要求，且每5年至少测量一次。当发现接地电阻值大于规定值的20%及以上时，应增加接地体。

④做好日常的运行维护检查，严防接地线断线。

（2）保护接零。在变压器中性点直接接地的380/220V三相四线制电网中，防止触电的最可靠措施是将电力设备的不带电的外壳与零线连接起来，这叫作保护接零，如图4-7所示。这样，当设备某相带电部分与设备外壳碰连时，形成该相线对零线的单相短路，促使开关或熔断器迅速跳闸或熔断，切断故障设备电源，避免触电危险。运行实践表明，在采用保护接零的电网中，零线仅在电源处接地是不够安全的，还必须在低压线路的终端接地；室内将零线与配电屏、控制屏的接地装置连接起来，这叫作重复接地。采用重复接地的主要原因有：

①在未采用重复接地的情况下，当线路末端的设备发生接地碰壳短路时，由于距电源远，线路阻抗较大，短路电流较小，故障段不能迅速切断电源，使故障段接零设备外壳长期出现较高的对地电压，增加触电危险。采用重复接地后（见图4-8），在零线回路上并联了一个由重复接地和工作接地构成的分支电路，从而降低了相零回路的阻抗，使短路电流增加，促使线路开关或熔断器迅速跳闸或熔断。由于短路电流的增加，使变压器绕组和相线的压降也增加，零线上的压降减小，从而进一步降低了故障设备的对地电压。

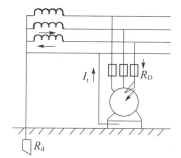

图4-7　三相四线制保护接零示意图

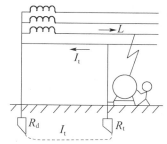

图4-8　重复接地保护示意图

②在未采用重复接地的情况下，当零线发生断线时，在断线点后面只要有一台设备碰壳短路，其他接零设备外壳均带电，对地电压接近于相电压，增加了触电危险。采用重复接地后，能降低断线点后面接零设备外壳的对地电压，减小触电危险。

③在三相四线制电网中，当三相负荷不平衡时，零线上就有电流通过，在零线上产生电压降，零线上的电压降形成接零设备外壳的对地电压。它与零线上的电流及零线阻抗成正比。在未采用重复接地的情况下，当低压线路较长，零线阻抗较大，三相负荷很不平衡时，即使零线未断线，设备也没有漏电，但当触及接零设备外壳时，常有电麻的感觉。采用重复接地后，电麻现象能得到减轻或消除。

保护接零电网运行中的注意事项如下：

a. 严防零线断线。

b. 由同一台变压器供电的电网中，不允许有些设备采用保护接地，有些设备采用保护接零。

c. 严防变压器中性点接地线断线。

d. 当电网装有漏电保护器时，不能采用重复接地；否则，漏电保护器不能投入运行。

e. 接地装置应符合要求。

（四）触电急救知识

电击伤俗称触电，是由于电流通过人体所致的损伤。大多数是因人体直接接触电源所致，也有被数千伏以上的高压电或雷电击伤的。

接触 1 000V 以上的高压电多出现呼吸停止，200V 以下的低压电易引起心肌纤颤及心搏停止，220～1 000V 的电压可致心脏和呼吸中枢同时麻痹。触电局部会有深度灼伤而呈焦黄色，与周围正常组织分界清楚，有 2 处以上的创口，1 个入口、1 个或几个出口，重者创面深及皮下组织、肌腱、肌肉、神经，甚至深达骨骼，呈炭化状态。

触电时应采取以下急救方法：

（1）立即切断电源，或用不导电物体如干燥的木棍、竹棒或干布等物使伤员尽快脱离电源。急救者切勿直接接触触电伤员，防止自身触电而影响抢救工作的进行。

（2）当伤员脱离电源后，应立即检查伤员全身情况，特别是呼吸和心跳，发现呼吸、心跳停止时，应立即就地抢救。

（3）对轻症，即神志清醒，呼吸心跳均自主者，应使其就地平卧，严密观察，暂时不要站立或走动，防止继发休克或心衰。

（4）对呼吸停止、心搏存在者，就地平卧解松衣扣，保持呼吸通畅，立即进行口对口人工呼吸，有条件的可气管插管，加压氧气人工呼吸；亦可针刺人中、十宣、涌泉等穴，或给予呼吸兴奋剂（如山梗菜碱、咖啡因、可拉明）。

（5）对心搏停止，但呼吸仍存在者，应立即作胸外心脏按压。

（6）对呼吸心跳均停止者，则应在人工呼吸的同时施行胸外心脏按压，以建立呼吸和循环，恢复全身器官的氧供应。现场抢救最好能两人分别施行口对口人工呼吸及胸外心脏按压，以 30∶2 的比例进行胸外心脏按压和人工呼吸，即先作胸外心脏按压 30 次，再口对口人工呼吸 2 次，如此交替进行，抢救一定要坚持到底。

（7）处理电击伤时，应注意有无其他损伤。对不危及生命的轻度外伤，可以在触电急救后处理。如触电后弹离电源或自高空跌下并发颅脑外伤、血气胸、内脏破裂等均需同时处理。

（8）现场抢救中，不要随意移动伤员，若确需移动时，抢救中断时间不应超过 30 s。移动伤员或将其送医院，除应使伤员平躺在担架上并在背部垫以平硬阔木板外，还应继续抢救，对心跳呼吸停止者要继续人工呼吸和胸外心脏按压，在医院医务人员未接替前救治不能中止。

二、危险化学品从业单位电力系统安全技术

工业企业电气设备在运行中，它的导体通过电流要发热，开关切断电源要产生电弧，由于短路或接地事故、设备损坏等原因可能产生电弧及电火花，可将周围易燃物引燃，发生火灾或爆炸。尤其是在石油化学工业中，在生产、贮存运输过程中，极易形成易燃、易爆的环境。在这种场所使用的电气设备，由于选型不当、绝缘损坏等原因产生电火花时，就可能引起火灾或爆炸，所以应进一步了解电气火灾发生的原因，采取预防措施，并在火灾发生后采用正确的抢救方法，防止发生人身触电及爆炸事故。

（一）电气火灾爆炸危险区域的划分、分级

1. 危险场所的判断依据

电气火灾危险场所的主要判断依据是危险物料性质、释放源特征和通风状况等因素。

（1）危险物料：除应考虑危险物料种类外，还必须考虑物料的闪点、爆炸极限、密度、引燃温度、引燃能等理化指标，必须考虑其工作温度、压力及其数量和配置。

（2）释放源：应考虑危险物质释放源的布置和工作状态，注意其泄漏或放出危险物品的速率、泄漏量和混合物的浓度，以及扩散情况和形成爆炸性混合物的范围。一般分为三级：连续释放或预计长期释放的为连续级释放源；周期性或偶然性释放的为一级释放源；不释放或只是偶然短暂释放的为二级释放源。

（3）通风：室内原则上应视为阻碍通风场所，但若安装了能充分通风的强制通风设备，则不视为阻碍通风场所；室外危险源周围有障碍处亦应视为阻碍通风场所。

（4）综合判断：对危险场所，首先应考虑释放源及其布置，再分析释放源的性质，划分级别，并考虑通风条件。

2. 爆炸和火灾危险场所的分级

电气本身产生火灾和爆炸的危险和破坏都较小，但由于电流通过导体时会产生热量，导致能量积聚，温度升高，从而使周围的易燃易爆物品发生燃烧爆炸事故。按形成火灾爆炸危险的可能性大小将危险场所进行分级，其目的是为了有区别地选择电气设备和采取防护措施。目前我国将火灾和爆炸危险场所按照气体爆炸、粉尘爆炸及火灾危险分成三大类，每类危险场所各分若干等级。具体划分见表4-6～表4-8。

表4-6　气体爆炸危险场所区域等级

区域等级	说　明
0 区	连续出现爆炸性气体环境或长期出现爆炸性气体环境的区域
1 区	在正常运行时，可能出现爆炸性气体环境的区域
2 区	在正常运行时，不可能出现爆炸性气体环境，即使出现也仅可能是暂时存在的区域

注：①除了封闭的空间（如密闭的空气容器、储油罐内部气体空间）外，很少存在0区；
②有高于爆炸上限的混合物环境或在有空气进入时可能使其达到爆炸极限的环境，应划为0区。

表4-7　粉尘爆炸危险场所区域等级

区域等级	说　明
10 区	爆炸性粉尘混合物环境连续出现或长期出现的区域
11 区	有时会因积留下的粉尘扬起而偶尔出现爆炸性混合物危险环境的区域

表4-8　火灾危险场所区域等级

区域等级	说　明
21 区	具有闪点高于场所环境温度的可燃液体，在数量和配置上能引起火灾危险的区域
22 区	具有悬浮状、堆积状的爆炸性或可燃性粉尘，虽不能形成爆炸性混合物，但在数量和配置上能引起火灾危险的区域
23 区	具有固体状可燃物质，在数量和配置上能引起火灾危险的区域

注：①"正常情况"包括正常开车、停车和运转（如敞开装料、卸料等），也包括设备和管线允许的正常泄漏在内；"不正常情况"包括装置损坏、误操作、维护不当及装置的拆卸、检修等。

②各表分级按《爆炸和火灾危险环境电力装置设计规范》（GB50058—1992）。

（二）变/配电所、动力、照明系统的防火防爆

1. 变/配电所系统的防火防爆

变/配电所是用电设备的枢纽，也是电力系统发生联系的场所，具有接受电能、变换电压和分配电能的功能。工业企业中的变电所，按照容量的大小及引入电压的高低，分为一次降压变电所、二次降压变电所和配电所三种类型。

（1）电力变压器的防火防爆。

①电力变压器发生火灾和爆炸的原因：电力变压器大多为油浸自然冷却式，绝缘油起着线圈间的绝缘和冷却作用。绝缘油的闪点约为135℃，易蒸发燃烧，同空气混合能形成爆炸混合物。变压器内部的绝缘衬垫和支架大多采用纸板、棉纱、布等有机可燃物质。因此，一旦变压器内部发生过载或短路，可燃材料就会因高温或电火花、电弧作用而分解、膨胀、汽化，使变压器内部压力剧增，引起变压器外壳爆炸并点燃绝缘油引起火灾。

②变压器的防火防爆：防止变压器过载运行，因为过载运行会导致线圈发热，使绝缘老化；保证绝缘油的质量；防止铁芯老化，保证导线接触良好；保证良好的接地和可靠的短路保护。这些措施的最关键部分是防止温度过高。温度的高低对绝缘效果和使用寿命有很大的影响。温度每升高8℃，绝缘寿命将减少50%左右。

（2）油开关的防火防爆。油开关又称油断路器，是用来切断和接通电源的，在短路时能迅速可靠地切断短路电流。

①油开关发生火灾爆炸的原因。油开关主要由油箱、触头和套管组成，触头全部浸没在绝缘油中。造成油开关发生火灾和爆炸的原因主要有：

a. 油箱油面过低时，使油开关的触头油层过薄。油受电弧作用而分解释放出可燃气体，与空气混合形成爆炸性混合物，在高温下引起燃烧、爆炸。

b. 油箱油面过高时，析出的气体在油箱较小的空间内形成过高的压力，导致油箱爆炸。

c. 油开关内油的杂质和水分过多，引起油开关内部闪络。油开关箱盖与套管、箱盖与箱体密封不严，油箱进水受潮，油箱不清洁或套管有机械损伤等都可能造成对地短路，从而引起油开关着火。

d. 油开关操作机构调整不当，部件失灵，致使开关动作缓慢或合闸后接触不良。当产生的电弧不能及时切断和熄灭时，在油箱内可产生较多的可燃气体而引起火灾。

②油开关运行时的注意事项。油开关运行时，油面必须在油标指示的高度范围内。若发生异常，如漏油、渗油、有不正常声音等，应立即采取措施，必要时可停电检修。严禁在油开关存在各种缺陷隐患的情况下强行送电运行。

2. 动力、照明及电力系统的防火防爆

（1）电动机的防火防爆。电动机是将电能转化为机械能的电气设备。在石油化工企业中，为防止化学腐蚀和易燃易爆危险物质事故，多使用各种防爆封闭式电动机。电动机中最易着火的部位是定子绕组、转子绕组和铁芯。引线接头接触不良、接触电阻过大或轴承过热是电动机着火的主要原因。防止电动机着火的主要措施有：

①防止电动机超负荷运行，当电动机的电流表指示超过额定值时，说明电动机过载，应采取相应措施避免这类现象。

②当金属物体或其他固体掉进电动机内，或在检修时绝缘受损，绕组受潮，以及遇到过高电压将绝缘击穿时，会造成电动机绕组匝间或相间短路或接地，所产生的电弧将使绕组或铁芯烧坏。因此，电动机必须按规定装设防护装置。

③当电动机接线处的接点接触不良时或松动时，会使接触电阻增大，引起接点发热而氧化，最后可将电源接点烧毁，产生电弧火花，损坏周围导线的绝缘，造成短路而使电机损坏。

（2）电气照明、路线的防火防爆。

①电气照明的防火防爆。照明灯具在工作时，若灯具选用不当或发生故障，会产生电火花和电弧。接头处接触不良，局部产生高温。大多数的灯具表面温度都较高，如100W白炽灯泡的表面温度为150～190℃，100W荧光灯管的表面温度也在100～120℃之间，而碘钨灯管的表面温度高达500～700℃，这些都可成为易燃易爆物质的点火源。因此，这些灯具应远离可燃、易燃物质，同时注意灯具的散热条件，防止它们的表面温度过高，此外对卤钨灯还应防止它的辐射能的影响。

②电气线路的防火防爆。电气线路引起的火灾的主要原因是由于短路、过载和接触电阻过大所产生的电火花、电弧及危险高温。因此，应对电气线路进行良好的维护和检查检测，防止上述现象的发生。

（三）火灾爆炸危险环境电气设备的选用

1. 电气火灾和爆炸的原因

发生电气火灾和爆炸要具备两个条件：首先有易燃易爆物质和环境，其次有引燃条件。

（1）易燃易爆物质和环境。在生产和生活场所中，广泛存在着易燃易爆易挥发物质，其中煤炭、石油、化工和军工等生产部门尤为突出。煤矿中产生的瓦斯气体，军工企业中的火药，石油企业中的石油、天然气，化工企业中的原料产品，纺织、食品企业生产场所的可燃气体、粉尘或纤维等均为易燃易爆易挥发物质，并容易在生产、贮存、运输和使用过程中与空气混合，形成爆炸性混合物。在一些生活场所乱堆乱放杂物，木结构房屋明设的电气线路等，都构成了易燃易爆环境。

（2）引燃条件。在生产场所的动力、照明、控制、保护、测量等系统和生活场所中的各种电气设备和线路，有些电气设备在正常工作情况下就能产生火花、电弧和危险高温。如电气开关的分合；运行中发电机和直流电机电刷和整流子间；交流绕线电机电刷与滑环间总有或大或小的火花、电弧产生；弧焊机就是靠电弧工作的；电灯和电炉直接利用电流发热，工作温度相当高。这就具备了引燃或引爆条件。

电气设备引起火灾爆炸的原因分设备过热和电火花、电弧等原因。当电气设备和线路由于绝缘老化、积污、受潮、化学腐蚀或机械损伤等会造成绝缘强度降低或破坏，导致相间或对地短路、熔断器熔体熔断、连接点接触不良使电阻增大、发热增加、铁芯铁损过大导致磁滞和涡流损耗而发热。电气设备和线路由于过负荷（过载）或接触不良、散热不及时或散热量不足等原因都可能产生火花、电弧或危险高温。另外，静电、内部过电压和大气过电压也会产生火花和电弧。这些因素都能成为易燃易爆物质的点火源。

如果在生产或生活场所中存在着可燃可爆物质，当空气中可燃气体的含量超过其危险浓度或在电气设备和线路正常或事故状态下产生的火花、电弧等形成的危险高温的作用下，就会造成电气火灾和爆炸事故。

2. 电气防火防爆措施

为保证电气设备的安全使用，必须同时从正确选用电气设备和对电气设备进行良好的维护保养两个方面入手。具体要做到以下几点：

（1）合理选用电气设备。在易燃易爆场所必须选用防爆电气设备。防爆电气设备是指在运行中具备不引燃周围爆炸性混合物，不引起爆燃事故性能的特种电气设备。常用的各种电气设备包括电机、照明灯具、开关、断路器、仪器仪表、通信设备、控制设备等都有相应的防爆型式的产品。防爆电气有各种类型和等级，我国的防爆电气设备分为三大类：Ⅰ类防爆电气设备适用于煤矿井下；Ⅱ类防爆电气设备适用于爆炸性气体环境；Ⅲ类防爆电气设备适用于爆炸性粉尘环境。应根据场所的危险性和不同的易燃易爆介质的特性正确选用合适的防爆电气设备。

防爆电器的选型基本原则是：在整体防爆的基础上，安全可靠，经济合理。所谓"整体防爆"，就是将爆炸危险场所作为一个整体来考虑，按照防爆电气安全规程与有关技术规范的规定，根据爆炸危险场所中存在的危险物质的种类、特性，释放源出现的频度、时间以及通风状况等，选用相应的防爆电气设备。

选用防爆电气的级别、温度组别，不应低于该爆炸危险环境内爆炸性物质的级别和温度组别。当存在两种或两种以上爆炸性物质时，应按危险程度较高的级别和温度组别进行选用。

爆炸危险环境内应选用功率适当的防爆电气，并应相应符合环境中存在的化学、机械、温度、生物以及风沙、潮湿等不同环境条件对电气设备的要求，而且电气设备的结构还应满足在规定运行条件（如工作负荷特性、工作时间等）下，不降低防爆性能的要求。

（2）爆炸性气体环境防爆电气的选用。按目前我国的法规、标准规定，适用于爆炸性气体环境的防爆电气设备有多种型式。一个防爆电气设备可以采用一种防爆型式，也可以采用几种防爆型式的组合。不同防爆型式的电气设备，其安全程度是有差别的，因此应根据使用条件选择使用。

①防爆电气设备类型。

a. 隔爆型（d）。具有隔爆外壳的电气设备，是指把能点燃爆炸性混合物的部件封闭在一个外壳内，该外壳能承受内部爆炸性混合物的爆炸压力并阻止向周围的爆炸性混合物传爆的电气设备。这类设备的安全性能较高，可用于除 0 区外的各级危险场所。

b. 增安型（e）。正常运行条件下，不会产生点燃爆炸性混合物的火花或危险温度，并在结构上采取措施，提高其安全程度，以避免在正常和规定过载条件下出现点燃现象的电气设备。这类防爆电气设备适用于 1 级和 2 级危险区域。

c. 本质安全型（i）。在正常运行或在标准实验条件下，所产生的火花或热效应均不能点燃爆炸性混合物的电气设备。

d. 正压型（p）。具有保护外壳，且壳内充有保护气体，其压力保持高于周围爆炸性混合物气体的压力，以避免外部爆炸性混合物进入外壳内部的电气设备。某些大、中型电气设备，当采用其他防爆结构有困难时，可采用正压型结构。

e. 充油型（o）。全部或某些带电部件浸在油中使之不能点燃油面以上或外壳周围的爆炸性混合物的电气设备。工作中经常产生电火花以及有活动部件的电气设备，可以采用这种防爆型式。

f. 充砂型（q）。外壳内充填细颗粒材料，以便在规定使用条件下，阻止外壳内产生的电弧、火花传播，壳壁或颗粒材料表面的过热温度均不能够点燃周围的爆炸性混合物的电气设备。这类设备只适用于没有活动部件的电气设备，可用于 1 级或 2 级危险区域场所。

g. 无火花型（n）。在正常运行条件下，不产生电弧和火花，也不产生能够点燃周围爆炸性混合物的表面高温或灼热点，且一般不会发生有点燃作用的故障的电气设备。主要用于 2 级危险场所，使用范围较广。

h. 防爆特殊型（s）。在结构上不属于上述各型，而是采取其他防爆形式的电气设备。例如，将可能引起爆炸性混合物爆炸的部分设备装在特殊的隔离室内或在设备外壳内填充石英砂等。

i. 浇封型（m）。将可能产生点燃爆炸性混合物的电弧、火花或高温的部分浇封在浇封剂中，在正常运行和认可的过载或认可的故障下不能点燃周围的爆炸性混合物的电气设备，有时也将此种类型归为防爆特殊型防爆电器。

②防爆电气设备标志。电气设备铭牌的右上方有明显的标志"EX"；应顺次标明防爆类型、类别、级别、温度组别等防爆标志。

③防爆电气设备的选用。根据危险区域等级及要求，选定防爆电气设备类型。爆炸危险场所电气设备防爆类型选型见表 4 - 9。

表 4 – 9　　爆炸危险场所电气设备防爆类型选型

爆炸危险区域	适用的防爆型式	
	电气设备类型	符号
0 区	本质安全型（ie 级） 其他特别为 0 区设计的电气设备（特殊型）	Ias s
1 区	适用于 0 区的防护类型 隔爆型 增安型 本质安全型 充油型 正压型 充砂型 其他特别为 1 区设计的电气设备（特殊型）	d e ib o p q s
2 区	适用于 0 区或 1 区的防护类型 无火花型	n

（3）爆炸性粉尘环境防爆电气设备的选用。在生产、加工、处理、转运或储存过程中出现或可能出现爆炸性、可燃性粉尘，可燃性纤维与空气形成的混合物的场所，应根据防爆要求选用合适的防爆电气设备。

爆炸性粉尘场所的防爆电气选用原则为：除需执行前述防爆电气设备通用技术条件外，还要求满足在此环境内所用的有可能过负荷的电气设备，应安装可靠的过负荷保护；本场所的事故排风用电机，应在生产装置发生事故情况下便于操作处设置其紧急启动开关，或者设置与事故信号、报警装置联锁的启动装置；本环境内应尽量少装插座及局部照明灯具。如必须安装，插座宜安置在爆炸性粉尘不易积聚处，灯具宜安置在事故发生时气流不易冲击处。

爆炸性粉尘环境防爆电气设备选型，可参考表 4 – 10 的要求。

表 4 – 10　　爆炸性粉尘环境防爆电气设备选型

危险等级 粉尘类别	10 区	11 区	危险等级 粉尘类别	10 区	11 区
爆炸性粉尘	DT	DT	可燃性非导电性粉尘	DT	DP
可燃性导电粉尘	DT	DT	可燃纤维	DT	DP

由于电气火灾是由电火花或电器过热引燃周围易燃物所形成，电器安装的位置应适当避开易燃物。在电焊作业的周围以及天车滑触线的下方不应堆放易燃物，使用电热器具、灯具时要防止烤燃周围易燃物。

（4）其他应注意的事项。在爆炸危险场所的环境条件下，保持通风设施处于良好状态，能降低爆炸性混合物的浓度，从而可以防止危险事故的发生。

3. 电气设备灭火器材的选用

电气设备的火灾有两个特点：一是着火电气设备可能带电；二是有些电气设备充有大量冷却油，可能发生喷油或爆炸，造成火焰蔓延。

带电灭火不可使用直流水枪和泡沫灭火器，以防扑救人员触电，应使用二氧化碳、七氟丙烷或干粉灭火器等。带电灭火一般只能在 10kV 以下的电气设备上进行。

电机着火时，可用喷雾水灭火，使其均匀冷却，以防轴承和轴变形，也可用二氧化碳、七氟丙烷等灭火，但不宜用干粉、沙子、泥土灭火，以免损坏电机。

变压器等电器发生喷射燃烧时，除切断电源外，有事故储油坑的应设法将油导入储油坑，坑内和地上的燃油可用泡沫扑灭。要防止燃油流入电缆沟并使火焰蔓延，电缆沟内的燃油亦只能用泡沫覆盖扑灭。

三、静电危害

在日常生活和工业生产中，静电现象是一种较为普遍的自然现象，人们一方面利用静电进行生产活动，如利用静电进行除尘、喷漆、植绒和复印等，另一方面要防止静电给生产生活带来危害。统计结果表明，静电危害涉及十多个行业，仅美国平均每年由静电所造成的损失就达 200 多亿美元。我国仅石化行业近年来就发生了数十起较大的静电事故，影响生产的正常进行，甚至诱发火灾、爆炸等恶性事故，造成人员伤亡和财产损失。因此，如何进行静电防护及控制是相关行业最为关注的安全问题之一。

（一）产生静电的原因

1. 静电产生的原理

当两个物体相互紧密接触时，在接触面产生电子转移，而两物体分离时造成这两个物体各自正、负电荷过剩，由此形成分离后的两个物体带有静电。两种不同的物质相互之间接触和分离后带的电荷的极性与各种物质的电子逸出功有关。所谓电子逸出功是使电子脱离原来的物质表面所需要的能量。两物质相接触，甲物质的逸出功比乙物质的逸出功大，则甲对电子的吸引能力比乙强，电子就会从乙转移到甲，于是电子逸出功较小的物质失去电子带正电，而逸出功大的物质就可在此过程中获得电子而带负电。如果带电体的电阻率高，导电性能差，则在该物质中的电子移动困难，静电荷易于积聚，从而形成静电。

2. 影响静电产生和积聚的因素

产生静电的因素有许多种，而且往往是多种因素的综合作用。

（1）内因：物体的电子逸出功是静电产生的主要内因，物体的电阻率大小是静电能否积聚的重要原因。

物体上产生了静电，能否积聚主要取决于物体的电阻率。导电体难于积聚静电，而绝缘体能积聚足够的静电而引起各种静电现象。

一般汽油、苯、乙醚等有机溶剂的电阻率在 $10^{10} \sim 10^{13} \Omega \cdot cm$ 之间，它们容易积聚静电。金属的电阻率小，电子运动的阻力小，所以两种金属接触分离后，呈现不出静电现象。水是电的较好导体，但当少量的水混杂在绝缘的液体中时，因水滴与绝缘液体的相对运动会发生摩擦而产生静电，从而导致静电量增多。金属是良导体，通常情况下是不能产生静电的，但当其粉末被悬浮于空中后就与绝缘体一样，也会带有静电。

（2）外因：产生静电的外因有许多种，通常是几种因素共同作用。除两物体的直接接触、分离起电外，带电微粒附着到绝缘固体上可使之带静电；在电场中物体可产生感应静电；固定的金属与流动的液体之间会出现电解起电；固体材料在机械力作用下产生压电效应；流体、粉末喷射时，与喷口摩擦而使喷出的流体或粉末产生静电。因此，当高压可燃气体容器发生泄漏，易燃气体快速喷出时，极易因静电作用而产生燃烧爆炸事故。

接触—分离的两物质的种类及组合不同，会影响静电产生的大小和极性。通过大量实验可知，按照不同物质相互摩擦时带电极性的顺序，排出了静电带电序列表。下面是一个典型的静电序列表：

（＋）玻璃—头发—尼龙—人造纤维—绸缎—醋酸人造丝—人造毛丝—纸纤维和滤纸—黑橡胶—维尼纶—莎纶—聚酯纤维—电石—聚乙烯—赛璐珞—玻璃纸—聚四氟乙烯（－）

在上述序列表中任何两个物体紧密接触并迅速分离后，排位靠前的物体带正电荷，而排位靠后的物体带负电。在序列表中两物体所处的位置间隔越大，静电的起电量越大。

3. 静电种类

（1）固体静电：固体物质大面积的摩擦，如纸张与辊轴，橡胶或塑料碾制过程中，传动皮带与皮带轮、传送皮带与导轮的摩擦等；固体物质在压力下接触后分离，固体物质在挤出过滤时与管道、过滤器等发生的摩擦，固体物质的粉碎、研磨和搅拌过程及其他一些类似的工艺过程均可能产生静电。

（2）粉体静电：粉体是固体的一种特殊形态，与整块固体相比，粉体具有较大的比表面积、分散性和悬浮性等特点。由于它的分散性，表面积增加，使得其更容易产生静电。粉体的悬浮性又使得像铝粉、镁粉等金属粉体通过空气与地绝缘，也能产生和积聚静电，因此粉体比一般固体具有更大的静电危险性。粉体静电大小与粉体材料性质、输送管道、搅拌器或料槽材料性质、粉体的颗粒大小和表面几何特征、工艺输送速度、运动时间长短、载荷量等有关。

（3）液体静电：液体在输送、喷射、混合、搅拌、过滤、剧烈晃动过程中，会产生带电现象。如在石油工业中，从原油的储运，半成品、成品的加工过程中，反复的加温、加压、喷射、输送等过程，都会产生大量的静电，有时达到数千至数万伏，一旦放电可造成非常严重的后果。液体的带电与液体的电阻率、液体所含杂质、管道材料和管道内壁情况、容器的几何形状、液体的速度等情况有关。

（4）气体（蒸汽）静电：纯净的气体在通常条件下不会引起静电，但由于气体中往往含有悬浮液体微滴或灰尘等固体微粒，当高压喷出时相互间摩擦（接触）—分离，能产生较强的静电，如二氧化碳气体由钢瓶中喷出时产生的静电可达 8 kV。

气体静电与气体的性质、喷出速度、管径及材质、包含的液体和固体微粒的性质、容器的几何形状、压力、密度及温度等都有较大的关系。

（5）人体静电：通常情况下，人体的电阻在数百欧姆至数千欧姆之间，因此可以说人体是电的良导体，不易积聚静电。但当人们穿着一定的服装时，在干燥环境中人体就成了绝缘体。在此情况下，当人的各种活动有利于静电产生时，就会形成静电的积聚体。有时可产生几千甚至上万伏的静电电位。如相对湿度小于40%的情况下，人从铺有 PVC 薄膜的软椅上突然起立时，可产生 18kV 的静电电位。

人体在静电场中也会感应起电，如果人体与地绝缘，就成为独立的带电体。如果空间存在带电颗粒，人们在此环境中可产生吸附带电。人体静电的极性和数值受所处的环境的温度、湿度，所穿内、外衣的材质，运动速度及对地电容等因素的影响。

由于人是处于运动状态的，因此人体静电往往会造成一些意想不到的危害和事故，因此对人体静电应引起高度重视。

（二）静电的消除及静电危害的防护

1. 防静电的主要场所

静电的主要危害是引起火灾和爆炸，因此，静电可能引起安全事故的场所必须采取防静电措施。具体有以下几个方面：

（1）生产、使用、储存、输送、装卸易燃易爆物品的生产场所。

（2）产生可燃性粉尘的生产装置、干式捕集法装置以及装卸此类物料的场所。

（3）易燃气体、易燃液体槽车和船的装卸场所。

（4）静电电击能产生危害的场所。

2. 防止静电的途径

防止和消除静电的主要依据是从静电产生与存在的原因入手。

（1）工艺控制法：工艺控制法就是从工艺流程、设备结构、材料选择和操作管理等方面采取措施，限制静电的产生或控制静电的积累，使静电的积累不能达到危险的程度。具体的方法有：限制输送速度，减小物料的摩擦起电；对静电的产生区和逸散区，采取不同的防静电措施；正确选择设备和管道的材料；合理安排物料的投入顺序；消除产生静电的附加源，如液流的喷溅、冲击、粉尘在料斗内的冲击等。

增加空气湿度可使物体表面形成一层水吸附层，从而降低绝缘体的表面电阻率，便于绝缘体通过自身泄放静电。因此，如工艺条件许可，可增加室内的相对湿度，当空气的相对湿度高于50%时，可基本消除静电的危害。

（2）泄漏导走法：泄漏导走法就是将静电接地，使之与大地相连接，消除导体上的静电。这是消除静电最基本的方法。可以利用工艺手段对空气增湿、添加抗静电剂，使带电体的电阻率下降或规定静置时间和缓冲时间等，使所带静电电荷得以通过接地系统导入大地。

常用的静电接地连接方式有静电跨接、直接接地和间接接地三种。静电跨接是将两个以上没有电气连接的金属导体进行电气上的连接，使之相互之间处于大致相同的静电电位；直接接地是将金属导体与大地进行电气上的连接，使金属体的静电电位接近于大地；间接接地是将非金属全部或局部表面与接地的金属紧密相连从而获得接地的条件。对不同材料选择正确的接地方式，对有效消除静电是十分重要的。一般情况下，金属导体应采用静电跨接和直接接地。在必要的情况下，为防止导走静电时电流过大，形成火花，造成危害或危险，需在接地的放电回路中串接限流电阻。

所有金属装置、设备、管道、储罐等都必须接地，不允许有与地相绝缘的金属设备或金属零部件。各专设的静电接地端子电阻应不大于100Ω。

不宜采用非金属管道输送的易燃液体。如必须使用非金属管道，应采用可导电的管子或内设金属丝、网的管子，并将金属丝、网的一端可靠接地或采用静电屏蔽。

（3）静电中和法：静电中和法是利用静电消除器产生的消除静电所必需的离子来实现对异性电荷的中和。静电消除法主要应用于非导体如橡胶、塑料、纸张等行业的生产过程中。静电消除器的型式主要有自感式、外接电源式、放射线式、离子流式和组合式等。

自感式和放射线式静电消除器适用于任何级别的场所。如在防爆场所内，应选用具有防爆性能的静电消除器。离子流型静电消除器主要适用于远距离和需防火、防爆的场所中。

3. 人体防静电措施

人体带有静电除了能使人受到电击和对安全生产构成威胁外，还能在精密仪器或电子器件的生产和使用中造成质量事故。因此消除人体所带有的静电是非常必要的。

（1）人体接地：在人体必须接地的场所，工作人员应随时用手接触接地棒，以清除人体所带的静电。在重点防火防爆场所的入口处、外侧，应有裸露的金属接地物，如采用接地的金属门、扶手、支架等。属 0 区或 1 区电气爆炸危险场所，且可燃物的最小点燃能量在 0.25 mJ 以下时，工作人员应穿着防静电鞋、工作服和手套。禁止在爆炸危险场所穿着化纤衣服及进行穿衣脱帽。

（2）工作场所地面导电化：特殊危险场所的地面，应具有导电性能和导电条件。这一要求可通过地面洒水或铺设导电地板来实现。工作地面泄漏电阻的阻值应控制在 $3 \times 10^4 \sim 10^6 \Omega$ 之间。

（3）安全操作：工作中应尽量不进行可使人体带电的活动，如接近或接触带电体，操作应有条不紊，避免急骤性的动作；在有静电危险的场所，不得携带与工作无关的金属物品，如钥匙、硬币、手表等；合理使用规定的劳动保护用品和工具，不准使用化纤材料制品；如使用化纤材料制作的拖布或抹布擦洗地面或物品等。

四、雷电保护

雷电是自然界存在的物理现象，是雷云层相互接近或接近大地，云层或地面感应出相反电荷。当电荷积聚到一定程度，会产生云和云间以及云和大地间放电，并发出光和声的现象。天空中带电荷的雷云对大地放电，这种强烈直击雷，称雷击。雷击不仅产生刺眼闪光和巨大雷声，而且产生的强大雷电流达几十千安至几百千安，同时产生 6 000 ～ 20 000 ℃ 的高温。所伴随的猛烈冲击波，对雷电附近的人畜生命安全造成严重威胁，使建筑房屋损坏，森林着火；对石油、电力、气象、通信、航空航天建筑设施造成严重破坏。沿着雷电流动方向，使周围数公里空间造成强大交变电磁场、静电场和强烈电磁辐射等物理效应。这些效应感应出来雷电压、雷电流通过供电线路、信号线路和各种金属管线传到各家各户，造成人员伤亡，特别对微电子设备（计算机、电视、通信设备、电气设备等）造成严重破坏，导致重大经济损失。雷电是年年发生的自然现象，根据有关方面统计资料报告，全球每年因雷电灾害造成的经济损失高达数十亿美元。国家气象局 1997—2006 年的雷击伤亡事故的不完全统计结果为：年平均雷击事故 1 万多起，平均每年伤 865 人，死亡454 人。

（一）雷电的分类和危害

1. 雷电的分类

从危害角度考虑，雷电可分为直击雷、感应雷（包括静电感应和电磁感应）和雷电侵入波等三种。

（1）直击雷：雷电直接击在建筑物上或其他物体上，产生电效应、热效应和机械力，在雷暴活动区域内，雷云直接通过人体、建筑物或设备等对地放电所产生的电击现象，称之为直接雷击。此时雷电的主要破坏力在于电流特性而不是放电时产生的高电位。

（2）感应雷：感应雷有静电感应雷和电磁感应雷两种，感应雷的破坏也称为二次破坏。静电感应雷是由于雷云接近地面，在地面感应物上感应出大量异性电荷，当雷云与其他物体放电后，凸出物顶部电荷失去束缚，产生对地面很高的静电电位，以雷电波形式沿凸出物以极快的速度泄放，此时当附近有可燃物就极易引发火灾和爆炸，而感应到正在联机的导线上就会对设备产生强烈的破坏性。电磁感应雷是因为雷击时雷电流变化梯度很大，在其周围空间会产生强大的交变磁场，使得周围的金属构件产生感应电流，一旦与其他金属设备接触或接近时，则可能向周围物体放电，产生火花而造成危害。

（3）雷电侵入波：雷电侵入波是雷击在架空线路或金属管道上产生的冲击电压，沿着线路或管道迅速传播侵入建筑物内，危及人身安全或破坏设备。

2. 雷电的破坏

雷电的破坏按其破坏因素可归纳为电性质破坏、热性质破坏和机械性质破坏三类。

（1）电性质破坏：雷电产生高达数万伏甚至数十万伏的冲击电压，可毁坏发电机、变压器、断路器，破坏绝缘子等电气设备的绝缘，烧断电线或劈裂电杆，造成大规模停电；绝缘损坏会引起短路，导致火灾或爆炸事故；二次放电（反击）的火花也可能引起火灾或爆炸；绝缘的损坏，如高压窜入低压，可造成严重触电事故；巨大的雷电流入地下，会在雷击点及其连接的金属部分产生极高的对地电压，可直接导致接触电压或跨步电压的触电事故。

（2）热性质破坏：当几十至上千安的强大电流通过导体时，在极短的时间内将雷电能量转换成大量热能。雷击点的发热能量为 $500 \sim 2\,000$ J，这一能量可熔化 $50 \sim 200$ mm^3 的钢。雷电流产生大量热的过程时间很短，热量不能及时散失，造成雷击点周围局部温度迅速升高，在雷电通道中产生的高温往往造成易燃物燃烧或金属熔化飞溅，进而酿成火灾。

（3）机械性质破坏：由于雷电的热效应，能使雷电通道中木材纤维缝隙和其他结构缝隙中的空气剧烈膨胀，同时使水分及其他物质分解为气体，因而在被雷击物体内部出现很大的压力，致使被击物遭受严重破坏或造成爆炸。

3. 雷电的危害

（1）雷电感应：雷电的强大电流所产生的强大交变电磁场合，会使导体感应出较大的电动势，还会在构成闭合回路的金属物中感应出电流。如果回路中有的地方接触电阻较大，就会局部发热或发生火花放电，可引燃易燃易爆物品。

（2）雷电波入侵：雷电在架空线路、金属管道上所产生的冲击电压，使雷电波沿线路或管道迅速传播。若侵入建筑物内，可将配电装置和电气线路的绝缘层击穿，产生短路或使建筑物内的易燃、易爆物品燃烧和爆炸。

（3）反击作用：当防雷装置受到雷击时，在接闪器、引下线和接地体上都具有很高的电势差。如果防雷装置与建筑物内的电气设备、电气线路或其他金属管道的距离很近，它们之间就会产生放电，这种现象称为反击。反击可能引起电气设备绝缘损坏、金属管道烧穿。

（4）雷电对人体的危害：雷击电流能迅速通过人体，可立即使呼吸中枢麻痹、心室纤颤、心跳骤停，以致使脑组织及一些主要脏器受到严重损害，出现休克或突然死亡。雷击时产生的火花、电弧，还可使人遭到不同程度的烧伤。

（二）防雷的基本措施

雷电灾害是一种常见的自然灾害，人类对雷电防护的认识和经验也是逐年提高的。200多年前，美国科学家富兰克林发明了避雷针，开创了人类雷电防护的新纪元。由接闪器、引下线、接地网构成建筑防雷措施，大大减少了建筑物因雷击造成的损失。随着科学技术发展，新型电子设备广泛应用，雷电流引起的感应雷击已成为电子时代的一大公害，全球每年因雷击造成的经济损失达数十亿美元，其中电子设备的损坏占绝大部分。因此，我国在20世纪90年代就颁发了国家标准《建筑物防雷设计规范》，同时通信、电力、广播电视、石油和铁路等电子产品密集部门，根据国家防雷规范，结合自身情况定出更加具体的行业防雷技术标准规范和要求。1999年我国又颁布《中华人民共和国气象法》，要求各级气象主管机构要统一领导协调全国对雷电灾害防御工作的组织管理。现代防雷技术的原则是全方位防护，综合治理。

1. 防雷装置

防雷装置包括接闪器、引下线、接地装置、电涌保护器及其他连接导体。

（1）接闪器：是用于直接接受雷击的金属体，包括避雷针、避雷带、避雷网等，主要安装于被保护设施的上方。由于它的位置原因，使其形成的感应电荷密度最大，电场最强，使雷云首先对其放电，从而使雷电流被定向导入地下，使被保护设施免受雷击。

（2）引下线：是用于将雷电从接闪器引导至地下的装置。引下线应满足机械强度、大电流通过、耐腐蚀和热稳定的要求，通常采用圆钢或扁钢制成，并采取镀锌或涂料等防腐措施。引下线禁止用铝线作材料。

引下线应取最短途径，尽量避免弯曲，并进行可靠固定。可以利用建筑物的金属结构作为引下线，但这些金属结构的连接点必须焊接可靠，保证其电阻率达到规定要求。

（3）接地装置：接地装置具有向大地泄放雷电流的作用。接地装置与接闪器一样应有防腐措施和要求。接地体一般采用镀锌钢管或角钢制作，其长度一般为2.5 m，垂直打入地下，其顶端应低于地面0.6 m，防止接地端过浅，雷击时形成跨步电压对人体造成伤害。接地体之间用圆钢或扁钢焊接，并用沥青漆防腐。

（4）电涌保护器：电涌保护器也称为电压保护器。它是一种限制瞬态过电压和分流电涌电流的器件。

2. 防雷的基本措施

（1）防直击雷。防直击雷的主要措施是装设接闪器作避雷器具，如避雷针、避雷线、避雷带及避雷网。

①避雷针是通过将雷电引向自身，从而保护其他物体免受雷击。多用于保护工业与民用高层建筑以及发电厂、变电所的室外配电装置、油品燃料储罐等设施。

避雷针分独立和附设两种。独立避雷针是离开建筑物单独安装，其接地装置一般也是独立的，接地电阻一般不超过10 Ω。附设避雷针安装在建筑物上，其接地装置可以与其他接地装置共用，沿建筑物四周敷设。附设避雷针与建筑物顶部的其他接闪器应互相连接起来。

露天装设的金属封闭容器，当壁厚大于4 mm时，一般可以不装避雷针，而利用金属容器本身作接闪器，但至少要有两个接地点，接地点间隔应小于30m。

②避雷线：避雷线主要用来保护架空线路免受直击雷的破坏。它加在架空线的上方，

并与接地装置连接，所以也称架空地线。

③避雷带和避雷网：它们是在建筑物沿屋角、屋脊、檐角和屋檐等易受雷击部位敷设的金属网络，主要用于保护高大的建筑物免受雷击。

（2）雷电感应的保护措施。雷电感应能产生很高的冲击电压，在电力系统中应与其他过电压同样考虑，可将室内外的金属设备、金属管道、结构钢筋予以接地。对于金属屋顶，可将屋顶妥善接地；对于钢筋混凝土屋顶，可将屋面钢筋焊接成金属网格并予以接地，保证这些金属体的电位相同，防止雷电感应的破坏。

对于金属管道，为防止雷电感应放电，平行管道相距不到 0.1m 时，每 20～30m 用金属线实现跨接；交叉管道相距不到 0.1m 时，也用金属线跨接；管道与金属结构之间距离小于 0.1m 时，同样用金属线跨接。

（3）雷电侵入波的保护措施。金属管道和架空电线在受到雷击时，所产生的高压若不能就近导入地下，则必然沿着管道或线路，传入相连接的设施，造成人身伤害和设备损失。因此，防雷电侵入波危害的主要措施是在雷电波未侵入前先将其导入地下。具体可采取以下措施：

①架空管道进入厂房处前100m，采取 2～4 处接地措施。

②在架空电力的进户端安装避雷器，避雷器上端接线路，下端接地。平时由绝缘间隙保持避雷器的绝缘状态，不影响电力线路的正常运行。当雷电波传来时，避雷器的绝缘间隙被高压击穿而接地，雷电波就不能侵入设施。雷击后，只要恢复避雷器的绝缘间隙，电力系统就可正常运行。

防止雷电侵入波的防护装置有阀型避雷针、管型避雷针和保护间隙，主要用于保护电力设备，也可用做防止高压电侵入室内的安全措施。

建筑物的进出线应分类集中布线，穿金属管保护并与其他金属体作等电位连接。

（三）建筑物的防雷措施

1. 建筑物防雷分类

根据建筑物的危险性和重要性，将建筑物的防雷等级分为三类：第一类防雷建筑物主要为处于爆炸危险环境的建筑物，如制造、使用或储存炸药、军火品等大量爆炸物质的建筑物；第二类防雷建筑物主要为国家重点建筑物，如国家级重点文物保护的建筑物、国家级的会堂、大型展览和博览建筑物、大型火车站、国宾馆等；第三类防雷建筑物主要为省级重点建筑物，如省级重点文物保护的建筑物、省级档案馆等。

2. 建筑物的防雷措施

（1）第一类防雷建筑物的防雷措施。

防直击雷：装设独立的避雷针或架空避雷线（网），网格尺寸不大于 5m×5m，并有独立的接地装置；对排放有爆炸危险性气体、蒸汽或粉尘的排风管道、呼吸阀等，其管口外的空间应处于接闪器的保护范围。

防雷电感应：建筑物内的设备、管道、构架、电缆金属外皮、钢窗等较大金属物和突出屋面的放散管、风管等金属物，均应接到防雷电感应的接地装置上；平行敷设的管道、构架和电缆金属外皮等长金属物，其净距小于 0.1m 时，每隔不到 30m 用金属线跨接。

防雷电波侵入：低压线路最好全线采用电缆直接埋地敷设，在入户端应将电缆的金属外皮、钢管接到防雷电感应的接地装置上；架空金属管道，在进出建筑物处应与防雷电感应的接地装置相连。

（2）第二类防雷建筑物的防雷措施与第一类的相同，所不同的是避雷网格的规格为不大于 $10m \times 10m$、接地电阻不大于 10Ω。

（3）第三类防雷建筑物的防雷措施与第一类的不同之处为，避雷网格的规格为不大于 $20m \times 20m$、接地电阻不大于 30Ω。

第三节　化工生产安全技术

由于化工生产的产品绝大多数都具有一定的危险性，从而使化工生产具有易燃、易爆、易中毒的危险性。同时化工生产中的高温、高压、有腐蚀性的生产工艺特点，导致化工生产较其他工业生产具有更大的危险性。这是化工生产中火灾爆炸事故多、职业病发生率高的主要原因。因此，安全生产安全技术就显得更为重要。

一、化工生产工艺过程安全技术

（一）典型化学反应的工艺安全技术

化工生产过程可以看成是由原料预处理过程、化学反应过程和反应产物的后处理过程三个基本环节构成的。其中，化学反应过程是化工生产过程的中心环节。各种化学品的生产过程中，以化学反应为主要处理方法可以概括为具有共同化学反应特点的典型化学反应，如氧化、还原、硝化、磺化、聚合、裂解等。

化学反应是有新物质形成的一种变化过程。在发生化学反应时，物质的组成和化学性质都发生了改变。化学反应以质变为其最重要的特征，同时还伴随着能量的变化。此过程必须在某种适宜条件下进行，这些条件包括物质本身结构条件和外部环境条件（温度、压力、催化剂等）。

由于化学反应过程物质变化多样，反应条件要求不同，反应设备结构复杂，所以在化工生产中要求掌握各种类型的化学反应特性及相关的安全技术技能。下面主要介绍一些典型的化学反应及其相关安全知识。

1. 氧化反应

狭义地讲，氧化是指物质与氧的化合过程；广义地讲，氧化是指物质失去电子的过程。氧化剂是指能使其他物质被氧化而失去电子、氧化值升高，本身得到电子被还原的物质。常见的氧化剂有氧气（空气）、过氧化氢、卤酸及其盐、高价金属元素的含氧酸及其盐（如高锰酸钾、重铬酸钾）等。

绝大多数氧化反应都是放热反应，这些反应很多是易燃易爆物质（如甲烷、乙烯、甲醇、氨等）与空气或氧气的反应，其物料配比有时接近爆炸下限。因此，这些反应的危险性很大。某些氧化反应能生成危险性更大、灵敏度更高的物质（如过氧化物），这些物质在高温、摩擦或撞击时便会分解而引燃或爆炸。

氧化反应的技术要点：

（1）由于氧化反应大多为放热反应，因此必须保证反应设备有良好的传热能力，同时保证冷却系统的可靠性，以防止反应过热。

（2）反应设备应有必要的安全防护装置。设置安全阀等紧急泄压装置，配置超温、超压、含氧量高限报警装置及安全联锁和自动控制装置。设备进出料要安装阻火器、水封等防火装置，以防万一发生火灾时起到阻止火焰蔓延、防止回火的作用。在设备系统中宜设置氮气、水蒸气等灭火装置。

（3）使用硝酸、高锰酸钾作氧化剂时，要严格控制加料速度、加料顺序，杜绝加料过量和错误加料。反应中不能间断搅拌，严格控制反应温度，防止温度超过被氧化物质的自燃点。

（4）氧化反应完成后，如氧化剂为氯酸盐、高氯酸盐等无机氧化剂，在干燥之前应用清水洗涤产品将氧化剂清洗干净，以防止未完全反应的氧化剂引燃烘干的产品。

2. 还原反应

还原反应是指物质得到电子的反应过程。还原剂是指能提供电子而自身被氧化的物质。常用的还原剂有氢气、硫化氢、硫化钠、锌粉、铁屑、甲醛、连二亚硫酸钠（保险粉）等。

大多数还原剂都是易燃物品。许多还原剂遇水，尤其是遇酸能发生自燃，因此还原剂在储存时应特别注意。

许多还原反应都有经过氢原子的过程，即还原剂先与其他物质反应（或自身分解）放出氢原子，这些氢原子有很强的还原活性，它易与反应物作用使其被还原而得到最终产品。但当氢原子的生成速率较大时，没有及时反应的氢原子相结合可生成氢气，或与氧化剂反应发出大量的热。因此，还原反应过程中，要注意加料速度和控制反应温度，防止氢生成速度过快，氢气逸出引起爆炸。如锌粉、铁屑、硼氢化物、锂铝氢（$LiAlH_4$）、氢化钠等遇水能生成氢气，同时释放大量的热量可将氢气点燃（金属锌、铁粉与水的反应慢，但与酸反应快）。

还原反应的安全技术要点：

（1）为防止氢气所引起的危险，必须遵守国家有关爆炸危险场所的安全规定。车间内的电气设备必须符合防爆要求，且不能在车间顶部敷设电线；厂房必须通风良好，设置天窗或风帽，防止氢气积聚；安装氢气浓度报警装置。

（2）可能造成氢腐蚀（氢脆）的场合，设备、管道的选材要符合要求并应定期检测。

（3）当用催化剂（雷氏镍、钯、铂等）活化氢气进行还原反应时，必须先用氮气置换反应器内的全部空气，并经过测定证实反应器内的氧含量达到安全标准，才能通入氢气。反应结束后以惰性气体将氢气置换完全后才能打开出料口，以免外界空气与反应器内的氢气在催化剂的作用下发生燃烧或爆炸。

（4）还原反应操作中必须严格控制温度、压力、加料速度等反应条件，避免生成爆炸危险性大的中间体。

（5）尽量采用危险性小、还原效率高的新型还原剂代替火灾危险性大的还原剂。

3. 硝化反应

硝化反应是指在有机化合物分子中引入硝基（—NO_2）取代氢原子生产硝基化合物的反应，常用的硝化剂是浓硝酸或浓硝酸与浓硫酸的混合物（俗称混酸）。硝化反应是生产染料、药物以及某些炸药的重要反应。

浓硝酸、浓硫酸与水混合的过程是强放热过程。因此，制备混酸时，应先用水将浓硫酸适当稀释，稀释过程应在有搅拌的情况下，将浓硫酸缓缓加入水中，并控制温度，防止温度升高过快导致硫酸液爆溅引发危险。在浓硫酸中加入硝酸也要缓慢进行，并不断搅拌散热，防止温度猛升而发生冲料及爆炸。

混酸具有强烈的氧化性、腐蚀性，必须严格防止触及棉、纸、布等有机物，以免发生燃烧爆炸。硝化反应液有很强的腐蚀性，要注意设备及管道的防腐问题，以防酸液泄漏。

硝化反应安全技术要点：

（1）硝化过程是一个放热过程，所以硝化需要在降温的条件下进行。大多数硝基化合物分子中既有氧化剂（硝基），又有还原剂（有机基团）。因此这些物质燃烧爆炸时不需要助燃剂，属爆炸危险性物质，只要达到自燃温度，就会发生燃烧爆炸反应。所以硝化系统的冷却是安全生产的关键，冷却水供应不能中断，防止温度迅速升高而产生事故。

（2）配制混酸时要按操作规范进行。

（3）采用多段式硝化可使硝化过程达到连续化，并使每次反应的投料减少，危险性减小。

（4）因硝化产物具有爆炸危险性，在出料或管道堵塞时，可用水蒸气慢慢疏通，不能用黑色金属敲打或明火加热。储存转运过程中应避免摩擦、撞击、高温、曝晒，不能接触明火、酸、碱。拆卸的管道、设备应移至车间外安全地点，用水蒸气反复冲洗，清除残留物，经分析合格后才能进行检修作业。

（5）硝化反应器应设有泄爆管和紧急排放系统，备好储有大量水的事故处理槽，一旦发生紧急情况，可将物料排入槽内，使酸液稀释而降低危险性。

4. 磺化反应

在有机物分子中引入磺基或其衍生物的化学反应称为磺化反应。磺化反应使用的磺化剂主要是浓硫酸、发烟硫酸，它们都是强烈的吸水剂，吸水的同时放出大量的热量。磺化剂具有腐蚀作用。磺化物的危险性小于硝基化合物，磺化反应的安全技术与硝化反应相似。

5. 氯化反应

氯化是指以氯原子取代有机化合物中的氢原子的反应。根据氯化反应的特点，氯化可分为热氯化、光氯化和催化氯化等。在不同条件下，可得不同的产品。常用的氯化剂有液态氯、气态氯、氯化氢气体、各种浓度的盐酸、磷酰氯、三氯化磷、次氯酸钙等，其中以氯气最为常用。

氯化反应也是放热反应，因此反应器需要冷却系统。有些氯化反应比较容易进行，反应温度较低，如芳烃的氯化；而有些氯化则不易进行，需要较高的温度，如烯烃的氯化需要300～500℃。此外，氯气和氯化反应的副产物氯化氢的腐蚀性很强，设备需要较好的防腐性能。

氯化剂是具有极大危险性的原料。氯气是强氧化剂，并且活性比氧气大，点火能比氧气低，能与可燃气体形成爆炸性混合气体；氯气是高毒性危险品，常以加压液化形式储存在钢瓶中。

氯化操作过程中的安全技术要点：

①车间厂房设计建造应符合国家有关爆炸危险场所的安全规范要求。通风良好，安装氯气检测装置；易燃易爆设备和部位应安装可燃气体报警设施并配备完善的消防设施。

②冬季气温较低，氯气的汽化速率低，为加快汽化，可用低于40℃的热水加热，但禁止以蒸汽或明火加热，以免温度过高，氯气汽化使钢瓶超压而爆炸。

③氯化反应是强放热反应，因此冷却系统要完全可靠，防止反应温度过高引起燃烧爆炸。

④由于三氯化磷、三氯氧磷等氯化剂遇水剧烈反应，不宜用水作冷却剂。

⑤氯化反应的原料及副产物氯化氢都是强腐蚀性物质，设备必须有完善的防腐能力，并做好日常检查维护工作，防止氯气或氯化氢泄漏造成污染和人员伤亡。

6. 裂解反应

广义地讲，凡是有机化合物在高温下分子断裂发生分解的反应都称为裂解。而石油化工中所谓的裂解是指较大分子量的石油烃在隔绝空气的条件下，分子发生分解的反应，生成小分子的烃类过程。在这个过程中还伴随着许多其他反应（如缩合反应）形成一些其他产物。

裂解反应有热裂解、催化裂解、水蒸气裂解、加氢裂解等不同类型。

裂解反应是将石油烃通过温度很高的裂解炉炉管，在很短的时间内完成反应。如时间过长，则石油烃易发生焦化，产生结焦现象而堵塞管道。

裂解反应的安全技术及注意事项：

（1）炉管结焦到一定程度后，应及时清除，防止流体阻力增加、传热受阻导致炉管温度过高而被烧穿，裂解气外泄而造成爆炸。

（2）保证裂解气的流动顺畅。要保证引风机运行可靠，防止裂解炉管内压力由负压变为正压而导致燃烧爆炸事故。因此必须设置联锁装置，一旦引风机出现故障，则裂解炉自动停止进料并切断燃料供应，同时继续供应稀释蒸汽，以降低可燃气浓度和带走炉膛内的余热。

（3）保持燃料供应的压力稳定，如燃料的供应压力降低，会使油嘴回火。因此，当燃料压力降低时，应有自动切断燃料油的供应和停止进料的装置。

7. 聚合反应

聚合反应是指由低分子单体合成聚合物的反应。聚合反应按反应形式有本体聚合、溶液聚合、乳液聚合和悬浮聚合等不同类型；按聚合物和单体元素的组成和结构类型可分为加聚反应和缩聚反应两大类。

聚合反应的单体大多数都是易燃易爆物质，聚合反应多在高压下进行，反应本身又是放热过程；聚合反应所使用的引发剂为有机过氧化物，其化学性质活泼，对热、震动和摩擦极为敏感，易燃易爆易分解。所以如果反应条件控制不当，很容易发生事故。

随着聚合反应的进行，许多聚合体系的黏度加大，不利于传热和传质过程，造成局部过热、堵塞而使反应失去控制。

聚合反应的安全技术要点：

（1）反应器的搅拌速度和内部温度应有控制联锁装置加以控制，并设置反应抑制剂添加系统，出现异常情况时能自动启动抑制剂添加系统，自动停车。高压系统应设爆破片等安全装置。

（2）严格控制工艺条件，保证设备的正常运转，确保冷却效果，防止暴聚。

（3）控制好过氧化物引发剂的配比，避免冲料。

（4）设置可燃气体的检测报警设备，电气设备采取防爆措施，消除各种火源。

（5）对易发生黏度增大导致危害的系统，在设计聚合管时在管内加装周期性脉冲发生装置，防止管路堵塞。

8. 电解反应

电解是指通电流于电解质溶液或熔融电解质时，在两个电极上发生的氧化还原反应。

电解是得到广泛应用的化学过程，化工生产中制备过氧化氢、氢氧化钠、高锰酸钾、氯气等都是利用电解反应来实现的。

电解反应的安全技术要点：

（1）电解反应过程中的操作电流较大，应做好相应的电气安全措施。

（2）水溶液电解时，大多都会产生氢气、氧气、氯气等危险化学品，应根据这些产物的特性做好防护措施。

（3）对水溶液电解的电解液的质量要严格控制。如电解食盐水过程中，阳极产生氯气，若电解液中有氨（或铵离子），则氯气与氨反应生成三氯化氮。三氯化氮是一种油状爆炸性物质，与许多有机物接触、被撞击或加热至90℃以上即发生剧烈的分解爆炸。若体系中的三氯化氮含量较低，则它可被电解产物氯气带至冷凝器。由于它的沸点比氯气高，在冷凝器处三氯化氮被富集，可聚集至具有破坏性的含量。氯碱厂在历史上曾多次发生由三氯化氮在冷凝器处富集后发生的爆炸事故，造成了严重的经济损失和人员伤亡事故。

（4）熔融电解质的电解要防止熔盐池的爆炸。如硝酸盐熔盐具有氧化性，要防止其与有机物或可燃物接触；电解生产金属钠、钾、铝等的熔盐池要防止水及水蒸气的进入，它们与水反应生成氢气易引发爆炸；熔盐即使不与水发生化学反应，但由于温度很高，当水进入熔盐时，会剧烈汽化，从而使体系的压力剧增，发生物理爆炸。

（二）化工生产单元安全技术

化工生产是反应物之间通过单元操作实现的，在这些操作单元中，有些需要高温、高压，有些要在一定条件下实现；物料要通过各种输送设备传送；反应物需要混合，产品需要分离等。这些操作过程都可能产生危险，在操作过程中需采取一定的安全技术以保证生产的正常进行。

1. 加热

温度是化工生产过程中最常见的控制条件之一。当温度高于室温时，加热是控制温度的基本方法，其操作的关键是按规定严格控制温度的范围和升温速度。

通常温度每升高10℃，化学反应速度增加2～4倍。因此，在升高温度时，尤其对于放热化学反应，要严格控制升温速率和反应速度，防止温度升高导致因反应速度过快，反应所释放的热量大于设备的散热能力而使化学反应失控，发生冲料甚至引起火灾和爆炸事故。

温度升高过快也能导致反应器超温，从而损坏设备，如过高的温度会破坏反应器的衬里，损坏密封器件等。

化工生产中的加热方式有直接明火加热（包括烟气加热）、蒸汽或热水加热、载体加热及电加热等。加热温度在90℃以下时，常用热水加热；加热温度为100～140℃时用蒸汽加热；超过140℃时用导热油等加热载体或烟道气加热；超过250℃时，一般用加热炉直接加热或电加热。

以高压蒸汽加热时，要求使用压力容器，须防止蒸汽泄漏或与物料混合，避免造成事故。

使用热载体加热时，要防止热载体循环系统堵塞，造成热油喷出的事故。同时要防止空气等与热油接触，造成导热油氧化、黏度增大而使性能下降，产生事故隐患。

直接明火加热的危险性较大，温度不易控制，可能造成局部过热损坏设备的情况。易燃物质不宜采用直接明火加热的方式。当加热温度接近或超过物料的燃点时，应采用惰性气体保护措施。若加热温度接近物料的分解温度，此生产工艺称为危险工艺，必须设法改进工艺条件，防止发生事故。

使用电加热时，电气设备要符合防爆要求。电加热的电热元件部分的温度较高，加热易燃物质时，要采用封闭式电炉，防止其与可燃、易分解物质直接接触，以免发生燃烧爆炸。

使用煤粉为燃料的加热炉时，应防止煤粉爆炸，可在制粉系统上安装爆破片。煤粉漏斗应保持一定储量，避免空气进入形成爆炸性混合物。

使用加热载体作介质加热，尤其是以熔盐为载体时，需注意对载体温度的控制。导热油温度过高会发生分解变质，如硝酸盐熔盐，温度过高或有机物质的混入，会产生爆炸的危险。

2. 冷却和冷冻

当化工生产过程中物料需要降低温度或散发反应热时，就需要冷却。通常，把物料冷却到15℃以上时，可以用空气或水作为冷却介质；冷却温度在 $0 \sim 15$ ℃之间时，可用地下水作冷却介质。

当冷却温度降至0℃以下时，称为冷冻。冷却温度在 $-15 \sim 0$ ℃之间时，可用添加抗冻剂的水作冷却介质，常用的抗冻剂有乙二醇或可溶性盐类（氯化钠、氯化钙等）。

更低的温度冷却常用低沸点物质的蒸发吸热过程实现，如氟里昂、氨蒸发时，可将温度降到 $-30 \sim -15$ ℃，干冰升华可获得 -78 ℃的低温，乙烯、丙烯的蒸发可获得 -100 ℃以下的低温，液态空气挥发可获得 $-193 \sim -186$ ℃的低温。致冷剂是通过压缩冷凝放热—蒸发吸热的循环来实现冷却过程的。

凡冷冻温度在 -100 ℃以上的为一般冷冻，而冷冻温度在 -100 ℃以下的称为深度冷冻。冷却操作时冷却介质供应不能中断，否则积热会使系统温度升高、压力增大而引起爆炸事故。在化工生产中，为保证较高的冷却效率，冷却介质的温度比物料所需温度低5℃以上。

开车前应先通冷却介质，停车时应先撤出物料，然后关闭冷却介质。有些凝固点较高的物料或物料浓度较高的溶液，遇冷易变得黏稠或产生暴晶现象，造成搅拌器卡住或管道堵塞的事故，因此需要注意控制冷却速率。

对于制冷系统的压缩机、冷凝器、蒸发器以及管路，应注意耐压等级和气密性，防止泄漏。此外，还应注意设备低温部分的材质选择，防止低温脆裂。

现有的冷冻剂都具有一定的危险性，如氨具有强烈的刺激性，爆炸极限为15.7% ～ 27.4% ，对许多有色金属具有强烈的腐蚀作用。氟里昂是一种对心脏毒性作用强烈的物质，并且对臭氧层有严重的破坏作用。乙烯、丙烷则是易燃物质，闪点低，爆炸极限范围大，对人体有麻醉作用。

因为致冷剂的工作温度较低，所以还要防止其中有水等凝固点高的物质混入，在低温下水被冻成冰而堵塞蒸发器，造成增压引起爆炸。

3. 加压和负压

凡操作压力超过大气压力的都属于加压操作。加压操作所使用的设备要符合压力容器的要求。加压系统不得泄漏，防止物料在压力作用下喷出，物料喷出过程中与泄漏口的材料摩擦产生静电，极易引起火灾爆炸事故。

加压设备中的各安全附件（见"压力容器"一节内容）和仪表必须齐全完好。

凡操作压力低于大气压力时称为负压操作。负压系统的设备也和压力设备一样，必须符合强度要求，防止大气压强将设备压扁。负压系统必须有良好的密封，防止空气进入设备内部。尤其是可燃物料系统，空气的进入将形成爆炸混合物，易引起爆炸。当需要恢复常压时，应等温度降低后，缓慢通入空气或惰性气体，防止自燃或爆炸。

4. 物料输送

在化工生产中，经常需要将各种原料、中间体、产品及副产物和废弃物从一个地方输送到另一个地方。由于所输送的物料的状态不同（块状、粉状、液体、气体），所采用的输送方式及机械也不相同，但不论采取何种形式的输送，保证它们在输送过程中的安全运行的目标是相同的。

固体块状和粉状物料的输送一般采用皮带输送机、螺旋输送器、刮板输送机、链斗输送机、斗式提升机以及气流输送等多种形式。这类输送除气流输送外的主要危害是机械伤害和机械故障，应加以防范。

气流输送设备除了其本身会产生故障、机械伤害外，最主要的问题是系统的堵塞和由静电引起的粉尘爆炸。粉料气流输送系统应保持良好的密闭性。其管道材料应使用导电材料并有良好的接地。如采用绝缘材料管道，则管外应采取导电接地措施。输送速度不应超过该物料允许的流速，并采取措施防止粉料堆积（最易堆积粉料的位置为气体流速变慢、流向发生改变的位置）。因此要定期并及时清理管道管壁，减少管道弯曲和变径。

在化工生产中，液体的输送是最常见的物料输送。流体的输送是在管道中进行的。除利用高度差产生的势能输送外，通常都使用各种泵完成液体的输送。泵的类型规格很多，需根据物料的特性和工艺要求进行合理选择。

泵类输送物料时，要控制流速在安全限度内，防止过高的流速产生静电危害。流体作用泵是以气体为动力的设备，应按压力容器的安全规范要求；在用流体作用泵输送可燃气体时，不能用压缩空气，而只能以惰性气体作压送介质，防止形成爆炸性混合物。

气态物料的输送设备主要有通风机、鼓风机、压缩机和真空泵。前三者为压缩气体以提供动力，真空泵是通过真空抽取气态物料。气体在压缩过程中，如不采取散热措施，随着压力增加，气体的温度升高且体积缩小。若气体为可燃物，则在压缩过程中可能达到其燃点，有燃烧爆炸的危险。所以，压缩机在工作时，要保证散热良好，防止高温的形成。可燃气体压缩输送前，必须彻底置换系统中的空气，防止形成爆炸性混合物。气体高速流动时易产生静电，因此，易燃气体输送时流速不宜过高，管道应接地良好，防止产生静电。氧化性气体输送时，严禁与油脂类物质接触。采用真空系统输送气态物料时，要确保设备密封，防止空气的吸入。输送易燃气体时，尽可能采用液环式真空泵。

5. 熔融

熔融是将固体物料通过加热使其熔化形成流体的操作。在化工生产中常需将某些固体物料熔融后进行化学反应。如生产金属钾就是将氯化钾熔融后通过电解制得的。熔融过程通常需要较高的温度，尤其是无机盐的熔融，温度可达 1 000℃以上。有机物的熔融温度较低，一般在 150～350℃之间，可采用烟道气、油浴或金属浴加热。

熔融的危险性主要取决于被熔融物料的性质、加热方式及加热设备。熔融过程的安全注意事项主要有以下几点：

①在熔融过程中，要防止高温熔融物料飞溅对人体的伤害（烧伤）。

②熔融前要分离除去有害杂质（原因见加热部分）。

③有些物质可通过添加助剂，使熔点降低，可减小熔融的危险性。如电解铝时，三氟化铝的熔点超过700℃，当加入冰晶石时，可使熔融温度下降至500℃以下，使操作更加安全。

④进行熔融操作时，加料量应适宜，一般不超过设备容量的2/3，防止物料熔化时溢出并发生火灾。

⑤熔融过程中要加强搅拌，防止局部过热而形成熔融物喷溅现象。

⑥有些物质在常温下不易燃烧，但在熔融状态下，则易于被点燃。如黄油在400℃以上时十分易燃，且燃烧放热量很大。

6. 干燥

干燥是利用干燥介质所提供的热能除去固体物料中的水分或其他溶剂的单元操作。干燥所用的介质有空气、烟道气及惰性气体。

干燥过程的传热方式有对流干燥、传导干燥和辐射干燥。所用的干燥设备有厢式干燥机、喷雾干燥机、滚筒干燥机、真空干燥机等。

易燃爆炸物料的干燥是生产中最易发生事故的操作过程。干燥过程的安全控制主要有：干燥温度、干燥时间和干燥气氛。

易燃易爆物料干燥时，干燥介质不能选用空气或烟道气。采用真空干燥易燃易爆物料比较安全，真空干燥可在较低的温度下使溶剂蒸发，防止了空气与易燃易爆物料的混合。

固体物料干燥过程通常是连续化生产的，物料处于流动状态，随着溶剂的挥发，固体物料逐渐转化为粉末形式，这些粉末在移动过程中形成粉尘，与空气混合后极易爆炸，因此要防止空气进入干燥设备内。通过控制温度、空气等，使这些粉尘不能形成爆炸性混合物。同时要保持设备的密闭，防止可燃粉尘泄漏至作业环境中。

由于干燥过程是在流动中进行的，要防止物料迅速运动及相互激烈碰撞、摩擦产生静电危害。

7. 蒸发与蒸馏

蒸发是借加热作用使溶液中的溶剂不断挥发，以提高溶液中溶质的浓度或使溶质达到过饱和而析出的物理过程；蒸发按其操作压力不同可分为常压、加压和减压蒸发。按蒸发所需热量的利用次数不同可分为单效蒸发和多效蒸发。

蒸发的溶液都具有一定的特性。如溶质在浓缩过程中可能会结晶、产生沉淀或污垢，这些都能导致传热效率的降低，并造成局部过热，促使物料分解、燃烧和爆炸，因此要控制蒸发温度。为防止热敏性物质的分解，可采用真空蒸发的方法来降低蒸发温度；或采用高效蒸发器增加蒸发面积，减少停留时间。

对具有腐蚀性的溶液，要合理选择蒸发器的材质，必要时做防腐处理。

蒸馏是借流体混合物中各个组分沸点的不同，使其分离为单组分物质的操作。化工生产中是通过塔底的加热和塔顶的回流实现多次部分汽化、多次部分冷凝，使气液两相在传热的同时进行传质，使气相中的易挥发组分的浓度从塔底向上逐渐增加，使液相中的难挥发组分的浓度从塔顶向下逐渐增加。

蒸馏操作可分为间歇蒸馏和连续蒸馏。按压力分为常压、减压和加压蒸馏。此外还有特殊的蒸馏方法——蒸汽蒸馏、萃取蒸馏和分子蒸馏等。对沸点差异较大的组分分离，通常采用间歇蒸馏；对沸点接近的组分分离或产品纯度要求较高时，通常采用连续精馏。

在安全技术上，对不同的物料应选择正确的蒸馏方法和设备。对低沸点（≤30℃）的物料，常采用加压蒸馏；对中沸点（50～140℃）物料，常采用常压蒸馏；而对高沸点（>150℃）及热敏性物料，在沸点时易发生分解、聚合等反应，应采用减压（真空）蒸馏。在常压下沸点较高，或在沸点时容易分解的物质，以及高沸点物料与不挥发杂质的分离，也可采用水蒸气蒸馏的方法，但水蒸气蒸馏的物料只限于产品在水中的溶解度较小的情况。

通常蒸馏中的物料都属于易燃和可燃物料，它们的蒸馏不得采用明火作为热源；蒸馏腐蚀性液体，应防止塔壁、塔盘的腐蚀导致易燃液体或蒸汽逸出发生燃烧爆炸事故；自燃点低的物料蒸馏，要注意系统的密闭，防止因泄漏（包括蒸汽逸出和空气进入系统）产生自燃。

对于高温的蒸馏系统，要防止冷却水突然漏入蒸馏塔内，遇高温突然汽化使塔内压力骤然增加而发生爆炸事故。

减压（真空）蒸馏操作中，要严格按操作顺序进行。真空阀门、冷却器阀门、加热蒸汽阀门依次打开，否则可能使物料被吸入真空系统，并引起冲料，使设备受压。减压蒸馏易燃易爆物质蒸馏完毕后，待设备冷却后，需充入惰性气体后，再停止真空系统的运行，以防止空气进入热的蒸馏系统引起燃烧爆炸。

对醚类物料进行蒸馏时，要特别注意过氧化物的影响。醚类物质在储存过程中，在光的照射下能与氧发生反应生成有机过氧化物，这些有机过氧化物属高度爆炸危险性化合物。过氧化物的沸点比醚类的沸点高，蒸馏过程中，随着醚类物料的挥发，过氧化物的浓度增加，到蒸馏的后期阶段，醚类含量减少，温度急剧升高，一旦达到过氧化物的分解温度，可产生严重的爆炸事故。因此醚类物料在蒸馏前需先检验过氧化物的含量，并以还原剂与其反应完毕，然后才能进行。

（三）化工生产关键装置及要害部位的安全管理

1. 关键装置要害部位的安全管理

为了避免发生重大、特大生产事故，保障生产进行和职工生命安全，对于生产过程中易于发生事故的危险程度较大的关键装置和要害部位，必须执行严格的安全管理，是防止事故发生的行之有效的措施。对关键装置和要害部位的管理要做到以下几个方面：

（1）制定本单位的关键装置要害（重点）部位安全管理制度。原则是对其实行严格的动态管理和监控。

（2）在对本单位进行全面安全评价的基础之上，确定本单位的关键装置要害（重点）

部位，并建立档案备案。

（3）根据管理需要，可以按照关键装置要害部位的危险程度进行分级管理和监控。

（4）工艺、技术、机动、仪表、电气等有关部门应按"安全生产责任制"的要求，对关键部位的安全运行实施监控管理。按照本单位的规定，定期进行专业安全检查。具体要求如下：

①各项工艺指标必须符合"安全操作规程"和"工艺卡片"的要求，不得随意改变工艺条件或超负荷运行。

②各类动、静设备必须达到完好标准，静密封点泄漏率小于规定指标。压力容器及其安全附件符合《压力容器安全监察规程》的要求。对关键机组实行"特级维护"并制定特护管理规定，严格执行。

③仪表管理符合有关规定，达到有关规定要求的完好率、使用率及自控率。仪表联锁不得随意摘除，严格执行"联锁摘除管理规定"。

④各类安全设施、消防设备等按照规定配备齐全，符合要求，消防通道保持畅通。

⑤关键装置所在车间应确定关键部位的安全监控危险点，必要时，应绘制危险点分布图，并按照规定进行检查、监督，对查出的隐患和问题，应及时整改或采取有效防范措施。车间无法处置时应及时报告上级有关部门。

⑥班组应严格执行巡回检查制度，严格遵守工艺、操作、劳动纪律和安全操作规程。发现险情、隐患应及时报告有关部门。

⑦岗位操作人员必须经培训，考核合格后，持证上岗。

⑧根据本单位的实际需要和可能，设置关键装置专职安全工程师。

2. 要害岗位的安全管理

（1）凡是易燃、易爆、危险性较大的生产岗位，易燃、易爆、剧毒、放射性物品的仓库，贵重机械、精密仪器场所以及生产过程中具有重大影响的关键岗位，都属于生产要害岗位。

（2）要害岗位应由保卫（消防）、安全和生产技术部门共同认定，经厂长（经理）审批，并报上级有关部门备案。

（3）要害岗位人员必须具备较高的安全意识和较好的技术素质，并由企业劳资、保卫、安全部门与车间共同审定。

（4）制定和完善关键装置要害部位各种应急处理预案，并及时修订、补充到有关操作规程中。按照规定，定期组织有关单位、人员进行应急预案的实际演练，提高处置突发事故的能力。

（5）应建立、健全严格的要害岗位管理制度。凡外来人员，必须经厂主管部门审批，并在专人陪同下经登记后方可进入要害岗位。

（6）要害岗位施工、检修时必须编制严密的安全防范措施，并到保卫、安全部门备案。施工、检修现场要设监护人，做好安全协调及保卫工作，认真做好详细记录。

二、化工生产岗位操作安全技术

在化工生产的各类事故中，人的因素是主要事故原因之一。因此，对化工生产岗位的操作安全技术要有严格要求。只有通过相关的技术培训，按照操作规程严格操作，才能避免错误操作，有效防止或降低化工生产事故的发生。

（一）化工生产开、停车岗位操作安全

在化工生产中，开、停车的生产操作是衡量操作工人水平高低的一个重要标准。随着化工先进生产技术的迅速发展，机械化、自动化水平的不断提高，对开、停车的技术要求也越来越高。开、停车进行得好坏，准备工作和处理情况如何，对生产的正常进行都有直接影响。开、停车是安全生产中最重要的环节之一。

化工生产中的开、停车包括基建完工后的第一次开车，正常生产中开、停车，特殊情况（事故）下突然停车，大、中修之前的停车和之后的开车等。

化工生产开车岗位操作安全包括：

（1）正常开车时，执行岗位操作法。

（2）较大系统开车时，必须预先制订开车方案（包括事故救援预案），并严格执行。

（3）开车前应做好下列准备工作：

①确认水、电、汽（气）符合开车要求，各种原料、材料、辅助材料的供应齐备；

②检查阀门的开闭状态及盲板抽堵情况，保证装置流程畅通，各种机电设备及电器仪表等均合格；

③保温、保压及清洗的设备要符合开车要求，必要时应重新置换、清洗和分析，使之处在完好状态，保证开车过程正常进行；

④确保安全、消防设施完好，通讯联络畅通，并通知消防、医疗卫生要求等有关部门；

⑤各项检查合格后，按规定办理开车操作手续，投料前必须进行分析验证。

（4）危险性较大的生产装置开车，相关部门人员应到现场。消防车、救护车处于备防状态。

（5）开车过程中应严格按开车方案中的步骤进行，严格遵守升降温、升降压和加减负荷的幅度要求。

（6）开车过程中要严密注意工艺的变化和设备的运行情况，发现异常现象应及时处理，情况紧急时应终止开车，严禁强行开车。

（7）开车过程中应保持与有关岗位和部门之间的联络。

（8）必要时停止一切检修作业，无关人员不准进入开车现场。

（二）化工生产停车岗位操作安全

（1）正常停车按岗位操作法执行。

（2）较大系统停车必须编制停车方案，并严格按停车方案中的步骤进行。

（3）系统降压、降温必须按要求的幅度（速率）按先高压后低压的顺序进行。凡须保温、保压的设备（容器），停车后要按时记录压力、湿度的变化。

（4）大型传动设备的停车，必须先停主机，后停辅机。

（5）设备（容器）卸压时，应对周围环境进行检查确认，要注意易燃、易爆、有毒等危险化学物品的排放和扩散，防止造成意外事故。

（6）停车后要妥善处理设备、管道、容器中的危险化学物质，防止事故发生。

（7）冬季停车后，要采取防冻保温措施，注意低位、死角及水、蒸汽管线、阀门、疏水器和保温伴管的情况，防止冻害的发生。

（三）化工生产运行岗位操作安全

生产装置在投入使用前，应结合生产实际，组织技术人员和操作能手编制工艺规程、岗位操作法和安全技术规程。当引进新工艺或改变工艺条件时，要逐级审查批准，重新修订操作规程，及时印发到岗位，组织员工学习新工艺操作法，做到人人会讲、会背、会操作。严禁擅自修改工艺操作规程和工艺流程指标，更不许对设备进行试验性操作，否则难以保证正常投产运行，容易导致生产事故的发生。化工生产岗位安全操作安全要点如下：

（1）必须严格执行工艺技术规程，遵守工艺纪律，做到平稳运行。

为此，在操作中要注意将主要的工艺参数指标严格控制在工艺要求的范围内，不得擅自违反，更不得擅自修改。

（2）必须严格执行安全操作规程。

安全操作规程是生产经验的总结，往往是通过血的教训，甚至付出生命的代价换来的。安全操作规程是保证安全生产，保护职工免受伤害的护身法宝，必须严格遵守，不允许任何人以任何借口违反。

（3）控制溢料和漏料，严防"跑、冒、滴、漏"。

可燃物泄漏是导致火灾爆炸事故的主要原因之一，造成漏料的原因很多，有设备系统缺陷、故障原因，有技术方面的原因，有维护管理方面的原因，更有人为操作方面的原因。对于已经投产运行的生产装置，预防漏料的关键是严禁超量、超温、超压操作，防止误操作，加强设备系统的维护保养，加强巡回检查，对"跑、冒、滴、漏"现象，做到早发现、早处置。"物料的泄漏率"的高低，在一定程度上反映了单位生产管理和安全管理的水平。

（4）不得随便拆除安全附件和安全联锁装置，不准随意切断声、光等报警信号。

安全附件是将机械设备的危险部位与人体隔开，防止发生人身伤害的设施。安全联锁装置是当出现危险状态时，强制某些部件或元件联动，以保证安全的设施。报警设施是动用现代电子技术，在发生危险状态时，通过自动信息采集系统和自动识别系统获取危险状态的信息，并以声、光、色、味等信号，提出警告以引起人们的注意，同时采取相应措施，避免危险。不允许任何人以任何借口拆除。

（5）正确穿戴和使用个体防护用品。

穿戴、使用个人防护用品是保护职工安全、健康的最后一道防线。在特殊场合，个人、防护用品也是安全生产的保证。如在有可燃气的场合，不适当的服装可能导致静电的产生，造成严重的火灾爆炸事故。因此，每个职工应严格按照规定正确穿戴使用。

（6）严格安全纪律，禁止无关人员进入操作岗位和运用生产设备、设施和工具。

（7）正确判断和处理异常情况，在紧急情况下，应先处理后报告（包括停止一切检修作业，通知无关人员撤离现场等）。

（四）化工生产停、开车方案编写要求

1. 职责与分工

化工生产的停、开车方案编写之前，首先需进行方案编写人员的组织工作。其中，生产副厂长和总工程师为化工生产装置停、开车管理的主管领导。生产处负责化工生产装置停、开车方案的组织编制和实施。化工生产车间负责化工生产装置停、开车方案的具体落实。

2. 管理内容与要求

化工生产装置大检修开始前一个月，装置所在车间应编制完成停、开车方案，一式三份，由生产副主任签字后报送生产处。停、开车方案以生产车间为单位进行编写。由生产处组织安全环保处、机动处等有关处室进行审核，并于大检修开始前半个月审核完毕，报生产副厂长或总工程师批准，批准后由生产处组织实施。

3. 停、开车方案编写内容要求

（1）停车方案编写的主要内容要求如下：

①停车时间；

②停车前的准备工作及必备条件；

③停车主要注意事项；

④停车顺序示意图；

⑤停车的关键操作步骤；

⑥清洗置换排放示意图；

⑦生产装置清洗置换放空分析点一览表；

⑧盲板安装示意图；

⑨"三废"排放及处置。

（2）开车方案编写主要内容要求如下：

①开车时间；

②开车前的准备工作及必备条件，开车中的主要注意事项；

③气密性试压步骤和要求；

④单体传动试车步骤和要求；

⑥拆除盲板，水试车步骤及要求；

⑦开车顺序示意图；

⑧开车操作步骤；

⑨大检修后工艺、设备、管线的变更记录。

（五）化工生产紧急情况处理措施

（1）发现或发生紧急情况，必须先尽最大努力妥善处理，防止事态扩大，避免人员伤亡，并及时向有关部门报告。

（2）工艺及机电设备等发生异常情况时，应迅速采取措施，并通知有关岗位协调处理。必要时，按步骤实行紧急停车。

（3）发生停电、着火、停汽（气）时，必须采取措施，防止系统超温、超压、跑料及机电设备损坏。

（4）发生爆炸、着火、大量泄漏等事故时，应首先切断气（物料）源，同时迅速通知相关岗位采取措施，并立即向上级部门报告。

第四节　化工机械设备安全技术

一、化工机械设备安全技术概述

机械设备是人类进行生产的重要工具，是现代生产和生活中必不可少的设备。在科技日新月异发展的今天，机械设备的功能不断增加，数量不断增长，使用范围不断扩大，一方面给人们带来高效、快捷和方便，另一方面也带来了一些不安全因素。机械安全是发展机械生产的必然要求。

机械安全是由组成机械的各部分和整机的安全状态以及使用机械的人的安全行为来保证的。机械的安全状态是实现机械系统安全的基本前提和物质基础。

（一）化工机械设备分类

机械设备是实现化工生产必不可少的组成部分。通常可以将其分为通用机械设备和化工专用设备两大部分。

通用机械设备是属于各个行业中都得到普遍应用的通用机械设备，使用较多的化工机械设备有锅炉、风机、各种类型的泵、起重机械等。这些设备和机器的主要作用与它们在其他行业中的应用与作用相同。

化工专用设备可分为化工静设备和化工机器。

化工静设备有盛装化工介质的各种化工容器（包括罐、槽、池等）、提供能量交换的各种形式的换热器、化工过程中提供反应场所的种类化学反应器（有槽形、塔形、管道形、釜形等）、化学物质的分离设备和专用加热窑炉（如管式炉、隧道窑等）。

化工机器主要有物料传送设备如风机、各种类型的泵等，本类设备机器还包括气体压缩机、离心机、各种化工专用炉窑等。

化工机械设备中有相当数量属于特种设备。如锅炉、压力容器、气瓶、压力管道等都属于压力容器；化工专用炉窑属于高温设备；还有各种起重机械。它们在使用过程中都具有较大的危险性，一旦发生故障，往往会造成严重的经济损失和人员伤亡事故。因此对安全生产有重大的影响，在使用过程中需加强监察，防止和减少事故的发生。

（二）机械的组成

机械是由相互联系的零部件按一定规律装配组成，能够完成一定功能要求的整体。机械的种类繁多，状态各异，应用目的各不相同。但从机械最基本的特征入手，可掌握机械的一般组成规律：由原动机将各种形式的动力能转变为机械能，经过传动机构置换为适宜的速度后传递给执行机构，通过执行机构与物料直接作用，完成作业或服务任务，而机械的各部分借助支承装置连接成一个整体。

（三）由机械产生的危险

由机械产生的危险是指在使用机械过程中，可能对人的身心健康造成损伤或危害。主要有两类：一类是机械危害；另一类是非机械危险，包括电气危险、噪声危害、振动危险、辐射危险、温度危险、材料或物质产生的危险、未履行安全人机学原则而产生的危险等。

机械伤害，是机械能的非正常转化或传递，导致对人员的接触性伤害。其主要形式有夹挤、碾压、剪切、切割、缠绕或卷入、戳扎或磨损、飞出物打击、高压液体喷射、碰撞或跌落等。

机械及其零件对人产生机械伤害的主要原因：

①形状和表面性能：切割要素、锐边、利角部分、粗糙或过于光滑的表面。

②相对位置：相对运动，运动与静止物的相对距离过小。

③质量和稳定性：在重力的影响下可能运动的零部件的势能。

④质量和速度（加速度）：可控或不可控运动中的零部件的动能。

⑤机械强度不够：零件、构件的断裂或垮塌。

⑥弹性元件的势能、在压力或真空下的液体或气体的势能。

（四）机械安全通用技术

通过设计减小风险，是指在机械设计阶段从零件材料到零部件的合理形状和相对位置，从限制操纵力、运动件的质量与速度到减小噪声和振动。采用本质安全技术与动力源，应用零部件间的强制机械作用原理，结合人机工程学原则等多项措施，通过选用适当的设计结构，尽可能避免或减小危险；也可以通过提高设备的可靠性、操作机械化或自动化，以及实行在危险区之外的调整、维修等措施。通过选用适当的设计结构，尽可能避免或减小风险。

1. 采用本质安全技术

本质安全技术是指利用该技术进行机械预定功能的设计和制造，不需要采用其他安全防护措施就可以在预定的工作条件下执行机械的预定功能时满足机械自身的安全要求。

（1）在不影响预定使用功能的前提下，机械设备及其零部件应尽量避免设计成会引起损伤的锐边、尖角、粗糙或凹凸不平的表面及较突出的部分。

（2）安全距离原则。利用安全距离防止人体触及危险部件或进入危险区，这是减小或消除机械风险的一种方法。

（3）限制有关因素的物理量。在不影响使用功能的情况下，根据各类机械的不同特点，限制某些可能引起危险的物理量值来减小危险。如将操纵力限制到最低值，使用操作件不会因力的破坏而产生机械危险；限制噪声和振动。

（4）使用本质安全工艺过程和动力源。对预定在有爆炸隐患场所使用的机械设备；应采用气动或全液压控制系统和操纵机构，或本质安全电气装置，并在机械设备的液压装置中使用阻燃和无毒液体。

2. 限制机械应力

机械选用的材料性能数据、设计规程、计算方法和试验规则，都应该符合机械设计与制造的专业标准或规范的要求，使零件的机械应力不超过材料的承受能力，保证安全系数，以防止由于零件应力过大而被破坏或失效，从而避免故障或事故的发生。同时，通过控制连接、受力和运动状态来限制应力。

3. 材料和物质的安全性

用以制造机械的材料、燃料和加工材料在使用期间不得危及周边人员的安全或健康。材料的力学特性，如抗拉强度、抗剪切强度、冲击韧性、屈服极限等，应能满足执行预定功能的载荷作用要求；材料能适应预定的环境条件，如有抗腐蚀、耐老化、耐磨损的能力；材料应具有均匀性以防止由于工艺设计的不合理，导致材料的金相组织不均匀而产生残余应力；同时应避免采用有毒的材料或物质，应能避免机械本身或由于使用某种材料而产生的气体、液体、粉尘、蒸汽或其他物质造成火灾和爆炸的危险。

（五）机械安全设计应遵循的基本技术原则

机械在使用过程中，典型的危险工况有意外启动、速度变化失控、运动不能停止、运动机械零件或工件脱离机械设备飞出、安全装置的功能受阻等。控制系统的设计应考虑各种作业的操作模式或采用故障显示装置，使操作者可以安全地采取措施。

1. 在危险识别的基础上进行风险评价

在进行机械安全设计时，首先要对所设计的机器进行全面的风险评价（包括危险分析和危险评定），以便有针对性地采取适当有效措施消除或减小这些危险和风险。

2. 优先采用本质安全措施

（1）尽量采用各种有效的先进技术手段，从根本上消除危险的存在。

（2）使机器具有自动防止误操作的能力，使其不按规定程序操作就不能动作，即使动作也不会造成伤害事故。

（3）使机械具有完善的自我保护功能，当其中某一部分出现故障时，其余部分能自动脱离该故障部位，或安全地转移到备用部分，或停止运行，同时发出报警并且做到在故障未被排除之前不会蔓延和扩大。

3. 符合人体工学的准则

人－机匹配是安全设计的重要问题之一，设计时必须充分考虑人－机特性，通过合理分配人机功能、适应人体选择性、人机界面设计、作业空间的布置等方面的内容，使机器适合于人的各种操作，以便最大限度地减轻人的体力和脑力消耗及操作时的紧张和恐惧感，提高机械设备的操作性能和可靠性，从而减少因人的疲劳和差错导致的危险。

4. 符合安全卫生要求

机械在整个使用期内不得排放超过规定的各种有害物质，如果不能消除有害物质的排放，必须配备处理有害物质的装置或设施。

5. 按机械安全措施的原则和设计程序进行安全设计

机械安全设计的要点如下：

（1）合理选材原则：严格材料管理，稳定工艺控制和注意高新功能材料的开发运用。

（2）重新启动原则：动力中断后重新接通时，如果机械设备自发启动会产生危险，应采取措施，使动力重新接通时机械不会自行启动，只有再操作启动装置时机械才能运转。

（3）关键件的冗余原则：控制系统的关键零部件，可以通过备份的方法减小机械故障率，即设计时可用若干个可靠性不太高的零部件组代替一个零部件，以便当一个零部件出现故障或失效时，另一个或几个零部件可以继续执行其功能，即以备用件接替以实现预定功能。

（4）定向失效模式：这是指部件或系统主要失效模式是预先已知的，而且只要失效总是在这些部件或系统，这样可以事先针对其失效模式采用相应的预防措施。

（5）简单化原则：在保证产品和零部件功能的前提下，尽量简化结构和零部件的数量。

（6）降额设计原则：使零部件的工作应力小于额定值，提高其安全程度和可靠性。对于机械产品来说，设法减小内应力和减缓应力集中，这相当于减小工作应力；提高零件表面质量和（或）加强防腐措施，这也相当于提高其疲劳强度额定值。

（7）成组化、模块化、标准化原则：设计时尽量采用经过验证的标准件、组件和通用模块及其相应技术。

（8）耐环境设计原则：应用这一原则设计有两种途径，一种是对产品或零部件本身进行诸如防振、耐热、抗湿、抗干扰等耐环境设计；另一种是设计产品在极端环境下的保护装置。

（9）维修性设计原则：易于检查、维护和修理；便于观察；有良好的可接近性；易于搬动；具有适当的维修工位；零部件有较高的标准化程度和可互换性；尽量减少维修所需的专用工具和设备。

6. 防止气动和液压系统的危险

采用气动、液压、热能等装置的机械，必须通过设计来避免由于这些能量意外释放而带来的各种潜在危险。

7. 预防电的危害

用电安全是机械安全的重要组成部分，机械中电气部分应符合电气安全标准的要求，预防电危害应注意防止电击、短路、过载和静电等。

8. 减少或限制操作者涉入危险区

（1）提高设备的可靠性：提高机械的可靠性可以降低危险故障率，减少需要查找故障和检修的次数，从而可以减少操作者所面临的危险概率。

（2）采用机械化和自动化技术：机械化和自动化技术可以使人的操作岗位远离危险或有害现场。

（3）调整、维修的安全：在设计机械时，应尽量考虑将一些易损而需经常更换的零部件设计得便于拆装和更换；提供站立措施；锁定切断的动力；机械的调整、润滑、一般维修等操作点设置在危险区外，这样可以减少操作者进入危险区的需要。

（六）安全防护措施

安全防护是通过采用防护装置、安全装置或其他手段，对一些机械危险进行预防的安全技术措施，其目的是防止机械在运行时产生各种对人员的接触伤害。防护装置和安全装置有时也统称安全防护装置。安全防护的重点是机械的传动部分、操作区、高空作业区、其他运动部分、移动机械的移动区域，以及某些机械由于特殊危险形式需要采取的特殊防护等。

通过结构设计不能适当地避免或充分限制的危险，应采用安全防护装置加以防护。有些安全防护装置可以用于避免人所面临的多种危险，例如防止进入机械危险区的固定式防护，同时也能用于减小噪声级别和收集机器有毒排放物。

1. 防护装置和安全装置的选用

采用安全防护装置的主要目的是防止运动件产生的危险。对特定机械安全防护装置的正确选用应根据对该种机械的风险评价结果进行，并应首先考虑采用固定式防护装置。这样做比较简单，但一般只适用于操作者在机械运转期间不需进入危险区的应用场合。当需要进入危险区的频次增加，因经常移开和放回故障防护装置而带来不便时，应采用联锁活动防护装置或自动停机装置等。

安全防护装置有如下一些常用形式：

（1）固定防护装置：包括送料和取料装置、辅助工作台、适当高度的栅栏、通道防护装置等。防护装置的开口尺寸应符合有关安全距离的标准要求。

（2）联锁装置：这是防止机械零部件在特定条件下（如防护装置未关闭时）运转的装置。

（3）自动关闭防护装置：这是一种手动操纵装置，只有当手对操纵器作用时，机器才能启动并保持运转；当手离开操纵器时，该操作装置能自动回复到停止位置。

（4）自动停机装置：包括光电装置、压敏垫等，这是一种当人或人的某一部分超越安全限度，能使机器或其零部件停止运转的装置；是防止由运动件产生危险的安全防护装置。

（5）双手操纵装置：这是两个手动操纵器同时动作的止－动操纵装置。只有两手同时对操纵器作用时，才能启动并保持机器或机器的一部分运转。

（6）机械抑制装置：这是一种机械障碍（如楔、支柱、撑杆、止转棒等）装置。该装置靠其自身强度支撑在机构中，用来防止某种危险运动的发生。

2. 安全防护装置的一般要求

对机器设定、过程转换、查找故障、清洗或维修时需进入危险区的场合机器应尽可能设计出所提供的安全防护装置能保证生产操作者的安全，也能保证相关人员的安全，而不妨碍他们执行任务。当不能做到上述要求时，对机器应尽可能提供减小风险的适当措施并采用手动控制方式。当采用手动控制时，自动控制模式将不起作用，同时，只有通过触发起动装置（止－动操纵装置或双手操纵装置），才能允许危险元件运动。

当执行不需要机器与其动力源保持联系的任务时（尤其是执行维修等任务时），应将机器与动力源断开，并将残存的能量泄放，以保证最高程度的安全。

3. 防护装置和安全装置的设计与制造要求

在设计安全防护装置时，其型式及构造方式的选择应考虑所涉及的机械危险及其他危险。安全防护装置应与机器的工作环境相适应，且不易被损坏。一般应符合以下要求：

（1）防护装置的具体要求：

①防护装置的一般功能要求：能防止人进入被防护装置包围的空间；能容纳、接收或遮挡可能由机器抛出或掉下或发射出的材料、工件、切屑、液体、放射物、灰尘、烟雾、气体、噪声等；另外，它们还要能对电、温度、火、爆炸物、振动等具有特别防护作用。

②固定式防护装置的要求：永久固定（通过焊接方法等），或借助紧固件固定（若不用工具就不能使其移动或打开）。

③活动防护装置的要求：防止由移动传动件产生危险的活动防护装置应符合：打开时尽可能与机器保持相对固定（一般通过铰链或导轨连接）；设有防护锁的联锁防护装置一般用于防止运动件只要可能被触及就启动，并且防止运动件只要联锁防护装置没有关闭就给出停机指令。

防止由其他运动件产生危险的活动防护装置应按以下要求设计：应与机器的操纵系统相联系，使运动件位于操作者可达范围时，它们不能启动；一旦它们启动，操作者不能触及运动件。这可通过采用有或没有防护锁的联锁装置来达到；它们只有通过有意识的动作

（如使用工具、钥匙等）才能调整。

④可调防护装置的要求：对危险区不能完全封闭的地方可采用可调防护装置，并应符合：根据所涉及的工作类型，可采用手动或自动调整；不使用工具就很容易调整；尽可能减小抛出危险。

⑤可控防护装置：操作者或其身体的某一部分不能停留在危险区或危险区与防护装置之间时；当打开防护装置或联锁防护装置是进入危险区的唯一途径时；当与可控防护装置联用的联锁防护装置有可能达到最高可靠性（因为它的失效可能导致不可预料的意外的启动）时，防护装置关闭。

⑥消除由防护装置带来的危险：防护装置的结构（尖角、锐边）与材料等；防护装置的运动（由动力驱动防护装置产生的剪切或挤压区和由可能下落的重型防护装置）带来的危险。

（2）安全装置的技术特性。执行主要安全功能的安全装置应根据设计控制系统的有关原则规定进行设计。安全装置必须与控制系统一起操作并与其相联系，使其不会轻易被损坏。安全装置的性能水平应与它们形成一个整体的控制系统相适应。

（3）更换安全防护装置类型的措施。由于在机器上进行的工作会有变化，当已知需要在机器的某一部位上更换安全防护装置的类型时，该部位应备用便于安装所更换类型的安全防护装置。

二、锅炉安全技术

（一）锅炉基本知识

锅炉（蒸汽发生器）是利用燃料或其他能源的热能，把工质（一般为净化后的水）加热到一定参数（温度、压力）的换热设备。

锅炉及锅炉房设备的任务，在于安全、可靠、经济有效地将燃料的化学能转化为热能，进而将热能传递给水，以产生热水或蒸汽；或将燃料的化学能传递给其他工质（如导热油等），以产生其他高温的工质（如高温导热油）。

通常把用于动力、发电方面的锅炉，叫作动力锅炉；把用于工业及采暖方面的锅炉，称为供热锅炉，也常称为工业锅炉。

与我们相关的化学工业中所使用的锅炉，所产生的蒸汽或热水均不需要过高的压力和温度，容量也不需太大，压力一般在 2.5 MPa（25 个大气压）以下，温度一般为饱和蒸汽温度（或有过热，但通常过热蒸汽温度在 400℃ 以下）。生产工艺有特殊要求的除外。

1. 锅炉的基本构造和工作过程

锅炉，主要是锅与炉两大部分的组合。燃料在炉内进行燃烧，将燃料的化学能转变为热能；高温燃烧产物——烟气则通过受热面将热量传递给锅内的工质，如水等，水被加热—沸腾—汽化，产生蒸汽。

锅的基本构造包括锅筒（又叫汽包）、对流管束、水冷壁、上下集箱和下降管等，组成一个封闭的汽水系统。炉，对于链条炉排锅炉来说，包括煤斗、炉排、除渣机、送风装置等；对于火室燃炉来说，包括燃烧设备等。

此外，为了保证锅炉的正常工作和安全运行，蒸汽锅炉还必须装设安全阀、水位表、高低水位报警器、压力表、主汽阀、排污阀、止回阀等安全装置。

2. 锅炉的分类

锅炉的品种及分类方式众多，一般分类概况见表 4-11。

表 4-11　锅炉分类表

分类方法	锅炉类型	简　要　说　明
按结构分类	火管锅炉	烟气在火管内流动，一般为小容量低参数锅炉，热效率较低但构造简单，水质要求低，维修方便
	水管锅炉	汽、水在管内流动，高低参数都有，水质要求高
按循环方式分类	自然循环锅炉	具有锅筒，利用下降管和上升管中工质密度差产生工质循环，只能在临界压力以下工作
	多次强制循环锅炉	具有锅筒和循环泵，利用循环回路中的工质密度差和循环泵压头建立工质循环，只能在临界压力下工作
	低倍率循环锅炉	具有汽水分离器和循环泵，主要循环泵建立工质循环，可用于亚临界和超临界压力，循环倍率 1.25～2.0
	直流锅炉	无锅筒，给水的水泵压头一次通过受热面产生蒸汽，适应于高压和超临界工况
	复合循环锅炉	具有在循环泵、锅炉负荷低时按再循环方式，负荷高时按直流方式，适应于亚临界和超临界压力
按锅炉出口工质压力分类	低压锅炉	压力小于 1.27 MPa（13 大气压）
	中压锅炉	压力为 3.82 MPa（39 大气压）
	高压锅炉	压力为 9.8 MPa（100 大气压）
	超高压锅炉	压力为 13.72 MPa（140 大气压）
	亚临界压力锅炉	压力为 16.66 MPa（170 大气压）
	超临界压力锅炉	压力大于 22.11 MPa（225.65 大气压）
按燃烧方式分类	火床燃烧锅炉	主要用于工业锅炉，包括固定炉排炉、活动手摇炉排炉、抛煤机链条炉、震动炉排炉、下饲式炉排炉和往复炉排炉等，燃料主要在炉排上燃烧
	火室燃烧锅炉	主要用于电站锅炉，液体燃料、气体燃料和煤粉锅炉，燃料主要在炉膛内悬浮燃烧
	旋风炉	有卧式和立式两种，燃用粗煤粉或煤屑，微粒在旋风筒中央悬浮燃烧，较大颗粒贴在筒壁燃烧，液态排渣
	沸腾燃烧锅炉	送入炉排的空气流速较高，燃煤在炉排上面的沸腾床上沸腾燃烧，宜燃用劣质煤，主要用于工业锅炉。目前开发了较多大型循环流化床锅炉

（二）锅炉的安全装置

由于锅炉与压力容器的安全装置基本相同，因此在本节一并介绍。

锅炉、压力容器的安全装置，是指保证锅炉、压力容器等安全运行承压容器能够安全运行而装设在设备上的一种附属装置，又称安全附件。按其使用性能或用途的不同，分为联锁装置、报警装置、计量装置和泄压装置四类。

联锁装置：指为了防止操作失误而设的控制机构，如联锁开关、联动阀等。在锅炉上常用的联锁装置有缺水连锁保护装置、熄火联锁保护装置、超压保护装置等。

报警装置：指设备在运行过程中出现不安全因素致使其处于危险状态时，能自动发出音响或其他明显报警讯号的仪器，如压力报警器、温度监测报警仪、水位报警器等。

计量装置：指能自动显示设备运行中与安全有关的工艺参数的器具，如压力表、水位计、温度计等。

泄压装置：设备超压时能自动排放压力的装置，如安全阀、爆破片等。

锅炉、压力容器应根据其结构、大小和用途分别装设相应的安全装置。

安全泄压装置是防止锅炉、压力容器超压的一种器具。它的功能是：当锅炉、压力容器内的压力超过正常工作压力时，能自动开启，将容器内的介质排出去，使锅炉、压力容器内的压力始终保持在最高允用压力范围内。

（三）锅炉运行的安全管理

1. 日常维护保养及定期检验

加强对设备的日常维护保养和定期检验，提高设备完好率。

2. 锅炉房

锅炉一般应装在单独建造的锅炉房内，与其他建筑物的距离符合安全要求；锅炉房每层至少应有两个出口，分别设在两侧。锅炉房内工作室或生活室的门应向外开。

3. 使用登记及管理

使用锅炉的单位必须办理锅炉使用登记手续，并设专职或兼职管理人员负责锅炉房管理工作。司炉人员、水质化验人员必须经培训考核，持证上岗。建立健全各项规章制度如岗位责任制、交接班制度、安全操作制度、巡回检查制度、设备维护保养制度、水质管理制度、清洁卫生制度等。建立完善的锅炉技术档案，做好各项记录。

4. 保证锅炉经济运行

在锅炉运行过程中，必须定期对其运行工况进行全面的监测，了解各项热损失的大小，及时调整燃烧工况，将各项热损失降至最低。

5. 在遇到下列情况时，应立即停炉

①锅炉水位低于水位表下部最低可见边缘，或不断加大给水及采取其他措施时，水位仍然下降；

②锅内水位超过最高可见水位，经放水仍不能见到水位；

③给水泵全部失效或水系统故障，不能向锅内进水；

④水位表或安全阀全部失效；

⑤设置在蒸汽空间的压力表全部失效；

⑥锅炉元件损坏且危及运行人员安全；

⑦燃烧设备损坏，炉墙倒塌或锅炉构架被烧红等，严重威胁锅炉安全运行；

⑧其他异常情况危及锅炉安全运行。

（四）锅炉的定期检验与监督

1. 基本要求

（1）锅炉的定期检验工作包括锅炉在运行状态下进行的外部检验、锅炉在停炉状态下进行的内部检验和水（耐）压试验。

（2）锅炉的使用单位应当安排锅炉的定期检验工作，并且在锅炉下次检验日期前1个月向检验检测机构提出定期检验申请，检验检测机构应当制订检验计划。

2. 定期检验周期（《锅炉安全技术监察规程》TSG G0001—2012）

（1）外部检验。每年进行一次。

（2）内部检验。锅炉一般每2年进行一次，成套装置中的锅炉结合成套装置的大修周期进行，电站锅炉结合锅炉检修同期进行，一般每3～6年进行一次；首次内部检验在锅炉投入运行后一年进行，成套装置中的锅炉和电站锅炉可以结合第一次检修进行。

（3）水（耐）压试验。检验人员或者使用单位对设备安全状况有怀疑时，应当进行水（耐）压试验；因结构原因无法进行内部检验时，应当每3年进行一次水（耐）压试验。

成套装置中的锅炉和电站锅炉由于检修周期等原因不能按期进行锅炉定期检验时，锅炉使用单位在确保锅炉安全运行（或者停用）的前提下，经过使用单位技术负责人审批后，可以适当延长检验周期，同时向锅炉登记地质监部门备案。

3. 锅炉正常运行过程中的安全调节

（1）水位的调节。锅炉在正常运行中，应保持水位在水位表中高、低水位线之间，可以有轻微波动。负荷低时，水位稍高；负荷高时，水位稍低。在任何情况下，锅炉的水位不应降低至最低水位线及以下部位或上升到最高水位线以上。水位过高会降低蒸汽品质，严重时甚至造成蒸汽管道内发生水击现象。水位过低会使受热面过热，金属强度降低，导致被迫紧急停炉，甚至引起锅炉爆炸。

水位调节一般是通过改变给水调节阀的开度来实现的。为对水位进行可靠的监督，锅炉运行中要定时冲洗水位表，一般每班冲洗2～3次。

（2）汽压的调节。汽压的波动对安全运行的影响很大，超压则更危险。蒸汽压力的变动通常是由负荷变动引起的。当外界负荷突减，小于锅炉蒸发量，而燃料燃烧还未来得及减弱时，蒸汽压就上升；当外界负荷突增，大于锅炉蒸发量，而燃烧尚未加强时，蒸汽压就下降。因此，对汽压的调节就是对蒸发的调节，而蒸发量的调节是通过燃烧和给水调节来实现的。

（3）汽温的调节。锅炉的蒸汽温度偏低，蒸汽做功能力降低，蒸汽消耗量增加，经济效益减小，甚至会损坏锅炉和用汽设备。过热蒸汽温度过高，会使过热器管壁温度过热，从而降低其使用寿命。严重超温甚至会使管道过热而破裂。因此，在锅炉运行中，蒸汽温度应控制在一定的范围内。

（4）燃烧的监督调节。燃烧是锅炉工作过程的关键。对燃烧进行调节就是使燃料燃烧工况适应负荷的要求，以维持蒸汽压力的稳定；使燃烧正常，保持适量过剩空气系数，降低排烟损失和减小未完全燃烧损失；调节送风量和引风量，保持炉膛一定的负压，以保证锅炉安全运行和减少排烟及未完全燃烧损失。

正常的燃烧工况，是指锅炉达到额定参数，不产生结焦和设备的烧损；用火稳定，炉内温度场和热负荷分布均匀。外界负荷变动时，应对燃烧工况进行调整，使之适应负荷的要求。调整时，应注意风与燃料增减的先后次序、风与燃料的协调及引风与送风的协调。

三、压力容器安全技术

在化工生产中普遍使用的塔、釜、罐、槽等大多数属于压力容器的范畴，这些设备具有各种各样的形式和结构，从几十升的瓶、罐至石油化工中数万立方米的球形容器或高达上百米的塔式容器和反应器，这些容器的工作环境复杂、作用重要、危险性大。因此加强压力容器的安全管理是实现现代化工安全生产的重要环节之一。

压力容器是一种能承受压力载荷的密闭容器，它的主要作用是用以储存、运输被压缩的气体或液化气体，或者当这些气体、液化气体作为反应介质及传热、传质的媒介时为其提供一个密闭的空间。目前我国纳入安全监管范围的压力容器是指压力和容积达到一定数值的容器，需具备以下 3 个条件：

①最高工作压力 $p \geq 0.1$ MPa（表压）；

②管、筒状容器的内直径 $d \geq 0.15$ m，且容积 $V \geq 0.025$ m^3；

③盛装介质为气体、液化气体或最高工作温度高于或等于其标准沸点的液体。

（一）压力容器的分类

由于压力容器的品种、性质和用途各异，因此，压力容器有不同的分类方法。

1. 按工作压力分类

（1）低压容器（代号 L）（0.1 MPa $\leq p <$ 1.6 MPa）：多用于化工、机械制造、冶金采矿等行业。

（2）中压容器（代号 M）（1.6 MPa $\leq p <$ 10 MPa）：多用于石油化工。

（3）高压容器（代号 H）（10 MPa $\leq p <$ 100 MPa）：主要用于合成氨工业及部分石油化工。

（4）超高压容器（代号 U）（$p \geq 100$ MPa）：主要应用于高分子聚合设备等。

一般情况下，中、低压容器大多是薄壁容器，高压、超高压容器往往是厚壁容器。

2. 按在生产工艺过程中的作用原理分类

按在生产工艺过程中的作用原理压力容器可分为以下四种：

（1）反应容器（代号 R）：指用来完成工作介质的物理、化学反应的容器。如反应器、发生器、聚合釜、合成塔、变换炉等。

（2）换热容器（代号 H）：指用来完成介质的热量交换的容器。如热交换器、冷却器、加热器、硫化罐等。

（3）分离容器（代号 E）：指用来完成介质的流体压力平衡、气体净化、分离等的容器。如分离器、过滤器、集油器、储能器、缓冲器、洗涤塔、干燥器等。

（4）储运容器（代号 C，球罐代号为 B）：指用来盛装生产和生活用的原料气体、液体、液化气体的容器。如储槽、储罐、槽车等。

3. 按压缩器内的介质分类

（1）第一组介质：毒性程度为极度危害、高度危害的化学介质，易爆介质，液化气体。

（2）第二组介质：除第一组以外的介质。

4. 按压力容器的壁温分类

由于在不同的场合，各种化工生产或其他过程需要在不同的温度和压力下进行，而温度的变化，将使制造压力容器的材料的性能发生很大的变化，因此，压力容器的使用温度也常被用作容器分类的依据。根据压力容器的工作温度，常把压力容器分为以下几类：

（1）常温容器：壁温在 -20 ~ 200℃ 条件下工作的容器。

（2）高温容器：壁温达到或超过材料承受温度条件下工作的容器。如：对碳素钢或低合金钢，当壁温超过 420℃ 时、合金钢壁温超过 450℃ 时、奥氏体不锈钢壁温超过 530℃ 时的容器，均属高温容器。

（3）中温容器：壁温介于常温和高温之间的容器。

（4）低温容器：容器的壁温低于 -20℃ 条件下工作的容器。其中壁温在 -40 ~ -20℃ 之间的称为浅冷容器，壁温低于 -40℃ 者称为深冷容器。

5. 按危险性和危害性分类

从安全监察的角度，为便于压力容器的安全技术监督和管理，根据容器设计压力的高低、容积大小和介质危害性三个因素，《固定式压力容器安全技术监察规程》（TS-GR0004—2009）将压力容器分为三类，即第 1 类容器、第 2 类容器和第 3 类容器。容器类别可查图 4 - 9、图 4 - 10 确定。

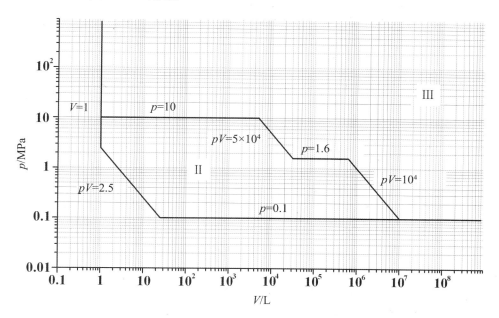

图 4 - 9 压力容器类别划分图——第一组介质

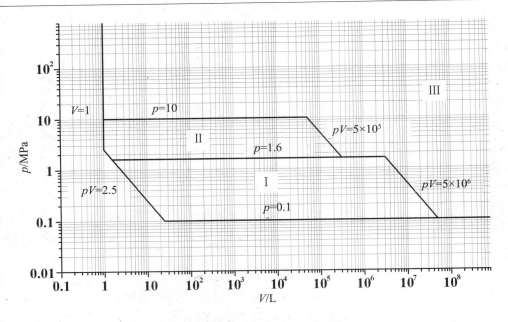

图 4 - 10　压力容器类别划分图——第二组介质

（二）压力容器安全运行及影响因素

1. 压力容器安全操作的一般要求

①压力容器操作人员必须持证上岗，并定期接受专业培训与安全教育。

②压力容器操作人员要熟悉本岗位的工艺流程，熟悉容器的类别、结构、主要技术参数和技术性能；严格按操作规程操作，掌握一般事故的处理方法，认真填写操作记录。

③严格控制工艺参数，严禁容器超温、超压运行，随时检查容器安全附件的运行情况，保证其灵敏可靠。

④平稳操作。容器运行期间，还应尽量避免压力、温度的频繁和大幅度波动。

⑤容器内有压力时，不得进行任何修理。对于特殊的生产工艺过程，需要带温、带压紧固螺栓，出现紧急泄漏情况需进行带压堵漏时，使用单位必须按设计规定制定有效的操作密闭防护措施。

⑥容器运行期间的巡回检查，及时发现操作中或设备上出现的不正常状态，并采取相应措施进行调整或消除。巡回过程中要密切注意液位、压力、温度是否在允许范围内，是否存在介质泄漏现象，设备的本体是否有肉眼可见的变形等，发现异常情况立即采取措施并报告。

⑦正确处理紧急情况。

2. 运行工艺参数的控制

每台容器都有特定的设计参数，如最大工作压力、最高最低承受温度、最大容积和有效容积、液位限制、介质腐蚀等。压力容器的运行过程中，其工作条件必须满足设计参数的限制要求，不得超限运行。

（1）压力和温度的控制。压力和温度是压力容器使用过程中的两个主要参数。压力的控制要点是控制容器的操作压力不超过最高工作压力；如经过检验认定压力容器不能按铭牌上的最高工作压力运行的容器，应在专业检验单位所限定的最高工作压力范围内使用，防止压力过高使用。

由于材料的强度会随温度的升高而降低，而在低温下，材料表现出的主要缺陷是脆性增大。所以温度的控制主要是控制其极端的工作温度。高温下使用的压力容器，主要是控制介质的最高温度，并保证器壁温度不高于其设计温度以保证容器材料的强度。低温下使用的压力容器，主要控制介质的最低温度，达到器壁温度在设计温度低限以上，防止容器材料的脆性破裂。

（2）液位控制。液位控制主要是针对液化气体介质的容器和部分反应容器而言。盛装液化气体的容器，应严格按照规定的充装系数充装，以保证在设计温度下容器内有足够的气相空间，防止温度升高过程中因容器内的气相空间不足，使气体压强过大造成事故；反应容器则需通过控制液位来实现控制反应速率和防止副反应的产生。

（3）介质腐蚀性的控制。当压力容器中盛装有腐蚀性介质时，要防止容器的腐蚀，首先应在设计时根据介质的腐蚀性及容器的使用温度、使用压力，选择合适的材料，并规定一定的使用寿命。同时也应该注意到在操作过程中，介质的工艺条件对容器的腐蚀有很大的影响。因此必须严格控制介质的成分、流速、温度、水分、杂质含量及酸碱度等工艺指标，以减小腐蚀速率、延长使用寿命。

（4）交变载荷的控制。压力容器在反复变化的载荷作用下会因介质压强的变化而产生不同的形变，从而发生材料的疲劳破坏。为了防止容器发生疲劳破坏，就容器使用过程中的工艺参数控制而言，应尽量使压力、温度的升降平稳，尽量避免突然的开、停车，避免不必要的频繁加压和卸压，使操作工艺指标稳定。对于高温压力容器，应尽可能减缓温度的突变，以降低热应力。

3. 压力容器运行中的检查

压力容器的使用安全与其维护保养工作密切相关。做好容器的维护保养工作，使容器在完好状态下运行，对于防患于未然、提高容器的使用效率、延长容器使用寿命是十分必要的。

（1）容器运行期间的维护保养。

①保持完好的防腐层。化工生产过程中许多介质都具有一定的腐蚀性，尤其是在高温高压条件下，这些介质的腐蚀能力更强。当工艺介质对容器材料有腐蚀性时，通常采用防腐蚀层来防止介质对器壁的腐蚀，如涂层、搪瓷、各种衬里等。防腐层一旦损坏，介质直接接触器壁，局部会加速腐蚀，将产生严重的后果。因此，要经常检查防腐层有无自行脱落，检查衬里是否开裂或焊缝处有无渗漏现象。发现防腐层损坏时，即使是局部损坏，也应该经过修补等妥善处理后才能继续使用。

②对于有保温层的压力容器，要检查保温层是否安好，防止容器壁裸露。

③维护保养好安全装置。容器的安全装置是防止其发生超压事故的重要保证之一，应使它们处于灵敏准确、使用可靠状态。因此必须在容器运行过程中，按照有关规定加强维护保养。

④减少或消除容器的震动。容器的震动对其正常使用有很大影响，当发现容器有震动时，应及时查找原因，采取措施，如隔离震源、加强支撑装置等，以消除或减轻容器的

震动。

⑤彻底消除"跑"、"冒"、"滴"、"漏"现象。压力容器的连接部位及密封部位由于磨损或连接不良、密封损坏等原因，经常会产生各种泄漏现象。

（2）容器停用期间的维护保养。对长期停用或临时停用的压力容器，也应加强维护保养工作。停用期间保养不善的容器所受到的腐蚀等损害往往比使用过程中更加严重。在化工生产中因压力容器在停用期间保养维护工作不到位而造成严重事故的情况是屡见不鲜的。

停止运行的容器，尤其是长期停用的容器，一定要将内部介质排放干净，清除内壁所粘附的污垢、附着物和腐蚀性物质。对于腐蚀性介质，排放后还需经过置换、清洗、吹干等技术处理，使容器内部保持干燥和洁净，同时要保持容器表面的清洁，并保持容器及周围环境的干燥。此外，要保持容器外表面的防腐油漆等完好无损。有保温层的容器，还要注意保温层下的防腐、干燥和支座处的防腐。

（三）压力容器的定期检验制度

1. 压力容器的定期检验周期

压力容器定期检验制度是安全生产的重要保证，压力容器的检验周期应根据容器的技术状况、使用条件来确定。《压力容器安全技术监察规程》将压力容器的定期检验分为外部检查、内外部检查和耐压试验。其检验周期具体规定如下：

（1）外部检查：是指在用压力容器运行中的定期在线检查，每年至少一次。

（2）内外部检查：是指在用压力容器停机时的检查，其检验周期分为：安全状况等级为1、2级的，每隔6年至少一次；安全状况等级为3、4级的，每3年至少一次。

（3）耐压试验：是指压力容器停机检验时，所进行的超过最高工作压力的液压试验。对固定式压力容器，每两次内外部检验期间内，至少进行一次耐压试验，对移动式压力容器，每6年至少进行一次耐压试验。

2. 压力容器定期检验内容

（1）外部检查的内容：

①压力容器本体检查；

②外表面腐蚀情况检查；

③压力容器保温层的检查；

④容器与相邻管道或构件的检查；

⑤容器安全附件检查；

⑥容器支座或基础的检查。

除上述内容外，外部检查中还要对容器的排污、疏水装置进行检查；对运行容器稳定情况进行检查；安全状况等级为4级的压力容器，还要检查其实际运行参数是否符合监控条件。对盛装腐蚀性介质的压力容器，若发现容器外表面出现大面积油漆剥落，局部有明显腐蚀现象，应对容器进行壁厚测定。

外部检查工作可由检验单位有压力容器检验员资格的人员进行，也可由经过安全监察机构认可的使用单位的压力容器专业人员实施。

（2）内外部检查的内容。内外部检查的目的是为了尽早发现容器内外部所存在的缺陷，包括在本次运行中新产生的缺陷以及原有缺陷的发展情况，以确定容器能否继续运行和为保证容器安全运行所必须采取的相应措施。主要内容包括：

①外部检查的全部内容。

②容器的结构检查，其重点是：

a. 筒体与封头的连接方式是否合理；

b. 是否按规定开设了人孔、检查孔、排污孔等，开孔处是否按规定进行补强处理；

c. 焊缝布置情况，如焊缝有无交叉、焊缝间距离是否过小；

d. 支座与支承型式是否符合条例安全要求等。

在需要的情况下，应对可能造成局部应力集中的部位作进一步的检查，如表面探伤。采用射线探伤或超声波探伤可查清表面或焊缝内部是否存在缺陷。

③几何尺寸检查。对运行中可能发生形状变化的容器部分，需重点进行尺寸检查。

④表面缺陷检查。测定腐蚀与机械损伤的深度、直径、长度及其分布，并标图记录。对非正常的腐蚀，应查明原因。对于内表面的焊缝应以肉眼或 5 ～ 10 倍放大镜检查裂纹、应力集中部位、变形部位、钢焊接部位、补焊区、电弧操作处，对于各易产生裂纹的部位应重点检查。

⑤壁厚测定。选择具有代表性的部位进行测厚，如液位经常波动部位，易腐蚀、冲蚀部位，制造成型时壁厚减薄部位和使用中产生的变形部位；表面缺陷检查时发现的可疑部位。

⑥材质检查。应考虑两项内容：一项是压力容器的选材（材料的种类和牌号）是否符合有关标准和规范的要求；另一项是经过一定时间的使用后，材质变化（劣化）后是否还能满足使用要求。

⑦焊缝埋藏缺陷检查。通过射线探伤或超声波探伤抽查，确定焊缝内部是否存在以下缺陷：制造中焊缝经过以上返修或使用过程中曾经补焊过的部位；检验时发现焊缝表面裂纹的部位、错边及棱角度严重超标的部位；使用中出现焊缝泄漏的部位。

⑧安全附件和紧固件检查。对安全阀、紧急切断阀等要进行解体检查、修理和调整，必要时还需进行耐压试验和气密性试验；按规定校验安全阀的开启压力、回座压力；爆破片应按有关规定进行定时更换。对高压螺栓应逐个清洗，检查其操作和裂纹情况。

（3）耐压试验。耐压试验的目的是检验容器受压部件的结构强度，验证是否具有设计压力下安全运行所需要的承压能力，同时通过试验可检查容器各连接处有无渗漏检验容器的严密性。压力容器内外部检验合格后，按检验方案的要求或根据被检验容器的实际情况还要考虑进行必要的耐压试验。根据压力容器使用状（工）况、安装位置等具体情况，由检验人员确定液压试验或气压试验。试验条件按相关标准规范进行。

（四）压力容器的安全附件

压力容器的安全附件专指为了使压力容器能够安全运行而装设在设备上的一种附属装置。常用的安全泄压附件有安全阀、爆破片；计量显示附件有压力表、液面计等。

1. 安全装置的设置原则

（1）凡《压力容器安全技术监察规程》适用范围内的专用压力容器，均应装设安全泄压装置。在常用的压力容器中，必须单独装设安全泄压装置的有以下 6 种：

①液化气体储存容器；

②压气机附属气体储罐；

③容器内进行放热或分解等化学反应，能使压力或温度升高的反应容器；

④高分子聚合设备；

⑤由载热物料加热，使容器内液体蒸发汽化的换热容器；

⑥用减压阀降压后进气，且其允许压力低于压力源设备时的容器。

（2）若容器上的安全阀安装后不能可靠地工作，应装设爆破片或采用爆破片与安全阀组合的结构。

（3）压力容器最高工作压力低于压力源压力时，在通向压力容器进行的管道上必须装设减压阀；如因介质条件影响到减压阀可靠地工作时，可用调节阀代替减压阀。在减压阀或调节阀的低压侧，必须装设安全阀和压力表。

2. 几种常用的安全装置

参见本节锅炉安全技术中的安全附件内容。

四、气瓶安全技术

气瓶属于移动式的压力容器，气瓶在化工行业中的应用广泛。由于气瓶经常装载易燃易爆、有毒有害及腐蚀性等危险介质，其压力范围遍及高压、中压、低压。因此，气瓶除了具有一般固定式压力容器的特点外，在充装、搬运和使用方面还有一些特殊的要求。如气瓶在移动、搬运过程中，易发生碰撞而增加瓶体爆炸的危险；气瓶经常处于储存物的罐装和使用的交替过程中，即处于承受交变载荷状态；气瓶在使用时，一般与使用者之间无隔离或其他防护措施。所以，要保证气瓶的安全使用，除了要求符合压力容器的一般要求外，还有一些专门规定的要求。

（一）气瓶概述

1. 气瓶的定义

正常环境温度下使用的、公称压力大于或等于 0.2MPa（表压），且压力与容积的乘积大于或等于 1.0MPa·L 的盛装气体、液化气体和标准沸点等于或低于 60℃ 的液体的气瓶。

2. 气瓶分类

（1）永久气体气瓶：临界温度小于 -10℃ 的物质在常温情况下总是以气体状态存在，不能被压缩成液体，称为永久性气体。盛装永久性气体的气瓶称为永久气瓶，如盛装氧气、氮气、空气、氢气等的气瓶。

（2）高压液化气体气瓶：临界温度 T 在 -10 ~ 70℃ 之间的为高压液化气体，如盛装二氧化碳、氧化亚氮、乙烷、乙烯、氯化氢等高压液化气体的气瓶。高压液化气体在环境温度下可能呈气液两相状态，也可能完全呈气态，因而也要求以较高压力充装。如二氧化碳在低于临界温度（31.1℃）时，压力为其饱和蒸汽压，此时保持气液两相平衡，高于此临界温度时，只存在气相，无论压力多大，都不会有液相出现。这类气瓶也要较高的充装压力。常用的标准压力有 8MPa 和 12MPa。

（3）低压液化气体气瓶：临界温度大于 70℃ 的物质为低压液化气体。盛装低压液化气体的气瓶称为低压液化气瓶,如盛装液氯、液氨、丙烷、丁烷及液化石油气体的气瓶。在环境温度下,低压液化气体处于气液两相共存的状态,其气态的压力是相应温度下该气体的饱和蒸汽压。按最高工作温度为60℃考虑,所有低压液化气体和饱和蒸汽压均在5MPa以下,因此,这类气体可用较低压力充装,其标准压力系列为1.0MPa、2.0MPa、3.0MPa和5.0MPa。

(4)溶解气体气瓶:专指盛装乙炔的特殊气瓶。乙炔气体极不稳定,尤其在高压下易发生爆炸,不能像其他气体一样以压缩状态装入瓶内,而是将其溶解于丙酮溶剂中。瓶内装满多孔性物质用作吸收剂。溶解气体气瓶的最高工作压力一般不超过3.0 MPa。

(二)气瓶的安全附件

气瓶的安全附件有安全泄压装置、瓶帽、瓶阀和防震圈。

1. 安全泄压装置

气瓶的安全泄压装置,是为了防止气瓶在遇到火灾等特殊高温时,瓶内气体受热膨胀而导致气瓶超压发生破裂、爆炸。其类型有爆破片、易熔塞及复合装置。

(1)爆破片装在瓶阀上,其爆破压力略高于瓶内气体的最高温度的压力。爆破片多用于高压气瓶上,有的气瓶不装爆破片。《气瓶安全监察规程》对是否必须装设爆破片未做明确规定。气瓶装设爆破片有利有弊,一些国家的气瓶不采用爆破片这种安全泄压装置。

(2)易熔塞一般装在低压气瓶的瓶肩上,当周围环境温度超过气瓶的最高使用温度时,易熔塞的易熔合金熔化,瓶内气体排出,避免气瓶爆炸。目前使用的易熔塞装置的动作温度有100℃和70℃两种。

(3)爆破片-易熔塞复合装置主要用于对密封性能要求特别严格的气瓶。这种装置由爆破片与易熔塞串联而成,易熔塞装设在爆破片排放的一侧。

2. 其他附件

气瓶的其他附件有:防震圈、瓶帽、瓶阀。

①防震圈:气瓶装有两个防震圈,是气瓶瓶体的保护装置。气瓶在充装、使用、搬运过程中,常常会因滚动、震动、碰撞而损伤瓶壁,以致发生脆性破坏。这是气瓶发生爆炸事故常见的一种直接原因。同时,气瓶防震圈对气瓶表面的漆膜也有很好的保护作用。

②瓶帽:瓶帽是瓶阀的防护装置,它可避免气瓶在搬运过程中因碰撞而损坏瓶阀,保护出气口螺纹不被损坏,防止灰尘、水分或油脂等杂物落入阀内。瓶帽按其结构形式可分为拆卸式和固定式两种。为了防止由于瓶阀泄漏或由于安全泄压装置动作,造成瓶帽爆炸,在瓶帽上要开有两个对称的排气孔。

③瓶阀:瓶阀是控制气体出入的装置,一般是用黄铜或钢制造。充装可燃气体的钢瓶的瓶阀,其出气口螺纹为左旋;盛装助燃气体或惰性气体的气瓶,其出气口螺纹为右旋。瓶阀的这种结构可有效地防止可燃气体与非可燃气体的错装而发生的事故。

(三)气瓶的安全管理

1. 气瓶充装的安全管理

(1)对气瓶充装单位的管理要求:

①气瓶充装单位必须持有省级质监部门核发的《气瓶充装许可证》,其有效期为

4 年；

②建有与所充装气体种类相适应的能够确保充装安全和充装质量的管理体系和各项管理制度；

③有熟悉气瓶充装安全技术的管理人员和经过专业培训的气瓶检验员、操作人员；

④应有与充装气体相适应的场所、设施、装备和检测手段。

（2）充装前的准备：

①检查气瓶的原始标志是否符合标准和规程的要求，钢印字迹是否清晰可辨；

②检查气瓶外表面的颜色和标记（包括字样、字色、色环）是否与所装气体的规定标记相符；

③检查气瓶内有无剩余压力，如有余气，应进行定性鉴别，以判定剩余气体是否与所装气体相符；

④检查气瓶外表面有无裂纹、严重腐蚀、明显变形及其他外部损伤缺陷；

⑤检查气瓶的安全附件是否齐全、可靠和符合安全要求；

⑥检查气瓶瓶阀的出口螺纹型式是否与所装气体的规定螺纹相符。

（3）禁止充气的气瓶：

在充装前的检查中，发现气瓶具有下列情况之一时，应禁止对其进行充装：

①气瓶是由不具有"气瓶制造许可证"的单位生产的；

②颜色标记不符合《气瓶颜色标记》的规定或严重污损、脱落、难以辨认的；

③瓶内无余气的；

④超过规定的检验期限的；

⑤附件不全、损坏或不符合规定的；

⑥氧气瓶或强氧化性气体气瓶的瓶体或瓶阀上沾有油脂；

⑦原始标记不符合规定，或钢印标志模糊不清，无法辨认的。

（4）气瓶的充装量。为了使气瓶在使用过程中不同环境温度上的升高而造成超压，必须对气瓶的充装量进行严格控制。

①永久性气体气瓶的充装量是以充装温度和压力确定的，其确定的原则是：气瓶内的压力在基准温度（20℃）下应不超过其公称的工作压力；在最高使用温度（60℃）下应不超过气瓶的许用压力。

②高压液化气体气瓶充装量的确定原则是：保证瓶内气体在气瓶最高使用温度（60℃）下所达到的压力不超过气瓶的许用压力，因充装时是液态，故只能以它的充装系数（气瓶单位容积内充装气体的质量）来计量。

③低压液化气体气瓶充装量的确定原则是：气瓶内所装入的介质，即使在最高使用温度（60℃）下也不会发生瓶内满液，也就是控制的充装系数不大于所装介质在气瓶最高使用温度下的液体密度，即不大于液体介质在60℃时的密度。

④乙炔气瓶的充装压力，在任何情况下不得大于 2.5 MPa。

2. 气瓶的安全使用与维护

（1）气瓶使用时，一般应立放，并应有防止倾倒的措施。

（2）使用氧气或氧化性气体气瓶时，操作者的双手、手套、工具、减压器、瓶阀等，凡有油脂的，必须脱脂完全后，方能操作。

（3）开启或关闭瓶阀时速度要缓慢，且只能用手或专用扳手，不准使用锤子、管钳或长柄螺纹扳手。

（4）每种气体要有专用的减压器，尤其氧气和可燃气体的减压器不得互用；瓶阀或减压器泄漏时不得继续使用。

（5）瓶内气体不得用尽，必须留有剩余压力。永久气体气瓶的剩余压力应不小于 0.05 MPa；液化气体气瓶应留有不少于 0.5% 规定充装量的剩余气体，并关紧阀门，防止漏气，使气压保持正压，以便充气时检查，还可以防止其他气体倒流入瓶内，发生事故。

（6）不得将气瓶靠近热源，安放气瓶的地点周围 10 m 范围内，不应进行有明火或可能产生火花的作业；盛装易起聚合反应或分解反应气体的气瓶应避开放射性射线源。

（7）气瓶在夏季使用时，应防止曝晒，导致温度升高，瓶内压力上升产生超压。

（8）瓶阀冻结时，应把气瓶移至较温暖的地方，用温水解冻，严禁用温度超过 40℃ 的热源对气瓶加热。液化气体在较大流量放气时，由于气体蒸发吸热，非常容易发生瓶阀冻结现象。

（9）经常保持气瓶上油漆的完好，漆色脱落或模糊不清时，应按规定重新漆色。严禁敲击、碰撞气瓶，严禁在气瓶上进行电焊引弧，不准用气瓶做支架。

3. 气瓶的运输

气瓶作为一种移动的压力容器，其重要特征就是经常处于不稳定的运输环节中，在运动中容易发生气瓶破裂等事故，需严格按有关技术标准规定进行气瓶的运输工作。

（1）运载气瓶的工具应有明显的安全标志。

（2）防止气瓶受到剧烈振动或碰撞冲击：

①在运输过程中，气瓶的瓶帽及防震圈应装配齐全。

②在运输车辆上，所装载的气瓶应妥善固定，防止滚动撞击等碰撞事件发生。

③装卸气瓶时必须轻装轻卸，避免气瓶相互碰撞或与其他坚硬物体碰撞，严禁用抛、滑、滚、摔等方式装卸气瓶。

④不得使用电磁起重机吊装气瓶，不得使用链绳、钢丝捆绑或钩吊瓶帽等方式吊运气瓶，必须将气瓶装入集装箱或坚固的吊笼内。

（3）防止气瓶受热或着火：

①易燃、易爆、腐蚀性物品或能与瓶内气体起化学反应的物品，不得与气瓶一起运输。

②瓶内气体相互接触能引起燃烧、爆炸或产生有毒物的气瓶，不得同车运输。

③运输可燃、有毒气体气瓶时，车上应备有与瓶内气体相适应的灭火器材和防毒用具。

④夏季运输气瓶时应有遮阳设施，避免气瓶被阳光曝晒。城市的繁华市区应避免白天运输。

4. 气瓶的储存

（1）对气瓶库房的要求：

①气瓶应置于专用仓库储存，气瓶仓库应符合《建筑设计防火规范》的有关规定。

气瓶的库房不应建于建筑物的地下或半地下室内，库房与明火或其他建筑物应有适当的安全距离。

②气瓶库房的安全出口不得少于两个，库房的门窗必须做成向外开启，门窗玻璃应采用磨砂玻璃，或采用普通玻璃上涂白漆，以防气瓶被阳光直晒。

③库房应有运输和消防通道，设置消防栓和消防水池，在固定地点备有专用灭火器、灭火工具和防毒面具。储存可燃性气体的库房，应装设灵敏的泄漏气体监测警报装置。

④储存可燃气体气瓶的库房内，其照明、换气装置等电气设备，必须采用防爆型的，电源开关和熔断器都应装设在库外。

⑤库房应设置自然通风或人工通风装置，以保证空气中的可燃气体或毒性气体的浓度不能达到危险的界限。

⑥库房内不得有暖气、水、煤气等管道通过，也不准有地下管道或暗沟通过。严禁使用煤炉、电热器或其他明火取暖设备。库房周围应有排放积水的设施。

⑦在储存库的周围，应设置安全警示标牌。

（2）气瓶入库存放要求：

①入库的空瓶与实瓶两者应分开放置，并有明显标志。毒性气体气瓶和瓶内气体相互接触能引起燃烧、爆炸，产生毒物的气瓶，应分室存放，并在附近设置防毒用具或灭火器材。

②入库的气瓶应放置整齐。立放时，应该有栏杆或支架加以固定或扎牢，以防倾倒；横放时，应妥善固定，防止其滚动，头部朝同一方向。需要堆放时，垛高不应超过五层。

③盛装易起聚合反应或分解反应气体的气瓶，必须规定储存期限并予以注明，并应避开放射性射线源。这类气瓶达到存放限期后，要及时处理。

④气瓶放置时要佩戴好瓶帽，以免碰坏瓶阀和防止油质尘埃侵入瓶阀口内。

⑤毒性气体或可燃性气体气瓶入库后，要连续2～3天定时测定库内空气中毒性或可燃的浓度。如果浓度有可能达到危险值，则应强制换气，查出危险气体浓度增高的原因并予以解决。

5. 气瓶的定期检验

（1）定期检验的周期：

①液化石油气瓶：在用的 YSP－15 型、YSP－10 型、YSP－5.0 型、YSP－2.0 型、YSP－0.5 型钢瓶，自制造日期起，第一次至第三次的检验周期均为 4 年，第四次的检验有效期为 3 年；YSP－50 型钢瓶，每 3 年检验一次。使用年限超过 15 年的均按报废处理。

②钢质无缝气瓶：盛装腐蚀气体的气瓶、潜水气瓶以及常与海水接触的气瓶，每 2 年检验一次；盛装一般气体的气瓶（如氧气瓶、氢气瓶等），每 3 年检验一次；盛装惰性气体（如氮气瓶、氩气瓶等）的气瓶每 5 年检验一次。对使用年限超过 30 年的气瓶，登记后不予检验，按报废处理。

③溶解乙炔气瓶：每 3 年检验一次。

④钢质焊接气瓶：盛装一般气体的气瓶每 3 年检验 1 次，盛装腐蚀性气体的气瓶（如液氨钢瓶、液氯钢瓶）每 2 年检验一次。盛装腐蚀性气体的气瓶满 12 年报废，盛装其他气体的气瓶满 20 年报废。

（2）定期检验项目：

①外观检查。气瓶外观检查的目的是要查明气瓶是否有腐蚀、裂纹、凹陷、鼓包、磕伤、划伤、倾斜、筒体失圆、颈圈松动、瓶底磨损及其他缺陷，以确定气瓶能否继续使用。

②音响检查。外观检查后，应进行音响安全检查，其目的是通过音响判断瓶内腐蚀状况和有无潜在的缺陷。

③瓶口螺纹检查。用肉眼或放大镜观察螺纹状况，用锥螺纹塞规进行测量。要求螺纹表面不得有严重锈损、磨损或明显的跳动波纹。

④内部检查。气瓶内部检查，在没有内窥镜的情况下，可采用电压 6 ～ 12V 的小灯泡，借灯光从瓶口目测。如发现瓶内的锈层或油脂未被除去，或落入瓶内的泥沙、锈粉等杂物未被洗净，必须将气瓶返回清理工序重新处理。注意检查瓶内容易腐蚀的部位，如瓶体的下半部。还应注意瓶壁有无制造时留下的损伤。

⑤重量和容积的测定。测定气瓶重量和容积的目的，在于进一步鉴别气瓶的腐蚀程度是否影响其强度。

⑥水压试验。水压试验是气瓶定期检验中的关键项目，即使上述各项检查都合格的气瓶，也必须再经过水压试验，才能最后确定是否可以继续使用。水压试验的方法有两种，即外测法气瓶容积变形试验和内测法气瓶容积变形试验。

⑦气密性试验。通过试验来检查瓶体、瓶阀、易熔塞、盲塞的严密性，尤其是盛装毒性和可燃性气体的气瓶，更不能忽视这项试验。气密性试验可用经过干燥处理的空气、氮气作为加压介质。试验方法有两种，即浸水法试验和涂液法试验。

五、工业管道安全技术

压力管道是化工生产中的重要部件，化工设备与机械之间的连接大多是依靠各种工业管道，以此输送和控制流体介质。在很大的程度上，管道与化工设备一同完成化工工艺过程，即所谓管道化生产。因此，化工管道与化工设备一样，是化工生产装置中不可缺少的重要组成部分。

（一）工业管道概述

1. 管道的概念

国家标准《工业金属管道工程施工及验收规范》（GB50235—1997）的定义是：由管道组成件和管道支承件组成，用以输送、分配、混合、分离、排放、计量、控制和制止流体流动的管子、管件、法兰、螺栓连接、垫片、阀门和其他组成件或受压部件的装配总成。

2. 工业管道的分类

压力管道是指利用一定的压力，用于输送气体或液体的管状设备。其范围规定为最高工作压力大于或等于 0.1MPa（表压）的气体、液化气体、蒸气介质或者可燃、易爆、有毒、有腐蚀性、最高工作温度高于或者等于标准沸点的液体介质，且公称直径大于 25mm 的管道。

对工业管道，有多种分类方法：

①按管道输送的介质分类：有液化石油气管道、氢气管道、水蒸气管道等。

②按管道的设计压力分类：有低压管道（$0.1MPa \leqslant p < 1.6MPa$）、中压管道（$1.6MPa \leqslant p < 10MPa$）、高压管道（$p \geqslant 10MPa$）。

③按管道的制造材料分类：有铸铁管道、碳钢管道、合金钢管道、有色金属管道等。

3. 管路的管件、阀门及连接

①管路的管件：管件的作用是连接管体，使管路改变方向、延长、分路、汇流及管径的扩大和缩小等作用。管件的种类较多，改变流体方向的管件有45°、90°弯头和回弯管等，连接管路支路的管件有各种三通、四通等，改变管路直径的管件有大小头等，连接两管的管件有外牙管、内牙管等，堵塞管路的管件有管塞、管帽、盲板等。

②阀门：阀门的种类较多，按其作用分，有截止阀、止逆阀、减压阀及调节阀等；按初始阀门的形状和结构分，有闸阀、旋塞阀、针形阀等。

截止阀又称球形阀，主要用于调节流量，它启闭缓慢，是各种管道上常用的阀门。

止逆阀又叫单向阀，当工艺管道只允许流体向一个方向流动时，就需要使用止逆阀。

减压阀的作用是自动地将高压流体按工艺要求减压为低压流体，一般经减压后的压力要低于阀前压力的50%，通常用于蒸汽和压缩空气管道上。

闸阀又称闸板阀，它利用闸板的起落来开启和关闭阀门，并通过闸板的高度来调节流体的流量。闸阀广泛应用于各种压力管道上，但由于其闭合面易磨损，故不宜使用具有腐蚀性的介质的管道。

旋塞阀又称为考克，是利用旋塞孔和阀体孔两者的重合程度来截止和调节流量的，它启闭迅速，经久耐用，但由于摩擦面大，受热后旋塞膨胀，难以运转，不能精确调节流量，故只适用于压力小于 $1.0\ MPa$ 和温度不高的管道上。

针形阀的结构与球形阀相似，只是将工艺阀盘制作成锥形，阀盘与阀座的密封性能好，易于启闭，特别适用于高压操作和精度调节流量的管道上。

③管路的连接：常用的管路连接方式有三种：法兰连接、螺纹连接和焊接。无缝钢管一般采用法兰连接或管子间的焊接；煤气管道只用螺纹连接；玻璃钢管大多采用活套法兰连接。小口径管道和低压管道一般采用螺纹连接，其形式又分为固定螺纹连接和卡套连接两种。大口径管道、高压管道和需要经常拆卸的管道，常用法兰连接。用法兰连接管路时，必须加上密封垫片，以保证连接处的严密性。

（二）压力管道的管理和维护

1. 压力管道的安全使用管理

压力管道的使用单位，应对本单位压力管道的安全管理工作负责，防止因其泄漏、破裂而引起中毒、火灾或爆炸事故。为达到上述目的，必须做到：

①贯彻执行《压力管道安全管理与监察规定》及压力管道的技术规范、标准，根据本单位情况及管道所输送物料特点建立健全本单位的压力管道安全管理制度。

②有专职或兼职专业技术人员负责压力管道安全管理工作；压力管道的操作人员和压力管道的检验人员必须经过安全技术培训。

③压力管道及其安全设施必须符合国家的有关规定。

④建立压力管道技术档案，并到单位所在地（市）级质量技术监督行政部门登记。

⑤按规定对压力管道进行定期检验，并对其附属的仪表、安全保护装置、测量调控装置等作定期校验和检修。

⑥发现事故隐患应及时采取措施进行整改，重大事故隐患应以书面形式报告省级以上主要部门和质量技术监督行政部门。

⑦对输送可燃、易爆或有毒介质的压力管道，应建立巡线检查制度，制定应急措施和救援方案，根据需要建立抢险救灾队伍，并定期演练。

⑧按有关规定及时如实地向主管部门和当地质量监督部门报告压力管道事故，并协助做好事故调查和善后处理工作，认真总结经验教训，采取相应措施，防止事故的再次发生。

2. 压力管道安全维护技术

压力管道特别是化工管道，内部介质多为有毒、易燃、易爆、具有腐蚀性的物料，且数量多、分布密集；并且由于管道的连接点多，因介质腐蚀、磨损使管壁变薄，造成泄漏而引起火灾、爆炸的事故在化工行业中常有发生。因此，防止压力管道事故，应着重从管道的防腐方面入手。

（1）管道的腐蚀及防护。从管道的腐蚀类型看，工业管道的腐蚀以全面腐蚀的情况最多，其次是局部腐蚀和特殊腐蚀。遭受腐蚀最为严重的装置主要有换热设备（冷凝器、冷却器、冷却水配管、燃烧炉的配管等），工业管道的腐蚀一般最易出现的部位为：

①管道的弯曲、拐弯部位，流线型管段中有液体流入而流向发生改变的部位，在这些部位，流体易产生涡流，剪切、摩擦作用大，腐蚀最严重。

②在液管中经常没有液体流动的管段易出现局部腐蚀。这些部位的腐蚀作用主要有新鲜空气的经常注入，导致空气氧化现象比较严重。

③产生汽化现象时，与液体接触的部位比与蒸汽接触的部位更易遭受腐蚀。

④液体或蒸汽管道在有温差的状态下使用，易出现严重的局部腐蚀。

⑤管道外部的下表面容易产生腐蚀。

为防止由于腐蚀而使管壁变薄，导致管道承压能力降低，造成泄漏或破裂事故，在设计管道强度时，应根据管内介质的特性、流速、工作压力、使用年限、管道材质等，计算出介质对管材的腐蚀速率，在此基础上选取适当的腐蚀裕度。通常，壁厚的腐蚀裕度在1.5～6 mm 的范围内。

依据管道内部介质的性质，选择对该介质具有耐腐蚀性能的管材。

采用合理的防腐措施。常用的防腐措施有涂层防腐、衬里防腐、电化学防腐及使用缓蚀剂等，其中使用最广泛、历史最长的防腐措施为涂料涂层防腐。

（2）管道的绝热。由于工艺条件的需要，很多管道和设备都要加以保温、加热保护，这些过程称为管道和设备的绝热。

管道、设备在控制或保持热量的工况下应予保温、保冷的情况如下：

①为了避免介质因为日晒或外界温度过高而引起蒸发的管道、设备。

②对于温度高于65℃的管道、设备，如果工艺不要求保温，但为避免烫伤，在操作人员可能触及的范围内也应保温。

③为了避免低温介质因为日晒或外界温度过高而引起冷损失或低沸点介质受热蒸发使

气相压力升高的管道、设备应予以保冷。

对于连续或间断输送具有下列特性的流体的管道，应采取加热保护：

①凝固点高于环境温度的流体管道、流体组分中能形成有害操作的冰或结晶物质成分。

②含有 H_2S、HCl、Cl_2 等气体，能出现冷凝或形成水合物的管道。

③在环境温度下黏度很大的介质（如重油）。

加热保护的方式有蒸汽伴管、夹套管及电热带三种形式。

保温材料要求材质稳定、不可燃、耐腐蚀和有一定的强度，这是绝热材料所必备的条件。工业管道常用的绝热材料有毛毡、石棉、玻璃棉、石棉水泥、岩棉及各种绝热泡沫材料等。

（三）压力管道的检查和检测

压力管道安装完成后，应按规定对管道系统的强度、严密性进行试验及对整个系统进行吹扫与清洗等工作；对在用压力管道，应定期检验和正常维护工作，确保实现安全生产。

1. 强度与严密性检验

管道系统安装完成后，其强度与严密性一般通过水压试验和气密性试验进行检验。若不宜用水作为试验介质，可用气压试验代替。水压试验合格后，以空气或惰性气体为介质进行气密性试验。在气密性试验中，管道中充装设计压力的气体，同时用涂刷肥皂水的方法，重点检查管道的连接处有无渗漏现象，若无渗漏，稳压 30 min，压力能保持不变即为试验合格。

对于剧毒及甲、乙类火灾危险性介质的管道系统，除作水压和气密性试验外，还应作泄漏量试验，即在设计压力下，测定 24 h 内全系统平均每小时的泄漏量，不超过允许值即为合格。具体值为：剧毒介质管道，室内及地沟中泄漏量为 0.15%，室外为 0.30%；甲、乙类火灾危险性介质，室内及地沟中泄漏量为 0.25%，室外为 0.50%。

2. 定期检验

在用压力管道应按规定要求进行定期检验。定期检验的项目有外部检查、重点检查和耐压试验。检查用项应根据压力管道的技术状况和使用条件，由使用单位和检验单位确定。外部检查每季度一次，由使用单位进行检查；重点检查每 2 年至少进行一次；全面检查每 6 年至少进行一次，都要由具有检验资格的检验单位进行检查。

六、起重机械安全技术

起重机械是用于对物料进行起重、运输、装卸和安装等作业以及对人员进行垂直输送的机械设备的总称。起重机械以间歇、重复的工作方式，通过起重吊钩或其他吊具起升、降或同时升降与运移重物。起重机械也是危险性较大、容易发生事故的特种设备，需要严格的安全管理。

（一）起重机械概述

1. 起重机械的定义

起重机械是指用于垂直升降或垂直升降的同时水平移动重物的机电设备，其范围规定为额定起重量大于或等于0.5t的升降机，额定起重量大于或等于1 t，且提升高度大于或等于2m的起重机和承重形式固定的电动葫芦等。

2. 起重机械的分类

根据国家标准《起重机　术语》（GB/T 6974.1—2008）对起重机械做了如下分类：

（1）轻小型起重设备：包括千斤顶、滑车、起重葫芦、绞车和悬挂单轨系统。

其中，起重葫芦包含手拉葫芦、手板葫芦、电动葫芦和气动葫芦；绞车（卷扬机）包含卷绕式绞车、摩擦式绞车和绞盘。

（2）起重机：

①桥架型起重机：分为桥式起重机、门式起重机和半门式起重机三个小类。

②缆索型起重机：包括缆索起重机和门式缆索起重机两小类。

③臂架型起重机：包括门座起重机、半门座起重机、塔式起重机、铁路起重机、流动起重机、浮式起重机、甲板起重机、桅杆起重机、悬臂起重机等类型。

（3）升降机：包括电梯、施工升降机和简易升降机。

3. 化工行业常用的起重机械

在化工生产中，起重机械主要是用于设备检修时的吊装、拆卸设备及其零件；也用于工艺生产中物料的输送。常用的大型起重机械主要有桥式起重机（俗称天车）、臂架类起重机（如起重汽车、吊车等）、升降机、电梯等。大量应用的是小型起重机械，如千斤顶、手拉葫芦、电葫芦等。

在化工设备安装和检修中，常用塔式起重机、桅杆式起重机、卷扬机等。

（二）起重机械主要安全装置与起重搬运安全

1. 起重机械的主要安全装置

起重机的安全防护是指对起重机在作业时产生的各种危险进行预防的安全技术措施。不同种类的起重机应根据不同需要安装必要的安全防护装置。安全防护装置是否配备齐全，装置的性能是否可靠，是起重机作业安全的重要保证。起重机械对安全影响较大的零部件主要有吊钩、钢丝绳、滑轮、卷筒、减速装置等。为保证起重机械的自身安全及操作人员的安全，各种类型的起重机械均设有安全防护装置。

起重机安全防护装置按安全功能大致可分为安全装置、防护装置、指示报警装置及其他安全防护措施等。

（1）安全装置。这是指通过自身的结构功能，可以限制或防止起重作业的某种危险发生的装置。安全装置可以是单一功能装置，也可以是与防护装置联用的组合装置。安全装置还可以进一步分为：

①限制载荷的装置。例如，超载限制器、力矩限制器、缓冲器、极限力矩限制器等。

②限定行程位置的装置。例如，上升极限位置限制器、下降极限位置限制器、运行极限位置限制器、防止吊臂后倾装置、轨道端部止挡体等。

③定位装置。例如，支腿回缩锁定装置、回转定位装置、夹轨钳和锚定装置或铁鞋等。

④其他安全装置。例如，联锁保护装置、安全钩、扫轨板等。

（2）防护装置。这是指通过设置实体障碍，将人与危险隔离。例如，走台栏杆、暴露的活动零部件的防护罩、导电滑线防护板、电气设备的防雨罩，以及起重作业范围内临时设置的安全栅栏等。

（3）安全信息提示和报警。这是用来显示起重机工作状态的装置，是人们用以观察和监控系统过程的手段，有些装置与控制调整联锁，有些装置兼有报警功能。属于此类装置的有：偏斜调整和显示装置、幅度指示计、水平仪、风速风级报警器、登机信号按钮、倒退报警装置、危险电压报警器等。

（4）其他安全防护措施，包括照明、信号、通讯、安全色标等。

2. 起重搬运安全

（1）起重机械事故及原因分析。从起重机械事故的统计资料看，主要事故形式为吊物坠落、机体倾翻、挤压碰撞和触电。

①吊物坠落：吊物坠落是占起重事故中造成伤亡比例最高的事故形式，其中因吊索具有缺陷（如钢丝绳拉断、平衡梁失稳弯曲、滑轮破裂导致钢丝绳脱槽等）导致的事故最为严重；其次是吊装时捆扎方法不妥（如重心不稳、绳索结扣方法错误等）造成的事故；再次就是因超载而导致的事故。

②机体倾翻：一种是由于操作不当（如超载、臂架变幅或旋转过快等）、支腿未找平或地基沉陷等原因使倾翻力矩增大，导致起重机倾翻；另一种情况是由于安全防护设施缺失或失效，在坡度或风载荷作用下，使起重机沿路面或轨道滑动而导致倾翻。

③挤压碰撞：由于吊装作业人员在起重机和结构物之间作业时，因机体运行、回转导致的事故，这种情况下挤压碰撞事故的比例最高；由于吊物或吊具在吊运过程中晃动，导致操作者高处坠落或击伤造成的事故；另一种是被吊物件在吊装过程中或摆放时倾倒造成的事故。

④触电：起重触电事故绝大多数发生在使用移动式起重机的作业场所，且多发生在起重机外伸、变幅、回转过程中；尤其在建筑工地或码头上，起重壁或吊物意外触碰高压架空线路的可能性较大，容易发生触电事故；或由于与高压带电体距离过近，由感应带电而引发触电事故。此外，司机与维修人员在进入桥式起重机驾驶室前上梯过程中，也可能因触及动力线路而造成触电伤亡事故。

（2）起重吊运的基本安全要求。

①起重机司机的要求：

a. 每台起重机械的司机，都必须经过专门培训，经考核合格后，取得证书，方能上岗操作。

b. 起重机接班时，应检查制动器、吊钩、钢丝绳和各种安全装置的完好，发现性能不正常，应在操作前排除。

②起重机工作的准备工作要求：

a. 操作起重机械前，必须鸣铃报警。经确认起重机上或周围无人时，才能闭合主电源。闭合主电源前，应使所有控制器手柄置于零位。

b. 流动式起重机，工作前应按说明书的要求平整停机场地，然后牢固可靠地打好支腿。

③起重机操作安全要求：

a. 操作应按指挥信号进行。起重指挥人员发出的指挥信号必须明确，符合标准。动作信号必须在所有人员退到安全位置后发出。听到紧急停车信号，不论是何人发出，都应立即执行。

b. 工作中突然断电时，应将所有的控制器手柄扳回零位；在重新工作前，应检查起重机动作是否正常。

c. 吊重物接近或达到额定起重量时，吊运前应检查制动器，并用小高度、短行程试吊后，再平衡地吊运。吊运液态金属、有害液体、易燃易爆物品时，也必须先进行小高度、短行程试吊。

d. 不得在有载荷的情况下调整起升、变幅机构的制动器。起重机运行时，不得利用限位开关停车；无反接制动机能的起重机，除特殊紧急情况外，不得打反车制动。

e. 吊运重物不得从人头上方通过，吊臂下严禁站人。操作中接近人时，应给予铃声或报警。

f. 吊运重物不得在空中悬停时间过长，且起落速度要平稳，非特殊情况下不得紧急制动和急速下降。

g. 吊运重物时不准落臂；必须落臂时，应先把重物放置在地面上。吊臂仰角很大时，不准将被吊物骤然落下，防止起重机向一侧翻倒。

h. 有主副两套起升机构的起重机，主副钩不应同时使用（设计允许同时使用的除外）；用两台或多台起重机吊运同一重物时，钢丝绳应保持垂直，各台起重机的升降、运行应保持同步，各台起重机所承受的载荷均不得超过各自的额定起重能力。

i. 在轨道上露天作业的起重机，工作结束时，应将起重机锚定锁住。风力大于 6 级时，一般应停止工作，并将起重机锚定。对于门座起重机等在沿海工作，风力大于 7 级时，应停止工作，并将起重机锚定。

④起重安全距离要求：

a. 吊重物回转时，动作要平稳，不得突然制动。回转时，重物重量若接近额定起重量，重物距地面的高度不应过大，一般保持在 0.5 m 左右。

b. 在厂房内吊运货物应走指定通道。在没有障碍物的线路上运行时，吊物（吊具）底面应吊离地面 2 m 以上；有障碍物需要穿越时，吊物（吊具）底面应高出障碍物顶面 0.5 m 以上。

c. 无下降极限位置限制器的起重机，吊钩在最低工作位置时，卷筒上的钢丝绳必须保证有设计规定的安全圈数。

d. 起重机工作时，臂架、吊具、辅具、钢丝绳、缆绳及重物等，与输电线的最小距离不应小于表 4 - 12 的规定。

表 4 – 12　起重机工作时各部件、物体与输电线的最小距离

输电线电压/kV	< 1	1 ～ 35	≥60
最小距离/m	1.5	3.0	0.01（U – 50）

注：U 为输电线电压。

⑤有下列情况时，司机不得操作起重机：

a. 超载或物体重量不清时，如吊拔起重量或拉力不清的埋置物体、或斜拉斜吊等。

b. 信号不明确时。

c. 捆绑、吊挂不牢或不平衡，可能引起滑动时。

d. 被吊物上有人或浮置物时。

e. 结构或零件有影响安全工作的缺陷或损伤，如制动器或安全装置失灵、吊钩螺母松动装置损坏、钢丝绳损伤达到报废标准时。

f. 工作场地昏暗，无法看清场地、被吊物情况和指挥信号时。

g. 重物棱角处与捆绑钢丝绳之间未加衬垫时。

七、密封安全技术

在化工生产过程中，如物料从有限空间的内部逸散到化工设备的外部，或是其他物质由空间外部进入内部，这个过程称为泄漏。化工生产中一旦发生泄漏，轻则浪费原料、能源，重则影响生产，或使整个系统或工厂停产，甚至会导致发生火灾、爆炸、中毒和环境污染事故等。造成泄漏的原因主要是由于化工设备破损或设备部件连接处的密封出现了问题，本部分内容简单介绍有关密封的基本知识。

（一）密封方法分类

设备的密封方法种类很多，因此可以从不同的角度对它们进行分类。《机械密封分类方法》（JB/T 4127.2—1999）说明了机械密封的分类方法和类别。主要的分类方法是：按流体状态分有气体密封、流体密封；按设备种类分有压缩机密封、泵用密封、釜用密封等。

在化工生产中，根据使用密封位置的运动状态分为静密封和动密封。

1. 静密封

密封面间保持相对静止的密封称为静密封。

静密封包括非金属密封垫、金属 – 非金属组合密封垫、金属密封垫、金属波纹管（在机械密封中作相对静密封）、胶密封（胶粘剂、液态密封胶和密封胶带）。静密封主要应用于管道之间，阀门与管道，化工设备中仪表与设备，设备的进（出）料口、入孔盖、安全装置等没有相对运动的连接处。

2. 动密封

密封面间存在相对运动的密封称为动密封。

动密封的种类较多，包括非接触式密封和接触式密封两大类。

非接触式密封有浮动环密封、迷宫密封、螺旋密封、叶轮离心密封、甩油环密封、气垫密封、电磁密封等。

接触式密封有压盖填料密封、成型填料密封、机械密封、油封、刮油封、毛毡密封、

涨圈密封（活塞环密封）、滑环密封等。

其中，成型填料密封又分为自紧性密封和压紧性密封两类。

动密封主要应用于设备的传动和输送部件的连接部分，如搅拌、压缩机、泵等的密封。

（二）各类密封方法的安全管理

密封管理是设备管理的重要组成部分，是化工企业不可缺少的管理内容。

1. 化工生产对密封的要求

①密封可靠、泄漏少。化工生产的物料大多为有毒、易燃、易爆的物质，发生泄漏不但造成经济损失，而且还会引起人身中毒、污染环境等危害。因此对密封件的密封要求可靠、泄漏量少。

②耐腐蚀性。化工生产中大多为腐蚀介质，因此密封件一定要有良好的耐腐蚀性能。

③密封件要有一定的使用寿命。为了保证化工生产的连续进行，密封件必须有一定的使用寿命，一般使用期至少应保持一个生产周期。

④安装调整方便。就目前化工企业维修人员技术水平而言，这一点更为重要，有时往往由于维修人员不熟悉新技术而未能达到预期效果。

⑤密封件品种多样，便于选取。为满足化工生产对密封的多种要求，应有多种结构的密封或多种密封接合的组合式密封结构。

⑥价格便宜。有利于在化工生产中得到推广应用。

2. 密封管理措施及内容

①建立健全的规章制度。健全的密封管理制度是搞好密封管理的前提，密封管理制度应体现全过程的管理，从设计、选型、制造、采购、安装、交付使用、维修、改造直到报废的全过程，都应有明确的规定。

②加强密封管理的基础工作。主要是建立健全密封技术档案、统计台账、维修劳动定额、维护检修规程的制订等工作。

③密封信息管理。内容包括系统建立、信息分类、信息处理及电子计算机的应用。为确保上述工作的完成，要有信息反馈系统，控制密封管理的全过程。

④加强培训，提高密封维修、管理水平。

⑤推广密封新技术、新材料、新结构的使用。采用先进的密封技术，密封结构、密封材料，在技术进步的基础上不断提高密封应用水平，从根本上解决泄漏问题。

3. 密封保证体系

在企业内部建立可靠的密封管理保证体系，形成从厂长到职工的完善责任管理制度，是很有必要的。

①厂长和总工程师必须把密封管理纳入工厂的方针和目标中。

②企业机动部门要建立本企业机械设备、管道、电气设备及仪表设备的密封档案。

③生产车间应负责本单位的设备、管道、电气设备及仪表设备密封的各级责任制。

④设置设备管理员，负责本单位的静、动密封点的统计工作，并建立档案。

⑤检修工对其管辖范围内的密封点，定期进行巡回检查，及时消除泄漏点。

（三）化工设备装置泄漏的危害及检测

1. 化工设备装置泄漏的危害

①化工设备装置的泄漏，检修维护过程使化工生产不能正常进行，设备利用率和生产效率明显下降。

②化工泄漏将增加水、电、汽、油及各种原料的消耗，造成能源和其他资源的浪费。

③泄漏是恶化生产操作环境、造成环境污染、引起人员中毒等危险的重要原因。

④泄漏与化工设备的腐蚀是两个互相关联、相互促进的过程。一方面，腐蚀可导致泄漏；另一方面，泄漏也使设备的腐蚀加重，并进一步破坏设备的密封，形成更严重的泄漏。

⑤泄漏是安全生产的最大隐患，化工装置的事故中，有近一半是由于泄漏造成的。如装置中为易燃易爆物质，泄漏可导致火灾爆炸事故；装置中为有毒有害物质，泄漏可导致环境污染和人畜中毒事故；装置中为腐蚀性物质，则可造成设备的腐蚀性损坏。

2. 泄漏的检测

泄漏点的检测按以下标准进行：

①设备及管道：以眼睛观察，不结焦、不冒烟、无渗漏和泄漏痕迹。

②仪表设备及引线：设备加压后以肥皂水试漏，关键部位无气泡，一般部位允许每分钟不超过 5 个气泡。

③电气设备：变压器、油开关、油浸绝缘电缆头等结合部位以肉眼观察无渗漏。

④氢气系统：高温部位关灯检查，无火苗现象；低温部位用 10mm 宽、100mm 长的薄纸条试漏，无吹动现象。

⑤瓦斯、氨、氯系统等易燃易爆或有毒气体系统：用肥皂水试漏，无气泡；或用精密试纸试漏，不变色。

⑥氧气、氮气、空气系统：用 10mm 宽、100mm 长的薄纸条试漏，无吹动现象。

⑦蒸汽系统：用肉眼观察，不漏气、无水垢。

⑧酸、碱等化学物料系统，肉眼观察无渗漏痕迹。

上述泄漏检验方法对静密封有较好的效果，但对动密封不太适宜。近年来，自动化的泄漏检测装置得到了迅速发展，尤其对地下管道等无法直接接触检验的设施的泄漏检验有了其他方法无法替代的优越性。这些自动检漏仪器有天然气检漏仪、蒸汽检漏仪、油检漏仪等。这些仪器具有灵敏度高、误报少、防爆、防腐等性能，在化工设备泄漏的检验检测中特别是在动密封的检验中迅速得到了推广应用。

八、化工腐蚀与防护技术

腐蚀是一种自然现象，且到处可见，例如金属构件在大气中因腐蚀而生锈，埋入地下的各种管道因腐蚀发生穿孔，钢铁材料在高温下与空气中的氧作用产生大量的氧化皮等，在化肥、化工、炼油生成中，金属机械和设备与强腐蚀性介质（如酸、碱、盐等）接触，尤其是在高温、高压和高流速的工艺条件下操作，腐蚀问题更显得突出和严重。不仅要遭受腐蚀的直接损失，还常常引起环境和产品的污染，甚至造成停工减产和事故的发生。

（一）腐蚀机理及分类

1. 腐蚀的定义

腐蚀就是材料和它所处的环境中的物质发生反应而引起的破坏或变质。不仅包括金属材料，也包括非金属材料的变质。

金属材料在周围介质的化学或电化学作用下，所发生的缓慢的损坏过程称为金属的腐蚀。例如钢铁生锈、铜发绿、铝出现白斑等现象都是腐蚀。

非金属材料在化学介质或环境的共同作用下，由于渗透、溶解或变质所发生的缓慢损坏过程也称为腐蚀。例如橡胶和涂料由于受阳光或化学物质的作用引起的变质等。

单纯机械作业引起的金属磨损和破坏不属于腐蚀范畴。

2. 金属腐蚀的分类

（1）金属腐蚀的分类方法很多，按腐蚀机理有化学腐蚀和电化学腐蚀两大类。

①化学腐蚀：化学腐蚀是金属表面与周围介质发生化学作用而引起的破坏，在腐蚀过程中没有电流产生。例如，铝在四氯化碳、三氯甲烷或乙醇中的腐蚀，镁和钛在纯甲醇中的腐蚀等，都属于化学腐蚀。实际上，单纯的化学腐蚀是少见的，因为腐蚀介质中往往含有少量的水分而使金属的化学腐蚀转变为电化学腐蚀。

②电化学腐蚀：电化学腐蚀是金属表面与周围介质发生的化学作用而产生的破坏，腐蚀过程中有电流产生。它的主要特点是在腐蚀介质中有能够导电的电解质溶液存在。属于这类腐蚀的有：金属在潮湿空气中的大气腐蚀，即暴露在大气中的机器、设备、电器等的腐蚀；土壤腐蚀，即埋在地下的金属设施的腐蚀，如埋入地下的输水管、输油管和电缆在土壤中的腐蚀；海水腐蚀，即舰船外壳的腐蚀、采油平台的腐蚀；电解质溶液的腐蚀，即金属在酸、碱、盐溶液中的腐蚀，是一种最普遍的腐蚀现象。化工生产中大部分腐蚀都属于这一类，所造成的破坏损失也是最严重的。

（2）按照腐蚀破坏的形式，电化学腐蚀可分为全面腐蚀（均匀腐蚀）和局部腐蚀两大类。

①全面腐蚀的特征是腐蚀作用均匀地发生在整个金属表面上，是危害性较小的一种腐蚀。

②局部腐蚀的特征是腐蚀作用集中在金属表面的一定区域，而其他区域几乎不受腐蚀作用或很轻微。

3. 非金属腐蚀

绝大多数非金属是绝缘体，少数导电的非金属（如石墨）在溶液中也不至于离子化，所以非金属的腐蚀一般不是电化学腐蚀，而是化学或物理变化，这是金属腐蚀和非金属腐蚀的主要区别。金属的腐蚀多由表层开始，逐渐由表及里。非金属的腐蚀则大多是表里一齐劣化。如橡胶、塑料等与腐蚀性物质接触后，逐渐溶胀或溶解，高分子化合物受腐蚀介质作用后可能分解，受热后可能产生老化和热分解，受日光辐射后可能逐渐变质、老化。

非金属材料可能有几种材料组成，各个组分的耐腐蚀性不尽相同，腐蚀总是从最薄弱部分开始，最后导致整个材料劣化或破坏，故在选择非金属材料时应当注意每一组分的耐腐蚀性能。

对金属腐蚀而言，失重是主要表现。但非金属腐蚀不一定表现为失重，有时是增加重量。所以对非金属腐蚀一般用强度变化或变形大小来衡量劣化或破坏程度。

（二）影响化工设备腐蚀的因素

这里主要讨论金属腐蚀中的电化学腐蚀过程的影响因素。电化学腐蚀过程的速率既决定于腐蚀电池的电动势（即阴、阳极反应平衡电位之差），也取决于腐蚀反应各步骤（即阴极反应、电子流动、阳极反应）的阻力大小。前者与材料因素有关，属于热力学因素；后者与环境因素有关，属于动力学因素。

1. 材料因素

（1）合金成分的影响。平衡电位很高的金属（如贵金属和半贵金属：金、铂、铱、钯、银、铑、铜等）作为合金元素加入平衡电位较低的金属中，通常会提高合金的平衡电位，使合金具有较高的热力学稳定性，相对来说不容易腐蚀。另外，若合金成分为氢过电位高的金属，会使析氢腐蚀的腐蚀电流减小，降低合金在酸中的腐蚀速率。例如，砷或锑是氢过电位高的金属，含砷钢或加入锑元素的钢可用于制造烧重油锅炉的节煤器、空气预热器、集尘器、烟囱等腐蚀严重部件。此外，铜、磷、铬等合金元素加入钢中有助于生成保护性能良好的非晶态腐蚀产物膜，这层膜能显著提高钢耐大气腐蚀性能。

（2）杂质的影响。在酸性溶液中发生析氢腐蚀时，金属中起阴极作用的杂质，除氢过电位高的能减轻腐蚀以外，一般都会加速腐蚀。这种情况下，金属中杂质越多，析氢腐蚀速率越大。在强氧化性介质和高温高压水中，金属中的杂质也常引起腐蚀。从腐蚀形态上看，杂质引起的腐蚀往往是局部腐蚀，例如含硫化物的钢在氯化物溶液（包括海水）中会引起的孔蚀。

2. 环境因素的影响

金属腐蚀速率受反应物浓度、流速和温度等因素的影响。

溶液的 pH 值越低（H^+ 浓度越高），氢电极平衡电位亦升高，在阴极极化率不变的情况下，腐蚀电流相应增加；溶解氧量越大，相应的腐蚀电流越大，即腐蚀越严重。

当反应物流速增大时氧的供给速度增加，使腐蚀电流相应增大，即流速越高，通常腐蚀速率越高。

温度越高，腐蚀速率越高，通常腐蚀速率与温度之间呈指数关系。

（三）化工设备腐蚀的防护机理及方法措施

防腐蚀，又称腐蚀控制，最好是根据腐蚀过程的控制因素来选择防腐蚀途径。在了解腐蚀控制因素的基础上选择那些能使该控制因素进一步强化，即能使该腐蚀反应更难进行的办法，才能最有效地防止或控制腐蚀。

金属电化学腐蚀反应速率的控制因素主要有热力学因素、阳极极化、电阻和阴极极化四种。针对四种腐蚀控制因素，防蚀方法也可以相应地分为以下四种：

（1）提高体系热力学稳定性的防蚀方法，包括：通过加入电位较高的合金元素提高金属本身的热力学稳定性，例如铜中加入金、镍中加入铜、铬钢中加镍等；在金属表面镀高电位金属镀层（如钢表面镀铜或镀镍），或表面涂覆完整无孔的、电绝缘的涂层（如橡胶衬里、搪玻璃等无机材料、砖板衬里）；还有改变介质条件促进形成包含性能良好的覆盖层，例如使用具有覆盖作用的缓蚀剂（磷酸盐等）。

（2）强阳极控制的防蚀方法，包括：加入容易钝化的合金元素（如铁或镍中加入大量的铬），或加入阴极性合金元素促进阳极钝化（如不锈钢中加入铜、银、钯、铂；钛中加入钯等）；涂覆含有钝化填料的漆膜或使用含钝化填料的油封材料（如在油漆中加锌 -

铬酸盐填料），或金属表面镀易钝化金属镀层（如钢上镀铬）；在溶液中加入铬酸盐、亚硝酸盐、硝酸盐等易钝化的阳极缓蚀剂；或者外加电流或与电位更高的金属接触进行阳极保护。

（3）增强阴极控制的防蚀方法，包括：减小合金中活性阴极的面积，如提高锌、铝、镁等金属的纯度以降低其在酸性甚至中性溶液中的析氢腐蚀；加入析氢过电位高的合金元素，如在工业镁中加入锰；在金属表面镀析氢过电位高的金属镀层，如在钢件上镀锌或镀镉；在溶液中加入阴极性缓蚀剂，如在酸洗钢铁时酸中加入砷、锑、铋；提高溶液 pH 值、减少溶液中溶氧量，以降低阴极附近溶液中阴极去极化剂的浓度；外加电流阴极保护，或使用牺牲阳极保护。

（4）增强电阻控制的防蚀方法，例如在地下设备周围回填干燥土壤或砂石以减小土壤腐蚀。

九、化工设备状态监测与故障诊断技术

设备状态监测与故障诊断技术是一种了解设备在使用过程中的状态，确定其整体或局部正常或异常，早期发现故障及其原因，并能预报故障发展趋势的技术。一台设备从设计、制造到安装、运行、维护、检修有许多环节，任何环节的偏差都会造成设备性能劣化或故障。同时，运行过程中设备处于各种各样的条件下，其内部必然会受内应力、热、摩擦等多种物理、化学作用，使其性能发生变化，最终导致设备故障。随着现代科学技术的进步与发展，设备越来越大型化，功能越来越多，结构越来越复杂，自动化程度越来越高。随之而来的问题是，一旦关键设备发生故障，不仅设备受损、生产线停工，造成巨大的经济损失，而且可能危及人身安全、造成环境污染，带来严重的社会问题。

（一）化工设备在线监测

早期的设备维修体制基本上是事后维修，即设备发生故障后再进行维修。随着流程化工业的推广，这种落后的管理模式往往会造成巨大的经济损失，因此又逐步推行定期维修，例如通常实行的年度大修。随着对设备故障机理的研究和设备管理水平的提高，人们又逐步认识到，定期检修实际上既不经济又不合理，其最大的问题是无法解决"维修不足"和"维修过剩"二者之间的矛盾。

近年来，振动与噪声理论、测试技术、信号分析与数据处理技术、计算机技术及其他相关基础学科的发展，使设备状态监测与故障诊断技术得到了长足的发展。

设备状态监测与故障诊断技术包括识别设备状态和预测发展趋势两方面的内容，具体过程分为状态监测、分析诊断和治理预防三个基本环节。

1. 状态监测

状态监测是在设备运行中，对特定的特征信号进行检测、变换、记录、分析处理并显示、记录，是对设备进行故障诊断的基础工作。检测的信号主要是机组或零部件在运行中的各种信息（振动、噪声、转速、温度、压力、流量等），通过传感器把这些信息转换为电信号或其他物理量信号，送入信号处理系统中进行处理，以便得到能反映设备运行状态的特征参数，从而实现对设备运行状态的监测和下一步诊断工作。

2. 分析诊断

分析诊断实际上包括两方面的内容：信号分析处理和故障诊断。

由传感器或人的感官所获取的信息往往特征不明显、不直观，很难直接进行故障诊断。信号分析处理的目的是把获得的信息通过一定的方法进行变换处理，从不同的角度提取最直观、最敏感、最有用的特征信息。分析处理可用专门的分析仪器或计算机进行，一般情况下要从多重分析域、多个角度来分析观察这些信息。分析处理方法的选择、处理过程的准确性以及表达的直观性都会对诊断结果产生较大影响。

故障诊断是在状态监测与信号分析处理的基础上进行的。进行故障诊断需要根据状态监测与信号分析处理所提供的能反映设备运行状态的征兆或特征参数的变化情况，有时还需要进一步与某些故障特征参数（模式）进行比较，以识别设备是运转正常还是存在故障。如果存在故障，要诊断故障的性质和程度、产生原因或发生部位，并预测设备的性能和故障发展趋势。

3. 治理预防

治理预防措施是在分析诊断出设备存在异常状态，即存在故障时，就其原因、部位和危险程度进行研究并采取治理措施和预防的办法。通常包括调整、更换、检修、改善等方面的工作。如果经过分析认为设备在短时间内尚可继续维持运行时，那就要对故障加强监测，以保证设备运行的可靠性。

根据设备故障情况，治理预防措施有巡回监测、监护运行和立即停机检修三种。

发现故障、诊断故障并不是状态监测与故障诊断工作的全部目的，确定故障原因、采取合理的治理措施，在确保安全的前提下，将不采用状态监测与故障诊断技术时的立即停机检修转化为采用状态监测与故障诊断技术后的维持运行，避免不必要的停机，延长设备运行周期，才是状态监测与故障诊断的真正目的。

（二）化工设备装置监测设备

1. 化工设备在线监测技术与方法

化工设备在线监测的目的是获得设备的状态信息，这种信息通常来自于设备运行中的各种参数变化，如振动、声音、变形、位移、应力、裂纹、磨损、腐蚀、温度、压力、流量、电流、转速、转矩、功率等各种参数。

2. 化工设备状态检测设备

（1）振动检测设备。机械运动消耗的能量除了做有用功外，其他的能量消耗在机械传动的各种摩擦损耗之中，并产生正常振动。如果出现了非正常的振动，说明机械发生故障。这些振动信号包含机械内部运动部件各种变化信息。

常用的振动记录与分析仪器有：①位移型涡流式轴振动仪，主要用于在线监测高转速大型设备；②速度型传感器振动仪，主要用于测量低频轴承座、壳体振动；③加速度型传感器振动仪，广泛用于各类中、高频振动检测。

（2）测温仪器仪表。常用的在线测温仪器仪表分类如表 4-13 所示。

（3）油液检测设备：

①发射光谱分析仪，可测定油品添加剂的元素、磨料物元素、污染物元素的成分和含量。

其特点是：分析迅速，不需要对样品进行处理，在短时间内能同时分析十几到二十几种元素；适合现场使用和分析多种材料摩擦副的磨料；分析结果准确性高，适合分析直径小于 $10\mu m$ 的摩擦颗粒，对油中的大颗粒不敏感。

表 4 - 13　测温仪器仪表分类

测温方式	分类名称	作用原理
接触测温	膨胀式温度计（液体式/气体式）	液体或气体受热膨胀
	压力表式温度计（液体式/气体式/蒸汽式）	封闭气体、液体受热膨胀、压力变化
	电阻温度计	导体、半导体受热电阻变化
	热电偶温度计	物体热电性质
非接触测温	光电高温计	物体热辐射
	光学高温计	
	红外热像仪	
	红外热电视	
	红外测温仪	

②铁谱分析是以磨粒分析为基础的油液检测技术，利用高梯度强磁场的作用，将磁性磨粒从润滑油中分离出来，并按其粒度有序的沉积，通过铁谱显微镜等仪器观察，可以分析磨损微粒的大小、形貌、分布、成分和浓度等，用以诊断设备磨损形式、原因、部位、劣化程度和预测劣化发展趋势。

铁谱分析仪器有直读式、斜面分析式、旋转分析式等。

铁谱分析技术特点是：适合对大颗粒磨粒分析，颗粒直径为 1 ～ 200μm ；可对铁磁材料磨粒进行定性和浓度的半定量分析；要求分析人员具有专业技术水平和实际经验；分析时间长，程序较复杂。

③红外光谱分析仪。红外光谱分析是根据润滑油中各组分的基团吸收特定频率的红外线强度不同，对油液中各组分进行定性或定量分析的。通过分析在用润滑油和新润滑油红外光谱的差异，可判定在用油中添加剂的降解程度，油品的硝化、硫化及串水等衰变和污染情况。

④超声探伤仪。超声探伤仪在设备状态监测方面的主要应用是监测设备构件内部及表面缺陷，或用于压力容器或管道壁厚的测量方面。监测时把探头放在试验样品的表面，探头或测试部位应涂水、油或甘油，以使两者紧密接触防止超声衰减。工作时，通过探头向样品发射纵波（垂直探伤）或横波（斜向探伤），并接收从缺陷处的反射波，由此对其故障进行判断。

由于超声探伤不损害设备，灵敏可靠并能进行不停产的在线检测，因此近年来得到了迅速的发展和推广。

除了超声探伤仪外，射线探伤仪也是常见的设备监测方法，所用的探伤手段是以 X 射线为工作介质，通过样品对 X 射线的衍射或散射的情况分析判断设备损伤情况。

（三）化工设备的安全管理

化工设备的管理，主要是采用加强设备安全的日常管理和定期检查，制定一系列的安全法规，在工艺设备设计过程中引入安全装置等。现代化生产要求工艺设备的安全管理应以事故的预防作为工作的核心，采用现代化的检测技术，及时发现问题，针对危险情况提出相应的改进、预防和维修措施，进而提高设备安全运行的可靠性，确保安全生产。

1. 设备的技术档案管理

设备技术档案是正确使用设备的主要依据。完整、可靠的设备技术档案可以帮助管理人员和操作人员全面掌握设备的技术状况，了解设备运行规律，防止因盲目使用而发生设备事故。以下技术资料都要详细记录并妥善保存：设备的原始技术资料、安全装置技术资料和设备使用情况的记录资料。

2. 设备的管理与操作责任制

建立设备操作岗位责任制：设备的运行管理应采取定人定机制，确保每台设备都有专人负责，专人操作与维护。

建立设备安全操作规程，包括正常操作法（含开车、停车操作程序和注意事项）；最高工作压力、最高（最低）工作温度；设备运行中应重点检查的项目和部位，可能出现的异常现象及其判断方法和应采取的紧急措施；停用时的维护和检查。

3. 设备的操作与维护管理

操作人员必须持证上岗；如果突然发生故障，操作人员应立即采取紧急措施，并报告有关部门；加强设备维护工作。

十、化工设备检修

在化工生产中，设备状况与企业生产效益密切相关，优质、高产、低能耗和安全生产都离不开完好的设备。设备维护保养不善，使用不当，必然会发生各种各样的事故，导致生产任务不能完成，甚至有可能引发重大财产损失、人员伤亡和环境污染的灾害事故。而化工生产中的众多设备都是非定型设备，种类繁多，规格不一。因此这些设备的维修保养过程要求操作人员和检修人员具有丰富的知识和技术，熟练掌握不同设备的结构、性能和特点。

正是由于以上原因，化工生产设备的检修具有一定的危险性。需要参与化工设备检修的组织管理部门、维修人员和生产人员密切配合，制订周密的检修计划，组织相关设备的检修。防止在检修过程及检修完成后开车过程中发生事故。

（一）化工检修的分类与特点

化工生产具有高温、高压、腐蚀性强等特点，因而化工设备、管道、阀门、泵、仪表等在运行过程中易于受到腐蚀和磨损。为了维持正常生产，必须加强对它们的维护、保养、检测和维修。这些工作有的是日常的正常维修，有的是根据设备的管理、使用的经验和生产规律，制订设备的检修计划，按计划进行检修。这种按计划对设备进行的检修，称为计划检修。

1. 化工检修的分类

化工设备检修按检修时机分为临时的停车检修和定期停产大修；按检修工作量分为大修、中修和小修。下面介绍定期停产大修、中修和小修、临时检修。

（1）定期停产大修：当总系统运行一定时间（如一年）后，系统全面停车检修。主要目的是为了系统内设备集中大修，称为停产大修。停产大修停车时间长，可以安排较多设备的大修，但并不能安排所有设备的大修，一方面受停车时间、维修力量限制，另一方面设备种类、设备质量状况、运行环境条件的不同，设备的大修周期不可能统一。同一系统内种类相同、检修周期相近的设备可以分批实施大修，错开每批设备之间的大修时间。某次停产大修中不进行大修，而中小修周期到了的设备可协同进行中小修。以上这些大修和协同的中小修就形成了停产大修计划内容。

尽管如此可以使设备大修的集中度降低，但停产大修往往时间紧、任务重，施工组织难度大。因此必须有效利用临时的停车机会，尽可能多地实施中小修和可能实施的大修，例如一些可能与总系统隔断或短时断开的子系统或操作单元的设备。但子系统内或操作单元内设备也应实施同步的和协同的检修，以便减少停车次数。

（2）中修和小修：中小修工作量相对较少、检修时间短，除在停产大修期中协同实施外，主要安排在临时停车时进行。化工生产要求实现连续不间断生产，但实际运行中短时的局部子系统或操作单元停车或者总系统的临时停车不可避免。如某关键设备的异常故障、巡检中发现某种危及安全的隐患急需处理、某岗位人员的操作失误、水电气原料供应不足等都可能产生临时停车。此时是安排该系统或操作单元设备中小修同步检修和协同检修的最佳机会。

（3）临时检修：又称计划外检修，是在生产过程中设备突然发生故障，或在巡检过程中发现重大隐患，必须及时采取措施的情况下的设备检修。临时检修可分为停车检修和不停车检修两种类型。

2. 化工检修的特点

化工检修具有周期短、情况复杂、危险性大的特点。

所谓周期短是指检修频繁，既有计划内检修，又有计划外检修，这与化工生产过程中高温、高压、介质的腐蚀性等因素造成设备损害程度有关。

化工检修的复杂性一方面是由于化工生产中使用的化工设备、机械、仪表、管道、阀门等的种类多、数量大、结构和性能各异所造成的；另一方面是由于在检修中受到环境、气候、场地的限制，有些要在露天作业，有些要在设备内作业，或在地坑、井下等场所作业，甚至要上、中、下立体交叉作业，所有这些都给化工检修增加了复杂性。

化工生产的危险性决定了化工检修的危险性。化工设备和管道中有很多残存的易燃易爆、有毒有害、有腐蚀性的物质，而化工检修又离不开动火、进罐作业，稍有疏忽就会发生火灾爆炸、中毒和化学灼伤等事故。

在化工生产装置检修过程中，由于各种原因的影响，如果作业人员没有充分地进行风险识别和安全评价，防范措施不到位，很可能导致在工作中产生某种失误，造成事故的发生。有关数据表明，在化工企业生产、检修过程中所发生的事故中，由于作业人员的不安全行为造成的事故约占事故总数的88%，由于工作中的不安全条件造成的事故约占事故总数的10%，其余2%是综合因素造成的。可以看出，在相同的工作条件下，作业人员的不安全行为是造成事故的主要原因。

因此，在化工设备检修过程中，必须认识到安全检修的重要性。

（二）化工检修的组织准备

1. 成立检修指挥部

大修、中修时，为了加强停车检修工作的集中领导和统一计划，确保停车检修的安全顺利进行，检修前要成立检修指挥部。企业的主要负责人为总指挥，主管设备、生产技术、从事保卫、物资供应及后勤保障服务等的负责人为副总指挥，工作人员为机动、生产、劳资、供应、安全、环保等部门的代表。针对装置检修项目及特点，指挥部成员应明确分工，分片包干，各司其职，各负其责。

2. 制订检修方案

无论是全厂性停车大检修、系统或车间的检修，还是单项工程或单个设备的检修，在检修前均须制订装置停车、检修、开车方案及其安全措施。

安全检修方案的主要内容应包括：检修时间、设备名称、检修内容、质量标准、工作程序、施工方法、起重方案、采取的安全技术措施等。

所有的检修项目都必须确定项目负责人，项目负责人对该设备检修项目作业的安全工作全面负责。每一项设备检修项目都必须有两人以上同时进行，并同时指定其中一人负责作业过程中的安全工作。方案中还应包括设备置换、吹洗、盲板抽堵流程示意图等。其中，工期设定要合理，以确保检修质量。检修方案及检修任务必须得到审批，严格按规定办理和规范填写各种安全作业票证。坚持一切按规章办事，一切凭票证作业。审批部门对检修过程中的安全负责。

3. 检修前的安全教育

由于化工设备检修过程不但有化工操作人员参加，还有大量的检修人员参加。对参加检修的各类人员，都必须进行安全教育，并经考试合格后才能准许参加检修。

检修前，检修指挥部负责向参加检修的全体人员进行检修技术方案交底，使其明确检修内容、步骤、方法、质量标准、人员分工、注意事项、存在的危险因素和由此而采取的安全技术措施等，达到分工明确、责任到人。同时还要组织检修人员到检修现场，了解和熟悉现场环境，进一步核实安全措施的可行性。安全教育的主要内容包括：

①需检修部位的工艺生产特点、应注意的安全事项以及检修过程中可能存在或出现的不安全因素及相关对策。

②检修规程、安全制度、化工生产中的有关禁令。

③检修作业项目、任务、检修方案和检修安全措施。

④检修中已发生过的重大事故案例。

⑤检修各工种所使用的个人防护用具的正确使用和佩戴方法。

⑥检修过程中的动火、动土、进入设备作业的有关规定。

⑦检修人员必须遵守所在生产车间的安全规定，严禁乱动生产车间不需检修的生产设备、管道、阀门、仪表电气等设施。

⑧特种作业人员除学习上述安全内容外，还需要进行本工种的专业安全教育。

4. 安全检查

装置停车检修前，应由检修指挥部统一组织，对停车前的准备工作进行一次全面的检查。检查内容包括检修方案、检修项目的检查、检修机具的检查、检修现场的检查以及检修过程中巡回检查。

检修所用的机具，特别是起重、电焊、手持电动工具等，都要进行安全检查，检查合格后由主管部门审查并发给合格证。未有检查合格证的设备、机具不准进入检修现场。

在检修过程中，要组织安全检查人员到现场进行巡回检查，发现问题及时纠正、解决。如有严重违反安全操作规定的行为，安全检查人员有权令其停止作业。

（三）化工检修作业的一般要求

化工设备具有相互连接，介质具有流动性、带温带压、易燃易爆、有毒有害等特点。一些设备较大、较高，检修时需进入设备内部或登高作业。这些特点决定了进行化工设备检修必须有更高的安全检修要求。

1. 检修前现场的安全要求

（1）检修时使用的备品配件、机具、材料，应按指定地点存放，堆放应整齐，以不影响安全和交通为原则。

（2）在易燃易爆和有毒物品输送管道附近不得设置临时检修办公室、休息室、仓库、施工棚等建筑物。

（3）影响检修安全的坑、井、洼、沟、陡坡等均应填平或铺设与地面平齐的盖板，或设置围栏和警告标志，夜间应设警告信号灯。

（4）检修现场必须保持排水沟通畅，不得有积水。道路通畅，路面平整，路基牢固及良好的照明措施。

（5）易燃易爆生产区、贮罐区、仓库区内或附近的路段，应设立明显的标志，限制或禁止某类车辆通行。

（6）道路应设置交通安全标志，其设置地点、形状、尺寸和颜色应符合 GB 5768 的规定。检修现场应根据 GB 2894 的规定，设立相应的安全标志。

（7）检修或施工需要占用道路，必须办理封路审批手续，并应保证消防通道的畅通。

2. 各类检修项目的要求

（1）腐蚀性介质检修作业要求：泄漏的腐蚀性液体、气体介质可能会对作业人员的肢体、衣物、工具产生不同程度的损坏，并对环境造成污染。因此，检修作业前，必须联系工艺人员把腐蚀性液体、气体介质排净、置换、冲洗，分析合格，办理《作业许可证》；采取可靠的方法保护作业人员和设备的安全，防止作业人员受到伤害；及时清除腐蚀性物质。

（2）高处检修作业的要求：不应上、下同时垂直作业。特殊情况下必须同时垂直作业时，应经单位领导批准，并设置专用防护棚或采取其他隔离措施；避免夜间进行高处作业。必须夜间进行高处作业时，应经有关部门批准，作业负责人要进行风险评估，制定出安全措施，并保证充足的灯光照明；遇有 6 级以上大风、雷电、暴雨、大雾等恶劣天气而影响视觉和听觉的条件下或对人身安全无保证时，不允许进行高处作业。在高处作业时，安全监护人要经常与高处作业人员联络，不得从事其他工作，更不准擅离职守。

（3）动火检修作业要求：在检修过程进行的动火作业，需办理《作业许可证》，将系统有效隔离，把动火设备、管道内的易燃易爆介质排净、冲洗、置换；作业现场取样分析合格后，任何人不得改变工艺状态；动火作业过程中，如间断半小时以上必须重新取样分析；在进行焊接、切割作业前，必须清除周围可燃物质，设置警戒线，悬挂明显标示，不得擅自扩大动火范围。同时，动火过程应注意气瓶的安全距离及防止火花溅落造成事故。作业人员离开动火现场时，应及时切断施工使用的电源和熄灭遗留下来的火源，不留任何隐患。可燃气体带压不置换动火时，要有作业方案，并落实安全措施；动火作业应设监护人，备有灭火器。

（4）电气检修作业要求：要防止发生电击危险、电弧危害或因线路短路产生火花造成事故等，使人体遭受电击、电弧引起烧伤，电弧引起爆炸冲击受伤等伤害及火灾、爆炸事故。检修作业前，联系运行人员切断与设备连接的电源，并采取上锁措施。要求：办理《作业许可证》，执行《许可证管理程序》；在开关箱上或总闸上挂上醒目的"禁止合闸，有人工作"的标志牌；作业人员应按要求穿戴劳保用品，熟知工作内容；电气作业只能由持证合格人员完成，作业时必须2人以上进行，其中1人进行监护；电气监护人员必须经过专业培训，取得上岗合格证。

（5）密闭空间检修作业要求：联系工艺人员切断设备上与外界连接的电源、管线，并采取上锁措施，加挂警示牌；密闭空间经排放、隔离（加盲板）、清洗、置换、通风，取样分析合格后，作业人员办理《作业许可证》、《进入密闭空间作业许可证》；作业前，准备好应急救援物资，包括安全带、安全绳、长管面具、不超过24 V的安全电压照明、防触电（漏电）保护器以及配备通讯工具；监护人员应按要求穿戴劳保用品，选择好安全监护人员的位置。通过以上措施防止因密闭空间内存在的缺氧、高温、有毒有害、易燃易爆气体等产生的危险隐患。

总之，进行生产作业时必须牢固树立"安全第一、预防为主"的思想，企业的生存与发展要靠全体员工的劳动和创造共同实现。重视生命，爱护环境；全员参与，全程控制。只有在实际工作中认真地进行风险识别和安全评价，落实防范措施，才能保障安全生产和安全检修。

（四）化工检修作业的安全验收要求

化工检修作业完成后，应按规定要求对检修结果进行安全验收，达到安全标准后才能重新试车生产。安全验收标准按化工行业标准《化工检修现场安全管理检查标准》的要求执行。

1. 检修完毕后现场清理

①检查各项检修项目、测试项目、探伤项目等，应无漏项。

②检查检修所用的盲板，应按预设的"抽加盲板图"和编号如数抽回或加入。

③清扫管线，管线中应无任何物件（如未拆除的盲板或垫圈）阻塞。

④检查设备的防护装置和安全设施，以及拆除的盖板、围栏扶手，以及避雷装置等应恢复原来状态。

⑤清除设备上、房屋顶上、厂房内外地面上的杂物垃圾。

⑥检修所用的工机具、脚手架，临时电线、开关，临时用的警告标志等应清出现场。

2. 试车前的安全检查

①化工企业停车大修或系统检修后进行试车，应成立现场试车指挥部或小组。

②认真检查维修中各项目的完成情况。

③对设备、管道的耐压和气密性以及静电接地的情况进行认真检查。

④按工艺操作规程进行工艺系统检查，确认压力、温度、流量、联锁、信号报警等仪表处于良好状态。

⑤制订试车方案及单机联动试车操作票。

⑥确定对内对外联系工作程序。

⑦制定异常情况的处理措施。

⑧试车工作应在现场试车指挥部（小组）统一指挥下严格按试车方案及试车安全规定进行。

3. 检修交接验收

①大、中检修结束后，在试车过程中，检修单位为交方，生产单位为接方，应严格按安全交接程序进行交接。

②交方应按"安全交接书"的内容对检修的各类设备（传动、静止）、管线、电气、仪表存在的各类隐患和整改情况详细填写。

③机械动力部门应检查确认的检修内容：主要有检修项目、公用工程系统（水、电、汽、气）、仪表、工艺报警装置等。

④生产技术调度部门应检查确认的检修内容：对外管线盲板的拆除（加入）、基建、整改措施、工程项目完成后的物料管线安装位置及投料开车前状态、工程系统按正常投运状态、试车、系统开车程序的审查等。

⑤安全防火部门应检查确认的项目内容：安全项目的完成情况及安全操作规程、检修前各类不安全因素的整改及落实情况、检修后仍有遗留的隐患进行检查分析、安全消防措施和安全装置。

在上述程序完成后，交接双方签字交接。检修方案（检修任务书）应归口存档。

第五章 危险化学品重大危险源与事故应急管理

第一节 危险化学品重大危险源管理

一、重大危险源的基础知识

（一）重大危险源概念

20世纪70年代以来，预防重大工业事故已成为世界各国社会、经济和技术发展的重点研究对象之一，引起了国际社会的广泛重视，随之产生了"重大危害"、"重大危害设施"（国内通常称为"重大危险源"）等概念。1993年6月，第80届国际劳工大会通过的《预防重大工业事故公约》将"重大事故"定义为：在重大危害设施内的一项活动过程中出现意外的、突发性的事故，如严重泄漏、火灾或爆炸，其中涉及一种或多种危险物质，并导致对工人、公众或环境造成即刻的或延期的严重危险。将"重大危害设施"定义为：长期地或临时地加工、生产、处理、搬运、使用或储存数量超过临界量的一种或多种危险物质，或多类危险物质的设施（不包括核设施、军事设施以及设施现场之外的非管道的运输）。

我国国家标准《危险化学品重大危险源辨识》（GB 18218—2009）中将"危险化学品重大危险源"定义为：长期地或临时地生产、加工、使用或储存危险化学品，且危险化学品的数量等于或超过临界量的单元。

《安全生产法》第九十六条规定，重大危险源是指长期地或者临时地生产、搬运、使用或者储存危险物品，且危险物品的数量等于或者超过临界量的单元（包括场所和设施）。

（二）重大危险源控制系统的组成

一般而言，重大危险源总是涉及易燃、易爆或有毒性的危险物质，并且这些物质的量在一定范围内使用、生产、加工或储存超过了临界量。由于工业活动的复杂性，使这些物质所处的情况各不相同，所以有效地控制重大危险源需要采用系统工程的思想和方法。重大危险源控制系统主要由以下几个部分组成。

1. 重大危险源的辨识

防止重大工业事故发生的第一步，是辨识或确认高危险性的工业设施（危险源）。重大危险源的辨识主要由政府主管部门和企业共同完成。

政府主管部门和权威机构在物质毒性、燃烧、爆炸特性的基础上，制定出危险物质及其临界量的标准。通过危险物质及其临界量标准，可以确定哪些是可能发生事故的潜在危险源。

企业应根据《危险化学品重大危险源监督管理暂行规定》（国家安全监管总局令第40号）和《危险化学品重大危险源辨识》（GB 18218—2009），辨识企业存在的危险化学品重大危险源，并进行登记建档，确保安全。

2. 重大危险源的评价

根据危险化学品及其临界量标准进行重大危险源辨识和确认后，就应对其进行风险分析和评价。

一般来说，重大危险源的风险分析评价包括以下几个方面：

（1）辨识各类危险因素及其原因与机制。

（2）依次评价已辨识的危险事件发生的概率。

（3）评价危险事件的后果。

（4）进行风险评价，即评价危险事件发生概率和发生后果的联合作用。

（5）风险控制，即将上述评价结果与安全目标值进行比较，检查风险值是否达到了可接受水平，否则需进一步采取措施，降低危险水平。

3. 重大危险源的管理

企业应对工厂的安全生产负主要责任。在完成了对重大危险源的辨识和评价后，应针对每一个重大危险源制定出一套严格的安全管理制度，通过技术措施（包括化学品的选择，设施的设计、建造、运转、维修以及有计划的检查）和组织措施（包括对人员的培训与指导，提供保证危险源安全的设备，保证具有专业知识的工作人员及其工作时间，明确职工的职责，以及对外部合同工和现场临时工的管理），对重大危险源进行严格控制和管理。

4. 重大危险源的安全评估报告

危险化学品单位应当对重大危险源进行安全评估并确定重大危险源等级。危险化学品单位可以组织本单位的注册安全工程师、技术人员或者聘请有关专家进行安全评估，也可以委托具有相应资质的安全评价机构进行安全评估。

依照法律、行政法规的规定，危险化学品单位需要进行安全评价的，重大危险源安全评估可以与本单位的安全评价一起进行，以安全评价报告代替安全评估报告，也可以单独进行重大危险源安全评估。

5. 事故应急救援预案

事故应急救援预案是重大危险源控制系统的重要组成部分，是防止事故发生（事故规模扩大）和减少事故损失的有效方法。企业应负责制订现场事故应急救援预案，并且定期检验和评估现场事故应急救援预案和程序的有效程度，并在必要时进行修订。场外事故应急救援预案，由政府主管部门根据企业提供的安全报告和有关资料制订。事故应急救援预案的目的是抑制突发事件，减少事故对工人、居民和环境的危害。因此，事故应急救援预案应提出详尽、实用、明确和有效的技术措施和组织措施。政府主管部门应保证将发生事故时要采取的安全措施和正确做法的有关资料散发给可能受事故影响的公众，并保证公众充分了解发生重大事故时的安全措施，一旦发生重大事故，应尽快报警。

每隔适当的时间应修订和重新散发事故应急救援预案宣传材料。

6. 工厂选址和土地使用规划

政府有关部门应制定综合性的土地使用政策，确保重大危险源与居民区、其他工作场所、机场、水库、其他危险源和公共设施安全隔离。

7. 重大危险源的监察

政府主管部门必须派出经过培训的、合格的技术人员定期对重大危险源进行监察、调查、评估和咨询。

二、危险化学品重大危险源的辨识

关于危险化学品重大危险源的辨识标准及方法，参考国外同类标准，结合我国工业生产的特点和火灾、爆炸、毒物泄漏重大事故的发生规律，以及由中国安全生产科学研究院起草提出的国家标准《危险化学品重大危险源辨识》（GB 18218—2009）。该标准规定了辨识危险化学品重大危险源的依据和方法，适用于危险化学品的生产、使用、储存和经营等企业或组织。

《危险化学品重大危险源辨识》（GB 18218—2009）明确了危险化学品重大危险源的辨识依据是危险化学品的危险特性及其数量，同时将重大危险源物质名称和临界量在表1中列明（共78个物品），未在表1范围内的危险化学品，依据其危险性，按表2确定临界量；若一种危险化学品具有多种危险性，按其中最低的临界量确定。

单元内存在危险化学品的数量等于或超过《危险化学品重大危险源辨识》中表1和表2规定的临界量，即被定为重大危险源。单元内存在危险化学品的数量根据处理物质的种类的多少区分为以下两种情况：

（1）单元内存在的危险化学品为单一品种，则该物质的数量即为单元内危险化学品的总量，若等于或超过相应的临界量，则定为危险化学品重大危险源。

（2）单元内存在的危险化学品为多品种时，则按式（5-1）计算，若满足下面公式，则定为危险化学品重大危险源：

$$\frac{q_1}{Q_1} + \frac{q_2}{Q_2} + \cdots + \frac{q_n}{Q_n} \geq 1 \qquad (5-1)$$

式中　q_1，q_2，$\cdots$，q_n——每种危险化学品实际存在量，t；

Q_1，Q_2，$\cdots$，Q_n——与各危险化学品相对应的生产场所或贮存区的临界量，t。

危险化学品重大危险源辨识过程（如图5-1所示）的基本程序包括：

（1）收集资料。收集可用于重大危险源辨识、危险性分析的资料。

（2）明确分析对象。分析生产工艺、场所及其环境，确定重大危险源辨识对象的性质和特点。

（3）计算危险化学品的最大容量。划分单元，计算单元中的各种危险化学品的最大容量。

（4）判别重大危险源。如果达到或超过重大危险源辨识指标，则确定为重大危险源。

（5）进行汇总。记录并汇总所有重大危险源。

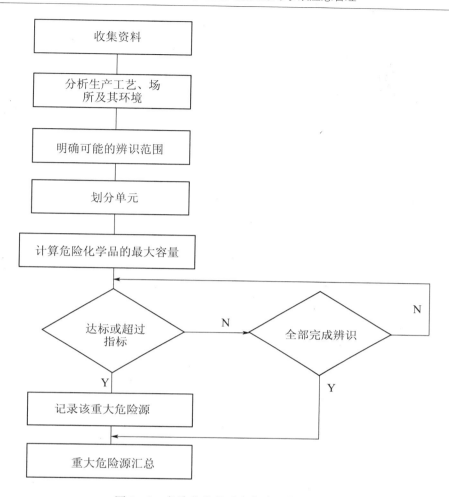

图 5 - 1　危险化学品重大危险源辨识过程

三、重大危险源的风险评价（评估）

重大危险源风险评价是对系统发生事故的危险性进行定性或定量分析，评价系统发生、危险的可能性及其严重程度，是重大危险源控制的关键措施之一。为保证重大危险源评价的正确合理，对重大危险源的风险评价应遵循系统的思想和方法。

安全评价是安全管理和决策科学化的基础，是依靠现代科学技术预防事故的具体措施。

风险评价主要包括如下几个步骤。

1. 资料收集

明确评价的对象和范围，收集国内外相关法规和标准，了解同类设备、设施或工艺的生产和事故情况，评价对象的地理、气象条件及社会环境状况等。

2. 危险、危害因素辨识与分析

根据所评价的设备、设施或场所的地理、气象条件、工程建设方案、工艺流程、装置布置、主要设备和仪表、原材料、中间体、产品的理化性质等，辨识和分析可能发生的事故类型、事故发生的原因和机制。

3. 评价过程

在上述危险分析的基础上，划分评价单元，根据评价目的和评价对象的复杂程度选择具体的一种或多种评价方法。对事故发生的可能性和严重程度进行定性或定量评价，在此基础上进行危险分级，以确定管理的重点。

4. 提出降低或控制危险的安全对策措施

根据评价和分级结果，高于标准值的危险必须采取工程技术或组织管理措施，降低或控制危险。低于标准值的危险属于可接受或允许的危险，应建立监测措施，防止生产条件变更导致危险值增加，对不可排除的危险要采取防范措施。

四、重大危险源监控和监控体系

（一）企业重大危险源监控责任

国家安全生产监督管理总局《危险化学品重大危险源监督管理暂行规定》（国家安监总局第 40 号令）第四条中提出危险化学品单位是本单位重大危险源安全管理的责任主体，其主要负责人对本单位的重大危险源安全管理工作负责，并保证重大危险源安全生产所必需的安全投入。

危险化学品单位是安全生产的主体，也是重大危险源管理监控的主体，在重大危险源管理与监控中负有重要责任。各级安全生产监督管理部门要监督检查并指导督促企业做好以下工作：

（1）应当建立完善重大危险源安全管理规章制度和安全操作规程，并采取有效措施保证其得到执行。

（2）应当根据构成重大危险源的危险化学品种类、数量、生产、使用工艺（方式）或者相关设备、设施等实际情况，按照相关要求建立健全安全监测监控体系，完善控制措施。

（3）通过定量风险评价确定的重大危险源的个人和社会风险值，不得超过本规定附件 2 列示的个人和社会可容许风险限值标准。超过个人和社会可容许风险限值标准的，危险化学品单位应当采取相应的降低风险措施。

（4）应当按照国家有关规定，定期对重大危险源的安全设施和安全监测监控系统进行检测、检验，并进行经常性维护、保养，保证重大危险源的安全设施和安全监测监控系统有效、可靠运行。维护、保养、检测应当做好记录，并由有关人员签字。

（5）应当明确重大危险源中关键装置、重点部位的责任人或者责任机构，并对重大危险源的安全生产状况进行定期检查，及时采取措施消除事故隐患。事故隐患难以立即排除的，应当及时制定治理方案，落实整改措施、责任、资金、时限和预案。

（6）应当对重大危险源的管理和操作岗位人员进行安全操作技能培训，使其了解重大危险源的危险特性，熟悉重大危险源安全管理规章制度和安全操作规程，掌握本岗位的安全操作技能和应急措施。

（7）应当在重大危险源所在场所设置明显的安全警示标志，写明紧急情况下的应急处置办法。

（8）应当将重大危险源可能发生的事故后果和应急措施等信息，以适当方式告知可能受影响的单位、区域及人员。

（9）应当依法制定重大危险源事故应急预案，建立应急救援组织或者配备应急救援人员，配备必要的防护装备及应急救援器材、设备、物资，并保障其完好和方便使用；配合地方人民政府安全生产监督管理部门制定所在地区涉及本单位的危险化学品事故应急预案。

（10）应当制定重大危险源事故应急预案演练计划，并按照相关要求进行事故应急预案演练。

（11）应当对辨识确认的重大危险源及时、逐项进行登记建档。

（12）危险化学品单位在完成重大危险源安全评估报告或者安全评价报告后15日内，应当填写重大危险源备案申请表，连同本规定第二十二条规定的重大危险源档案材料（其中第二款第五项规定的文件资料只需提供清单），报送所在地县级人民政府安全生产监督管理部门备案。

（13）危险化学品单位新建、改建和扩建危险化学品建设项目，应当在建设项目竣工验收前完成重大危险源的辨识、安全评估和分级、登记建档工作，并向所在地县级人民政府安全生产监督管理部门备案。

（二）重大危险源监控体系

危险源监控生产过程是过程安全监控（包括实时控制和预警）的微观管理层次。更高层次则是以行政监察、社会监督和减灾救援体系为主的宏观管理。两个层次的管理共同构成"企业负责、行业管理、政府监察、社会监督、作业者遵章守纪"的安全生产体系。

宏观管理层次具有可靠性检查、地理信息、统计、分析、指令传递特征，是一种信息流系统；宏观管理依托技术标准和法律法规，偏重软件技术，对重大危险源和事故隐患点实施监督、监察、检查、评估和行政许可，实行的是间接监控；宏观管理还关注社会监督、反馈、沟通、奖惩、培训和宣传教育等，具有行政管理和社会服务的多项特征。在微观管理层次，其监控方式更多的是对生产人员和设备设施进行实时控制，并在控制参数超过各级安全域值的临界状态时进行预警。微观管理层次的现场性、专业性和技术性非常突出。从作用范围看，系统的管理主体存在于企业工程运行实体之中。

（三）重大危险源监控系统

各城市应建立重大危险源信息管理系统。有条件的城市可建立以地理信息系统为基础的重大危险源信息管理系统，使重大危险源的分布情况更加直观。

各城市应建立各区县安全监督管理部门和市安全监督管理部门的信息网络系统，定期进行数据的更新。

设立国家重大危险源监控中心，建立以地理信息系统为基础的重大危险源监控总系统。

待条件成熟后，可以把重大危险源监控总系统、各城市的监控子系统以及企业的计算机监控系统通过网络相连。

第二节 危险化学品事故应急管理

一、化学事故应急管理概述

党的十六届六中全会通过了《中共中央关于构建社会主义和谐社会若干重大问题的决定》，要求"完善应急管理体制机制，有效应对各种风险。建立健全分类管理、分级负责、条块结合、属地为主的应急管理体制，形成统一指挥、反应灵敏、协调有序、运转高效的应急管理机制，有效应对自然灾害、事故灾难、公共卫生事件、社会安全事件，提高危机管理和抗风险能力"。党中央的这些决策和要求，为我国应急管理工作指明了方向。安全生产领域认真贯彻和落实党中央、国务院的重大决策和部署，以"一案三制"（预案，体制、机制和法制）为重点，加强安全生产应急管理和应急救援体系建设、队伍建设和装备建设，安全生产应急管理工作取得了新的进展。

（一）应急管理概念

应急管理是对重大事故的全过程管理，贯穿于事故发生的整个过程，充分体现了"预防为主，常备不懈"的应急思想。应急管理是一个动态的过程，包括预防、准备、响应和恢复四个阶段。

1. 预防

在应急管理中预防有两层含义：一是事故的预防工作，即通过安全管理和安全技术手段，尽可能地防止事故的发生，实现本质安全；二是在假定事故必然发生的前提下，通过预先采取的预防措施，来达到降低或减缓事故的影响或后果严重程度的目的，如加大建筑物的安全距离、减少危险物品的存量、设置防护墙等。从长远观点看，低成本、高效率的预防措施，是减少事故损失的关键。

2. 准备

针对可能发生的事故，为迅速有效地开展应急行动而预先所做的各种准备，包括应急体系建立，有关部门和人员职责落实，预案的编制，应急队伍的建设，应急设备（施）、物资的准备和维护，预案的演练以及与外部应急力量的衔接等，目标是保持重大事故应急救援所需的应急能力。

3. 响应

事故发生后应立即采取救援行动，包括事故的报警与通报、人员的紧急疏散、急救与医疗、消防和工程抢险措施、信息收集与应急决策和外部求援等，目标是尽可能地抢救受害人员，保护可能受威胁的人群，减少物质财产的损失，并尽可能控制并消除事故。

应急响应可划分为两个阶段：初级响应和扩大应急。初级响应是在事故初期，企业应用自己的救援力量，使事故得到有效控制。但如果事故的规模和性质超出本单位的应急能力，则应请求社会增援和扩大应急救援活动的强度，以便最终控制事故。

4. 恢复

事故发生后应立即进行恢复工作，使事故影响区域恢复到相对安全的基本状态，然后逐步恢复到正常状态。立即进行的恢复工作包括事故损失评估、原因调查、清理废墟等。

短期恢复中应注意避免出现新的紧急情况；长期恢复包括厂区重建及受影响区域的重新规划和发展，在长期恢复工作中，应吸取事故和应急救援的经验教训，开展进一步的预防工作和减灾行动。

（二）应急救援体系结构

我国安全生产应急救援体系主要由组织体系、运行机制、法律法规体系和支持保障系统等部分构成。

组织体系包括管理机构、功能机构、应急指挥和救援队伍等。

运行机制包括统一指挥、分级响应、属地为主和公众动员等。

法制法规体系包括法律、行政法规、部门规章和标准等。

支持保障系统包括信息与通讯系统、物资与装备、人力资源保障和应急财务保障等。

二、化学事故应急救援

危险化学品事故应急救援是指由危险化学品造成或可能造成人员伤害、财产损失和环境污染及其他较大社会危害时，为及时控制事故源，抢救受害人员，指导群众防护和组织撤离，清除危害后果而组织的救援活动。

（一）化学事故应急救援的指导思想

认真贯彻"安全第一，预防为主，综合治理"的方针，体现"以人为本"的思想，本着对人民生命财产高度负责的精神，按照先救人、后救物，先控制、后处置的指导思想，当发生危险化学品事故时，能迅速、有序、高效地实施应急救援行动，最大限度地减少人员伤亡和财产损失，把事故危害程度降到最低。

（二）化学事故应急救援的基本原则

1. 统一指挥原则

危险化学品事故的抢险救灾工作必须在危险化学品应急救援指挥中心的统一领导、指挥下开展。各类事故具有意外性、突发性及扩展迅速、危害严重的特点。因此，救援工作必须坚持集中领导、统一指挥的原则。因为在紧急情况下，多头领导会导致一线救援人员无所适从，贻误战机，造成混乱，并可能使事故损失进一步扩大。

2. 充分准备、快速反应、高效救援的原则

针对可能发生的危险化学品事故，事先做好充分的准备。一旦发生危险化学品事故，能快速做出正确反应；尽可能减少应急救援的组织层次，以利于事故和救援信息的快速传递，减少信息的失真，提高救援的效率。

3. 生命至上的原则

应急救援的首要任务是不惜一切代价，维护人民生命安全。事故发生后，应当首先保护学校学生、医院病人和所有无关人员安全撤离现场，转移到安全地点，并全力抢救受伤人员，寻找失踪人员，同时保护应急救援人员的安全也同样重要。

4. 单位自救和社会救援相结合的原则

在确保单位人员安全的前提下，应急救援应当体现单位自救和社会救援相结合的原则。单位熟悉自身各方面情况，又身处事故现场，有利于初期事故的救援，将事故消灭在初始状态。单位救援人员即使不能完全控制事故的蔓延，也可以为外部救援赢得时间。事故发生初期，事故单位应按照灾害预防和处理规范（预案）积极组织抢险，并迅速组织

遇险人员安全撤离，防止事故扩大。

5. 分级负责、协同作战的原则

各级地方政府、有关部门、危险化学品单位及相关的单位按照各自的职责分工，分级负责、各尽其能、各司其职，做到协调有序、资源共享、快速反应，积极做好应急救援工作。

6. 科学分析、规范运行、措施果断的原则

科学分析是做好应急救援的前提，规范运行是应急预案能够有效实施的保证，针对事故现场果断决策采取不同的应对措施是保证救援成效的关键。

7. 安全抢险的原则

在事故抢险过程中，应采取切实有效的措施，确保抢险救护人员的安全，严防在抢险过程中发生二次事故。

（三）化学事故应急救援的任务

1. 立即抢救受害人员，指导群众防护和撤离危险区，维护救援现场秩序

抢救受害人员是应急救援的首要任务。接到事故报警后，应该立即组织力量营救受害人员，组织无关人员撤离或者采取其他措施保护危害区域内的其他人员。在应急救援行动中，快速、有序、高效地实施现场急救和安全转送伤员是降低伤亡率、减少事故损失的关键。由于危险化学品事故发生突然、扩散迅速、涉及范围广、危害大，应及时指导和组织群众采取各种措施进行自身防护，并迅速撤离出危险区域或可能受到危害的区域。在撤离过程中，应积极组织群众开展自救和互救工作。

2. 控制危害源，对事故危害进行检验和监测

及时控制造成事故的危险源是应急救援工作的重要任务，只有及时控制住危险源，才能防止事故的继续扩展，才能及时有效地进行救援。在控制危险源的同时，对事故造成的危险进行检测、监测，确定事故的危害区域、危害性质和危害程度。特别是对于发生在城市或人口稠密地区的危险化学品事故，应尽快组织工程抢险队与事故单位技术人员一起及时控制事故继续扩展。

3. 转移危险化学品及物资设备

及时转移处于事故和事故危险区域内的危险化学品，是防止引发二次事故、阻止事故蔓延扩大的有效措施，转移或抢救物资设备，也能降低事故的财产损失。

4. 消除危害后果，恢复正常生活和生产秩序

做好现场清消工作，消除危害后果。针对事故对人体、动植物、土壤、水源和空气造成的实际危害和可能的危害，迅速采取封闭、隔离、洗消等措施。对事故外溢的有毒有害物质及可能对人和环境继续造成危害的物质，应及时组织人员予以清除，防止这些物质对人的继续危害和对环境的污染。对危险化学品造成的危害进行监测、处置，直至符合国家环境保护标准。

5. 查清事故原因，评估危害程度

事故发生后应及时调查事故的发生原因和事故性质，估算出事故的危害波及范围和危险程度，查明人员的伤亡情况，做好事故调查和善后工作，为预防同类事故提供经验。

（四）化学事故应急响应程序

化学事故应急响应程序一般按照报警、接警、事态分析、确定相应级别、预警、应急

启动、救援行动、扩大应急、应急结束和应急恢复等过程进行，如图5-2所示。

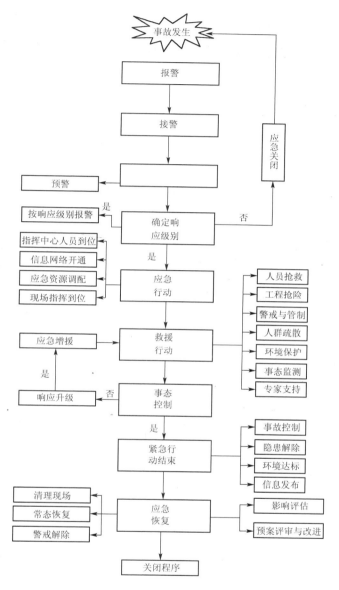

图5-2　应急响应标准程序

（1）事故发生后，现场第一目击者必须立刻按事故信息报告程序，将事故现场的真实情况上报，并以最快速度传递到直接上级应急指挥中心。事故信息得到初步确定后，按预定程序进行事故预警。

（2）应急指挥中心接到事故报警后，密切关注现场事态，进行事态评估和响应级别确定，如果达到最低响应级别及其以上条件，则按响应级别启动应急预案。如果响应级别超过本级指挥中心权限，应立即上报交由上级符合应急指挥条件的应急指挥中心进行指挥。

（3）如果没有达到最低响应级别条件，则关闭应急响应。

（4）应急预案启动，由应急指挥中心和现场指挥人员协调指挥，按照预案程序和要求，开通应急通信网络，调配应急队伍、物资与装备，现场警戒，疏散群众，寻求专家支持等，对人员、设备和装备进行科学、有序的救援抢险。

（5）现场应急队伍到达现场后，首先进行人员抢救，避免、减少人员伤亡，同时，对事故进行控制。如果救援力量不足，应立即寻求外部力量援助。若事故扩大，应立即报告上级，提高应急响应级别，扩大应急。

（6）当事故得到控制，事故隐患消除，环境达标时，经现场指挥确认，并报最高应急指挥中心同意，现场应急处置行动宣告结束。

（7）现场应急行动结束后，应有明确的事故信息发布部门和发布原则，将相关信息及时进行通报，解答公众关注的一些焦点问题，维护社会生活秩序。对于容易引发局部地区社会动荡的重大事件，应由事故现场指挥部及时准确地向新闻媒体通报公众关注的动态信息，这样既能维护社会稳定，也有利于赢得公众对应急救援各方面的支持。

（8）现场应急行动结束后，进行应急恢复阶段。当现场清理完毕，常态得到恢复时，则可解除警戒。同时应做好善后赔偿、应急救援能力评估及应急预案的修订工作。

（9）整个应急救援行动宣告结束。

三、化学事故应急预案

（一）应急预案的概念

应急预案，又称"应急计划"或"应急救援预案"，是针对可能发生的事故，为迅速、有序地开展应急行动，降低人员伤亡和经济损失而预先制订的有关计划或方案。应急预案明确了事故发生前、事故发生、事故过程中以及事故发生后，谁负责做什么，何时做，怎么做，以及相关的策略和资源准备等。

应急预案主要包括以下三个方面的内容：

（1）事故预防。通过危险辨识、事故后果分析，采用技术和管理手段降低事故发生的可能性，或将已经发生的事故控制在局部，防止事故蔓延扩大，并预防次生、衍生事故的发生；同时，通过编制应急预案并开展相应的培训，可以进一步增强各层次人员的安全意识，从而达到事故预防的目的。

（2）应急处置。一旦发生事故，通过应急处理程序和方法，可以快速反应并处置事故或将事故消除在萌芽状态。

（3）抢险救援。通过编制应急预案，采用预先的现场抢险和救援方式，对人员进行救护并控制事故发展，从而减少事故造成的损失。

（二）应急预案核心要素

应急预案是针对各级各类可能发生的事故和所有危险源制订应急方案，必须考虑事故中各个环节过程中相关部门和有关人员的职责，事故预防的物资和装备的储备、配置等方面的需要。

完整的应急预案编制应包括一些基本要素，如表5-1所示。这些基本要素可分为6个一级关键要素和20个二级的核心要素，包括以下几个方面：

表 5 – 1　重大事故应急预案的核心要素

重大事故应急预案分级核心要素					
1　方针与原则	2　应急策划	3　应急准备	4　应急响应	5　现场恢复	6　预案管理与评审改进
	2.1　危险分析 2.2　资源分析 2.3　法律法规要求	3.1　机构与职责 3.2　应急资源 3.3　教育、训练和演习 3.4　互助协议	4.1　接警与通知 4.2　指挥与控制 4.3　警报和紧急公告 4.4　通信 4.5　事态监测与评估 4.6　警戒与治安 4.7　人群疏散与安置 4.8　医疗与卫生 4.9　公共关系 4.10　应急人员安全 4.11　消防与抢险（包括泄漏物的控制）		

1. 方针与原则

无论是何级或何类型的应急救援体系，首先必须要有明确的方针和原则，作为开展应急救援工作的纲领。方针与原则反映了应急救援工作的优先方向、政策、范围和总体目标，应急的策划和准备，应急策略的制定和现场应急救援及恢复都应当围绕方针和原则开展。

事故应急救援工作是在预防为主的前提下，贯彻统一指挥、分级负责、区域为主、单位自救和社会救援相结合的原则。其中预防工作是事故应急救援工作的基础，除了平时要做好事故的预防工作，避免或减少事故的发生外，还要落实救援工作的各项准备措施，做到预先有准备，一旦发生事故就能及时实施救援。

2. 应急策划

应急预案最重要的特点是要有针对性和可操作性。因而，应急策划必须明确预案的对象和可用的应急资源情况，即在全面系统地认识和评价所针对的潜在事故类型的基础上，识别出重大潜在事故及其性质、区域、分布和事故后果。同时，根据危险分析的结果，分析评估企业中应急救援力量和资源情况，为所需的应急资源准备提供建设性意见。在进行应急策划时，应当列出国家、地方相关的法律法规和标准规范，作为制订预案和应急工作授权的依据。因此，应急策划包括危险分析、应急能力评估（资源分析）和法律法规要求等 3 个二级要素。

3. 应急准备

针对可能发生的应急事件，应做好各项准备工作。能否成功地在应急救援中发挥作用取决于应急准备工作的充分与否。应急准备基于应急策划的结果，明确所需的应急组织及其职责权限，做好应急队伍的建设和人员培育、应急物资的准备、预案的演习、公众的应急知识培训和签订必要的互助协议等工作。

4. 应急响应

企业应急响应能力的体现应包括需要明确并实施在应急救援过程中的核心功能和任务。这些核心功能具有一定的独立性，又互相联系，构成应急响应的有机整体，共同实现应急救援目的。

应急响应核心功能和任务包括：接警与通知、指挥与控制、警报和紧急公告、通信、事态监测与评估、警戒与治安、人群疏散与安置、医疗与卫生、公共关系、应急人员安全、消防和抢险、泄漏物控制等。

当然，根据企业风险性质的不同，所需要的应急响应核心功能也可有一些差异。

5. 现场恢复

现场恢复是事故发生后期的处理，如泄漏物的污染问题处理、伤员的救助、后期的保险索赔、生产秩序的恢复等一系列问题。

6. 预案管理与评审改进

强调在事故后（或演练后）对于预案不符合和不适宜的部分进行不断的修改和完善，使其更加适宜于企业的实际应急工作的需要，但预案的修改和更新要有一定的程序和相关评审指标。

所有这些要素构成了重大事故应急预案的核心要素，这些要素是重大事故应急预案编制应当涉及的基本方面。在实际编制时，根据企业的风险和实际情况的需要，也为方便预案内容的组织，可根据企业自身实际，将要素进行合并、增加、重新排列或适当的删减等，这些要素在应急过程中也可视为应急功能。

（三）应急预案基本结构与内容

1. 应急预案分类

（1）按照事件分类划分。《国家突发公共事件总体预案》将突发公共事件分为自然灾害、事故灾难、公共卫生事件和社会安全事件四类。每一类突发公共事件应分别编制专项预案。

（2）按单位性质划分。按照单位性质，可将事故预案分为政府应急预案和生产经营单位应急预案。

在实际工作中，上述应急预案的分类往往是综合运用、有机结合的，例如，政府应急预案按综合预案、专项预案的顺序依次编制；在生产经营单位里，按综合预案、专项预案、现场处置预案等顺序依次编制。

（3）按照应急预案功能划分。应急预案也可根据对象的不同功能划分，应急预案可分为综合应急预案、专项应急预案和现场处置应急预案，如图5-3所示。

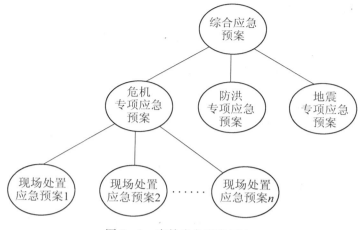

图 5 - 3　事故应急预案层次

①综合应急预案。从总体上阐述处理事故的应急方针和政策，应急组织结构及相关应急职责，应急行动、措施和保障等基本要求和程序，是应对各类事故的综合性文件。

②专项应急预案。该类型预案是针对具体的事故类别（如危险化学品泄漏等事故）、危险源和应急保障而制订的计划或方案，是综合应急预案的组成部分，应按照综合应急预案的程序和要求组织制订，并作为综合应急预案的附件。专项应急预案应制订明确的救援程序和具体的应急救援措施。

③现场处置应急预案。该类型预案是针对具体的装置、场所或设施、岗位所制定的应急处置措施。现场处置方案应具体、简单、针对性强。现场处置方案应根据风险评估和危险性控制措施逐一编制，做到事故相关人员应知应会、熟练掌握，并通过应急演练，做到迅速反应、正确处置。

2. 应急预案的基本结构

综合应急预案、专项应急预案和现场处置应急预案由于各自所处的层次和适用的范围不同，其内容在详略程度和侧重点上也会有所不同，但都可以采用基于应急任务或功能的"1+4"预案编制结构（见图5-4）。该编制结构由一个基本预案加上应急功能设置、特殊风险预案、标准操作程序和支持附件构成，以保证各种类型预案之间的协调性和一致性。

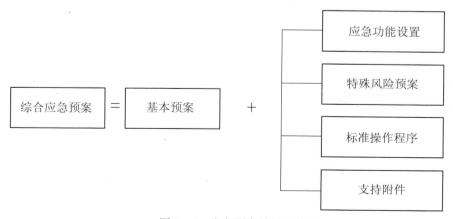

图 5 - 4　应急预案的基本结构

（1）基本预案。基本预案是对应急预案的总体描述，主要阐述应急预案所要解决的紧急情况，应急的组织体系、方针，应急资源和总体思路，并明确应急准备和应急行动中的各项职责，以及应急预案的演练和管理等规定。

（2）应急功能设置。应急功能是针对在各类重大事故应急救援中通常都要求采取的一系列基本应急行动和任务而编写的计划，如指挥和控制、警报、通讯、人群疏散、人群安置、医疗等。针对每一项应急功能，明确其针对的形势、目标、负责机构和支持机构、任务要求、应急准备和操作程序等。应急预案中功能设置的数量和类型主要取决于所针对的潜在重大事故危险类型，以及应急组织方式和运行机制等具体情况。尽管各类重大事故起因各异，但其后果和影响却是大同小异。例如，一些事故迫使人群离开家园，就要实施"人群安置与救济"，围绕这一任务或功能，可以基于共同的资源在综合预案上制订共性的计划，而在专项预案中则针对具体的不同类型灾害，根据其爆发速度、持续时间、袭击范围和强度等特点，只需对该项计划做一些小的调整即可。为直观地描述应急功能与相关应急机构的关系，可采用应急功能矩阵表，见表5-2。

表5-2　应急功能矩阵

	消防部门	公安部门	医疗部门	应急中心	新闻办	广播电视	……
警报	S	S		R	S	S	
疏散	S	R	S	S		S	
消防与检查	R	S		S			
……							

注：R—负责机构；S—支持机构。

（3）特殊风险预案。特殊风险预案是基于潜在重大事故风险辨识、评价和分析的基础上，针对每一类型的可能重大事故风险，明确其相应的主要负责部门和有关支持部门及其相应的职责，并为该类专项预案的制订提出特殊要求和指导。

（4）标准操作程序。由于在应急预案中没有给出每个任务的实施细节，所以各个应急部门必须制定相应的标准操作程序，为组织或个人提供履行应急预案中规定的职责和任务所需的详细指导。标准操作程序应保证与应急预案的协调性和一致性，其中重要的标准操作程序可附在应急预案之后或以适当方式引用。

（5）支持附件。支持附件主要包括对应急救援有关支持保障系统的描述及有关附图、附表等。

①风险评价附件；

②通讯联络附件；

③法律法规附件；

④应急资源附件；

⑤教育、培训、训练和演练附件；

⑥技术支持附件；

⑦协议附件；

⑧其他支持附件。

3. 应急预案的文件体系结构

一般采用四级体系：手册（综合预案）、程序、指导书和应急行动记录。

一级文件——又称总体预案或基本方案，是总的管理政策和策划。其中应包括应急救援方针、应急救援（预案）目标（针对何种重大风险）、应急组织机构构成和各级应急人员的责任及权利，以及对应急准备、现场应急指挥、事故后恢复及应急演练、训练等原则的叙述。

二级文件——应是对于总预案中涉及的相关活动具体工作程序的描述，针对的是对每一个具体内容、措施和行动的指导。它规定了每一个具体的应急行动中的具体措施、方法及责任。每个应急程序都应包括行动目的、范围、指南、流程和对具体方法的描述，还包括每个活动程序的检查表。

三级文件——说明书（包括对程序中特定细节及行动的说明、责任及任务说明等）。

四级文件——是对应急行动的记录，包括制订预案的一切记录，如培训记录、文件记录、资源配置的记录、设备设施相关记录、应急设备检修记录、消防装备保管记录和应急演练的相关记录等。

（四）应急预案编制过程与方法

应急预案的编制过程如图 5 - 5 所示。

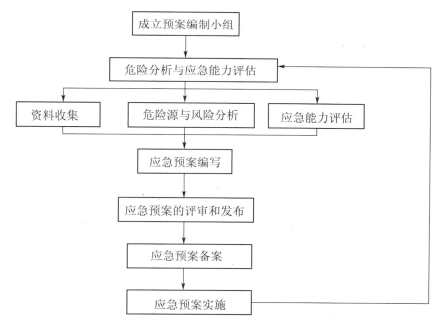

图 5 - 5　应急预案的编制工作流程

1. 成立预案编制小组

应急预案的成功编制需要有关职能部门和团体的积极参与，并达成一致意见，尤其是应寻求与危险直接相关的各方的合作。成立以单位主要负责人为领导的应急预案编制小组，结合本单位部门职能分工，明确编制任务、职责分工，制订工作计划，是将各有关职能部门、各类专业技术有效结合起来的最佳方式，可有效地保证应急预案的准确性、完整性和实用性，而且为应急各方提供了一个非常重要的协作与交流机会，有利于统一应急各方的不同观点和意见。

2. 危险分析与应急能力评估

为了准确策划应急预案的编制目标和内容，应开展危险分析和应急能力评估工作。为有效完成此项工作，预案编制小组应进行初步的资料收集，收集应急预案编制所需的各种资料，包括相关法律法规、应急预案、技术标准、国内外同行业事故案例分析、本单位技术资料和重大危险源等。

（1）危险源与风险分析。危险源与风险分析是应急预案编制的基础和关键过程。在危险因素分析及事故隐患排查、治理的基础上，确定本单位的危险源、可能发生事故的类型和后果，进行事故风险分析，并指出事故可能产生的次生、衍生事故，形成分析报告。分析结果是应急预案的编制依据。

（2）应急能力评估。对本单位应急装备、应急队伍等应急能力进行评估，应急能力包括应急资源（应急人员、应急设施、装备和物资），应急人员的技术、经验和接受的培训程度等，将直接影响应急行动的快速、有效性。应急能力评估就是依据危险分析的结果，对应急资源的准备状况充分性和从事应急救援活动所具备的能力进行评估，以明确应急救援的需求和不足，为应急预案的编制奠定基础，也为事故发生时应急预案的实施创造条件。

制订应急预案时应在评估与潜在危险相适应的应急能力的基础上，选择最现实、最有效的应急策略。

3. 应急预案编写

针对可能发生的事故，结合危险分析和应急能力评估结果等信息，按照《国家突发公共事件总体应急预案》、《生产经营单位安全生产事故应急预案编制导则》（AQ/T 9002—2006）等有关规定和要求，结合本单位的危险源状况、危险性分析情况和可能发生的事故特点，编制相应的应急预案。应急预案编制过程中，应注重全体人员的参与和培训，使所有与事故有关的人员均掌握危险源的危险性、应急处置方案和技能。应急预案应充分利用社会应急资源，与地方政府预案、上级主管单位以及相关部门的预案相衔接。

4. 应急预案的评审和发布

（1）应急预案评审。应急预案编制完成后，应进行评审。评审由本单位主要负责人组织有关部门和相关专业人员进行。外部评审由上级主管部门或地方政府负责安全管理的部门组织审查。矿山、建筑施工单位和易燃易爆物品、危险化学品、放射性物品等危险物品生产、经营、储存、使用单位和中型规模以上的其他生产经营单位，应当组织专家对本单位编制的应急预案进行评审，评审应当形成书面纪要并附有专家名单。其他生产经营单位应当对本单位编制的应急预案进行论证。

为确保应急预案的科学性、合理性以及与实际情况的符合性，应急预案编制单位或管理部门应根据我国有关应急的方针、政策、法律、法规、规章、标准和其他有关应急预案编制的指南性文件与评审检查表，组织开展应急预案评审工作，取得政府有关部门和应急机构的认可。

（2）应急预案发布。重大事故应急预案经评审通过后，应由最高行政负责人签署发布，并报送有关部门和应急机构备案。

5. 应急预案备案

地方各级安全生产监督管理部门的应急预案，应当报同级人民政府和上一级安全生产监督管理部门备案。

中央管理的总公司的综合应急预案和专项应急预案，报国务院国有资产监督管理部门、国务院安全生产监督管理部门和国务院有关主管部门备案；其所属单位的应急预案分别抄送所在地的省、自治区、直辖市或者设区的市人民政府安全生产监督管理部门和有关主管部门备案。

其他生产经营单位中涉及安全生产许可的，其综合应急预案和专项应急预案，按照隶属关系报所在县级以上地方人民政府安全生产监督管理部门和有关主管部门备案；未实行安全生产许可的，其综合应急预案和专项应急预案的备案，由省、自治区、直辖市人民政府安全生产监督管理部门确定。

6. 应急预案实施

各级安全生产监督管理部门、生产经营单位应当采取多种形式开展应急预案的宣传教育及培训活动，普及生产安全事故预防、避险、自救和互救的知识，提高从业人员安全意识和应急处置技能。应急预案的要点和程序应当张贴在应急地点和应急指挥场所，并设有明显标志。

生产经营单位应当制订本单位的应急预案演练计划，根据本单位事故预防重点，每年至少组织一次综合应急预案或者专项应急预案演练，每半年至少组织一次现场处置方案演练。演练结束后，应当对演练效果进行评估，撰写评估报告，分析存在的问题，并提出修改意见。

生产经营单位制订的应急预案应当至少每三年修订一次，预案修订情况应有记录并归档，应当及时向有关部门或者单位报告应急预案的修订情况，并按照应急预案要求配备相应的应急物资及装备，建立使用状况档案，定期检测和维护。

生产经营单位发生事故后，应当及时启动应急预案，组织有关力量进行救援，并按照规定将事故信息和应急预案启动情况报告安全生产监督管理部门和其他负有安全生产监督管理职责的部门。

（五）企业、政府危险化学品应急预案体系衔接

企业与政府根据自身实际情况建立应急救援体系，为了使整个应急救援工作统一于政府的控制或领导之下，要做好应急预案的衔接工作，保证在非常态下能够临危不乱、行动迅速。为达到此目的需要做好以下几方面的工作。

1. 应急预案的备案

政府要充分发挥主导作用，建立应急预案的逐级备案制度。企业主动向政府报告重大危险源和处置方案，并将应急预案报属地政府备案。

2. 应急机构的衔接

企业应急机构要自觉地接受属地政府部门的监管和组织领导，搞好企业应急职能和地方政府应急职能的衔接，形成统一指挥、功能齐全、反应灵敏、运转高效的应急救援体系。

3. 应急资源的衔接

要充分发挥规模企业和地方政府规模大、专业队伍训练有素的特点，以及各方面专家集中、物资储备充分、救援技术和装备先进的优势，合理配置物资、装备和专业队伍等资源，提高资源利用效率和水平，弥补中小企业应急能力和救援力量不足的状况，避免重复建设的浪费。

4. 应急信息的衔接

一方面，要建设高效的安全生产预防、预报、预警网络及通讯系统和信息平台，充分利用和整合已有的数据资料、技术系统和设施，加快应急技术支撑体系建设，为应急决策提供更加科学、翔实的支持。另一方面，要充分依托社会信息资源，掌握中央和地方政府关于应急管理的规定政策，了解应急管理的发展动态和应急技术发展方向。一旦发生事故，要按照事故报告的规定及时报告各级政府相关部门，坚决杜绝瞒报、迟报和漏报问题的发生。

5. 与其他应急预案的衔接

危险化学品事故只是众多突发公共事件的一部分，由于危险化学品事故极易引发其他、次生事故，所以政府和企业要认真做好危险化学品的应急预案与其他预案的衔接工作。

6. 建立区域应急救援协调机制

我国危险化学品所构成的重大危险源数量多、分布广，其中相当一部分事故发生后，事故本身或因其产生的次生事故对周边的行政区域构成影响。同时危险化学品运输企业较多，流动性强，途中一旦发生泄露或其他事故，就可能会因事故发生地不具备应急抢险的资源和经验，使得事故后果与影响扩大。因此政府在与企业应急预案衔接的基础上，要同时注重建立危险化学品区域应急救援协调机制，从而确保危险化学品应急救援充分、有效。

四、化学事故应急防护用品的配备原则及维护

在危险化学品事故现场，救援人员经常要直接面对高温、有毒、易燃易爆及腐蚀性的化学物质，或进入严重缺氧的环境，为防止这些危险因素对救援人员造成中毒、烧伤、低温伤等伤害，必须加强个人的安全防护，保证防护用品的配备符合要求，并能及时维护。

（一）应急防护用品分类

通常用于化学事故应急救援的个人防护用品按用途可分成两大类：一类是呼吸器官和面部防护用品，另一类是身体皮肤和四肢防护用品。

1. 呼吸道防护用品

按其使用环境（气源不同）、结构和防毒原理主要分为过滤式和隔离式两类。

过滤式防毒用品是通过滤毒药剂滤除空气中的有毒有害物质。过滤式防毒用品只能在不缺氧的劳动环境和低浓度毒污染下使用，一般不能用于罐、槽等密闭狭小容器中作业人员的防护。当化学事故现场空气中氧体积分数低于 19.5% 时就不能使用。

隔离式防毒用品依靠本身的自给氧气、空气，或通过导气管送风、吸取有毒区域外的洁净空气，可在缺氧、有毒、严重污染或情况不明的危险化学品事故处置现场使用，一般不受环境条件限制。它的使用时间和活动距离，分别受自给氧气、空气容量或送风、吸气

长管的长度限制。

2. 皮肤防护用品

皮肤防护用品是在化学事故应急救援中，用于保护人体的体表皮肤免受毒气、强酸、强碱、腐蚀品及高温等侵害的特殊用品。它主要包括防化服、防火服、防火防化服以及与之配套使用的其他防护器材，如防化手套和防化靴、防火隔热手套、隔热胶靴靿。

（二）应急防护用品配备与维护

企业必须根据《劳动防护用品配备标准（试行）》和地方的劳动防护用品配备标准，为劳动者提供符合国家规定和相关技术标准的劳动防护用品。

1. 呼吸防护器材的配备

在熟悉和掌握各种防护器材的性能、结构和防护对象的情况下，应根据化学事故现场毒物的浓度、种类，现场环境和劳动强度等因素，合理选择不同种类和级别的防护用品（如表5-3所示），并且使用者应选择适合自己的面罩型号。一般情况下，选择呼吸防护器材应遵循有效、舒适和经济的原则，同时还应考虑以下几方面的因素：

（1）选用何种类型的呼吸防护器材：在污染物质性质、浓度不明或确切的污染程度未查明的情况下必须使用隔绝式呼吸防护器材；在使用过滤式防护器材时要注意不同的毒物使用不同的滤料。

（2）呼吸防护器材能否起作用：新的防护器材要有检验合格证，库存防护用品要检查是否在有效期内，使用过的器材是否需要更换新的滤料等。

（3）佩戴呼吸防护器材：一定要保证呼吸防护用具的密封性，佩戴面具感到不舒服或时间过长时，要摘下防护器材或检查滤料是否要更换。

表5-3　呼吸道防护用品的类别和使用范围

品名类别				使用范围
过滤式	全面罩式	头罩式防毒面具		毒气体积分数：大型罐低于2%（氮体积分数<3%）中型罐低于1%（氮体积分数<2%）
		面罩式防毒面具	导管式	
			直接式	毒气体积分数低于0.5%
	半面罩式	双罐式防毒口罩		毒气体积分数低于0.1%
		单罐式防毒口罩		
		简易式防毒口罩		毒气浓度低于200 mg/m³
隔离式	自给式	供氧气式	氧气呼吸器	毒气浓度过高、毒性不明或缺氧的可移动性作业
			空气呼吸器	
		生氧式	生氧面具	
			自救器	短暂时间内出现事故时用
	送风式	电动式	送风头（面）罩	毒气浓度较高或缺氧的固定性作业
		人工式		
	自吸式	头（口）罩接长导气管		

2. 呼吸防护器材的维护

（1）防毒口罩。使用后，如果橡胶主体脏污，可用肥皂水清洗或用0.5%高锰酸钾溶液消毒。若药剂尚未失效，应立即将滤毒罐装在塑料袋内，扣紧袋口，避免受潮，以备下次使用。

（2）过滤式防毒面具：

①使用后的滤毒罐，应将顶盖、底塞分别盖上、堵紧，防止罐内滤毒药剂受潮或吸附有毒气体。对于失效的滤毒罐，则应及时报废，更换新的滤毒药剂或作再生处理。

②使用后的头罩，如橡胶罩体脏污，要清洗、消毒，洗涤后晾干，切勿火烤或曝晒，以防老化。暂时不用的头罩，应在橡胶部件上均匀撒上滑石粉，以防黏合；然后将头罩先纵折，后横折，将橡胶罩体包住眼窗，在面具袋内分格存放。

③现场备用的过滤式防毒面具，应放置在专用柜内，柜门应铅封，并定期进行维护。

④过滤式防毒面具平时应放置在操作岗位，远离热源和易燃物。注意防潮、防日晒，避免与酸碱、油类和有毒物料等接触。

⑤不允许使用者自行重新装填过滤式呼吸防护用品所附的滤毒罐或滤毒盒内的吸附过滤材料，也不允许采取任何方法自行延长已经失效的过滤元件的使用寿命。

⑥不允许清洗过滤元件。对可更换过滤元件的过滤式呼吸防护用品，清洗前应将过滤元件取下。

⑦防毒过滤元件不应敞口储存。

（3）氧气呼吸器：

①平时应放置在便于取用的专用柜内，避免日光照射，保持清洁，严禁沾染油脂等可燃物料，并远离热源。

②使用后的氧气呼吸器，应由专业人员检查质量性能情况，并进行头罩清洗、消毒、氧气瓶充气或更换，以便日后随时可用。

③若长期搁置不用，应倒出清洁罐内的氢氧化钙，所用橡胶部件均应涂以滑石粉，以防黏合；氧气瓶则应保留一定的剩余压力。

（4）生氧面具：

①平时应放置在便于取用的安全场所。注意避免接触各种化学物料，远离热源，防止日晒。

②使用后的头罩，应立即拧紧生氧器螺帽盖，保持气密，以防受潮变质。

③药剂失效后，应从装药孔倒出，如倒不尽，可用水浸泡后倒出，但浸水后须经严格干燥才能装药。失效药剂呈强碱性，必须小心处理。

④头罩脏污应清洗、消毒后晾干。切忌用其他化学药剂洗涤，以免损坏橡胶部件。

（5）自给式空气呼吸器：

①使用后应立即更换用完或部分使用的气瓶。

②定期检查和维护，有关部件应使用专用润滑剂润滑。在具有相应压力容器检测资格的机构定期检测。

③面罩及其连接导管应定期清洗和消毒。清洗面罩时，应按使用说明书要求拆卸有关元件，使用软毛刷在温水中加入适量中性洗涤剂清洗，清水冲洗干净后在清洁场所避日风干。面罩应储存在清洁、干燥、通风、无油污、无阳光直射和无腐蚀性气体的地方。储存

温度为 5 ～ 35℃，相对湿度不大于 80%，并应装入包装箱内储存，不与油、酸、碱等其他有害物质共同存放。

3. 皮肤防护器材的配备与维护

在选用皮肤防护器材时，应根据事故现场存在的危险因素选择质量合格的、适宜的防护服种类，并应注意以下问题：

（1）必须清楚防护服装的防毒种类和有效防护时间。

（2）要了解污染物质的性质和浓度，尤其要根据其毒性、腐蚀性和挥发性等性质选择防护服装的种类，否则起不到保护作用。

（3）对能重复使用的防护服装，在使用后一定要检查是否有破损。如无破损，根据要求清洗干净以备下次使用。对一次性使用的防护服装，使用之后应妥善处置。

五、化学事故应急演练

应急演练是指来自多个机构、组织或群体的人员针对假设事件，执行实际紧急事件发生时各自的职责和任务的排练活动。

重大事故应急准备是一项长期的持续性过程，该过程主要包括应急预案编制、应急知识培训和应急演习。尽管应急准备过程始于应急预案编制，经应急知识培训和应急演练，最后通过应急预案修订或再编制而完成，但这三项基本任务是彼此依赖和相互作用的。应急管理人员不应过于强调应急预案编制的重要性，而应通过持续的应急准备过程，促使应急组织和人员做好重大事故的预防和准备工作。应急预案一旦编制完成并正式发布，相关人员也经过培训后，就应开始应急演练，通过应急演练检查预案的可行性，并检查重大事故的应急需要。

（一）应急演练概论

1. 应急演练的作用

开展应急演习的主要作用是检验预案、锻炼队伍、磨合机制和教育群众。

（1）检验预案：通过演习，检验应急预案相关组织和人员对应急预案的熟悉程度，发现应急预案存在的问题，以修改完善应急预案，提高应急预案的适用性和可操作性。

（2）锻炼队伍：通过演习，提高应急相关人员的应急处置能力。

（3）磨合机制：通过演习过程，澄清相关各方的职责，改善不同机构、人员之间的沟通和协调机制。

（4）教育群众：通过演习，加强公众、媒体对应急预案和应急管理工作的理解，增强公众的公共安全意识。

2. 应急演练的方法

（1）桌面演练：基本任务是锻炼参演人员解决问题的能力，解决应急组织相互协作和职责划分的问题。桌面演练一般在会议室举行，由应急组织的代表或关键岗位人员参加，针对有限的应急响应和内部协调活动，按照应急预案及标准工作程序，讨论紧急情况时应采取的行动。事后采取口头评论形式收集参演人员的建议，提交一份简短的书面报告，总结演练活动，提出有关改进应急响应工作的建议，为功能演练和全面演练做准备。

（2）功能演练：基本任务是针对应急响应功能，检验应急人员以及应急体系的策划和响应能力。功能演练一般在应急指挥中心或现场指挥部进行，并可同时开展现场演练，调用有限的应急设备。演练完成后，除采取口头评论形式外，还应向有关部门提交有关演练活动的书面报告，并提出改进建议。

（3）全面演练：基本任务是对应急预案中全部或大部分应急响应功能进行检验，以评价应急组织应急运行和相互协调的能力。全面演练为现场演练，演练过程要求尽量真实，调用更多的应急人员和资源。进行实战性演练，可采取交互式进行，一般持续几个小时或更长时间。演练完成后，除采取口头评论外，还应提交正式的书面报告。

应急预案演练前应建立演练领导小组或策划小组，制订详细的演练计划，经过充分的准备后才可实施。尤其是全面演练，过程复杂，牵涉许多部门，事前更应经过周密的策划。演练过程一般可划分为演练准备、演练实施和演练总结三个阶段。

参与演练的人员包括参演人员、控制人员、模拟人员、评价人员和观摩人员。

3. 应急演练的目标

应急演练目标是指检查演练效果，评价应急组织、人员应急准备状态和能力的指标。下述 18 项演练目标基本涵盖重大事故应急准备过程中应急机构、组织和人员应展示出的各种能力。在设计演练方案时应围绕这些演练目标展开。

（1）应急动员：主要展示通知应急组织、动员应急响应人员的能力。

（2）指挥和控制：主要展示指挥、协调和控制应急响应活动的能力。

（3）事态评估：主要展示获取事故信息、识别事故原因和致害物、判断事故影响范围及其潜在危险的能力。

（4）资源管理：主要展示动员和管理应急响应行动所需资源的能力。

（5）通讯：主要展示与所有应急响应地点、应急组织和应急响应人员有效通讯交流的能力。

（6）应急设施、装备和信息显示：主要展示应急设施、装备、地图、显示器材及其他应急支持资料的准备情况。

（7）警报与紧急公告：主要展示向公众发出警报和宣传保护措施的能力。

（8）公共信息：主要展示及时向媒体和公众发布准确信息的能力。

（9）公众保护措施：主要展示根据危险性质制定并采取公众保护措施的能力。

（10）应急响应人员安全：主要展示监测、控制应急响应人员面临的危险的能力。

（11）交通管制：主要展示控制交通流量、控制疏散区和安置区交通出入口的组织能力和资源。

（12）人员登记、隔离与去污：主要展示监控与控制紧急情况的能力。

（13）人员安置：主要展示收容疏散人员的程序、安置设施和装备，以及服务人员的准备情况的能力。

（14）紧急医疗服务：主要展示有关转运伤员的工作程序、交通工具、设施和服务人员的准备情况的能力。

（15）24h 不间断应急：主要展示保持 24h 不间断的应急响应能力。

（16）增援国家、省及其他地区：主要展示识别外部增援需求的能力和向国家、省及其他地区的应急组织提出外部增援要求的能力。

（17）事故控制与现场恢复：主要展示采取有效措施控制事故发展和恢复现场的能力。

（18）文件化与调查：主要展示为事故及其应急响应过程提供文件资料的能力。

4. 应急演练的任务

应急演练过程可划分为演练准备、演练实施和演练总结三个阶段，如图5-6所示。应急演练是由多个组织共同参与的一系列行为和活动，所以按照应急演练的三个阶段，可将演练前后应完成的内容和活动分解并整理成以下20项单独的基本任务：

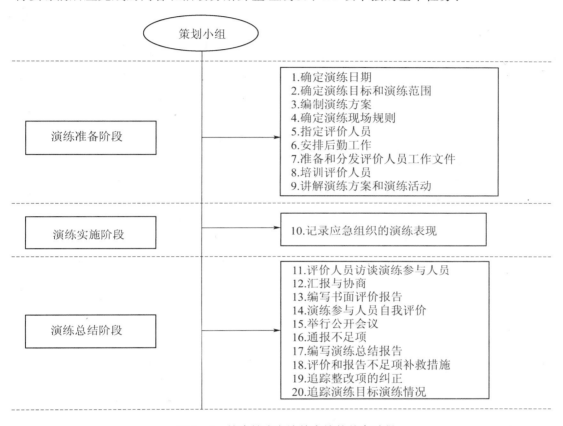

图5-6　综合性应急演练实施的基本过程

（1）确定演练日期。

（2）确定演练目标和演练范围。

（3）编制演练方案。

（4）确定演练现场规则。

（5）指定评价人员。

（6）安排后勤工作。

（7）准备和分发评价人员工作文件。

（8）培训评价人员。

（9）讲解演练方案和演练活动。

（10）记录应急组织的演练表现。

（11）评价人员访谈演练参与人员。

（12）汇报与协商。

（13）编写书面评价报告。

（14）演练参与人员自我评价。

（15）举行公开会议。

（16）通报不足项。

（17）编写演练总结报告。

（18）评价和报告不足项补救措施。

（19）追踪整改项的纠正。

（20）追踪演练目标演练情况。

（二）应急演练准备

1. 演练策划小组

开展重大事故应急演练前应建立演练领导机构，即成立应急演练策划小组或应急演练领导小组。策划小组在应急演练准备阶段应确定演练目标和范围，编写演练方案，制定演练现场规则，并进行人员培训。

2. 演练目标与演练范围选择

策划小组应事先确定本次应急演练的一组目标，并确定相应的演练范围。

3. 演练方案编写

演练方案是指根据演练目的和应达到的演练目标，对演练性质、规模、参演单位和人员、假想事故、情景事件及其顺序、气象条件、响应行动、评价标准与方法、时间尺度等制定的总体设计。编写演练方案应以演练情景设计为基础。

4. 演练现场规则

演练现场规则或演练安全计划是指为确保演练安全而制定的对有关演练和演练控制、参与人员职责、实际紧急事件、法规符合性、演练结束程序等事项的规定或要求。演练安全既包括演练参与人员的安全，也包括公众和环境的安全。

5. 评价人员指定和培训

策划小组在组织实施功能和全面演练前，应按要求确定演练所需评价人员的数量和应具备的专业技能，分配评价人员所负责的应急组织和演练目标，并为这些评价人员提供现场评价方法和程序方面的培训。

6. 演练方案介绍

策划小组在完成重大事故应急演练准备，以及对演练方案、演练场地、演练设施和演练保障措施进行最后调整后，应在演练前夕分别召开控制人员、评价人员和演练人员的情况介绍会，确保所有演练参与人员了解演练现场规则、演练情景和演练计划中与各自工作相关的内容。

（三）应急演练实施

应急演练实施阶段是指从宣布初始事件起到演练结束的整个过程。应急演练活动一般始于报警信息，在此过程中，参演应急组织和人员应尽可能按实际紧急事件发生时的响应要求进行演练，即"自由演练"，由参演应急组织和人员根据自己关于最佳解决方法的理解，对情景事件做出响应行动。

演练过程中，控制人员向演练人员传递控制信息，提醒演练人员终止对情景演练具有负面或超出演练范围的行动，提醒演练人员采取必要行动以正确展示所有演练目标，终止演练人员的不安全行为，延迟或终止情景事件的演练。

（四）应急演练评价与总结

对演练的效果进行评审，提交评审报告，并详细说明演练过程中发现的问题。

1. 应急演练评价

（1）不足项。不足项是指演练过程中观察或识别出的应急准备缺陷，可能导致在紧急事件发生时，不能确保应急救援体系有能力采取合理应对措施。发现不足项应在规定的时间内予以纠正。策划小组负责人应对该不足项详细说明，并给出应采取的纠正措施和完成期限。

（2）整改项。整改项是指演练过程中观察或识别出的，单独不可能在应急救援中对公众的安全与健康造成不良影响的应急准备缺陷。发现整改项应在下次演练前予以纠正。

（3）改进项。改进项是指应急准备过程中应予改善的问题，不会对人员的生命安全与健康产生严重影响，应视情况予以改进，不要求必须纠正。

2. 应急演练总结

演练结束后，演练总结是全面评价演练是否达到演练目标、应急准备水平以及是否需要改进的一个重要步骤，也是演练人员进行自我评价的机会。根据应急演练任务相关要求，演练总结与讲评可以通过访谈、汇报、协商、自我评价、公开会议和通报等形式完成。

策划小组负责人应在演练结束规定期限内，根据评价人员演练过程中收集和整理的资料，以及从演练人员和公开会议中获得的信息，编写演练报告并提交给管理部门。演练报告是对演练情况的详细说明和对该次演练的评价。

第六章 职业危害及其预防

据报道，全球每年发生 2.5 亿起工伤事故、1.6 亿职工患有职业疾病，全世界每年有 120 万职工因职业事故和职业相关疾病失去生命，这些数字令人触目惊心。2006 年卫生部公布，我国存在职业有毒有害作业的单位约 1 600 万家；接触职业有毒有害因素约 2 亿人、从业人员 3 000 万人。截至 2008 年底，各地累计报告职业病 70 多万例，其中尘肺病累计发病近 64 万例。近几年，平均每年报告新发尘肺病 1 万例左右，同时尘肺病发病工龄明显缩短，急、慢性职业中毒呈上升趋势。

我国正处在职业病高发期和矛盾凸显期，尘肺、急性职业中毒等重点职业病发病率居高不下。危险化学品具有易燃、易爆、有毒、腐蚀和放射性等特性，因此防治职业疾病的任务十分艰巨。

本章主要介绍危险化学品生产行业职业病危害因素的分类和毒物、粉尘、噪声、高温和辐射等几个主要职业危害的防治知识。

第一节　职业危害防治概述

一、职业病危害因素

职业病危害因素包括危险因素和有害因素，通常统称为危害因素。职业危害的防治首先需要识别职业危害因素并对其危害进行评价，然后制定和实施针对性预防和控制措施，以避免和减少职业疾病的发生。

（一）概念

1. 职业病危害因素

职业病危害因素是指在生产、工作过程中，作业场所存在的各种有害的化学、物理、生物因素，以及在作业过程中产生的其他危害劳动者健康，能导致职业病的有害因素。

2. 危险和有害因素（GB/T 13861—2009）

可对人造成伤亡、影响人的身体健康甚至导致疾病的因素。

（二）职业病危害因素的来源

职业病危害因素的来源广泛，大致有以下几个方面。

1. 来源于生产过程

与生产过程有关的职业病危害因素包括随着生产工艺流程而使用或接触的原材料、中间产品、产品和各种废弃物。例如，化学性因素主要是工业毒物、粉尘等；物理性因素主要是噪声、振动、高温、电离辐射和非电离辐射等；生物性因素主要是致病微生物、寄生虫和毒素等。

2. 来源于劳动过程

与劳动过程有关的职业病危害因素包括：与劳动强度有关的，如作业强度过大、超负荷作业等；与劳动制度有关的，如劳动组织不合理、作业时间过长等；与作业方式有关的，如长时间强迫体位，设备、工具与使用者不匹配等。

3. 来源于生产环境

与作业环境有关的职业病危害因素主要是指作业场所一般环境条件，如空间、温度、湿度、通风和照明等不符合要求，以及人、设备和物品布局不合理，防护和劳保设施缺陷等。

（三）职业病危害因素的分类

常用的职业病危害因素分类方法有以下几种。

1. 性质分类

按职业病危害因素的性质可作如下分类：

（1）人的因素：

心理、生理性危险和有害因素；

行为性危险和有害因素。

（2）物的因素：

物理性危险和有害因素；

化学性危险和有害因素；

生物性危险和有害因素。

（3）环境因素：

室内作业场所环境不良；

室外作业场地环境不良；

地下（含水下）作业环境不良；

其他作业环境不良。

（4）管理因素：

职业案例卫生投入不足；

职业健康管理不完善；

其他管理因素缺陷职业案例组织机构不健全；

职业安全卫生责任制未落实；

职业安全卫生管理规章制度不完善。

2. 《职业病危害因素分类目录》分类

按卫生部公布的《职业病危害因素分类目录》可分为以下 10 类：

（1）粉尘类：如煤尘、矽尘、水泥尘、陶土尘、电焊烟尘等。

（2）放射性物质类：如 X 射线、γ 射线等。

（3）化学物质类：如苯、酚、醛、硫化氢、氯气等。

（4）物理因素：如高温、振动、噪声、辐射等。

（5）生物因素：如炭疽杆菌、布鲁氏杆菌、森林脑炎等。

（6）导致职业性皮肤病的危害因素：如焦油、沥青、蒽油、汽油、润滑油等。

（7）导致职业性眼病的危害因素：如硫酸、硝酸、盐酸、甲醛、酚等。

（8）导致职业性耳鼻喉口腔疾病的危害因素：如噪声、铬化合物、氰化氰等。

（9）职业性肿瘤的职业病危害因素：如石棉、砷、联苯胺等。

（10）其他职业病危害因素。

二、职业病概念及分类

职业疾病是指由于职业病危害因素直接或间接导致的人体伤害疾病的统称。它是暴露在职业病危害因素的工作环境下导致的人体功能和器质损害而引起的急性和慢性疾病。

（一）概念

（1）可能导致从事职业活动的劳动者罹患职业疾病的各种危害。

（2）职业病危害事故：在职业活动中因职业病危害造成的急、慢性职业病及死亡的事件。

（3）职业相关疾病：由于职业病危害因素对人体的急性或慢性反复作用而导致人体损害的疾病；这些疾病或者完全是职业病危害因素引起的，或者是由于职业病危害因素诱发、加重的。

（4）职业性多发病：凡是职业性有害因素直接或间接地构成该病原因之一的非特异性常见疾病均称为职业性多发病，也称工作相关多发病，如矿工消化不良、建筑工人腰背痛和各种职业综合征等。

职业性因素不是这类疾病的唯一致病原因，它还与多种非职业性因素有关，但能使潜在疾病暴露或加重；改善环境工作条件可使该类疾病得到控制或缓解。

（5）职业病：企业、事业和个体经济组织（统称用人单位）的劳动者在职业活动中，因接触粉尘、放射性物质和其他有毒、有害物质等因素而引起的疾病。

（二）职业病分类

依据卫生部公布的职业病目录，职业病分为以下10类：

（1）职业中毒：如苯、硫化氢、砷氢化物、氰化物、氯气中毒等。

（2）尘肺：如矽肺、水泥尘肺、陶土尘肺、电焊尘肺等。

（3）物理因素职业病：如中暑、减压病、手臂振动病、噪声耳聋等。

（4）放射性疾病：如急性放射病、慢性放射病、放射性肿瘤等。

（5）职业性传染病：如炭疽、布鲁氏杆菌病、森林脑炎等。

（6）职业性皮肤病：如化学性皮肤灼伤、油彩皮炎、黑变病等。

（7）职业性眼病：如电光性眼炎、化学性眼部灼伤、职业性白内障等。

（8）职业性耳鼻喉病：如噪声耳聋、铬鼻病、牙酸蚀病等。

（9）职业性肿瘤：如苯所致白血病、石棉所致肺癌、间皮瘤等。

（10）其他职业病。

三、职业病防治

（一）职业病防治方针和原则

依据《中华人民共和国职业病防治法》，我国职业病防治工作坚持预防为主、防治结合的方针，建立用人单位负责、行政机关监管、行业自律、职工参与和社会监督的机制，实行分类管理、综合治理。

（二）职业病防治三级原则

职业病的防治实行三级防治原则，见表 6 - 1。

表 6 - 1　三级防治对比表

预防级别	防治内容	防治对象	主要责任方
一级	职业病危害因素	所有接触员工	企业
二级	发现、诊断职业病病人	疑似、早期职业病病人	企业、医疗机构
三级	治疗、康复	职业病病人	医疗机构

（三）职业病防治的原则要求

《中华人民共和国职业病防治法》将职业病预防工作分前期预防、劳动过程中的防护与管理和后期防治三个方面，对职业病的防治提出原则性要求。

1. 前期预防

识别和评价建设项目存在的职业病危害因素及其影响，通过申报、预评价、项目"三同时"和职业病危害控制效果评价等措施提供符合国家标准的作业环境条件，从源头上进行控制，实现职业病防治的本质安全化目标。此外，对可能发生职业危害的工作人员实行定期体检，对可能发生职业危害的场所实施定期检测检验，也是职业病防治前期工作的重要组成部分。

2. 劳动过程中的防护与管理

采取职业病防治管理措施，包括定期监测和评价生产过程中的职业病危害因素，控制工作场所职业病危害影响；对劳动者进行职业健康监护、开展职业健康检查，及早发现职业性疾病损害；制订应急预案随时应对可能造成职业伤害的潜在事故和紧急情况等，保护员工健康。

3. 后期防治

及时发现、诊断、报告和治疗职业病病人，维护他们的合法权益，促进康复，减少残疾和后遗症，提高职业病病人生活质量，使职业病危害造成的损失最小化。

第二节　工作毒物及其危害

毒物是指作业过程中员工接触到的有毒物质。从广义上讲，任何物质都具有一定的毒性，只要其在特定条件下且数量足够，都会对人体产生危害作用。本节中所界定的毒物是指在一定条件下，较小剂量即可破坏生物体的正常生理机能，造成某些暂时性或永久性病变、导致疾病甚至死亡的化学物质。危险化学品里许多品种都具有毒性，甚至是剧毒物质。有毒作业场所中所存在的中毒的高风险，历来是危险化学品生产行业职业健康管理的重点。

一、概述

（一）毒物概念

1. 有害物质

有害物质是指化学的、物理的、生物的等能危害职工健康的所有物质的总称。

2. 有毒物质

有毒物质是指作用于生物体，能使肌体发生暂时或永久性病变，导致疾病甚至死亡的物质。

3. 生产性毒物

生产性毒物是指在生产中使用和产生的，并在作业时以较少的量经呼吸道、皮肤、口进入人体，与人体发生化学作用，而对健康产生危害的物质。

4. 毒物源

毒物源是指工作场所中所有散发有毒、有害物质的源头。

5. 有毒作业

职工在存有生产性毒物的工作地点从事生产和劳动的作业称为有毒作业。

（二）工业毒物来源

工业毒物的来源主要有以下几个途径：

1. 原材料

生产使用的原料、辅助材料，如天然气、原油、矿石等都含有有毒物质；有的原材料本身就是毒物，如氨、氯气、一氧化碳等。

2. 半成品、产品

一些原材料并无毒性，但生产过程得到的半成品、产品，如硫化氢、苯、酚等，都具有毒性或可使毒性增加。

3. 废弃物

废弃物包括生产过程中间和结束时产生的废气，如硫化氢、二氧化碳等；废液如酸碱、清洗污水等；固体废弃物如炉灰渣、有毒物品包装等。

（三）工业毒物分类

毒物的分类方法很多，如按毒物来源、性质、存在的相态、侵入人体途径、毒性程度、毒物作用的靶器官和靶系统等分类，下面简要介绍几种分类的方法。

1. 按相态分类

（1）固体类毒物：包括金属和非金属固体，如铅、铊、砷等。

（2）气体类毒物：以气体的形式散发在作业的场所中，包括窒息性气体和刺激性气体，如氯气、氨气、硫化氢、一氧化碳等。

（3）液体类毒物：如强酸，强碱，有机化合物苯、醛、酚等。

（4）其他：以粉尘、烟雾、蒸汽等形式存在的毒物，如汞蒸气、电焊烟、漆雾等，以及悬浮于空气中的粉尘、烟和雾等微粒，统称为气溶胶。

2. 按危害程度分类

按毒物的危害程度，工业毒物可分为以下 5 类：

（1）Ⅰ极度危害：剧毒类物质，毒性极大，少量进入人体即可致命，如氰化物、砷、黄磷等。

（2）Ⅱ高度危害：高毒类物质，毒性较大，如铅、甲醛等。

（3）Ⅲ中度危害：中等毒类物质，毒性较小，如甲醇、硝酸、汽油等。

（4）Ⅳ轻度危害：低毒类物质，有轻微的毒性。

（5）Ⅴ轻微危害：微毒类物质。

职业性接触毒物危害程度分级和评分依据见表 6－2。

表6-2　职业性接触毒物危害程度分级和评分依据表

分项指标		极度危害	高度危害	中度危害	轻度危害	轻微危害	权重系数
积分值		4	3	2	1	0	
急性吸入 LC_{50}	气体 /$(cm^3 \cdot m^{-3})$	<100	≥100 ～<500	≥500 ～<2 500	≥2 500 ～20 000	≥20 000	5
	蒸气 /$(mg \cdot m^{-3})$	<500	≥500 ～<2 000	≥2 000 ～<10 000	≥10 000 ～<20 000	≥20 000	
	粉尘和烟雾 /$(mg \cdot m^{-3})$	<50	≥50 ～<500	≥500 ～<1 000	≥1 000 ～<5 000	≥5 000	
急性经口 LD_{50} /$(mg \cdot kg^{-1})$		<5	≥5 ～<50	≥50 ～<300	≥300 ～<2 000	≥2 000	
急性经皮 LD_{50} /$(mg \cdot kg^{-1})$		<50	≥50 ～<200	≥200 ～<1 000	≥1 000 ～<2 000	≥2 000	1
刺激与腐蚀性		pH≤2 或 pH≥11.5；腐蚀作用或不可逆损伤作用	强刺激作用	中等刺激作用	轻刺激作用	无刺激作用	2
致敏性		有证据表明该物质能引起人类特定的呼吸系统致敏或重要脏器的变态反应性损伤	有证据表明该物质能导致人类皮肤过敏	动物试验证据充分，但无人类相关证据	现有动物试验证据不能对该物质的致敏性做出结论	无致敏性	2
生殖毒性		明确的人类生殖毒性：已确定对人类的生殖能力、生育或发育造成有害效应的毒物，人类母体接触后可引起子代先天性缺陷	推定的人类生殖毒性：动物试验生殖性明确，但对人类生殖毒性作用尚未确定因果关系，推定对人的生殖能力或发育产生有害影响	可疑的人类生殖毒性：动物试验生殖毒性明确，但无人类生殖毒性资料	人类生殖毒性未定论：现有证据或资料不足以对毒物的生殖毒性作出结论	无人类生殖毒性：动物试验阴性，人群调查结果未发现生殖毒性	3
致癌性		1组，人类致癌物	ⅡA组，近似人类致癌物	ⅡB组，人类可能致癌物	Ⅲ组，未归入人类致癌物	Ⅳ组，非人类致癌物	4

分项指标	极度危害	高度危害	中度危害	轻度危害	轻微危害	权重系数
积分值	4	3	2	1	0	
实际危害后果与预后	职业中毒病死率≥10%	职业中毒病死率＜10%；或致残（不可逆损害）	器质性损害（可逆性重要脏器损害），脱离接触后可治愈	仅有接触反应	无危害后果	5
扩散性（常温或工业使用时状态）	气态	液态，挥发性高（沸点＜50℃）；固态，扩散性极高（使用时形成烟或烟尘）	液态，挥发性中等（沸点=50～150℃）；固态，扩散性高（细微而轻的粉末，使用时可见尘雾形成，并在空气中停留数分钟以上）	液态，挥发性低（沸点≥150℃）；固态，晶体、粒状固体、扩散性中等，使用时能见到粉尘但很快落下，使用后粉尘留在表面	固态，扩散性低（不会破碎的固体小球（块），使用时几乎不产生粉尘）	3
蓄积性（或生物半减期）	蓄积系数（动物实验，下同）＜1；生物半减期≥4 000h	蓄积系数≥1～＜3；生物半减期≥400h～＜4 000h	蓄积系数≥3～＜5；生物半减期≥40h～＜400h	蓄积系数＞5；生物半减期≥4h～＜40h	生物半减期＜4h	1

注：①急性毒性分级指标以急性吸入毒性和急性经皮毒性为分级依据。无急性吸入毒性数据的物质，参照急性经口毒性分级。无急性经皮毒性数据且不经皮吸收的物质，按轻微危害分级；无急性经皮毒性数据，但可经皮肤吸收的物质，参照急性吸入毒性分级。

②强、中、轻和无刺激作用的分级依据 GB/T 21604 和 GB/T 21609。

③缺乏蓄积性、致癌性、致敏性、生殖毒性分级有关数据的物质的分项指标暂按极度危害赋分。

④工业使用在五年内的新化学品，无实际危害后果资料的，该分项指标暂按极度危害赋分；工业使用在五年以上的物质，无实际危害后果资料的，该分项指标按轻微危害赋分。

⑤一般液态物质的吸入毒性按蒸气类划分。

1 cm³/m³ =1ppm，ppm 与 mg/m³ 在气温为20℃，大气压为101.3kPa（760mmHg）的条件下的换算公式为：$1ppm = 24.04/M_r \ mg/m^3$，其中 M_r 为该气体的相对分子质量。

3. 按毒害特性分类

按有毒化学品作用部位、靶器官系统和毒害方式等特性，工业毒物可分为以下 8 类：

①急性毒性；

②皮肤腐蚀、刺激；

③严重眼睛损伤、眼睛刺激性；

④呼吸或皮肤过敏；

⑤生殖细胞突变性；

⑥致癌性；

⑦特异性靶器官系统特性（一次接触）；

⑧特异性靶器官系统特性（反复接触）。

二、毒性

（一）毒性及其分级

1. 毒性

毒性是指某种物质接触人体表面或侵入人体特定部位后产生伤害的能力。

2. 毒性强度判别标准

生产性毒物的毒性强弱，通常以能引起动物产生某种毒性反应的该毒物的量的大小来衡量，所需的量越小或浓度越低，则其毒性越强。

判断毒性的强弱的实验性指标不少，如急性阈剂量或浓度（LMTac）、半数致死剂量或浓度（LD_{50} 或 LC_{50}）、最小致死剂量或浓度（MLD 或 MLC）、最大耐受剂量或浓度（LD_0 或 LC_0）、绝对致死剂量或浓度（LD_{100} 或 LC_{100}）等，但是最常采用的是以下实验性指标：

（1）半数致死量（LD_{50}）。LD_{50} 指在特定的毒性实验中使受试动物半数死亡时每千克体重所需毒物的毫克数，单位以 mg/kg 表示。

（2）半数致死浓度（LC_{50}）。LC_{50} 指在特定的毒性实验中使受试动物半数死亡时所需毒物的浓度，单位以 mg/L 表示。若毒物为气体，则单位以体积百分比（%）或百万分之一（ppm）表示。

3. 毒性强度分级

依据动物实验的 LD_{50} 和 LC_{50} 等结果，将毒物分为以下五级：

①剧毒类物质：毒性极大，小量进入人体即可致命，如氰化物、砷、黄磷等。

②高毒类物质：毒性较大，如苯、氨、一氧化碳等。

③中度毒类物质：毒性一般，如甲醇、硝酸、苯酚等。

④低毒类物质：毒性比较小，如汽油、丙酮等。

⑤微毒类物质：毒性轻微。

常见高毒物质有 54 种（见卫法监发〔2003〕142 号），节录其部分，见表 6-3。

表 6 – 3　高毒物品目录

序号	毒物名称 CAS No.	别名	英文名称	MAC /(mg·m⁻³)	PC – TWA /(mg·m⁻³)	PC – STEL /(mg·m⁻³)
1	N – 甲基苯胺 100 – 61 – 8		N – Methylaniline	—	2	5
2	N – 异丙基苯胺 768 – 52 – 5		N – Isopropylaniline	—	10	25
3	氨　7664 – 41 – 7	阿摩尼亚	Ammonia	—	20	30
4	苯　71 – 43 – 2		Benzene	—	6	10
5	苯胺 62 – 53 – 3		Aniline	—	3	7.5
6	丙烯酰胺 79 – 06 – 1		Acrylamide	—	0.3	0.9
7	丙烯腈 107 – 13 – 1		Acrylonitrile	—	1	2
8	对硝基苯胺 100 – 01 – 6		p – Nitroaniline	—	3	7.5
9	对硝基氯苯/二硝基氯苯 100 – 00 – 5/25567 – 67 – 3		p – Nitrochlorobenzene/ Dinitrochlorobenzene	—	06	1.8
10	……					

（二）最高容许浓度或阈限

1. 概念

（1）职业接触限值（OELs）（GBZ2.1—2007）。职业性有害因素的接触限制量值是指劳动者在职业活动过程中长期反复接触，对绝大多数接触者的健康不引起有害作用的容许接触水平。

化学有害因素的职业接触限值包括时间加权平均容许浓度、短时间接触容许浓度和最高容许浓度三类。

（2）最高容许浓度（MAC）（GBZ2.1—2007）。最高容许浓度是指在工作地点、一个工作日内、任何时间有毒化学物质均不应超过的浓度。

（3）时间加权平均容许浓度（PC – TWA）（GBZ2.1—2007）。以时间为权数规定的8h 工作日、40h 工作周的平均容许接触浓度称为时间加权平均容许浓度，即每周作业 40h加权平均容许浓度。在此浓度下几乎所有作业人员不会产生损害效应。

（4）短时间接触容许浓度（PC – STEL）（GBZ2.1—2007）。在遵守 PC – TWA 前提下容许短时间（15min）接触的浓度称为短时间接触容许浓度。

2. 部分毒物阈限值

《工作场所有害因素职业接触限值》（GBZ2.1—2007）第 1 部分"化学有害因素"列出 339 种工作场所空气中化学物质容许浓度，节录部分见表 6 – 4。

表6-4　工作场所空气中化学物质容许浓度

序号	中文名	英文名	化学文摘号（CAS No.）	OELs/(mg·m⁻³)			备注
				MAC	PC-TWA	PC-STEL	
1	安妥	Antu	86-88-4	—	0.3	—	—
2	氨	Ammonia	7664-41-7	—	20	30	—
3	2-氨基吡啶	2-Aminopyridine	504-29-0		2		皮^d
4	氨基磺酸铵	Ammonium sulfamate	7773-06-0		6	—	
5	氨基氰	Cyanami de	420-04-2		2	—	
6	奥克托今	Octogen	2691-41-0		2	4	
7	巴豆醛	Crotonaldehyde	4170-30-3	1 2	—		
8	百草枯	Paraquat	4685-14-7	—	0.5	—	
9	百菌清	Chlorothalonile	1897-45-6	1			G2B^c
10	钡及其可溶性化合物（按Ba计）	Barium and solubrle compounds, as Ba	7440-39-3(Ba)		0.5	1.5	—
11	倍硫磷	Fenthion	55-38-9		0.2	0.3	皮
12	苯	Benzene	71-43.2		6	10	皮，G1^a
13	……						

三、工作场所职业危害作业分级

依据《工作场所职业病危害作业分级》（GBZ/T 229—02010），危害作业分为四级：

0级：相对无害作业（$G \leqslant 1$）；

Ⅰ级：轻度危害作业（$1 < G \leqslant 1$）；

Ⅱ级：中度危害作业（$6 < G \leqslant 24$）；

Ⅲ级：重度危害作业（$G > 24$）。

注：G为分级指数。

四、作业场所防毒措施

国家发布的《危险化学品管理条例》、《工作场所防止职业中毒卫生工程防护措施规范》（GBZ/T194—2007）、《危险货物运输包装通用技术条件》（GB12463—2009）、《常用化学危险品储存通则》（GB15603—1995）等法规和标准，规定了作业场所综合防毒的原则和要求。

（一）控制毒物源措施

控制毒物源的目的是控制毒物的源头，尽可能减少毒物来源。常用的措施有以下几种：

（1）采用低毒、无毒物质取代有毒、高毒原材料，限制使用剧毒、高毒原料。尽量以无毒或低毒原料取代剧毒、高毒原料是从根本上解决毒物危害的首选办法和最主要的防毒措施，但不是所有毒物都能找到无毒、低毒的代替物。

（2）采用新工艺、新技术和新材料，减少毒物产生。

采用新工艺、新技术和新材料，尽量开发、采用无毒害或毒害小的工艺，避免或减少有毒产品的产生，研发新产品以降低有毒产品的毒性或取代有毒产品。

（3）防止无毒物质变性为有毒物质。某些无毒物质在受热、受潮湿、遇火或与性质相抵触的物质混合时，可发生反应、变性而形成有毒物质或产生毒性更强的物质，因此在生产、运输、储存的各个环节都应采取防范措施。

（4）禁止违法生产有毒产品。不得生产、经营、进口和使用国家明令禁止使用的、可能产生有毒产品的设备、材料或产品。

（二）控制泄漏措施

控制泄漏的目的是控制生产、储存的危险化学品毒物的释放。常用的措施有以下几种：

1. 改进设备、实现生产过程的密闭和自动化

改进工艺流程和设备系统，实现生产过程的全封闭和自动化，可有效控制毒物的释放和散发，这也是防毒的主要措施。

2. 密封包装

采用封闭、结实的包装，如包装袋、容器、管道等，将有毒产品密封，防止有毒物质挥发和释放。

3. 严密储存

有毒物品应储存在阴凉、通风、干燥的场所，不可露天存放，不应接近酸、碱类物质或热源。剧毒品应专库储存或存放在彼此间隔的单间内。

4. 防止包装、容器破损

包装或储存有毒产品的包装袋、容器和管道应经常检查，操作时应倍加小心，防止发生破损而导致有毒物质的泄漏。

5. 妥善处置有毒废弃物

有毒的废弃物不论是废气、废液还是废渣都应严格按章无毒化处理，不应随便丢弃、转移和处置，避免残留毒物泄漏。

（三）降低毒物浓度措施

降低毒物浓度的目的是排放毒物，增加新鲜空气，降低工作场所空气毒物的浓度。常用的措施有以下几种。

1. 密闭－排毒装置

生产工艺尽可能管道化，使用密闭的生产设备；或者把敞口设备改为密闭设备，尽量减少有毒物质外逸和散发。系统装置由密闭罩、通风管、净化装置和通风机构成，可将有毒气体封闭收集，经净化后排放，有效降低作业场所空气中毒物的含量。

2. 通风排毒装置

在可能有有毒气体释放的重点设备和部位应安装排气罩，这是控制毒源、防止毒物扩散的局部技术装置，这些设备包括密闭罩、开口罩和通风橱等。有剧毒品的场所还应安装

专用的机械强制通风排毒设备，尽量降低空气中毒物的浓度。

3. 排放气体净化

废气的无害化排放，是企业必须遵守的环保义务，也是防毒的主要措施。根据有毒物质的特性和生产工艺的不同，采用相应的有害气体的净化设施和方法，如洗涤法、吸附法、过滤法、静电法、燃烧法和高空排放法等，以达到无毒排放的目标。

4. 隔离措施

将有毒作业场所与无毒作业场所、休息场所隔开，使作业人员与有毒环境相隔离，避免直接接触到毒物。隔离措施形式多样，如把操作地点与生产设备隔离，可将生产设备安在隔离室内，而用排风使隔离保持负压状态；或是把操作地点设在隔离室内，保持送风使隔离室内处于正压状态；或是通过仪表控制生产，使操作地点远离生产设备，这种方式也称为远程控制。

（四）监测报警措施

监测报警的目的是及时发现异常和紧急情况，以便立即采取措施应对。常用的措施有以下几种。

1. 安全监视

设置专、兼职监督人员，定期或随时检查和监督有毒产品生产设备、管道、容器以及作业人员的操作行为，及时发现和排除各类隐患。

2. 检测

定期检测工作场所有毒物质的浓度，以便量化、准确地判断作业现场的安全状态，及时发现异常迹象。

（1）检测种类。应定期检测作业场所有毒物质的浓度，依据检测目的的不同，检测的类型有以下几种：

①评价监测。适用于建设项目职业病危害因素预评价、职业病危害因素控制效果评价和职业病危害因素现状评价等。

②日常监测。适用于对工作场所空气中有害物质浓度日常的定期监测。

③监督监测。适用于职业卫生监督部门对用人单位进行监督时，对工作场所空气中有害物质浓度进行的监测。

④事故性监测。适用于对工作场所发生职业危害事故时，进行的紧急采样监测。

根据现场情况确定采样点。监测至空气中有害物质浓度低于短时间接触容许浓度或最高容许浓度为止。

（2）检测方法。用气体检测仪采样检测。通常由专业人员按《工作场所空气中有害物质监测的采样规范》（GBZ 159—2004）和《工作场所空气有毒物质测定》（GBZ/T 160—2007）要求采样检测，至少每年夏、冬季各检测一次。企业可采用相应的检测仪表进行日常监测、记录，并建立检测档案。

（3）检测仪。作业场所常用的检测设备种类繁多。生产单位日常自行检测使用的是气体检测仪。

3. 报警装置

由于设备意外故障或事故等原因可能导致毒物突发大量释放，因此，应在可能发生此类事故的部位安装单个探测警报仪，也可以安装探测警报系统同时监测多个部位，这样一且出现毒物浓度超标便可及时自动报警。

（五）防毒标识

防毒标识有禁止标识、警告标识、指令标识和提示标识等类型。在有毒场所设置防毒标识的作用是，通过醒目的标识，将有毒场所与无毒场所分开，防止无关人员靠近、误入，提醒操作人员随时注意防毒和使用劳保用品。

1. 生产场所防毒标识

根据需要，作业场所的入口或显著位置，应设置警示线和标识。

（1）警告标识：如"当心中毒"、"当心有毒气体"等。

（2）指令标识：如"戴防毒面具"、"穿防护服"、"注意通风"等。

（3）提示标识：如"紧急出口"、"救援电话"等。

（4）告知卡：依据《高毒物品目录》和《高毒物品作业岗位职业病危害告知规范》（GBZ/T 203—2007），应在使用高毒物品的作业岗位的醒目位置设置告知卡，告知毒物名称、理化特性、健康危害、应急处理、警示标志、防护要求和应急电话等内容，样式见图6-1。

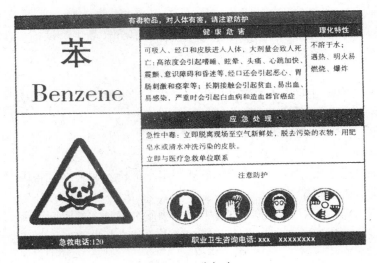

图6-1　告知卡

2. 储存场所防毒标识

储存有毒化学危险品的场所应设置明显的防毒标识，标志应符合《危险货物包装标志》（GB 190—2009）的规定。同一区域储存两种或两种以上不同级别的毒物时，应按最高等级毒物的性能设标识。

3. 运输防毒标识

按《危险化学品管理条例》的规定设置"有毒"、"剧毒"等标识，提醒行人不可靠近和停留，其他车辆驾驶员应回避，以防止发生交通事故。

（六）个体防护措施

1. 从业人员要求

接触毒物的人员应具备以下基本条件：

（1）经过培训并考核合格，持证上岗。

（2）具有防毒意识、知识和技能。

（3）具有应急避难、逃生、急救的基本技能。

2. 操作要求

在有毒作业场所操作应注意以下问题：

（1）遵守操作规程，防止操作失误导致毒物的泄露等事故。

（2）在接触毒物的作业中不得饮食，不得用手擦嘴、脸和眼睛。

（3）每次作业完毕，应及时用肥皂（或专用洗涤剂）洗净面部、手部，用清水漱口，必要时应洗浴。防护用具应及时清洗，集中存放，禁止带出作业场所。

3. 劳动保护用品

作业人员应按要求正确使用劳动保护用品，劳动保护用品主要是对皮肤和呼吸道进行防护。劳动保护用品大致有以下几种：

（1）防护服：防止酸碱损伤皮肤的防护服，常用耐酸碱性能好的布料制作，如丙纶、绦纶和氯纶布料；防止有毒物质经皮肤进入人体的防护服，常采用对所防的有毒物质具有不渗透或渗透率较小的聚合物，涂于布料上制作而成。

（2）防护眼镜：防护眼镜要充分透明，不影响视力，屈光一致；防毒眼镜多为密闭式，镜框周边嵌有软垫与眼周皮肤紧密接触，为避免镜片发蒙，框边上留有换气小孔。

（3）防护面具：包括透风面盔和口罩等。防御固体碎屑及有毒液体的面罩，要求面罩完全包覆面部。

（4）呼吸防护器：呼吸防护器是防止有毒物质从呼吸道进入人体引起职业中毒的有效措施。呼吸防护器有过滤式（空气净化式）和隔离式（供气式）两种主要类型。

（七）应急预案

任何防毒措施都有可能失效或突发紧急情况。有毒特别是高毒场所应针对可能出现的事故或紧急情况制订应急预案，配备必要的应急物资器材，并组织员工学习和演练，一旦发生意外或事故，可以有效应对，最大限度地减少损失。

五、职业中毒与现场急救

（一）中毒途径

有毒物侵入人体的途径有三个，即呼吸道、皮肤和消化道。在生产过程中，有毒物主要是通过呼吸道侵入人体，其次是皮肤，而经消化道侵入的较少。当生产中发生意外事故时，可能发生有毒物直接冲入口腔而引起中毒的事件。而日常生活中，中毒事故主要是以消化道入侵为主。

1. 经呼吸道侵入

人的呼吸道可分为导气管和呼吸单位两大部分。导气管包括鼻腔、口腔前庭、咽、喉、气管、主支气管、支气管、细支气管和终末气管。呼吸单位包括呼吸细支气管、终末呼吸细支气管、肺泡小管和肺泡。

由于整个呼吸道各部分结构不同，对毒害物质的吸收也不同，进入呼吸道越深，表面积越大，停留时间越长，吸收量就越大。此外，对于固体有毒物质而言，吸收量的大小与其粒径、溶解度大小有关。对于气体有毒物质而言，吸收量的大小与肺泡壁两侧有毒气体的分压大小及呼吸深度、速度、循环速度等有关。

肺泡内由二氧化碳形成的碳酸润湿肺泡壁，对增加某些物质的溶解度起到一定的作用，从而促进有毒物的吸收。另外，由呼吸道吸入的有毒物质被肺泡吸收后，不经过肝脏解毒而直接进入血液循环系统，分布到全身，所以毒害较为严重。

2. 经皮肤侵入

有些有毒物可透过无损表皮、毛囊、汗腺导管等途径侵入人体。经表皮进入体内的有毒物需经过三个屏障，第一是皮肤的角质层，一般相对分子质量大于300的物质不易透过完整的角质层。第二是位于表皮层下面的连接角质层，其表皮细胞富有固醇磷脂，它能阻止水溶性物质通过，但不能阻止脂溶性物质透过。第三是表皮与真皮连接处的基膜。经表皮吸收的脂溶性有毒物还需具有水溶性，才能进一步扩散和被吸收。

如果表皮屏障的完整性被破坏，可促进有毒物的吸收。潮湿环境也可促进吸收气态有毒物。经常接触有机溶剂，会使皮肤表面的类脂质溶解，使所接触的毒物更容易进入人体。

经皮肤侵入人体的有毒物，不先经过肝脏的解毒而直接随血液循环分布于全身。

3. 经消化道侵入

胃肠道的酸碱度是影响有毒物吸收的重要因素。胃液呈酸性，对弱碱性物质可增加其电离程度，从而减少其吸收。而对弱酸性物质则具有阻止其电离的作用，因而促进其吸收。脂溶性和非电离的有毒物能渗透过胃的上皮细胞。

小肠吸收有毒物同样受到上述条件的影响。肠内较大的吸收面积和碱性环境，使弱碱性物质转化为非电解质被吸收。而小肠内的酶可以使已与有毒物结合的蛋白质或脂肪分解，从而释放出游离的有毒物而促进其吸收。

（二）影响毒物危害后果的因素

毒物进入人体产生的伤害后果严重程度主要与以下因素相关：

①毒物本身的毒性大小；

②侵入人体的途径；

③进入人体毒物的量或浓度；

④毒物的相态；

⑤毒物的溶解性；

⑥毒物与人体的亲和性；

⑦人体组织对毒物的敏感程度；

⑧暴露于有毒环境的时间等。

（三）中毒类型

由于影响毒物危害后果的因素很多，故中毒有不同的表现类型。

（1）急性中毒：由于毒物毒性极强，且在一次或短时间内进入体内，或毒物毒性一般但却大量进入人体，立即发生毒性反应甚至致命，如硫化氢、一氧化碳、氯气等中毒。

（2）慢性中毒：由于小量毒物长期地进入机体所致，毒性反应不明显而不为人所重视，随着毒物的蓄积和毒性作用的累积而引起严重的伤害，如铅、汞、锰等中毒。

（3）亚中毒：介于急性中毒与慢性中毒之间，在一段时间内有较多的毒物进入人体或多次接触毒物而产生的中毒现象。

（4）带毒状态：虽然接触毒物，但由于进入人体的量少尚无中毒症状和体症，但检验尿、血时发现所含的毒物值（或代谢产物）超过正常值上限，这种状态称带毒状态或称毒物吸收状态，如早期的铅中毒者。

（四）常见中毒

依据国家颁布的职业病目录，明确的中毒职业病有56种，包括以下几类：

（1）金属毒物中毒：铅、汞、锰、铍、铊、钡、钒、铀等及其化合物中毒等。

（2）非金属毒物中毒：磷、砷及其化合物中毒等。

（3）有毒气体中毒：一氧化碳、硫化氢、光气、氨气中毒等。

（4）化工毒物中毒：苯、酚、烯、醛、氰及腈类中毒等。

（5）农药中毒：有机磷、氨基甲酸酯类、杀虫脒、溴甲烷、拟除虫菊酯类农药中毒等。

（五）化学灼伤

化学性皮肤灼伤是高温或常温的化学物由于其刺激、腐蚀作用和化学反应热直接作用于皮肤而引起的急性皮肤、黏膜损害，不包括火焰伤、水烫伤和冻伤。有些物质如硫酸、烧碱等具有很强的腐蚀性；有些化学药剂不仅对皮肤具有灼伤作用，而且还具有一定的毒性。一旦这些物品接触到皮肤尤其是眼睛，不仅可发生化学性灼伤，而且有毒物质容易通过伤口吸收引起中毒，若不立即给予救护处理，可能造成严重的后果。

1. 化学灼伤分类

可导致灼伤的化学物质不少于千种，但常见的化学灼伤有以下几类：

（1）酸类灼伤：如硫酸、硝酸、盐酸、氢氟酸、石炭酸、草酸灼伤等。

（2）碱类灼伤：包括无机碱类如氢氧化钠、氢氧化钾、石灰、氨水灼伤，以及有机碱类如甲胺、乙二胺、乙醇胺灼伤等。

（3）高温有毒气体灼伤：如强酸和强碱蒸汽、焦油、沥青灼伤等。

（4）脱水灼伤：如浓甘油、五氧化二磷、高浓度的乙二胺灼烧等。

（5）其他：比较常见的有磷灼伤、氰化物灼伤，酚类（如苯酚、甲酚）灼伤等。

2. 化学灼伤处置

（1）眼睛灼伤。通常由于腐蚀性液体溅入眼睛或腐蚀性液体蒸汽喷到眼睛所致，可导致结膜炎、角膜溃烂、穿孔，甚至引起失明。接触腐蚀性液体的作业场所应设有冲洗的装置和必要的救护用品。

（2）皮肤灼伤。通常由于腐蚀性液体溅飞、洒落皮肤所致，可导致皮肤灼伤、溃烂，日后会留下皮肤瘢痕和畸形。

（3）救护方法。发生眼睛、皮肤化学性灼伤，应按下列方法处理：

①迅速脱除被污染的衣物、用具，使灼伤过程中断；

②用大量的清水冲洗灼伤部位，时间不少于 20 min；

③中和处理，即用弱酸（如2%～5%醋酸、硼酸水溶液等）冲洗碱类灼伤，用弱碱（2%～5%的碳酸氢钠水溶液）冲洗酸类灼伤；

④冲洗后涂保护性油膏（磷灼伤不宜用），并用纱布包扎；

⑤严重者应立即送医院急救。

注意：若是电石、生石灰等遇水强放热或燃烧的颗粒溅入眼睛，应先用植物油或液体石蜡油棉签将颗粒蘸去，才能用水进行冲洗，否则会使灼伤加重。

（六）现场急救

职业性中毒尤其是高毒物质中毒后果非常严重。中毒者应积极自救，但仅仅这样是不够的，还应建立应急救援体系，及时有效地对中毒者进行现场急救，以挽救生命、最大限度减少损失。

1. 基本要求

一旦发生中毒事故，应立即对伤者进行救护。但进入现场前，救护人员应有高度自我保护的意识，采取相应的防护措施如佩戴防毒面具、穿好防护服等，以免造成救护人员的中毒。

职业性中毒的现场救护应注意以下几项基本要求：

（1）切断毒物的来源，控制毒物的继续散发。

（2）通风排放，减少污染空间的毒物含量，稀释有毒物质的浓度。

（3）迅速将中毒者撤离有毒物质的环境。

（4）进行现场紧急处置，如除掉污染衣物，清洗身体上的有毒物质，通过催吐排出进入体内的有毒物质，如有条件采取吸氧等抢救措施。

（5）若中毒者呼吸、心跳停止，应立即进行人工心肺复苏术。

（6）立即向医院求援或护送到医院抢救。

2. 中毒现场自救

一旦发现有毒物质泄漏，现场人员应迅速采用各种器材进行自我保护。可用防毒面具、湿口罩、湿毛巾等保护呼吸道；用雨衣、手套、雨靴等保护皮肤；用防毒眼镜、开口透明塑料袋等保护眼睛，并依据中毒途径不同进行相应的自救。

（1）呼吸道中毒。有毒的蒸气、烟雾、粉尘被吸入呼吸道后，会发生中毒现象，早期多为喉痒、咳嗽、流涕、气闷、头晕、头疼等；若吸入高毒物质或吸入剂量过大的有毒有害物质，会立即出现呼吸困难的症状。发现上述情况后，中毒者应立即撤离现场，到空气新鲜处清洗消毒并注意休息，同时及时向有关部门报告并求援。

（2）消化道中毒。经消化道中毒时，中毒者可试着用手指刺激咽喉部诱发呕吐，将毒物吐出。中毒者呕吐后应就近休息，报告并求援。

（3）皮肤中毒。有毒物质尤其是腐蚀性物质洒落到衣物上或直接接触皮肤时，应果断脱去污染衣物，持续用水冲洗皮肤沾染毒物部位，至少20min。

3. 现场救护程序（DRABC程序）

现场救护程序是指对中毒者实施现场急救的步骤和顺序。掌握规范的现场救护程序可提高现场救护的效率。DRABC程序实用、简明，适用于各种现场急救。有毒工作场所的员工都应经过培训并掌握。

（1）D（危险）：判别现场危险程度，呼救与救援。

①发现意外、有人中毒倒下时，现场目击者应紧急呼救，在保证自身安全的前提下进行现场救援。

②观察现场，判别其危险程度，首先要防止救援者也受到有毒物质伤害，同时采取安全可靠的方法尽快转移中毒者。

③当现场具有较大的危险程度时，应立即撤离危险地再抢救；现场不危险，可就地救护中毒者。

（2）R（反应）：根据中毒者意识，判断中毒程度的方法。

①迅速检查中毒者瞳孔情况及其对声音、摇动的反应，判断其清醒还是昏迷。

②若中毒者无反应或反应很迟钝，应立即向医疗机构求援。

③解开患者的上衣，以便后续操作和观察效果。

（3）A（开放呼吸道）：使中毒者呼吸道保持畅通。具体方法有以下3种（见图6-2）：

①抬颈、压额法：一只手上抬中毒者颈部，另一只手压其额部，使其头部后仰。

②抬下颌、压额法：一只手上抬中毒者颌部，另一只手压其额部，使其头部后仰。

③双手提颌法：双手上提中毒者颌部，使其头部后仰。

注意清除口腔异物，牵出后坠舌头，以保持呼吸道畅通。

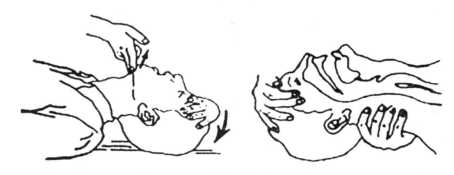

图6-2　开放呼吸道的方法示意图

（4）B（呼吸）：确定中毒者是否有呼吸，实施人工吹气方法。

通过观察或人工吹气法可判断中毒者有无呼吸。

观察10s，若没有呼吸，立即人工吹气2次。

操作方法：抢救者深吸一口气，憋住，用一手拇、食指捏紧中毒者鼻子，将嘴贴紧对方口唇将气吹出，同时观察其胸部是否抬起，若明显抬起则吹气有效，否则吹气无效，见图6-3。

（5）C（循环）：确定中毒者是否有心跳，施行心脏按压方法。

检查心跳方法有触摸颈动脉、股动脉，听心音等，通常以触摸颈动脉最为方便简单。检查时间不应超过10 s，以免延误抢救。若中毒者没有心跳，应立即进行人工心脏按压30次。

心脏按压操作要点如下：

按压部位：胸骨中、下1/3交界处；

按压速度：100次/min；

按压深度：胸骨下陷4～5cm。过浅，则压力不足，心脏搏出血少；过深则可能导致胸骨、肋骨的骨折。见图6-4。

（6）持续心肺复苏：经过上述救护后若中毒者仍无呼吸、心跳，则应继续人工心肺复苏。操作方法如下：

①若一人操作：每按压30次后吹2次气；

②若二人操作：一人按压30次，另一人吹气2次。注意按压与吹气应相互错开，不

可同时操作。

　　设定 30 次心脏按压、2 次吹气为一组动作，用时约 2 min。先做 5 组后观察中毒者是否恢复呼吸、心跳；若仍无，连续若干组后再观察（需要注意的是每次中断操作观察效果的时间不应超过 10s），若无效，则继续坚持操作直到专业急救人员到达。

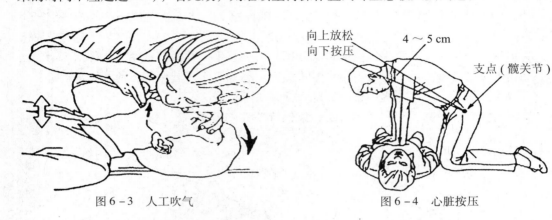

图 6-3　人工吹气　　　　　　　　　　图 6-4　心脏按压

　　（7）抢救是否有效的指征。

下列迹象表明抢救有效：

①中毒者的心跳恢复，随之脸色变红、动脉搏动并能听到心音；

②自主呼吸有气息、胸腹起伏、紫绀得到改善；

③对外界的动作出现感知，如肢体细小活动、对刺激有反应等；

④中毒者的肌体变暖。

这些迹象都表明前述抢救活动取得了有效的成果，中毒者的生命体征有明显改善。

第三节　生产性粉尘及其对人体的危害

　　粉尘是最常见的职业病危害因素之一，由其引起的尘肺病是我国最严重的职业病之一。如果作业场所粉尘浓度严重超标，很短时间便可发生尘肺。在一般有尘作业环境，尘肺的形成是比较缓慢的，因此往往不为人们觉察和重视，但是一旦发现得了尘肺，后果将非常严重。

一、概述

（一）粉尘的概念

（1）生产性粉尘（GB/T 5817—2009）。

在生产过程中产生的能较长时间悬浮在空气中的固体微粒称为生产性粉尘。

粉尘颗粒大小相差悬殊，大的眼睛能看见，小的用显微镜才能发现。对人体有较大危害的是直径不大于 $5\mu m$ 的粉尘。

工人在有生产性粉尘的工作地点从事生产劳动的作业，称为接触生产性粉尘作业。

（2）总粉尘（GBZ 2.1—2007）。

可进入整个呼吸道（鼻、咽、喉、胸腔支气管、细支气管和肺泡）的粉尘，简称总粉尘。技术上是指用总粉尘采样器按标准方法在呼吸带测得的所有粉尘。

（3）呼吸性粉尘（GBZ 2.1—2007）。

按呼吸性粉尘标准测定方法所采集的可进入肺泡的粉尘粒子，其空气动力学直径均在 $7.07\,\mu m$ 以下，空气动力学直径 $5\,\mu m$ 粉尘粒子的采样效率为 50%，简称呼吸性粉尘。

（二）粉尘来源

工业生产过程中粉尘的来源主要有以下几方面：

（1）固体物质的机械加工：如粉碎、切割、研磨、干燥、爆炸等过程中形成的尘粒。

（2）物质加热：物质加热产生的蒸气、烟雾，例如，熔炼黄铜时，锌蒸气在空气中冷凝、氧化，形成氧化锌烟尘、电焊尘。

（3）有机物质的燃烧和不完全燃烧：燃烧产物和烟尘所形成的微粒直径多在 $0.5\,\mu m$ 以下，如木材、油、煤炭等燃烧时所产生的烟。

（4）粉状原料、半成品和产品：装卸、过筛、混合和包装粉状物品的过程中扬起的尘粒。

（5）二次扬尘：场所存在的沉积粉尘由于作业活动而再次扬起、悬浮等。

（三）粉尘分类

粉尘的分类方法有多种，如按粉尘颗粒大小、粉尘性质、对肺脏的危害程度等进行分类，常用的是按粉尘性质分类。

1. 无机粉尘

（1）金属性粉尘：铁、锡、铝等及其化合物粉尘。

（2）非金属性粉尘：硅石、石棉、煤炭、陶土、水泥等粉尘。

（3）人工粉尘：水泥、玻璃纤维等。

2. 有机粉尘

（1）生物性粉尘：包括动物性粉尘如皮毛等，植物性粉尘如面粉、棉花等。

（2）人工合成物粉尘：如染料、农药、合成纤维等。

3. 混合粉尘

比较常见的混合粉尘是上述两类粉尘的混合，其中通常包括两种以上的粉尘。

二、生产性粉尘的危害

1. 影响粉尘危害程度的因素

粉尘对人体的危害程度主要受以下因素的影响：

（1）粉尘的物理、化学性质，尤其是毒性、致癌性。

（2）生产性粉尘浓度超标的程度。

（3）劳动强度和作业方式。

（4）日工作时间和持续接触年限。

（5）个人体质和防护等。

2. 粉尘对人体的影响

粉尘危害引起的疾病种类很多，主要有以下类型：

（1）使粉尘吸入者患尘肺病：由于长期吸入的粉尘沉积于肺脏引起慢性的炎症，肺脏因纤维化而逐渐硬化甚至萎缩，肺脏功能进行性下降，最终丧失呼吸功能而导致粉尘吸入者死亡。在我国尘肺病是最常见，也是最严重的职业病。由于发病人数多、治疗困难，所以一直被定为是职业病防治的重点。

（2）导致感染：金属粉尘、生石灰、漂白粉、水泥、烟草等粉尘可引起肺脏的进行性或慢性炎症。

（3）引起过敏：大麻、黄麻、面粉、羽毛、锌烟等粉尘可诱发过敏反应，如职业性过敏性哮喘等疾病。

（4）具有致癌性：砷、钴、石棉及某些光感应性和放射性物质等粉尘可诱发肿瘤。

（5）造成中毒：铅、锰、砷化物等有毒粉尘的吸入可引起各种急、慢性中毒。

（6）引发皮肤病：沥青和某些生物性粉尘可引起皮脂腺炎、皮炎和干燥症等。

（7）损伤眼睛：磨碾粉尘、金属粉尘可引起角膜损坏，甚至角膜浑浊、失明。

三、生产性粉尘标准

（一）工作场所粉尘容许浓度

1. 粉尘指标

粉尘的卫生标准以作业场所的总粉尘与呼吸性粉尘的短时间接触容许浓度（PC – TWA）为指标，其单位为 mg/m^3。

2. 空气中粉尘容许浓度

《工作场所有害因素职业接触限值》（GBZ 2.1—2007）规定了 47 种粉尘接触限值，表 6 – 5 节录了部分工作场所空气中粉尘容许浓度。

表 6 – 5　工作场所空气中粉尘容许浓度

序号	中文名	英文名	化学文摘号（CAS No.）	PC – TWA/(mg·m^{-3}) 总尘	PC – TWA/(mg·m^{-3}) 呼尘	备注
1	白云石粉尘	Dolomite dust		8	4	—
2	玻璃钢粉尘	Fiberglass reinforced plastic dust		3	—	—
3	茶尘	Tea dust		2	—	—
4	沉淀 SiO_2（白炭黑）	Precipitated silica dust	112926 – 00 – 8	5	—	—
5	大理石粉尘	Marble dust	1317 – 65 – 3	8	4	—
6	电焊烟尘	Welding fume		4	—	G2B
7	二氧化钛粉尘	Titanium dioxide dust	13463 – 67 – 7	8	—	—
8	沸石粉尘	Zeolite dust		5	—	—
9	酚醛树脂粉尘	Phenolic aldehyde resin dust		6	—	—
10	谷物粉尘（游离 SiO_2 质量分数 <10%）	Grain dust（free SiO_2 <10%）		4	—	—
11	硅灰石粉尘	Wollastonite dust	13983 – 17 – 0	5	—	—

序号	中文名	英文名	化学文摘号（CAS No.）	PC – TWA/(mg·m³)		备注
				总尘	呼尘	
12	硅藻土粉尘(游离 SiO₂ 质量分数 <10%)	Diatomite dust（free SiO$_2$ <10%）	61790 – 53 – 2	6	—	—
13	滑石粉尘(游离 SiO₂ 质量分数 <10%)	Talc dust（free SiO$_2$ <1 0%）	14807 – 96 – 6	3	1	—
14	活性炭粉尘	Active carbon dust	64365 – 11 – 3	5	—	—
15	……					

（二）粉尘作业场所危害程度分级

1. 危害程度分级

根据《生产性粉尘作业危害程度分级》（GB/T 5817—2009）的规定，作业场所生产性粉尘的危害程度分为以下三级：

① 0 级：达标。

② Ⅰ 级危害：超标。

③ Ⅱ 级危害：严重超标。

2. 评级方法

粉尘危害的评级由具有资质的检测机构依据《生产性粉尘作业危害程度分级》的规定，采用个体采样方法或者定点采样方法，按照相应计算公式算出超标倍数，查得危害程度等级。

（三）检测和报警

1. 检测分类

粉尘有多种检测方法，依据检测的目的和方法不同，其检测目的可分为：

（1）评价监测：适用于粉尘危害预评价和粉尘控制效果评价。

（2）日常监测：适用于作业现场粉尘动态监测。

（3）监督监测：适用于管理部门执法监督和指导监督过程中的检测。

（4）事故性监测：适用于发生粉尘事故后，在事故调查和处理过程中的检测。

粉尘检测又可分为专业性检测和企业检测，前者由专业检测机构按照国家规范的要求进行，后者由企业指定专人使用粉尘检测仪自行检测粉尘浓度，其结果作为作业现场粉尘状况的参考。无论是专业性检测还是企业检测的结果都应记录、评价并建立检测档案。

2. 检测技术

粉尘检测是对生产环境空气中粉尘的含量及其物理化学性状进行测定、分析和评价的过程。检测的项目很多，如粉尘的形状、密度、粒度分布、溶解度、浓度、粉尘的化学成分及荷电性、爆炸性等。常用的粉尘检测项目主要是粉尘浓度、粉尘中游离二氧化硅含量和粉尘分散度（又称为粒度分布的检测）。

（1）粉尘检测方法。按《工作场所空气中有害物质监测的采样规范》（GBZ 159—

2004）和《工作场所空气有毒物质测定》（GBZ/T 160—2007）的要求，用粉尘采样仪在粉尘场所区域采样和个体采样，然后进行分析统计，最终得出检测结果。

（2）粉尘检测设备。专业检测机构通常使用高精度的粉尘检测设备。而生产单位的日常检测则采用简便、便携式的快速粉尘检测仪，可从粉尘检测仪上直接读到粉尘浓度值。

（3）粉尘危害的评价标准。将现场检测到的粉尘测试结果，参考《工作场所空气中有害物质监测的采样规范》和《工作场所空气有毒物质测定》的有关内容，对工作场所的粉尘危害进行评价。

3. 报警

在生产过程中，在易发生粉尘的场所及粉尘发生的重点部位，应安装粉尘检测报警装置，可以随时了解现场粉尘的实时状况，一旦粉尘超标它可立即发出警报，以便采取应对措施，防止粉尘危害事故的发生。

四、防尘技术措施

为防止粉尘的危害，在生产场所应积极采取防尘措施。生产性粉尘的防护包括技术措施、教育措施和管理措施，三者结合起来构成粉尘的综合防治措施。

（一）防尘基本技术

1. 减尘、降尘技术

对于易产生粉尘的工艺过程，应通过改进工艺、设备和原料等，最大限度地减少粉尘的产生，从源头上控制粉尘的量和质。

尽量用湿式作业，以减少粉尘扬起的可能。若必须干式作业（如干燥、筛分作业等），则应通过密闭、负压等措施抑制飘尘的逸出，或利用静电、旋风等工艺方法将设备中的粉尘在扩散到作业场所之前先沉降下来，达到降低空气中粉尘浓度的目的。

2. 排尘、除尘技术

若无法阻止生产中的粉尘飘逸出生产设备，则可通过排风、通风装置或密闭通风系统将作业场所的粉尘排出，或增大通风量对作业场所的粉尘浓度进行稀释而达到降尘目标。该类措施是通过将作业场所内的粉尘排放到产生危害较小的地方。

除了排尘措施外，还可利用除尘器把作业场所的空气中所含的粉尘集中收集并加以清除，经除尘后达到空气粉尘含量标准后才排放到大气中。除尘的设备有湿式除尘器、过滤除尘器、离心除尘器和电除尘器等。

3. 个体防尘技术

在进行减尘、除尘等技术处理的同时，合理使用防尘防护用品，如佩戴防尘121罩、防尘面罩、防尘帽或呼吸器等，也是减少粉尘的吸入、防止粉尘危害的有效途径。同时还应控制、减少接触粉尘的时间，包括每天减少接触粉尘的时间、接触天数和接触年限等，最终达到防止粉尘伤害人体的目的。

（二）控制粉尘的综合措施

经过对几十年的防尘工作经验的总结，我国提出的防治粉尘的八字方针，综合使用技术措施、教育措施和管理措施，是至今仍然十分适用的、行之有效的防尘指导方针。八字方针的具体内容如下：

（1）革：改革工艺，技术革新。对工艺、材料、设备技术等进行改革，如自动化、封闭作业等。从源头上进行控制，减少粉尘的产生和释放，这是防尘的根本性措施。

（2）水：湿式作业。采用湿式作业，降尘效果突出，经济、简便、易行，能够湿式作业的场所应优先考虑采用。

（3）密：密闭尘源。封闭粉尘源，阻止其向外扩散释放，降低作业场所空气中粉尘的浓度。

（4）风：通风排尘。通过通风、送风、排风、吸尘和净化的技术，将作业场所含有粉尘的空气排出，补充新鲜空气，降低作业场所粉尘的浓度。

（5）护：个体防护。加强有尘作业者的个人防护，按规定使用防尘口罩、防尘面具等防护用品，尽量减少粉尘的吸入。

（6）管：科学管理。加强作业场所现场防尘管理，健全管理制度，制定操作规程，维护和保养防尘设施等。

（7）教：宣传教育。通过教育、培训，提高员工对粉尘危害的认识水平，增强其个体防护意识，熟悉和掌握操作规程及应急的知识和技能。

（8）查：监督检查。定期检测粉尘浓度和防护设施的性能；监督和检查规章制度执行情况、纠正各种违章行为；定期进行健康体检，及时发现异常迹象和疑似尘肺病等。

第四节　噪声危害

声音是由物体的振动而发生的。声音一般分为乐音和噪声，后者对人体有害。其实噪声与乐音并无本质区别，一般将超过人们习惯、心理上认为是不需要的、使人厌烦的、起干扰作用的声音都认为是噪声。由于噪声非常常见而且对听力具有较大影响，因此也是作业场所的主要职业性危害之一。

一、概述

1. 概念

（1）噪声（LD80—1995）：人们不需要的、不愿意听到的声音。

（2）工业噪声（LD80—1995）：在作业环境中，由于劳动和生产性的因素而产生的声音。

（3）噪声作业（LD80—1995）：职工在产生工业噪声的工作地点从事生产和劳动的作业。

（4）稳态噪声（GBZ 2.2—2007）：在观察时间内，采用声级计"慢挡"动态特性测量时，声级波动＜3dB（A）的噪声。

（5）非稳态噪声（GBZ 2.2—2007）：在观察时间内，采用声级计"慢挡"动态特性测量时，声级波动≥3dB（A）的噪声。

（6）脉冲噪声（GBZ 2.2—2007）：持续地突然爆发又很快消失，持续时间≤0.5s，间隔的时间＞1s，声压有效值变化≥40dB（A）的噪声。

2. 噪声来源

发出声音的物体也称为声源。噪声来源于工作场所物体的振动，包括固体、气体、液体的振动（流动）等。生产性噪声主要来源于各种机器和设备的运转、气体的排放、工件撞击与摩擦等。

　　3. 噪声分类

　　噪声常用的分类方法一般有三种，即按噪声的来源、噪声的形态和噪声的频率进行分类。

　　（1）按噪声的来源分：

　　①机械性噪声：如压力泵、车床、压缩机、电锯、冲床等。

　　②流体性噪声：如通风机、空压机、管道中流体快速流动等。

　　③电磁性噪声：如发电机、变压器、电器等。

　　（2）按噪声的形态分：

　　①连续性噪声和间断性噪声。

　　②稳态噪声。

　　③非稳态噪声。

　　④脉冲噪声。

　　（3）按噪声的频率分：

　　①低频、中频、高频噪声。

　　②窄频、宽频噪声等。

二、噪声的危害及其影响因素

（一）噪声的危害

　　噪声对人体的危害主要表现为对听力的损害，对神经、心脏、消化等生理功能的伤害和对心理产生的不同程度的影响。

　　1. 听力损害机理

　　强声波对耳感官（鼓膜、听骨和耳蜗）和听神经过度的刺激，导致听域值迁移，暂时听力下降，休息后可恢复；反复长时间接触噪声，就可能导致永久性听域值迁移，听力持续下降而不可恢复。

　　2. 噪声反应

　　人体听觉系统接触噪声后会发生急性和慢性反应。

　　（1）急性反应：引起短暂耳鸣、听力下降，脱离噪声环境一定时间后可以完全恢复。但是巨大的爆炸声，如大于 140 dB 的噪声则可导致耳刺痛甚至出现瞬间永久性耳聋。

　　（2）慢性反应：长时间接触噪声，听力会有缓慢、不明显的下降，等到员工自己或体检发现时，所造成的听力损害已难于恢复。如果不脱离噪声环境就可造成进行性加重。

　　3. 噪声危害

　　噪声对人体的危害是多方面的，主要表现有以下几个方面：

　　（1）听力降低：分为生理性下降（短时性、可恢复）和病理性下降（永久性、难恢复）。因突然巨响（大于 140 dB），由于噪声与冲击波的作用，会引起剧烈耳鸣、耳痛、恶心、呕吐，听力突然完全丧失，造成爆炸性耳聋。

　　（2）神经系统：头痛、头晕、失眠、反应迟钝等。

　　（3）循环系统：血压波动、心率改变、心电图改变、心悸甚至诱发心脏病等。

（4）消化系统：食欲降低、消化不良、消瘦等。

（5）心理：焦虑、烦躁、情绪波动、思维和控制能力下降等。

4. 听力损害分类

（1）听力暂时下降：数分钟或数小时后可完全恢复。

（2）听力损伤：听力恢复缓慢或不能完全恢复，甚至逐步加重。

（3）永久性噪声耳聋：听力不能恢复或无听力，终身耳聋。

（二）影响噪声危害程度的因素

人接触噪声会对身体产生危害，其危害程度主要取决于噪声强度（声压）的大小、频率的高低和接触时间的长短。一般认为强度越大、频率越高、接触时间越长则危害越大。声音的强度主要是音调的高低和声响的强弱。表示音调高低的是声音的频率，即声频；表示声响强弱的有声压、声强、声功率和响度等。噪声对人耳听力危害的大小，主要与声压和声频有关，前者的计量单位为分贝（dB），后者的计量单位为赫兹（Hz）。

1. 强度

噪声越强，危害越大。噪声强度与听力损害的关系参见表6－6。

表6－6　听力与噪声强度的关系对应表

噪声强度/dB	80	90	100～110	110～129
听力损害开始时间/年	10～15	5	2～3	1～2

人对噪声的忍耐程度见表6－7。

表6－7　噪声忍耐程度表

噪声强度/dB	≥135	125～135	120～125	100～120
忍耐时间	<10 s	2 min	5 min	8 h

2. 接触时间

接触时间包括以下几种：

①每次持续接触时间。

②每日累计接触时间。

③每年累计接触时间。

④从业年限，包括连续从业年限和总从事年限等。

3. 其他

影响噪声危害程度的其他因素还有噪声的频率、噪声的特性、接触的方式、个人对噪声的忍耐和反应敏感程度及心理状态等。例如，脉冲噪声比稳态噪声危害要大，连续接触比间断接触危害要大。

三、噪声标准

1. 接触噪声限值

按照《工作场所有害因素职业接触限值　物理因素》（GBZ 2.2—2007），接触噪声限值的规定为：每周工作5d，每天工作8h，稳态噪声限值为85dB（A），非稳态噪声等效声级的限值为85dB（A），见表6-8。

表6-8　工作场所噪声职业接触限值

接触时间	接触限值/[dB（A）]	备　　注
5 d/周，=8 h/d	85	非稳态噪声计算8 h等效声级
5 d/周，≠8 h/d	85	计算8 h等效声级
≠5 d/周	85	计算40 h等效声级

2. 噪声场所危害程度分级

（1）噪声场所危害级别：

0级：安全作业。

Ⅰ级：轻度危害。

Ⅱ级：中度危害。

Ⅲ级：高度危害。

Ⅳ级：极度危害。

（2）分级方法（LD 80—1995）。以操作时间和噪声的强度为参数对噪声场所危害程度进行分级，方法有指数法和查表法。为了便于实际操作，简化了噪声危害指数的计算过程，《噪声作业分级》（LD 80—1995）制定了噪声作业分级级别表，见表6-9。

表6-9　噪声危害级别表

声级范围/dB　　　　级　别　　接噪时间/h	≤85	85～88	88～91	91～94	94～97	97～100	100～103	103～106	106～109	109～112	≥113
≤1											
1～2					Ⅰ		Ⅱ		Ⅲ		Ⅳ
2～3											
3～4											

注：①新建、扩建、改建企业按表进行；
　　②现在企业暂时达不到卫生标准时，0级可扩大至Ⅰ级区，其余按表分级。

按触噪声超过115dB的作业，无论时间长短，其危险级别均为Ⅳ级。

3. 检测

噪声的检测和评价应由专业检测机构定期进行，企业可使用声级计量表进行日常自行检测，作为现场控制的参考数据。

四、噪声的预防和控制

控制噪声应从声源、传递途径和接受者三个环节着手，从控制噪声源、阻断传播途径、减少接触时间和加强个体防护等方面采取相应的控制技术和措施。

（一）控制噪声源

控制噪声源是最根本的解决办法，常见的降低噪声的技术有以下几种：

（1）采用低噪声的设备：用无声或低噪声的工艺设备代替高噪声的工艺和设备。

（2）技术改造：通过设备、工艺改造，降低设备的振动、管道流体的压力差和机械摩擦等达到降低或控制噪声的目的。

（3）隔振技术：在振动源和地基之间安装弹性构件，如弹簧减振器、橡皮、软木、沥青毡和玻璃纤维毡等，可以减弱振动源传到地基上的振动，从而达到降低噪声的效果。这种噪声控制技术称为隔振。通过隔振以减小振动幅度及其传导能力从而降低噪声强度。

（4）阻尼技术：逐渐减少振动物体的能量，振幅也相应减小，从而使噪声的强度降低。这种现象称为阻尼。在管道、设备外壳涂一层阻尼材料，如沥青、软橡胶或其他高分子涂料，使振动能转化为热能，从而减弱了振动所产生的噪声。

（5）防止噪声协同：同一作业场所存在多个噪声源，可能发生噪声强度叠加或共振现象，这时应减少设备数量；扩大它们之间的距离，或在其中间设置隔音屏障以达到控制噪声的目的。

（二）阻断传播途径

由于技术或经济上的原因，直接从声源上完成噪声治理往往是不可能的，控制噪声传播途径就成为最主要的手段，通常可采用吸声、隔声、消声和距离等控制噪声的技术措施。

1. 吸声技术

主要是利用吸声材料或吸声结构来吸收声能，使噪声衰减从而降低噪声的回声和强度。

2. 隔音技术

（1）将噪声源封闭或隔断，如设置隔音间、隔音罩等阻止噪声传出。

（2）设置隔音屏障（隔音板、隔音墙、隔音门）阻止噪声的直线传播。

（3）将噪声区与其他工作区和休息区隔断。

3. 消音技术

消声器是一种既能消除噪声，又能保持气流通过的装置，它是降低空气动力性噪声的主要技术措施。常见的消声装置有阻性消声器、抗性消声器和阻抗复合式消声器等。

4. 加大传播距离

（1）尽量加大作业人员操作位置与噪声源的距离。

（2）加大噪声区和非噪声区（办公、休息区）的距离。

（三）减少接触时间

（1）降低每次连续接触噪声的时间和日接触噪声的总时间。

（2）严格控制高噪声场所接触噪声的时间。

（3）控制连续接触噪声的年限。

（4）合理轮换噪声区和非噪声区作业，尽量减少在噪声区不必要的停留。

（四）个体防护

只要生产场所中存在噪声，采取个人防护就是必要而有效的措施。

1. 防噪声标识

在产生噪声的作业场所，设置"噪声有害"警告标识和"戴护耳器"指令标识，提示无关人员不许进内，提醒作业员工注意并重视噪声的防护。

2. 防护用品

为在噪声环境作业的人员按规定配发耳塞、耳罩和头盔等个体保护用品，指导和监督他们正确使用，是预防噪声危害的最后一项防护措施。耳塞是最常用的噪声防护用品，其携带方便且质软，佩戴舒适，经济耐用；它可降低低频噪声 10 ～ 15 dB，降低中频噪声 20 ～ 30 dB，降低高频噪声 30 ～ 40 dB。

3. 听力检测

定期对接触噪声的员工进行听力检测，发现其听力异常时应及时让其休息和治疗，听力损害严重者应调换岗位。

第五节　辐射危害

辐射是一种常见的自然现象，在日常的生产、生活中经常接触。它虽然被人们广泛应用，但也会对人体产生各种伤害。

一、概述

（一）概念

1. 辐射

辐射是指以粒子或电磁波的形式进行能量传递、传播与转化的过程。

2. 电磁辐射

能量以电磁波的形式以一定的速度在空间传播的现象称为电磁能辐射或电磁辐射。电磁辐射能量是由电场和磁场的交替移动所产生的，由电能量和磁能量组成。

3. 电离辐射（JJF 1035—2006）

由能够产生电离的带电粒子和（或）不带电粒子组成的辐射称为电离辐射。电离可由初级过程产生，如普通原子与 α 粒子接触后形成带电粒子；也可由次级过程产生，如原子与 γ 粒子作用形成的新粒子，再经其他形式的变化后形成带电粒子。前者称为直接电离，后者称为间接电离。

4. 非电离辐射

不能使物质产生电离的辐射称为非电离辐射，如无线电波、微波、可见光等电磁波辐射。

（二）来源

产生辐射的物体称为辐射源，超过正常标准的辐射源便成为辐射污染源。辐射源有天然辐射源和人工辐射源两种。

1. 天然辐射源

天然辐射源是来源于宇宙空间和地球本身固有的辐射，包括以下两种：

（1）宇宙空间：太阳是人类接受到的最大天然辐射源。我们接受太阳辐射的能量主要是可见光、红外线、远红外和紫外线等。此外还有各种宇宙射线等。

（2）地球本身：地球磁场、大气层雷电、火山喷发、地震和地球上存在的放射性物质等。

2. 人工辐射源

由于人类活动所产生的辐射称为人工辐射源，包括以下几种：

（1）核工业系统：主要有核爆炸、核电站以及在各种放射性无毒的提取、加工过程中产生的核素放射源。

（2）电磁发射系统：广播电视发射、微波发射和通讯设备。

（3）电力系统：高压与超高压输配电装置和线路工作过程中都有较大的电磁辐射产生。

（4）电器系统：由于使用电器、电动设备形成的工频磁场也能产生辐射。

（5）工业射频系统：放射设备和探伤设备的主要工作原理就是以辐射作为工作介质。

（6）其他过程：炼化、热处理、焊接和照明等过程也能产生辐射。

（三）分类

辐射分类的主要依据是辐射能否引起电离作用及辐射的波长、频率等，通常将辐射作如下分类：

1. 电离辐射

（1）直接电离辐射：能与其他物质直接作用并使其带电的辐射，包括高速带电粒子如 α 粒子、β 粒子和质子等。

（2）间接电离辐射：包括不带电粒子如 e 射线等粒子性射线、X 射线等高能电磁波。

2. 非电离辐射

（1）射频辐射：包括高频电磁场、超高频电磁场和微波三种辐射，广播电视传播过程中使用的辐射属于此类辐射。

（2）紫外线辐射：大多数紫外线辐射不能引起电离，但部分电离能较低的原子与高能紫外线作用时可产生电离。因此，紫外线辐射具有电离辐射与非电离辐射两种性质，需要依据与其作用的物质性质来决定。在化工生产过程中，常用紫外线辐射进行光催化反应，如高分子材料的光催化聚合过程。

（3）红外线辐射：红外线辐射与物质的主要作用是产生热量，在化工生产中常被用于加热、干燥等过程。

（4）激光辐射：激光是 20 世纪出现的一种新光源，它是一种人造的、特殊类型的非电离辐射。激光具有亮度高、单色性、方向性、相干性好等一系列优异特性，在工业、农业、国防、医疗和科研中得到广泛应用。激光能烧伤生物组织，尤其对视网膜的灼伤比较多见。

（5）可见光辐射。

二、辐射标准

1. 电离辐射标准

电离辐射的卫生标准包括辐射年剂量当量和一次应急辐射剂量当量等。任何在放射环境下工作的人员，在正常情况下的职业照射不应超过以下限值（等效采用国际标准）：

①连续 5 年内年均有效剂量：20mSv。

②任何一年中的有效剂量：50mSv。

③眼晶体的年当量剂量：150mSv。

④四肢（手和脚）或皮肤的年当量剂量：500mSv。

2. 非电离辐射标准

（1）超高频辐射职业接触限值（GBZ 2.2—2007）。

一个工作日内超高频辐射职业接触限值见表 6-10。

表 6-10　工作场所超高频辐射职业接触限值

接触时间/h	连续波		脉冲波	
	功率密度 / （mW·cm^{-2}）	电场强度 / （V·m^{-1}）	功率密度 / （mW·cm^{-2}）	电场强度 / （V·m^{-1}）
8	0.05	14	0.025	10
4	0.1	19	0.05	14

（2）高频辐射职业接触限值（GBZ 2.2—2007）。工作场所高频电磁场（频率 30～300MHz）职业接触限值见表 6-11。

表 6-11　工作场所高频电磁场职业接触限值

频率 f/MHz	电场强度/（V·m^{-1}）	磁场强度/（A·m^{-1}）
0.1≤f≤3.0	50	5
3.0＜f≤30	25	—

（3）微波辐射标准（GBZ 2.2—2007）。

工作场所微波（300MHz～300GHz）电磁辐射强度卫生限值不应超过表 6-12 规定的限值。

表 6-12　工作地点微波电磁辐射强度卫生限值

类　　型		日剂量/ （μW·h·cm^{-2}）	8 h 平均功率密度 / （μW·cm^{-2}）	非 8 h 平均功率密度 / （μW·cm^{-2}）	短时间接触功率密度 / （mW·cm^{-2}）
全身辐射	连续微波	400	50	400/t	5
	脉冲微波	200	25	200/t	5
肢体局部辐射	连续微波 或脉冲微波	4 000	500	4 000/t	5

注：t 为受辐射时间，单位为 h。

短时间接触时卫生限值不得大于 5 mW/cm^2，同时需要使用个体防护用具。

（4）工频电场职业接触限值（GBZ 2.2—2007）。

当电气设备接通电源（即加上"电压"）时，就带有低频的交变电荷，周围空间就形成一个低频电场。电场的强度是用沿某方向单位距离内的电位差（即"电压"）来度量的，计量单位为每米的伏特数或千伏数（V/m 或 kV/m）。

工作场所工频电场职业接触限值见表 6－13。

表 6－13　工作场所工频电场职业接触限值

频率/Hz	电场强度/（kV·m^{-1}）
50	5

（5）其他。红外线、紫外线、激光等非电离辐射的职业接触限值参见《工作场所有害因素职业接触限值物理因素》（GBZ 2.2—2007）的有关内容。

三、辐射的危害

辐射对人体的伤害从吸收辐射能量到产生生物效应，经历复杂的变化，导致分子、细胞、组织器官破坏乃至死亡。其过程可漫长，也可迅速，取决于照射量、敏感性、照射方式和个人体质等。

（一）核辐射危害

众所周知，核辐射的危害是非常严重的。放射线会导致人的造血系统、免疫系统和消化系统等受到损害，也对肝、肾、皮肤等产生持久性伤害。1986 年 4 月苏联的切尔诺贝利核电站发生的严重泄漏事故，导致 31 人当场死亡，数万人因核辐射伤害受到长期影响，导致死亡或重病缠身的结果。

（二）电离辐射危害

1. 电离危害

射线使受辐射的人体组织的原子发生电离，产生离子；辐射的能量取走细胞原子中的电子，形成离子对、化学游离基和氧化物。通过物理、化学变化，使生物分子和周围物质分子激发、电离，引起一系列伤害和细胞分裂的畸形改变，可诱发肿瘤等疾病。

2. 职业性放射性疾病

电离辐射的危害导致的放射性疾病，是指在受到电离辐射照射后，人体组织发生的各种类型和不同程度损伤（或疾病）的总称。职业病目录中列出以下 11 种：

①外照射急性放射病；

②外照射亚急性放射病；

③外照射慢性放射病；

④内照射放射病；

⑤放射性皮肤疾病；

⑥放射性肿瘤；

⑦放射性骨损伤；

⑧放射性甲状腺疾病；

⑨放射性性腺疾病；

⑩放射复合伤；

⑪根据《放射性疾病诊断总则》可以诊断的其他放射性损伤。

（三）非电离辐射危害

1. 辐射效应

人体接受辐射后会发生一系列的反应，包括以下几种：

（1）致热效应：是指辐射对机体的整体或局部产生加热作用。致热效应发生在血管较少部位时则后果更为严重，如人体的眼睛可导致玻璃体变浊、视力下降、白内障等，睾丸是敏感器官，可导致精子生成减少、变形和不育。

（2）非致热效应：又称刺激效应，是指致热效应以外的其他特殊生理影响，如中枢神经系统、内分泌、免疫和生殖功能的改变。

（3）累积效应：一次辐射可能产生的伤害不明显，7天左右可自动恢复，不留痕迹，但若在一次辐射的伤害未完全恢复前又反复继续接受辐射，伤害可多次积累而产生进行性加重。

2. 辐射危害

不同的非电离辐射由于波长、频率等特性不同，造成伤害的部位和影响也有所区别。常见的非电离辐射来源、场所和对人体的影响见表6-14。

表6-14 非电离辐射危害简表

辐射类型	来　源	主　要　危　害
高频电磁场和微波	高频加热、高频设备、变压器、电器	心血管反应、组织损伤
红外线	任何热源	皮肤和眼睛损伤、白内障
紫外线	冶炼、焊接光、太阳	皮炎、烧伤、青光眼、致癌
激光	激光设备	皮肤和眼睛损伤、烧伤

四、辐射的控制和预防

（一）电离辐射的防护措施

电离辐射以外照射和内照射两种方式作用于人体。外照射的特点是只要脱离或远离辐射源，辐射作用即停止。内照射由于放射性核素经呼吸道、消化道、皮肤和注射等途径进入人体后，对机体产生作用持续时间要长一些。电离辐射防护分为外照射防护与内照射防护两种。前者的基本方法有时间防护、距离防护和屏蔽防护三种，通称为"外防护三原则"。后者有围封隔离、除污保洁和个人防护三种综合性防护措施，通称"内照射防护三要素"。预防电离辐射通常采用下列措施：

1. 控制辐射源

控制辐射源的质和量是治本的措施。应在不影响使用效果的前提下，尽量减少辐射释放的剂量，以减少辐射源的强度、能量和毒性。

2. 时间防护

外照射的总剂量和受照时间成正比。如果作业场所照射剂量较大，可安排人员轮流操作，以减少每个人的受照时间。

3. 显距离防护

放射源在周围空间所产生的照射量与距离的平方成反比，因此，加大人体与辐射源的距离，可起到降低受照剂量的防护效果。

4. 屏蔽防护

辐射通过高密度物质后可以被部分吸收而被减弱，在辐射源和工作人员之间设置屏蔽，可以减少接受辐射的剂量。根据射线种类不同，可选择不同性质的材料作为屏蔽物。例如，防护 X 射线、γ 射线可用铅、铁、水泥（混凝土）、砖和石头等；防护 β 射线可用铝、玻璃、有机玻璃等；防护中子可用液体石腊和水等。

5. 封闭隔离防护

对于开放源及其工作场所必须采取层层封锁隔离的原则，把开放源控制在有限空间内，防止其向环境扩散。放射性工作场所要有明显的放射性标志，与非放射性场所区分隔开，对人员和物品的进出要进行严格控制。

6. 除污保洁防护

操作、使用开放型放射性元素时，应当制定严格的开放型工作的规章制度和操作规程，防止放射性核素泼洒、溅出、污染环境和人体，还应随时清洁工作场所，除去污染。遇到放射性污染应及时监测，同时使用各种除污染剂（如肥皂、洗涤剂等）清洗除污。

7. 个体防护

（1）防辐射标识。电离作业场所应设置警示标识"当心电离辐射"等，提醒无关人员不可靠近、停留；作业人员应警惕电离辐射的危害，并应按规定正确使用防护用品等。

（2）防护用品。作业人员作业前应每人一套辐射防护用具，如口罩、手套、防护围裙、工作鞋和工作服等。

（3）检测警报。作业人员佩戴个人辐射检测报警仪，检测和记录接受的照射剂量。动态记录操作者接受的照射剂量，一旦超标会发出警报。

（4）遵守个人防护规则。在开放型放射性工作场所中，禁止一切可能导致放射性物质侵入人体的违章行为，如饮水、吸烟、进食、化妆等。

（二）非电离辐射的防护措施

电离辐射的防护措施如屏蔽措施、时间措施、距离措施、个体防护措施等同样适用于非电离辐射。不同的非电离辐射防护的重点有所区别。

1. 高频辐射的防护

（1）屏蔽措施：以金属薄板（或金属网、罩等）将高频电磁场波的场源包围，以反射或吸收高频电磁波的场能，降低作业场所电磁场的强度。屏蔽必须有良好的接地装置，以便将辐射能转变为感应电流引入地下。

（2）距离防护：电磁场辐射源所产生的场能与距离的平方成反比，故应在不影响作业的前提下尽量远离辐射源，或使用长柄工具、遥控装置等。此外，高频机应尽可能远离非专业工人的作业点和休息场所。

（3）降低辐射强度：用金属导体将辐射源屏罩起来，可有效降低高频辐射源的辐射强度。若有多台高频机，它们之间应有足够的距离。

（4）围栏和标志：辐射源周围设置围栏和警示标识，防止无关人员靠近和停留。

2. 微波辐射的防护

应尽量降低微波辐射源的辐射，此外采取屏蔽措施（反射屏蔽、吸收屏蔽）以降低微波的泄漏，操作时应离开微波辐射源足够的距离，同时应正确使用个人防护用品。

3. 红外线辐射的防护

红外线辐射防护的重点是对眼睛的保护，严禁裸眼直视强光源。操作中应戴绿色防护镜，镜片中应含有氧化亚铁或其他可过滤红外线的成分。红外线辐射强烈的场所可使用铝制防红外屏蔽或防护服。

4. 紫外线辐射的防护

紫外线辐射的防护重点部位是皮肤和眼睛，主要是以个人防护为主，坚持使用个人保护用品。操作者必须佩戴专用的防护面罩、防护眼镜以保护眼睛，使用防护手套和防护衣服，避免皮肤裸露。

5. 激光的防护

加强安全教育，所有参加激光作业的人员，必须熟悉激光危害及其安全防护的知识。作业场所应制定安全操作规程，确定操作区和危险带，设置醒目的警告牌，无关人员严禁入内。激光源设置防激光罩（耐火材料）以防止激光束泄漏，操作场所使用吸光材料，不得安放强反射、折射光束的设备、用具和物件。正确使用激光劳动保护用品，以眼睛为重点，严禁裸眼观看激光束。

第六节　高温危害

人体代谢和各种其他活动都会产生热量，这些热量通过对流、传导、蒸发和辐射等途径向周围环境散热而达到体温的稳定。通常认为环境温度处于 16 ～ 24℃之间是人体适宜的温度，超过适宜的温度上限则称为高温。

一、概述

（一）概念

1. 高温作业（GBZ 2.2—2007）

在生产劳动过程中，当工作地点的平均 WBGT 指数≥25℃时的作业称为高温作业。

2. 接触高温作业时间（GBZ 2.2—2007）

接触高温作业时间是指作业人员在一个工作日内（8h）实际接触高温作业的累计时间（min）。

3. 接触时间率（GBZ 2.2—2007）

劳动者在一个工作日内实际接触高温作业的累计时间与8h 的比率称为接触时间率。

4. 本地区夏季通风设计计算温度

参照近十年本地区气象台正式记录每年最热月的每日 13 ～ 14 时的气温平均值。

5. 生产性热源（GBZ 2.2—2007）

在生产过程中能够产生和散发热量的生产设备、产品或工件等称为生产性热源。

6. WBGT 指数（GBZ 2.2—2007）

WBGT 指数又称湿球黑球温度，是综合评价人体接触作业环境热负荷的一个基本参量，单位为℃。

（二）高温来源

1. 生产热源

生产场所的热源，如各种熔炉、锅炉、化学反应釜，以及机械摩擦、转动和电器的使用等产生的热量都可以通过传导和对流的形式使周围场所的气温升高，这是最主要的热源。

2. 夏季季节性高温

夏季气温增高、雨水多、湿度大，造成作业场所温度高，热量散发受阻，从而形成了高温作业场所。

3. 其他

作业场所由于湿度增加，大气气压降低，通风不良，设备、人员密度过大等导致热量积聚、散发受阻，从而使温度升高。

二、高温场所

（一）分类

（1）高温高湿场所：高温、高湿作业的气候条件特点是温度、湿度双高，形成湿热环境。在化工生产过程中，烘干等作业过程易形成该类场所。

（2）高温强辐射场所：特点是气温高，热辐射强度大，相对湿度低，形成干热环境。一般在加热炉等设备周边易产生该类场所。

（3）露天高温场所：特点是酷热夏季，人员不仅处于高温的环境而且直接受到太阳的强烈辐射作用。

（二）高温作业限值（GBZ 2.2—2007）

劳动强度、接触高温环境时间不同，高温作业限值也不同，见表 6-15。

表 6-15　工作场所不同体力劳动强度 WBGT 限值　　　　　　单位:℃

接触时间率/%	体力劳动强度			
	I	II	III	IV
100	30	28	26	25
75	31	29	28	26
50	32	30	29	28
25	33	32	31	30

注：体力劳动强度分级按标准 GBZ 2.2—2007 第 14 章执行，实际工作中可参考其附录 B。

说明：接触时间率 100%，体力劳动强度为 IV 级，WBGT 指数限值为 25℃；劳动强度分级每下降一级，WBGT 指数限值增加 1～2℃；接触时间率每减少 25%，WBGT 限值指数增加 1～2℃。本地区室外通风设计温度≥30℃的地区，表 6-15 中规定的 WBGT 指数相应增加 1℃。

（三）高温作业分级（GB 4200—2008）

按照工作地点 WBGT 指数和接触高温作业的时间，将高温作业危害程度分为四级，级别越高表示热强度越大，见表 6 - 16。

表 6 - 16　高温作业分级标准

接触高温作业时间/min	WBGT 指数/℃									
	25～26	27～28	29～30	31～32	33～34	35～36	37～38	39～40	41～42	≥43
≤120	I	I	I	I	II	II	II	III	III	III
121～240	I	I	II	II	III	III	IV	IV	—	—
241～360	II	II	III	III	IV	IV	—	—	—	—
≥361	III	III	IV	IV	—	—	—	—	—	—

WBGT 指数是表示人体接触生产环境热强度的一个经验指数。它采用了自然湿球温度（t_{nw}）、黑球温度（t_g）和干球温度（t_a）三种参数，并由式（6 - 3）、式（6 - 4）计算而获得。

（1）室内作业：

$$WBGT = 0.7t_{nw} + 0.3t \qquad (6 - 3)$$

（2）室外作业：

$$WBGT = 0.7t_{nw} + 0.2t_g + 0.1t_a \qquad (6 - 4)$$

WBGT 指数的检测由专业人员使用黑球、干球和湿球温度计进行。作业现场的日常检测可用一般温度湿度计进行测量，作为监测的参考数据。

三、高温的危害

（一）高温对人体的影响

高温对人体的影响主要是造成身体的体温调节和水、盐代谢的紊乱。正常情况下，肌体处于产热、散热平衡状态。人体的散热方式有辐射、传导、对流和蒸发四种。高温环境下，肌体产热明显增加，而环境温度增高，肌体通过传导、对流、辐射等方式的散热受阻，蒸发（出汗）散热也受影响，肌体内多余的热得不到及时散发而积累，人体不能维持热平衡，体温就会升高。在高温作业条件下大量出汗使体内水分和盐大量丢失。汗液中的盐主要是氯化钠，大量的水盐丢失后如不能得到及时补充，就会引起体内水盐代谢紊乱、酸碱平衡失调，进而使循环、消化、泌尿、神经等系统也发生功能失调。

（二）中暑和急救

1. 中暑

职业性中暑是在高温作业环境下，由于热平衡和（或）水盐代谢紊乱而引起的以中枢神经系统和（或）心血管障碍为主要表现的急性疾病。

2. 中暑分级

依据《职业性中暑诊断标准》（GBZ 41—2002），中暑分为以下三级：

（1）中暑先兆：中暑先兆是指观察对象在高温作业场所劳动一定时间后，出现头昏、头痛、口渴、多汗、全身疲乏、心悸、注意力不集中、动作不协调等症状，体温正常或略有升高。

（2）轻症中暑：轻症中暑除中暑先兆的症状加重外，还出现面色潮红、大量出汗、脉搏快速等表现，体温升高至 38.5℃以上。

（3）重症中暑：重症中暑可分为热射病、热痉挛和热衰竭三种，也会出现混合型。

①热射病：热射病（包括日射病）亦称中暑性高热，其特点是在高温环境中突然发病，体温高达 40℃以上，疾病早期大量出汗，继之"无汗"，可伴有皮肤干热及不同程度的意识障碍等。

②热痉挛：热痉挛主要表现为明显的肌痉挛，伴有收缩痛，易发于活动较多的四肢肌肉及腹肌等，尤以腓肠肌最为显著，常呈对称性，时而发作，时而缓解。患者意识清醒，体温一般正常。

③热衰竭：起病迅速，主要临床表现为头昏、头痛、多汗、口渴、恶心、呕吐，继而皮肤湿冷、血压下降、心律紊乱、轻度脱水，体温稍高或正常。

3. 急救原则

中暑的现场救护时应牢记中暑急救的三个原则，即脱离高温环境、降温和补充液体，同时采取其他辅助措施。

（1）脱离高温环境：将中暑者移至通风、凉爽、低温处。

（2）积极降温：解脱衣服、扇风、凉水湿敷等。

（3）补充盐、液：口服或输盐水、糖盐水等。

（4）危重者应紧急护送到附近医院抢救。

四、高温的防护措施

高温危害的防护应从热源、散热途径和劳动者保护三个主要方面入手，采取综合性防护技术和措施，从而达到保护从业人员免受伤害的目的。

（一）减少热源

改进工艺和设施，减少热源和降低热量释放，主要从以下 3 个方面做起：

（1）总体布局：产热场所总体布局应按照《工业企业设计卫生标准》（GBZ 1—2010）的要求进行设计建造，旧建厂房不符合该标准时应加以改造。

（2）工艺革新：采用产热、散热低的设备、工艺，减少热源的放热量；能安装在室外的高温热源，尽可能地布置在车间外；工艺流程的设计宜使操作人员尽可能远离热源等。

（3）避免热源叠加：若场所有多个热源并存，应保证它们之间有足够的距离；避免设备和人员过于密集，以免所放热量叠加而使作业场所形成高温环境。

（二）隔热措施

将热源与作业人员相隔离，以减少热源辐射，主要措施有以下 3 种：

（1）采用隔热材料（如耐火、保温材料、水等）将生产热源的主体包围起来，或采取措施降低热源的表面温度，减少向外散热和热辐射。

（2）建立隔热操作间，采用隔热板、墙，将热源与人员隔离，避免直接热辐射。

（3）通过设备改造实现自动化操作或远离热源的远程操作。

（三）降温措施

降温措施主要有增加空气流动、排放热气和湿气等，主要途径有以下 3 种：

（1）自然通风：通过移动热源、增设天窗、扩大窗口、敞开作业场所等措施加快室内热空气与室外空气对流，达到降温的目的。

（2）机械通风：安装排风扇、抽风机、送风机等机械通风设施，将室内空气排出，同时带走热量、水汽以降低温度和湿度。

（3）降温设施：安装空调机、通风空调系统等，输入冷风直接使作业场所降温，或设置低温操作间和休息间等。

（四）减少接触时间

减少接触高温环境的时间，主要方法有以下几种：

（1）降低劳动强度：高温季节适当降低劳动强度或强劳动的时间。

（2）调整作业安排：高温与非高温轮换，交替作业，尤其要减少连续接触高温环境的时间。

（3）合理安排作业时间：实行小换班，延长午休时间；适当提前上午工作时间和推迟下午工作时间；尽量避开高温时段进行高温作业等。避开高温季节或高温时段，对露天作业尤为重要。

（4）增加休息：高温季节应适当增加休息次数，并设立低温休息室。

（五）个体防护

加强个体防护是防暑的最后防线，主要措施有以下几种：

（1）高温场所设置警示标识，提醒作业人员注意防暑。

（2）按规定配制、使用劳保用品，如隔热服、太阳镜、隔热面罩等。

（3）配备防暑饮料并按要求饮用，饮料中应有适量的盐分。选用盐汽水、绿豆汤、豆浆、酸梅汤等作为高温饮料，饮水方式以少量多次为宜。

（4）监督巡视：发现或觉察有身体不适或中暑先兆，应立即脱离高温环境。

（5）应急救援预案：建立应急救援预案，发现中暑者，立即进行现场救护。

第七节　个体防护用品

劳动防护用品又称"个人防护用品"。劳动防护用品是用人单位为员工个人配备的保护用具，使用后可以对个人起到护卫作用，达到避免或减轻职业危害或意外事故伤害的目的，保护员工的生命和健康。在某些特定作业条件下，使用个人防护用品甚至是最主要的防护措施。

一、概述

1. 劳动防护用品（GB/T 15236—2008）

为使职工在职业活动过程中免遭或减轻事故和职业危害因素的伤害而提供的个人穿戴用品称为劳动防护用品。

2. 特种劳动防护用品

劳动防护用品分为一般劳动防护用品和特种劳动防护用品两种。1991 年我国开始对部分劳动防护用品实施生产许可证制度，列入许可证目录的劳动防护用品称为特种劳动防护用品。其范围有以下几类：

（1）头部护具类：安全帽。

（2）呼吸护具类：防尘口罩、过滤式防毒面具、自给式空气呼吸器、长管面具等。

（3）眼、（面）护具类：焊接眼面防护具、防冲击眼护具等。

（4）防护服类：阻燃防护服、防酸工作服、防静电工作服等。

（5）防护鞋类：保护足趾安全鞋、防静电鞋、导电鞋、防刺穿鞋、胶面防砸安全靴、电绝缘鞋、耐酸碱皮鞋、耐酸碱胶靴、耐酸碱塑料模压靴等。

（6）防坠落护具类：安全带、安全网、密目式安全立网等。

二、分类

按照 2005 年国家安全生产监督管理总局发布的《劳动防护用品监督管理规定》，个人防护用品有以下三种分类方式。

1. 按防护性能分类

（1）安全帽类。是用于保护头部，防撞击、挤压伤害的护具，主要有塑料、橡胶、玻璃、胶纸、防寒和竹、藤等材料制作的安全帽。

（2）呼吸护具类。是预防尘肺病等职业病的重要护品。按用途可分为防尘、防毒、氧三类；按作用原理可分为过滤式、隔绝式两类。

（3）眼防护具。用以保护作业人员的眼、面部，防止外来伤害。分为焊接用眼防护具、炉窑用眼护具、防冲击眼护具、微波防护具、激光防护镜以及防 X 射线、防化学、防尘等眼护具。

（4）听力护具。长期在 90dB（A）以上或短时在 115dB（A）以上的环境中工作时必须使用听力护具。听力护具有耳塞、耳罩和帽盔三类。

（5）防护鞋。用于保护足部免受伤害。目前主要产品有防砸、绝缘、防静电、耐硅碱、耐油和防滑鞋等。

（6）防护手套。用于手部保护，主要有耐酸碱手套、电工绝缘手套、电焊手套、防射线手套、石棉手套等。

（7）防护服。用于保护职工免受劳动环境中物理、化学因素的伤害。防护服分为特级防护服和一般作业服两类。

（8）防坠落护具。用于防止坠落事故发生，主要有安全带、安全绳和安全网等。

（9）护肤用品。用于外露皮肤的保护，分为护肤膏和洗涤剂等。

2. 按防护的部位分类

依据防护的部位分，防护用品大致分为以下 8 类：

（1）头部防护用品：防护帽、防尘帽、防寒帽、防水帽等。

（2）呼吸器官防护用品：防毒面具、防尘面具等。

（3）眼、面部防护用品：护目罩、护目镜等。

（4）听觉器官防护用品：耳塞、耳罩、防噪头盔等。

（5）手部防护用品：防酸碱手套、防静电手套、防震手套等。

（6）足部防护用品：防寒鞋、防水鞋、防酸鞋、绝缘鞋等。

（7）躯干部防护用品：防寒服、防水服、防静电服等。

（8）皮肤防护用品：防晒膏、防冻膏、防腐膏等。

3. 按用途分类

（1）预防事故伤害防护用品：防坠落用品、防触电用品等。

（2）预防职业病防护用品：防尘用品、防毒用品、防酸用品等。

三、防护用品的配备和使用

1. 原则要求

《劳动防护用品管理规定》（2005 年国家安全生产监督管理总局令第 1 号）对劳动防护用品的发放和使用提出以下的原则要求：

（1）使用劳动防护用品的单位（以下简称使用单位）应为劳动者免费提供符合国家规定的劳动防护用品。

（2）使用单位不得以货币或其他物品替代应当配备的劳动防护用品。

（3）使用单位应教育本单位劳动者按照劳动防护用品使用规则和防护要求正确使用劳动防护用品。

（4）使用单位应建立健全劳动防护用品的购买、验收、保管、发放、使用、更换、报废等管理制度；并应按照劳动防护用品的使用要求，在使用前对使用者进行使用方法的培训，以及对防护用品的防护功能进行必要的检查。

（5）使用单位应到定点经营单位或生产企业购买特种劳动防护用品。购买的劳动防护用品须经本单位的安全技术部门验收。

2. 配备标准

《劳动防护用品配备标准（试行）》（国经贸安全〔2000〕189 号）参照《中华人民共和国工种分类目录》规定了 116 个典型工种的劳动防护用品配备最低种类；其他工种可参照本标准的附录 B "相近工种对照表" 确定后执行；各地方、行业未列入的工种可根据实际情况制定相应的配备标准。

3. 采购

（1）采购要求。选择有资质的供方和合格的商品，应符合以下要求：

①生产单位应具备国家生产许可资质；

②用品规格、性能符合国家标准；

③产品经过国家检验，有说明书和合格证；

④特种劳动防护用品有安全鉴定证、安全标志。

（2）验收。采购的防护用品须经本单位的安全技术部门验收，确认合格后方可登记入库。

4. 劳动防护用品的配发

劳动防护用品的配发应把握好以下环节：

（1）按国家标准《劳动防护用品配备标准（试行）》足额配发。

（2）发放的特种劳动防护用品应具有 "三证" 即生产许可证、合格证、安全鉴定证，以及"一标志"即安全标志。

（3）禁止配发不合格、有缺陷的、过期、报废与失效的劳动防护用品。

（4）按规定时间间隔发放新的替换劳动防护用品。但若发现防护用品已不适用应随时更换，不受时限限制。

5. 培训

新上岗或转岗员工上岗前应接受劳动防护用品使用的培训并记录。培训内容有：

（1）岗位劳动防护用品配备标准。

（2）识别劳动防护用品合格与否的方法。

（3）正确使用的方法和要求。

（4）保养和清洁的方法和要求。

（5）使用的必要性和不用的后果严重性等意识教育。

6. 使用

使用劳动防护用品，应遵循以下步骤：

（1）验证配发的劳动防护用品是否符合岗位配备标准。

（2）检查劳动防护用品性能，有无外观缺陷、失效、过期。

（3）按说明书或培训要求正确使用。

（4）使用过程中发现劳动防护用品有异常应及时报告。

（5）按期更新防护用品，及时更换不适用防护用品。

7. 维护保养

妥善维护、保养，可延长防护用品的使用期限，更重要的是能保证用品的防护效果。维护保养防护用品时须注意以下事项：

（1）定期对自己的劳动防护用品进行维护和保养。

（2）按照说明书或培训要求去清洁保养，以免意外将其损坏。

（3）在作业场所个人防护用品的存放应有固定的地点和位置，避免混乱和相互误用。

（4）发现劳动防护用品破损、过期、失效、丢失应及时报告与更换。

8. 检查与监督

（1）建立防护用品检查和监督制度。

（2）安全部门负责检查和监督管理。

（3）开展自检、互检、定期检查和巡视检查等活动。

（4）发现违章行为及时纠正并教育。